JN290426

高分子化学

第5版

村橋俊介
小高忠男
蒲池幹治 編
則末尚志

共立出版

〈編集者〉

村橋　俊介	大阪大学名誉教授・理博
小高　忠男	大阪大学名誉教授・工博
蒲池　幹治	大阪大学名誉教授・理博
則末　尚志	大阪大学名誉教授・理博

〈執筆者〉（執筆順）

原田　　明	大阪大学教授・理博
佐藤　尚弘	大阪大学教授・理博
青島　貞人	大阪大学教授・工博
岡村　高明	大阪大学講師・理博
北山　辰樹	大阪大学教授・工博
金岡　鍾局	大阪大学准教授・工博
山本　　仁	大阪大学教授・理博
奥山　健二	大阪大学教授・理博
金子　文俊	大阪大学准教授・理博
四方　俊幸	大阪大学准教授・理博

第5版の出版にあたって

　本書は，大学の化学系学部および大学院修士課程の学生に対する高分子化学の教科書あるいは参考書として1966年に出版されて以来，およそ10年ごとに改版されてきた．第4版から今回の第5版出版までの間は，教養部の廃止，大学院重点化，独立行政法人化など組織上の大改革が国立大学に次々に起こった時期であった．それらの変革に伴って変動した学部と大学院カリキュラムはいまだ流動的のようであるが，この間における高分子各分野の進歩を鑑み，本書の改訂を行うことにした．

　高分子科学は，有機化学，物性物理学，物質科学，生物科学など異分野にまたがりつつも独自の発展を遂げ，自然科学の一分野として深く高度化された．しかし，一方では，物理学や生物科学と共有すべき重要課題への挑戦，新たな学際分野の開拓など学問的拡がりもますます重要となっている．このような状況であればこそ，高分子科学の基本的概念や原理の系統的教授がこれまで以上に学部ならびに大学院教育に重要と考えられる．今回の改訂では，初版以来貫かれてきたそのような基礎的事項の体系的説明ならびに章間の一貫性によりいっそうの注意を払った．限られた頁数での基礎事項の説明がもたらし得る内容のレベル低下は極力避けたつもりであるが，ご批判賜れば幸いである．

　具体的改訂としては，第1版以来記載されてきた5章「種々の合成法」を削除し，その内容を他章の然るべき節に分けて載せた．この変更によって本版第5章以降の章番号は旧版のものより1つずつ繰り上がっている．また，1章は，高分子科学 "Macromolecular Science" への入門として学部低学年の1セメスター分の講義にも利用できるように改訂した．そこには，旧版7章「分子特性と溶液の性質」中の一部が「高分子の分子形態と性質」なる節として移されている．これに伴い，近年研究が盛んとなった濃厚溶液物性の記述を本版の「分子特性と溶液の性質」（6章）に加えた．なお，第4版1章に含まれていた「高分子の命名法」は1章の付録に載せた．その原稿作成には3章担当の北山辰樹教

授のお世話になった．

　本版各章の執筆者は一新され，以下のとおりであるが，多くの章で第4版の構成が引き継がれているので，同版の編著者名も挙げさせて頂いた．

〔第5版執筆者〕

第1章　原田　明，佐藤尚弘　　　　　　第6章　佐藤尚弘
第2章　青島貞人，岡村高明　　　　　　第7章　奥山健二，金子文俊
第3章　青島貞人，北山辰樹，金岡鍾局　第8章　四方俊幸
第4章　原田　明，青島貞人　　　　　　第9章　奥山健二，原田　明，山本　仁
第5章　原田　明，青島貞人，山本　仁

〔第4版執筆者〕（村橋俊介，藤田　博，小高忠男，蒲池幹治　編）

第1章　小高忠男，中村　晃　　　　　　第6章　中村　晃
第2章　中村　晃　　　　　　　　　　　第7章　寺本明夫，則末尚志
第3章　蒲池幹治，畑田耕一　　　　　　第8章　小林雅通
第4章　蒲池幹治　　　　　　　　　　　第9章　小高忠男，足立桂一郎
第5章　蒲池幹治，森島洋太郎　　　　　第10章　寺本明夫，中村　晃，高橋泰洋

　最後に，本版の出版にお骨折り頂いた共立出版㈱瀬水勝良氏に深く感謝致します．

2007（平成19）年8月

編集者を代表して
則末　尚志

目　　次

第1章　高分子科学序論

1.1 高分子説の確立 ……………………………………………………………… 1
1.2 高分子の定義と分類 …………………………………………………………… 4
　　1.2.1 合成高分子と生体高分子 ……………………………………………… 4
　　1.2.2 単独重合体と共重合体 ………………………………………………… 5
　　1.2.3 結合様式からみた分類 ………………………………………………… 5
　　1.2.4 重合方法による分類 …………………………………………………… 8
1.3 高分子合成反応の特徴 ………………………………………………………… 9
　　1.3.1 低分子化合物の合成との相違 ………………………………………… 9
　　1.3.2 重合反応の分類 ………………………………………………………… 9
　　1.3.3 代表的な重合反応の特徴 ……………………………………………… 11
　　1.3.4 重合体の化学構造 ……………………………………………………… 13
1.4 生体高分子の合成 ……………………………………………………………… 14
1.5 高分子の多分子性 ……………………………………………………………… 15
　　1.5.1 分子量分布と平均分子量 ……………………………………………… 15
　　1.5.2 分岐構造 ………………………………………………………………… 17
　　1.5.3 共重合体の平均組成と多分子性 ……………………………………… 18
1.6 高分子の分子形態と性質 ……………………………………………………… 19
　　1.6.1 ガウス鎖とゴム弾性 …………………………………………………… 19
　　1.6.2 高分子の集合状態と性質 ……………………………………………… 23
1.7 高分子の分子特性解析 ………………………………………………………… 24
　　［付録1］ 高分子科学の発展の歴史 ……………………………………… 26
　　［付録2］ 高分子命名法 …………………………………………………… 27

第2章　重縮合と重付加

2.1 はじめに ………………………………………………………………………… 29
2.2 ポリアミドの合成 ……………………………………………………………… 30

- 2.3 界面重縮合によるポリアミドの合成 …………………………………………33
- 2.4 ポリエステルの合成 ……………………………………………………………34
  - 2.4.1 ポリエチレンテレフタレートとポリカーボネート ……………………34
  - 2.4.2 生分解性プラスチック（脂肪族ポリエステル）………………………36
- 2.5 エンジニアリングプラスチック（汎用エンプラとスーパーエンプラ）……36
- 2.6 その他の重縮合 …………………………………………………………………37
  - 2.6.1 酸化重合 ………………………………………………………………37
  - 2.6.2 電解重合 ………………………………………………………………37
  - 2.6.3 芳香族求電子置換反応による重合 …………………………………38
  - 2.6.4 グリニヤール試薬や遷移金属錯体を用いた重縮合 …………………39
  - 2.6.5 酵素を用いた重縮合 …………………………………………………40
  - 2.6.6 含 S，Si ポリマー ……………………………………………………41
- 2.7 重縮合での平均分子量と分子量分布 ………………………………………42
- 2.8 高分子量ポリマーを合成する条件 …………………………………………44
- 2.9 重縮合での反応解析 …………………………………………………………45
- 2.10 重縮合の新展開 ………………………………………………………………47
  - 2.10.1 活性化エステル・アミド法および直接重縮合 ………………………47
  - 2.10.2 重縮合における配列制御 ……………………………………………48
  - 2.10.3 重縮合における分子量（分布）の制御：連鎖重縮合 ………………48
  - 2.10.4 大環状ポリマーの生成 ………………………………………………49
- 2.11 重付加と付加縮合 ……………………………………………………………50

第 3 章　不飽和化合物の付加重合

- 3.1 ラジカル重合 ……………………………………………………………………54
  - 3.1.1 ラジカル重合の過程 …………………………………………………54
  - 3.1.2 開始反応 ………………………………………………………………55
  - 3.1.3 成長および停止反応 …………………………………………………58
  - 3.1.4 ラジカル重合の動力学 ………………………………………………60
  - 3.1.5 連鎖移動 ………………………………………………………………62
  - 3.1.6 ポリマーへの連鎖移動および枝分れ ………………………………64
  - 3.1.7 禁止剤および抑制剤 …………………………………………………64
  - 3.1.8 ビニル重合における平衡，天井温度 ………………………………66
  - 3.1.9 重合方法 ………………………………………………………………68

- 3.1.10 乳化重合 ·· 69
- 3.2 ラジカル共重合 ·· 70
  - 3.2.1 共重合組成式 ·· 70
  - 3.2.2 モノマー反応性比と共重合体組成 ································ 71
  - 3.2.3 モノマー反応性比の求め方 ·· 73
  - 3.2.4 モノマーの相対的な反応性 ·· 74
  - 3.2.5 Alfrey-Price の Q-e の概念 ·· 75
- 3.3 イオン重合 ·· 77
  - 3.3.1 ビニル化合物とイオン重合性 ·· 77
  - 3.3.2 イオン重合の特徴 ·· 78
- 3.4 アニオン重合 ·· 79
  - 3.4.1 アニオン重合の開始剤 ·· 79
  - 3.4.2 成長反応 ·· 80
  - 3.4.3 連鎖移動反応および停止反応 ·· 81
  - 3.4.4 リビングポリマー ·· 82
  - 3.4.5 極性モノマーのアニオン重合 ·· 84
  - 3.4.6 アニオン共重合 ·· 85
- 3.5 カチオン重合 ·· 86
  - 3.5.1 カチオン重合の開始剤 ·· 86
  - 3.5.2 カチオン重合における成長,移動,および停止反応 ······ 87
  - 3.5.3 リビングカチオン重合 ·· 90
  - 3.5.4 異性化を伴う重合 ·· 91
  - 3.5.5 カチオン共重合 ·· 91
- 3.6 配位重合 ·· 92
  - 3.6.1 チーグラー触媒による重合 ·· 92
  - 3.6.2 高活性・高立体規則性触媒,メタロセン触媒,リビング配位重合 ··· 94
  - 3.6.3 メタセシス重合 ·· 94
- 3.7 立体特異性重合 ·· 96
  - 3.7.1 立体特異性重合とポリマーの立体規則性 ···················· 96
  - 3.7.2 ラジカル重合における立体特異性 ································ 97
  - 3.7.3 イオン重合における立体特異性 ···································· 100
  - 3.7.4 チーグラー触媒による立体特異性重合 ························ 101
  - 3.7.5 不斉重合 ·· 103

3.8	リビング重合	105
	3.8.1 リビング重合の特徴	106
	3.8.2 リビング重合の歴史	107
	3.8.3 リビング重合各論	108

第4章　開環重合

4.1	はじめに	113
4.2	環状エーテル	115
	4.2.1 アルキレンオキシド	115
	4.2.2 シクロオキサブタン，テトラヒドロフラン，トリオキサン	116
4.3	環状エステル	117
4.4	環状アミド	119
	4.4.1 ラクタムの重合	119
	4.4.2 α-アミノ酸-N-カルボン酸無水物の重合	120
4.5	環状スルフィド	121
4.6	環状イミン	122
4.7	環状ポリシロキサン	123
4.8	クロロホスファゼン	124
4.9	環状オレフィン	124

第5章　高分子反応

5.1	はじめに	127
5.2	ブロックまたはグラフトポリマーの合成	127
5.3	星型ポリマーと樹状ポリマー	129
5.4	高分子の付加または置換反応	130
5.5	高分子の主鎖開裂	131
5.6	側鎖での高分子反応	133
5.7	架橋反応	134
5.8	微生物による高分子反応	136
5.9	イオン交換樹脂	136
5.10	高分子複合体	137

5.11　高分子支持台 ·· *137*
5.12　高分子触媒 ·· *140*
5.13　酵素モデル高分子触媒 ·· *140*
5.14　高分子酸塩基触媒 ··· *141*
5.15　高分子金属錯体 ·· *142*
5.16　超分子ポリマーの構築 ·· *143*
5.17　ポリロタキサンの構築 ·· *143*

第6章　分子特性と溶液の性質

6.1　はじめに ·· *145*
6.2　高分子鎖の幾何学 ·· *146*
6.3　高分子鎖の統計的性質 ·· *148*
　　6.3.1　自由連結鎖 ·· *148*
　　6.3.2　結合角と内部回転角に制限のある鎖 ····························· *148*
　　6.3.3　ガウス鎖と特性比 ··· *150*
　　6.3.4　排除体積効果 ··· *153*
　　6.3.5　剛直・半屈曲性高分子 ··· *156*
6.4　高分子溶液の熱力学 ·· *159*
6.5　光散乱法 ··· *163*
　　6.5.1　基礎理論 ·· *163*
　　6.5.2　静的光散乱法 ··· *166*
　　6.5.3　回転半径の重合度依存性 ·· *170*
　　6.5.4　動的光散乱法 ··· *172*
　　6.5.5　流体力学的半径の重合度依存性 ································· *174*
6.6　粘度法 ·· *175*
　　6.6.1　粘性係数と固有粘度 ·· *175*
　　6.6.2　固有粘度の重合度依存性 ·· *177*
6.7　サイズ排除クロマトグラフィーおよびその他の分子量測定法 ········ *178*
6.8　濃厚溶液 ··· *181*
　　6.8.1　重なり濃度 ·· *181*
　　6.8.2　Flory-Huggins 理論とスケーリング則 ························· *182*
　　6.8.3　からみ合い効果 ·· *184*

6.9 高分子溶液の相分離挙動 ………………………………………………… *185*
　6.9.1 屈曲性高分子 - 貧溶媒系 ……………………………………… *185*
　6.9.2 剛直性高分子溶液系 …………………………………………… *190*

第 7 章　固体構造

7.1 高分子固体構造の特徴 …………………………………………………… *193*
7.2 構造の研究法 ……………………………………………………………… *196*
　7.2.1 X 線回折 …………………………………………………………… *196*
　7.2.2 電子線回折 ………………………………………………………… *201*
　7.2.3 振動分光法（赤外・ラマン分光）……………………………… *202*
　7.2.4 核磁気共鳴吸収（NMR）………………………………………… *209*
7.3 鎖状高分子の立体構造 …………………………………………………… *215*
　7.3.1 立体配置と立体配座 ……………………………………………… *215*
　7.3.2 立体配置とその規則性 …………………………………………… *215*
　7.3.3 立体配座とその安定性 …………………………………………… *217*
7.4 結晶構造 …………………………………………………………………… *220*
　7.4.1 ポリエチレン ……………………………………………………… *220*
　7.4.2 ポリオレフィンとビニル系ポリマー ………………………… *223*
　7.4.3 ポリビニリデン系ポリマー ……………………………………… *226*
　7.4.4 ポリエーテル ……………………………………………………… *227*
　7.4.5 ポリエステル ……………………………………………………… *227*
　7.4.6 ポリアミド ………………………………………………………… *228*
7.5 高次構造 …………………………………………………………………… *230*
　7.5.1 単結晶 ……………………………………………………………… *230*
　7.5.2 球　晶 ……………………………………………………………… *232*
　7.5.3 延伸試料の高次組織 ……………………………………………… *235*
　7.5.4 結晶化度 …………………………………………………………… *236*
　7.5.5 高次構造の解析 …………………………………………………… *238*
7.6 融　解 ……………………………………………………………………… *242*
　7.6.1 融点の測定 ………………………………………………………… *242*
　7.6.2 融解の熱力学 ……………………………………………………… *242*

第8章　物理的性質

- 8.1 はじめに　…… 245
- 8.2 弾性体と粘性体　…… 246
  - 8.2.1 ひずみと応力　…… 247
  - 8.2.2 弾性体　…… 248
  - 8.2.3 粘性体　…… 251
  - 8.2.4 測定法　…… 252
- 8.3 粘弾性体　…… 254
  - 8.3.1 力学応答の時間依存性：静的粘弾性挙動　…… 255
  - 8.3.2 力学応答の周波数依存性：動的粘弾性挙動　…… 258
  - 8.3.3 力学模型　…… 261
  - 8.3.4 一般化力学模型と緩和スペクトル　…… 263
  - 8.3.5 重要な粘弾性定数　…… 265
  - 8.3.6 エネルギー損失　…… 267
  - 8.3.7 Boltzmann の重畳則　…… 267
- 8.4 高分子物質の粘弾性挙動　…… 269
  - 8.4.1 時間‐温度換算則　…… 269
  - 8.4.2 無定形高分子の粘弾性挙動　…… 272
  - 8.4.3 結晶性高分子の粘弾性　…… 277
- 8.5 高分子液体の非線形粘弾性　…… 278
  - 8.5.1 レオメトリー　…… 278
  - 8.5.2 高分子液体の非 Newton 流動挙動　…… 280
  - 8.5.3 非線形応力緩和　…… 282
  - 8.5.4 高分子液体の伸長流動　…… 283
  - 8.5.5 その他の非線形粘弾性現象　…… 283
- 8.6 ゴム弾性　…… 285
  - 8.6.1 加硫ゴムの弾性的性質　…… 285
  - 8.6.2 弾性変形の熱力学　…… 285
  - 8.6.3 ゴム弾性の分子理論　…… 288
  - 8.6.4 ゴムの粘弾性挙動　…… 292
- 8.7 粘弾性の分子論　…… 293
  - 8.7.1 高分子の緩和の概略　…… 293

8.7.2　孤立した高分子の緩和：Rouse 理論 ……………………………………… *294*
　　　8.7.3　無定形高分子のゴム状および終端領域のダイナミックス：管模型… *297*
8.8　ガラス転移現象 …………………………………………………………………… *300*
　　　8.8.1　ガラス転移温度 …………………………………………………………… *300*
　　　8.8.2　ガラス転移の機構 ………………………………………………………… *302*
8.9　高分子の電気的性質 ……………………………………………………………… *303*
　　　8.9.1　物質の電気伝導度 ………………………………………………………… *303*
　　　8.9.2　電気分極と静的誘電率 …………………………………………………… *306*
　　　8.9.3　誘電分散 …………………………………………………………………… *309*
　　　8.9.4　高分子物質の誘電的挙動 ………………………………………………… *311*
　　　8.9.5　その他の電気現象 ………………………………………………………… *314*

第 9 章　天然高分子と生体高分子

9.1　はじめに ……………………………………………………………………………… *317*
9.2　ゴムおよび天然炭化水素ポリマー ………………………………………………… *317*
9.3　天然無機高分子 ……………………………………………………………………… *319*
9.4　セルロース，デンプン，その他の多糖 …………………………………………… *321*
　　　9.4.1　セルロース ………………………………………………………………… *323*
　　　9.4.2　デンプン …………………………………………………………………… *325*
　　　9.4.3　その他の多糖 ……………………………………………………………… *326*
9.5　タンパク質 …………………………………………………………………………… *329*
　　　9.5.1　1 次構造 …………………………………………………………………… *329*
　　　9.5.2　2 次構造 …………………………………………………………………… *331*
　　　9.5.3　酵素と金属タンパク質 …………………………………………………… *336*
9.6　核　酸 ………………………………………………………………………………… *340*

　　索　引 …………………………………………………………………………………… *347*

1 高分子科学序論

　高分子（polymer）あるいは巨大分子（macromolecule）は，われわれの身の回りにあふれている．高分子は，繊維，ゴム，木材，プラスチック，食品などとして日常生活に関わりの深い物質であり，またさまざまな工業材料や農業・漁業・医療・情報工学（インフォメーションテクノロジー）・バイオテクノロジーの分野において必要不可欠な材料となっている．そのため，高分子の合成工業は，現在化学工業の大きな分野に発展し，今後も高分子材料のない日常生活は想像できない．

　他方，われわれ自身を含め生物体においても，その主要成分であるタンパク質や核酸，多糖は高分子であり，高分子に関する知識は，生命現象を理解する上での必須の基礎となる．特に現在隆盛を極めている分子生物学が，高分子の概念なしには存在し得ないことを考えると，高分子の概念の重要さが改めて認識される．

　このように，われわれと関わりの深い高分子であるが，分子量が数万以上の巨大分子の実在が化学者の間で認識され，それら巨大分子の集まりとしての高分子物質の示す物理的・化学的性質が理解され始めたのは 1920〜1940 年代であり，いまだ百年も経過していないというのは，今にして思えば驚きである．

1.1 高分子説の確立

　高分子の存在を実証しようと努力したのは，ドイツの有機化学者であった H. Staudinger で，その功績により，1953 年にノーベル化学賞が授与されている．彼は 1920 年ころより，巨大分子存在の証明を目的とした研究に専念したが，それが当時の化学者に承認されたのは，研究を始めてから 10 年ほど経過した 1930 年前後であった．当時の化学者は，綿，羊毛，ゴムを構成している分子は，それぞれグル

コース，アミノ酸，イソプレンという低分子で，それらが物理的な力で凝集したミセル状粒子であるという**低分子-ミセル説**に固執していた．著名な有機化学者であった E. Fischer は，タンパク質がアミノ酸の重合体であるポリペプチドだと考え，グリシンあるいはロイシンが 18 個結合した分子量 1254 のポリペプチド分子の合成を企てた（1907 年）が，分子量が数万以上の巨大分子の存在については否定的であった．

分子量が揃った高分子量の試料を合成することは困難であった．また，分子量が不揃いの高分子試料から分子量の揃った純物質を単離することもほとんど不可能であった．化学者としては，純物質を研究対象にできない分子の存在を認めることができなかったのであろう．**Staudinger の高分子説**の実証がかなり進んだ 1920 年代後期の段階でも低分子-ミセル説は根強く残っていた．1927 年ノーベル化学賞受賞者である H. Wieland は，その時期に，友人である Staudinger に次のような忠告をしている．

「親愛なる友へ，巨大分子の概念は放棄された方がよいと思いますよ．分子量が 5,000 以上の有機分子は存在するとは思えませんからね．貴君が合成された，たとえば弾性ゴムも，精製すれば，たぶん結晶化して低分子物質であることが証明されるに違いありません．」(H. Staudinger, "Arbeitserinnerungen" より）

高分子の実在を最も直接的に証明するには，高分子の分子量を測定すればよいと，まず考えられるであろう．しかしながら，ことはそれほど単純ではなかった．問題は 2 つあった．まず 1 つ目の問題は，高分子の分子量測定法にあった．20 世紀始めに利用可能だった不揮発性物質の分子量測定法は，その物質の希薄溶液に対する沸点上昇法および凝固点降下法であった（浸透圧法は，1920 年代にはまだそれほど普及していなかった）．しかし，高分子量になると，沸点・凝固点の溶媒からの変化が非常に小さくなり，精度の高い分子量が求めにくくなる．また，低分子不純物の影響も大きい．Staudinger が高分子説を確立する際に，高分子の分子量測定の不正確さが，しばしば障害となった．

そのため，Staudinger は古典的な分子量測定法と粘度法を組み合わせて高分子の分子量の目安とした．**Staudinger の粘度則**と呼ばれる固有粘度と分子量との比例関係は，現在では一般に成立しないことがわかっているが（6 章参照），分子量の大小関係の目安として有用であった．粘度法は，測定の簡便さと高分子性が顕著に表れるため，高分子説の確立に重要な役割を演じた．

1.1 高分子説の確立

　分子量測定による高分子の実証に対するもう1つの，より困難な障害は，分子の会合の問題である．たとえば，ステアリン酸はベンゼン溶液中で2分子が会合して存在しており（図1.1(a)），ベンゼン溶液中でステアリン酸の"分子量"を測定すれば，真の値の2倍となり，正しい分子量が求まらない．19世紀末から20世紀初頭にかけては，W. Ostwaldらが中心となり，いわゆるコロイド化学の全盛期を築いていた．溶液中で多数の分子が会合したミセル（図1.1(b)）が盛んに研究され，後述する高分子がもつ特性は"コロイド性"という術語の下で会合性コロイドの特性と同一視される傾向が強かった．Staudingerが取り組まねばならなかったのは，当時の化学者に高分子（分子性コロイド）と会合性コロイドを区別させることであった．単なる分子量測定は，その区別には役立たなかった．

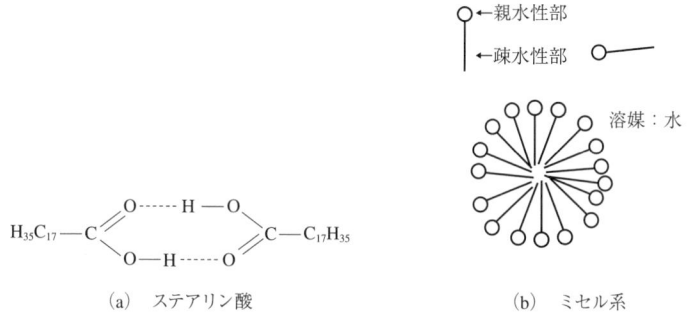

図1.1　低分子の会合

　そこで，Staudingerがとった手段は，その昔WohlerとLiebigが置換基の違いにより安息香酸誘導体の性質を一変させて当時の化学者を驚かせた実験と類似していた．すなわち，高分子に置換基を導入して，その溶解性を著しく変化させても，それらの高分子骨格の重合度（構成単位数）が不変であれば，会合性コロイドと区別できると考えた．具体的には，D-グルコースの重合体であるデンプンにアセチル基を導入したり除去したりして，その溶解性を変化させても，表1.1に示すように，その重合度がほとんど不変であることを実証し，デンプンの低分子-ミセル説を論破した．この**等重合度反応**（polymer analogous reaction）と呼ばれる実験がいろいろな高分子について行われ，ようやく高分子説が化学者の間で認知されるようになった．

表 1.1 デンプンの等重合度反応（Staudinger）

溶媒	デンプン	三酢酸デンプン		再性デンプン
	ホルムアミド	アセトン	クロロホルム	ホルムアミド
平均重合度	185	190	190	185
（浸透圧法）	380	390	390	—
	560	540	540	570
	940	940	940	870

1.2 高分子の定義と分類

　高分子とは，1種または数種の原子団（構成単位あるいはモノマー単位）が，互いに数多く繰返し化学結合で連結していることを特徴とする分子の総称である．高分子合成の原料となる低分子を**単量体**（**モノマー**；monomer）と呼び，モノマーが繰返し化学結合で連結されることを**重合**（polymerization），その結果生じた物質を**重合体**（**ポリマー**）という．高分子説が認知されて以来，非常に多種類の単量体から重合体が合成され，またいろいろな種類の生体高分子の存在が明らかとなった．上記の定義による高分子の種類は非常に多様である．高分子について議論する前に，まずいくつかの方法で高分子を分類しておこう．

1.2.1 合成高分子と生体高分子

　高分子は，人工的に合成された高分子と生体がつくり出した高分子（タンパク質，核酸，セルロース，デンプン，ゴム等）とに大別できる．自然界が産出する低分子の多くは，人工的にも合成でき，天然物と人工物を区別することはそれほど意味をもたないが，生体高分子の多くは人工的には合成できないため，**合成高分子**（synthetic polymer）と**生体高分子**（biopolymer）との分類は，本質的である．研究方法も，両者でかなり異なっているのが現状である．また，前節で出てきた三酢酸デンプンやセルロイド（硝酸セルロース）などのように，生体高分子に化学処理を施した高分子は，半合成高分子と呼ばれる．

1.2.2 単独重合体と共重合体

1種類のモノマーからつくられた高分子を**単独重合体**（homopolymer），2種類以上のモノマーが重合して高分子鎖を形成する場合を**共重合体**（copolymer）と呼ぶ．共重合体は，モノマーの連鎖様式により，さらに交互共重合体，周期共重合体，ブロック共重合体，ランダム共重合体などに分類される（図1.2参照）．生体高分子の中でも，デンプンやセルロースはD-グルコースの単独重合体，タンパク質と核酸は，それぞれ20種類のアミノ酸および4種類のヌクレオチドからつくられた共重合体と見なすことができる（9章参照）．

-A-B-A-B-A-B-A-B-A-B- 　　　-A-A-A-A-A-B-B-B-B-B-
　　　　交互共重合体 　　　　　　　　　　ブロック共重合体

-A-A-A-B-A-A-A-B-A-A-B- 　　-A-B-B-B-A-A-B-A-A-B-A-B-
　　　　周期共重合体 　　　　　　　　　　ランダム共重合体

図 1.2 種々の共重合体（A, B 2種類のモノマーからできる2元共重合体の場合）

1.2.3 結合様式からみた分類

（1）　線状高分子（linear polymer）

結合に関与する官能基を2つもつ2官能性のモノマー，あるいは炭素-炭素二重結合を1つもつモノマーが重合すれば，線状の重合体（**線状高分子**）ができる．線状の単独重合体は，最も単純な高分子で，その性質は最もよく理解されている．

（2）　環状高分子（ring polymer）

線状の重合体が自身の両末端間で結合すると，環状の重合体（**環状高分子**）ができる．イオウなどは8原子以下の環状構造をとることが知られているが，両末端が活性化された重合反応において，高重合度の環状高分子ができる確率は低く，その合成は一般に容易ではない．生体高分子では，環状のデオキシリボ核酸（DNA）の存在が知られている．

（3）　分岐高分子（branched polymer）

2官能性モノマーと3つ以上の官能基をもつモノマーの混合物が重合してできた高分子は，分岐構造をとる．**分岐高分子**の特殊な場合として，分岐点が1つの**星型**

高分子，幹鎖に一定間隔で分岐点がある**くし型高分子**，不規則に分岐点が点在する**ランダム分岐高分子**などがある（図1.3参照）．また，多官能基モノマーの単独重合は，高度に分岐した**ハイパーブランチポリマー**を生じる．故意に多官能性モノマーを使わなくても，重合反応時の副反応により分岐構造が生じる場合がある．ポリエチレンはその例である（3.1.6項参照）．生体高分子の中にも，アミロペクチン（デンプンの成分）やグリコーゲンなど分岐高分子に分類されるものが存在する（9章参照）．

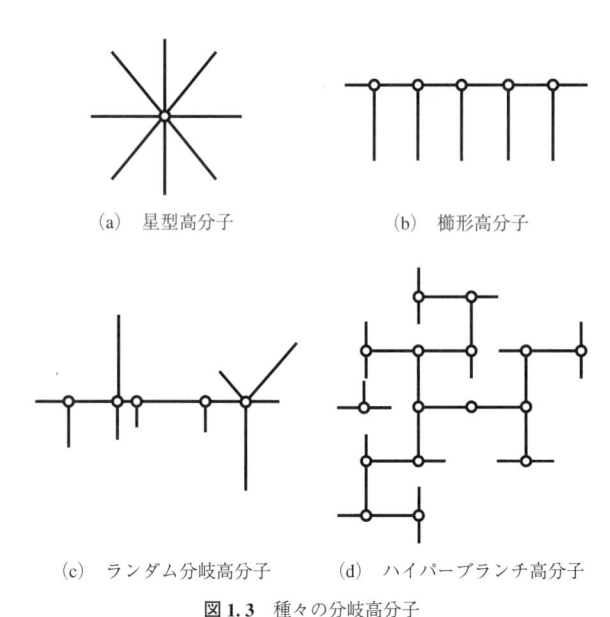

(a) 星型高分子　　(b) 櫛形高分子

(c) ランダム分岐高分子　　(d) ハイパーブランチ高分子

図 1.3　種々の分岐高分子

(4) 網目状高分子（network polymer）

多官能性モノマーの関与する重合反応で，ある程度以上反応が進むと，巨視的なサイズの3次元**網目状高分子**ができる（図1.4）．また，主鎖に二重結合を含む線状高分子を適当な架橋材を用いて架橋しても網目状高分子ができる．イオウで架橋したゴムはその典型例である．巨視的サイズをもち，分子量は実質上無限大であるが，モノ

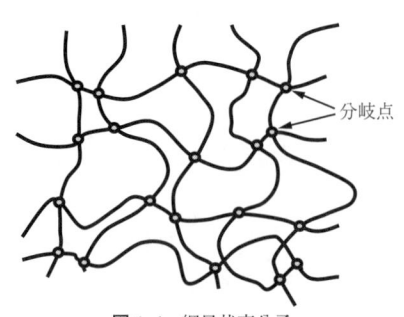

図 1.4　網目状高分子

表 1.2 工業化されている主な高分子の重合方法による分類とその用途

高分子	モノマー	用途
連鎖重合系単独重合体		
ポリエチレン	$CH_2=CH_2$	フィルム
ポリプロピレン	$CH_2=CH-CH_3$	フィルム，繊維，バンパー，食器
ポリスチレン	$CH_2=CH-C_6H_5$	フォーム，日用品
ポリ塩化ビニル	$CH_2=CHCl$	フィルム，水道管，ソファー，タイル
ポリアクリロニトリル	$CH_2=CHCN$	繊維（アクリル）
ポリ酢酸ビニル	$CH_2=CHOCOCH_3$	接着剤，繊維
ポリアクリル酸	$CH_2=CHCOOH$	ペイント，織物・皮革の加工，水性樹脂
ポリメタクリル酸メチル	$CH_2=C(CH_3)CO_2CH_3$	有機ガラス，光学繊維
ポリ塩化ビニリデン	$CH_2=CCl_2$	フィルム
ポリテトラフルオロエチレン	$CF_2=CF_2$	表面加工剤
ポリブタジエン	$CH_2=CH-CH=CH_2$	ゴム
ポリイソブチレン	$CH_2=C(CH_3)_2$	ゴム
ポリオキシメチレン	$CH_2=O$	エンプラ
連鎖重合系共重合体		
SBR	スチレン＋ブタジエン	ゴム
NBR	アクリロニトリル＋ブタジエン	ゴム
AS 樹脂	アクリロニトリル＋スチレン	日用品
ABS 樹脂	アクリロニトリル＋ブタジエン＋スチレン	エンプラ
縮重合系重合体		
ナイロン 66	$NH_2(CH_2)_6NH_2 + HOOC(CH_2)_4COOH$	繊維，成型物
PET	$HO_2CC_6H_4CO_2H + HO\!-\!(CH_2)_2\!-\!OH$	繊維，フィルム，
PBT	$HO_2CC_6H_4CO_2H + HO\!-\!(CH_2)_4\!-\!OH$	成型物
ポリカーボネート	$HOC_6H_4C(CH_3)_2C_6H_4OH + COCl_2$	エンプラ
フェノール樹脂	$C_6H_5OH + CH_2O$	プラスチック
尿素樹脂	$NH_2CONH_2 + CH_2O$	成型物
メラミン樹脂	(メラミン) $+ CH_2O$	表面加工材
不飽和ポリエステル樹脂	マレイン酸＋エチレングリコール＋スチレン	成型物

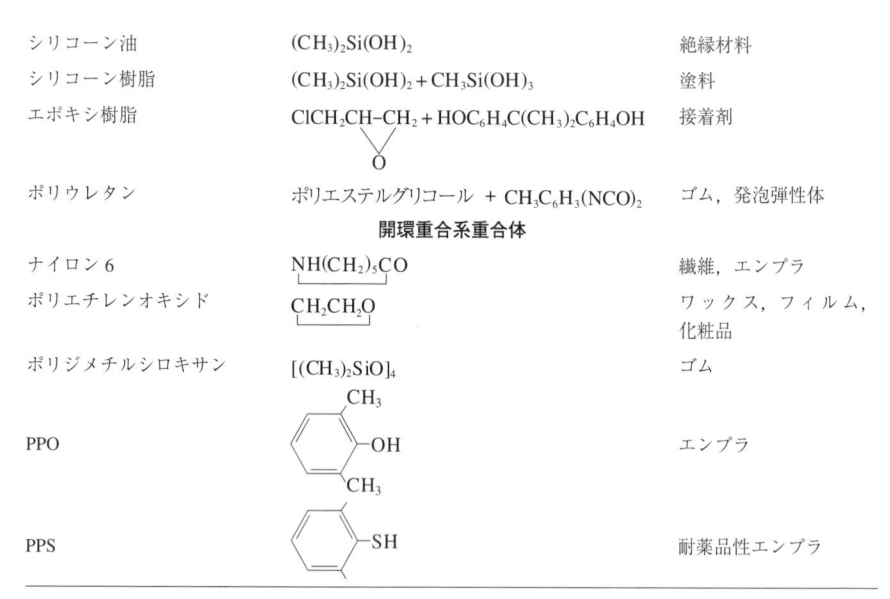

シリコーン油	$(CH_3)_2Si(OH)_2$	絶縁材料
シリコーン樹脂	$(CH_3)_2Si(OH)_2 + CH_3Si(OH)_3$	塗料
エポキシ樹脂	$ClCH_2CH-CH_2 + HOC_6H_4C(CH_3)_2C_6H_4OH$ (エポキシ環 O)	接着剤
ポリウレタン	ポリエステルグリコール $+ CH_3C_6H_3(NCO)_2$	ゴム,発泡弾性体

開環重合系重合体

ナイロン6	$NH(CH_2)_5CO$	繊維,エンプラ
ポリエチレンオキシド	CH_2CH_2O	ワックス,フィルム,化粧品
ポリジメチルシロキサン	$[(CH_3)_2SiO]_4$	ゴム
PPO	(2,6-ジメチルフェノール構造 -OH)	エンプラ
PPS	(ベンゼン環 -SH)	耐薬品性エンプラ

SBR:スチレン・ブタジエンゴム;NBR アクリロニトリル・ブタジエンゴム;AS樹脂:スチレン・アクリロニトリル樹脂;ABS樹脂:アクリロニトリル・ブタジエン・スチレン樹脂;PET:ポリエチレンテレフタレート;PBT:ポリブチレンテレフタレート;PPO:ポリパラフェニレンエーテル;PPS:ポリフェニレンスルフィド

マー単位が化学結合で連結してできているという意味では,高分子である.2種類以上の3次元網目状高分子から構成された**相互浸入高分子網目**(interpenetrating network; IPN) なども合成されている.

1.2.4 重合方法による分類

合成高分子は,その重合方法によって分類されることがある.表1.2には,工業的に重要な高分子を重合方法によって分類し,それぞれの主な用途を示してある.各重合方法については,次節および2〜4章で述べる.高分子が工業的に使われている主な用途としては,繊維,フィルム,ゴム,プラスチック(成型品),エンジニアリング・プラスチック(エンプラ;精密加工品)などがある.個々の高分子の特性に基づき,その用途が決められており,たとえば,ガラス転移温度の高い**結晶性高分子**(crystalline polymer)は繊維やエンプラに適しているのに対し,ガラス転移温度の低い**非晶性高分子**(non-crystalline polymer)はゴムに向いている.プラスチックとして用いられる高分子(しばしば合成樹脂と呼ばれる)は,成型加工法に

基づき，**熱可塑性樹脂**と**熱硬化性樹脂**に分類分けされることがある．前者は，加熱により流動性が現れて成型されるのに対し，後者は，低温で流動性がある原料（プレポリマー）を加熱して重合反応を進ませ，成型品（3次元網目状高分子）をつくる．最近では，医療・医薬品や電子・光学材料などとして，高度に特異的な機能をもたせた高分子も多数合成されている．

1.3 高分子合成反応の特徴

1.3.1 低分子化合物の合成との相違

分子量が1000以下の分子の合成では副反応を伴うことが多く，目的の主生成物の収率は80〜90%程度の場合がよくみられる．このような反応を高分子合成に用いると，重合反応が途中で停止したり，副反応で生じた部分が高分子鎖中に取り込まれ，精製した高分子の構造に乱れを生じる．たとえば，高分子主鎖での10%の乱れは，目的の化学構造単位（モノマー単位）が平均9個しか続かないことになり，高分子の性質に大きな影響を及ぼす．また，重縮合のような場合に，90%しか目的の縮合反応が起こらないと，平均重合度は9となり，高分子合成とはいえなくなる．典型的な高分子を得ようとする場合，重合度1000が目標となるが，これを実現するには，収率99.9%の縮合または付加反応が必要となる．一般に150℃以上での重合反応は，生成高分子の熱反応などによる分解や異性化を伴うので，できるだけこれより低温で行うことが要求されている．したがって，触媒を用いて反応温度を下げ重合速度を上げることが，重合度が高くしかも構造に乱れが少ない高分子を合成するのにきわめて重要となる．

分子量分布（1.5.1項参照）がせまい高分子を合成する手法として，リビング重合と呼ばれる重合反応がある．これは重合反応での成長段階をコントロールし，目的の結合生成の速度と収率を理想的な値にする技術で低分子での類似の反応などの詳細な研究により生まれてきたものである．

1.3.2 重合反応の分類

重合反応は大別すると**連鎖重合**（chain polymerization）と**段階重合**（step growth polymerization）または非連鎖重合（non-chain polymerization）に分けられる．重合時に小分子を脱離する場合としない場合があるので，この特徴によってそれぞれ重

表 1.3 連鎖重合と段階重合（非連鎖重合）との比較表

ラジカル連鎖重合の場合	非連鎖重合（逐次反応）の場合
成長しつつある鎖同士で成長は起こらない．	鎖の成長はポリマー同士およびモノマーとの反応で行われる．
モノマーの濃度は反応を通じ順次減少する．	モノマーの濃度はすみやかに減少し，低重合体となる．
高分子量のポリマーが重合初期にもできる．	分子量は重合の進行とともに徐々に増大する．
重合体の分子量は反応の進行にほとんど無関係である．	高分子量の重合体を得るには長時間を要す．

縮合（polycondensation）と付加重合（addition polymerization）または重付加（polyaddition）のように分類することもできる．

典型的な連鎖重合では，炭素ラジカルのような反応活性種が重合開始剤によって少量生じ，これにモノマーが次々と付加し，ポリマーラジカルとして成長する．したがって重合中にはモノマーとポリマーとが共存する．

段階重合では，モノマー同士の反応で2量体になり，次いで3量体，4量体のように，上記のような活性種を生じないで段階的に成長する．これは逐次反応とも呼ばれていて，反応系中には初期にはオリゴマー（oligomer）のみが存在し，反応の完結時には高分子量のものが生成する．一般式で書くと

$$M_x + M_y \rightarrow M_{x+y}$$

のように表せる．重縮合については2章で述べられる．表1.3に連鎖重合と段階重合の特徴を比較した．

リビング重合とは，連鎖重合の一種であるが，重合活性種の反応性に著しく選択性があり，モノマーとのみ成長反応を行い，連鎖停止（chain termination），連鎖移動（chain transfer）をほとんど行わない場合である．

連鎖重合は，活性種の種類によって

a) ラジカル重合
b) カチオン重合
c) アニオン重合
d) 配位重合

のようにさらに分類される．これらの重合では，C=Cをもつモノマーを用いる場合がほとんどであり，活性種はしたがって，それぞれ炭素ラジカル，カルボニウムイオン，カルバニオン，オレフィン錯体である．これらについては3章で述べられ

ている．

　重合反応には炭素以外の元素の多重結合の開裂によるものがあり，活性種の種類も多様になってきている．

1.3.3 代表的な重合反応の特徴

　C-C結合のみを主鎖とする重合体は，主にビニル化合物の連鎖重合によって合成される．

$$n\text{R-CH=CH}_2 \longrightarrow \pm\text{CH-CH}_2\pm_n$$
$$\quad\quad\quad\quad\quad\quad\quad\quad\quad |$$
$$\quad\quad\quad\quad\quad\quad\quad\quad\quad \text{R}$$

このとき，Rの種類によって重合の形式が異なる．

置換基(R)	重合形式	活性種の構造
$-\text{OCOR}'$, $-\text{CO}_2\text{R}'$, $-\text{CN}$ (R':アルキル基)	ラジカル重合	$\sim\sim\text{CH}_2\text{-CH}\cdot$ $\quad\quad\quad\quad\|$ $\quad\quad\quad\quad\text{R}$
$-\text{CH}(\text{CH}_3)_2$, $-\text{OR}'$	カチオン重合	$\sim\sim\text{CH}_2\text{-CH}^+$ $\quad\quad\quad\quad\|$ $\quad\quad\quad\quad\text{R}$
$-\text{CO}_2\text{R}'$, $-\text{CN}$	アニオン重合	$\sim\sim\text{CH}_2\text{-CH}^-$ $\quad\quad\quad\quad\|$ $\quad\quad\quad\quad\text{R}$
$-\text{CH}_3$, $-\text{C}_2\text{H}_5$	配位重合	$\sim\sim\text{CH}_2\text{-CH}\rightarrow\text{ML}_n$ $\quad\quad\quad\quad\|$ $\quad\quad\quad\quad\text{R}$

　ラジカル重合以外はすべて活性種の近くに対イオンや金属錯体（ML_nで表す）が存在するので，成長反応はこれらの強い影響下に進行する．たとえばカチオン重合では対アニオン，I^-のようなハロゲン化物イオンや$(\text{BF}_4)^-$などが重合での速度や選択性を決定する．アニオン重合では，対カチオンがCs^+のような大きなアルカリ金属イオンの場合とMg^{2+}のように炭素アニオンとかなり強く結合する場合とは成長反応が大幅に異なる．

　配位重合では，金属部分として各種の遷移金属（TiCl_4 / $\text{Al}(\text{C}_2\text{H}_5)_3$系など(a)）が用いられていて，その種類も多い．メタロセン開始剤（b）がポリオレフィン合成に使われることもある．

$$n\,C_2H_4 \xrightarrow{30\sim 60℃} (C_2H_4)_n$$
a) $TiCl_4 - Al(C_2H_5)_3$
b) $(C_5H_5)_2ZrCl_2 - (CH_3AlO)_x$

ラジカル重合では次のような3つの素反応によって，重合が行われるが，実際にはこの他，連鎖が移動する反応も起こることがあるため，高分子量のものが得られない場合もある．

$$I \longrightarrow 2R\cdot$$
$$R\cdot + M \longrightarrow R-M\cdot$$
開始反応（ラジカル生成と付加反応）

$$R-(M)_n\cdot + M \longrightarrow R-(M)_{n+1}\cdot$$
成長反応（ラジカル連鎖反応）

$$2R-(M)_n\cdot \longrightarrow ポリマー$$
停止反応（再結合反応）

$$R-(M)_n\cdot \xrightarrow{+X-H} R-(M)_n-H + X\cdot$$ （連鎖移動反応の一例）

（I：開始剤，R：開始ラジカル，M：モノマー）

他のイオン重合でも類似の開始，成長，停止反応がみられるが，イオンが存在するため複雑になる場合が多い．

高分子主鎖にOやNのようなヘテロ原子を含む場合には，連鎖型の**開環重合**や非連鎖型の重縮合，重付加が行われる．たとえばエチレンオキシドやエチレンイミンのような3員環化合物は，カチオン性開始剤（HBF_4など）によって低温で開環し，ポリマーとなる．

$$n\,\underset{Z}{CH_2\text{-}CH_2} \longrightarrow (CH_2CH_2\text{-}Z)_n$$
Z：O, NH, S

3員環以外にも4～8員環の場合に類似の重合が数多く知られている（4章参照）．

主鎖に-CONH-部分をもつポリアミド，-COO-をもつポリエステルは合成繊維やエンジニアリング・プラスチックとして使用されている．これらは主に重縮合反応によって合成される．

$$n'\,HZ(CH_2)_n CO_2H \longrightarrow (Z(CH_2)_n\underset{O}{\overset{\|}{C}})_{n'} + n'\,H_2O$$
Z：NH, O

連鎖重合において小分子の脱離を伴う場合もあり，縮合的連鎖重合（condensation chain polymerization）と呼ばれている．アミノ酸の N-カルボキシ無水物（NCAと略）の重合がその例となる．

$$n \begin{array}{c} R\text{-CH-C} \\ | \quad\quad \diagdown O \\ HN \quad\quad \diagup \\ \diagdown C \diagup \\ \| \\ O \end{array} \longrightarrow -(\mathrm{NH-CH-CO})_n\!\!\!\!\!\overset{R}{|} + n\,CO_2$$

ホルムアルデヒドやアセトアルデヒドは連鎖重合し，ポリアセタールになるが，ポリマー末端が副反応を起こしやすく，**解重合**してモノマーに戻る傾向が強い．同様に C=N 結合の重合によるポリイミンも不安定である．

$$n\,\underset{R}{CH=O} \longrightarrow -(\underset{R}{CHO})_n$$

逆に Si=O 結合のようにきわめて不安定なものはポリシロキサンにみられるようにきわめて安定な高分子主鎖を生成する．シリコーン（silicone）と呼ばれている汎用ポリマーは主に環状化合物の開環重合によって合成され，独特の Si-O-Si-O という主鎖の特性のため，多くの用途がある．

$$(CH_3)_2SiCl_2 \xrightarrow{H_2O} (CH_3)_2Si(OH)_2 \longrightarrow [Si(CH_3)_2O]_4 \longrightarrow -(\underset{CH_3}{\overset{CH_3}{|}}Si-O)_n$$

1.3.4 重合体の化学構造

付加重合の場合，不飽和結合が飽和となって，sp^3 型の炭素原子を生じるので，不斉炭素（実際には擬不斉（pseudo-asymmetry）である）が高分子主鎖に多数並び，立体異性現象がみられる．

$$CH_2=CH \atop X \longrightarrow -CH_2\!-\!\overset{H}{\underset{X}{C^*}}\!-\!CH_2\!-\!\overset{H}{\underset{X}{C^*}}\!-\!CH_2\!-\!\overset{H}{\underset{X}{C^*}}\!-\!CH_2\!-\!\overset{H}{\underset{X}{C^*}}\!-$$

この例のような場合，2つの C* 間の立体的関係，メゾ（meso, m と略）とラセモ（racemo, r と略）を利用して，高分子の立体異性が記述できる．4つの C* をもつ例では，端の C* とその隣の C* の関係を m のように記していくと，mmm や mmr のような記号でこの部分（この場合は四連子（tetrad））は記述される．mm …のように m が長く続いたポリマーは G. Natta（1955年）によって**イソタクチックポリマー**

(isotactic polymer)*1と名づけられたもので，チーグラー触媒によるα-オレフィンの重合によって合成された．また，rrr…となっているポリマーは，**シンジオタクチックポリマー**（syndiotactic polymer）と呼ばれ，これらは立体規則性ポリマー（stereoregular polymer）の代表例となっている．このような規則性のないものは**アタクチックポリマー**（atactic polymer）と呼ぶ．その物性は上記のものに比べ大幅に異なる．

イソプレンが重合する場合には次の4通りの結合様式ができる．

$$CH_2=\underset{1\quad 2\quad 3\quad 4}{\overset{CH_3}{C}-CH=CH_2} \longrightarrow -CH_2-\underset{CH=CH_2}{\overset{CH_3}{C}}- \quad -CH_2-\underset{\underset{CH_3}{C=CH_2}}{CH}-$$

1,2-結合　　　　3,4-結合

トランス-1,4-結合　　　　シス-1,4-結合

ここで 1,2-結合または 3,4-結合のみでできる重合体については，ビニル化合物の場合と同様に**イソタクチック**と**シンジオタクチック**の関係ができる．ブタジエンでは 1,2，トランス-1,4，およびシス-1,4 の 3 通りとなる．

生体高分子のタンパク質，核酸，デンプン，セルロースはともに光学活性のアミノ酸や糖などからできているので立体規則性高分子であり，らせん構造をとる場合もある．ビニル重合体でも側鎖にかさ高い基をもつ場合には，溶液中でも主鎖がらせん構造をもつ場合がある．

1.4　生体高分子の合成

地球上の生物の存在するところには，無数の細胞から年々莫大な量の高分子物質が生産されている．過去におけるこれらの産物の一部は地殻に閉じ込められ，長年月の間に変化して**化石燃料**（fossil fuel）となり，石油，石炭，天然ガスの形で貯えられている．これらの中には地球創生時のメタンより生じたものも知られている．われわれはこれらを重要なエネルギー源として利用する一方，ほんの一部を高分子

---

*1　iso はギリシャ語で "the same, equally" を意味し，syndio は "together ＋ two"，a は "non"，tactic は "put in order" を意味する．

原料として利用しているのが現状である．生体に必須な高分子物質としてタンパク質，核酸があげられ，現代生化学の中心問題となっている（9章参照）．これらの他大量のセルロース（多糖類と総称される）が生体によって生産されるほか，天然の高分子状炭化水素として生ゴムなどが各種の樹木から得られている．

1.5 高分子の多分子性

1.1節で述べたように，化学構造が完全に均一な高分子試料を得ることは，生体高分子を除き，不可能である．高分子試料に含まれる化学構造上の不均一性を，高分子の**多分子性**と呼ぶ．以下に述べるように，高分子には種々の多分子性が存在する．**分別**（fractionation）と呼ばれる多分子性を軽減する方法はあるが，低分子化合物のように純物質を研究対象とすることは一般には困難で，高分子の研究においては，低分子の研究では現れない，多分子性の効果を考慮に入れる必要がある．ただし，たとえば線状の単独重合体において分子量のわずかな違いに基づく性質の違いは，低分子化合物と比べるとずっと小さい（そのために，分離が困難なのである）．したがって，高分子における多分子性の効果は，低分子の混合物の場合よりも一般に取り扱いやすい．

1.5.1 分子量分布と平均分子量

n 個のモノマーが結合してできた高分子を n 量体，そして n を**重合度**（degree of polymerization）と呼ぶ．高重合度の単独重合体の場合，n 量体の分子量は，重合度 n と（鎖内部の）モノマー単位のモル質量との積に等しいとしてよい．すなわち，n と分子量は比例関係にある．

前節で述べたように，重合反応は成長途中の高分子鎖の活性末端とモノマーとが確率的に衝突して起こる．したがって，重合系中にある高分子鎖は，一般には分子量あるいは重合度が揃っておらず，重合終了後に得られた高分子試料には分子量に関する不均一性（多分散性）すなわち**分子量分布**が存在する．多分散性試料を分子量の順に分ける操作を分子量分別といい，さまざまな方法が考案されている．現在，比較的低分子量の単一成分の単離は不可能ではないが，高分子量の1成分を単離することは不可能である．したがって，研究対象とする高分子試料を特徴づけるには，どのような分子量の高分子鎖がどれくらい含まれているか，すなわち分子量の分布を指定する必要がある．

表 1.4 分子量分布の表し方

組成変数	記号および関係式
n 量体の数	N_n
n 量体のモル分率	$x_n = N_n / \sum_n N_n$
n 量体に属すモノマー単位のモル分率	$w_n = nN_n / \sum_n nN_n$
n 量体の重量分率	$w_n = nm_0 N_n / \sum_n nm_0 N_n$ [*]

[*] m_0：モノマー単位のモル質量

 分子量分布の表し方には，いくつかの方法がある（表 1.4 参照）．まず，最も単純な表し方は，試料中に存在する n 量体の本数 N_n を n の関数として数え上げることである．ただし，N_n は数え上げる際の試料の全量に比例するので，N_n を試料中の全高分子鎖の数で割った n 量体のモル分率 x_n を使う方が便利である．他方，n 量体の本数ではなく，n 量体に属しているモノマー単位の数を使っても，分子量分布を表せる．n 量体には n 個のモノマー単位が属しているので，試料中すべての n 量体に属しているモノマー単位数は nN_n であり，それを試料中のすべてのモノマー単位数で割った比 w_n が，x_n とともによく用いられる．この比の分子，分母にモノマー単位の重量をかけると，それぞれ試料中に含まれるすべての n 量体の重量とすべての高分子の重量となるので，w_n は n 量体の試料全体に対する重量分率に等しい．

 実験的には，サイズ排除クロマトグラフィーなどの方法により，高分子試料の x_n あるいは w_n を求めることができる（6 章参照）．理想的な重合反応で得られた線状高分子試料では，図 1.5 に示すような x_n と w_n が得られる（2.7 節参照）．w_n は x_n と比べて n という重みがかかっているため，x_n は n の小さい方の分布が，w_n は大きい方の分布がより強調されている．

 分子量分布をもつ高分子試料の性質の中には，平均分子量によって規定される場合が多く，そのときには，x_n あるいは w_n で与えられる分子量分布の形は知らなくてもよい．平均分子量としては，分率 x_n および w_n を使った 2 種類の

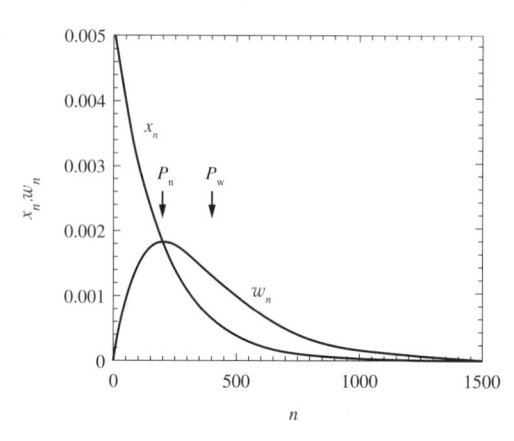

図 1.5 重合度分布の例

平均分子量が考えられる．すなわち，モノマー単位のモル質量 m_0 を用いて

$$M_\mathrm{n} = m_0 \sum_{n=1}^{\infty} n x_n, \quad M_\mathrm{w} = m_0 \sum_{n=1}^{\infty} n w_n \tag{1.1}$$

と定義し，それぞれを，**数平均分子量**（number-average molecular weight）および**重量平均分子量**（weight-average molecular weight）と呼ぶ．個々の高分子の性質ごとに，M_n で規定されたり，M_w で規定されたり，また他の平均分子量で表される性質もある．これらの平均分子量を m_0 で割ると，対応する平均重合度が得られる．図1.5 に矢印で示すように，理想的な重合反応で得られた線状高分子試料の**数平均重合度** P_n は w_n の曲線のピーク位置付近に，**重量平均重合度** P_w はピーク位置よりも少し高重合度側にある．

個々の平均分子量には，分子量分布の広さに関する情報を含んでいないが，たとえば M_w と M_n の比は分布の広さの目安としてよく用いられる．分子量が M の単一成分しか含まない均一試料の場合には，$M_\mathrm{w} = M_\mathrm{n} (=M)$ なので，その比は1となり，分子量分布が広くなるに従い，$M_\mathrm{w}/M_\mathrm{n}$ は大きくなる．

1.5.2 分岐構造

次に，分岐高分子の多分子性について考える．例として，ABB という3つの官能基をもつモノマーの重合体を考えよう．A-B 間で反応して結合が形成されるとする．図1.6 には，9量体の一例を示したが，異なる結合様式をもつ9量体は，これ以外にもたくさん考えられる．

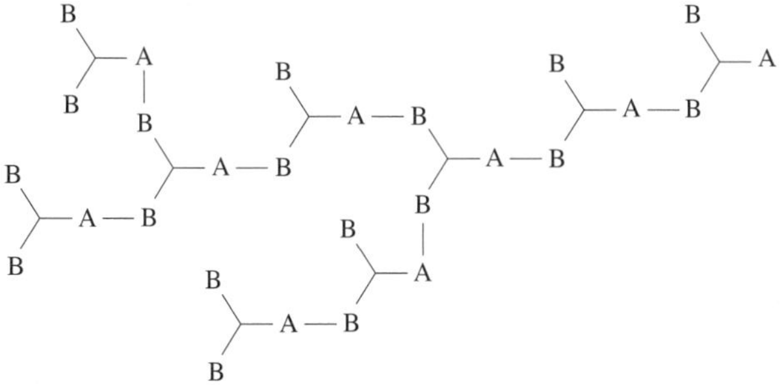

図1.6 ABB 型モノマーの重合体の一例（$n=9$）

n 量体中には，n 個の A 官能基と $2n$ 個の B 官能基が含まれ，その内の $n-1$ 個の A 官能基と B 官能基が結合している．（環状構造がある場合には，n 個の A，B 官能基が結合しているが，ここでは環状構造は無視する．）$2n$ 個の B 官能基が区別

できると仮定すると，結合に関与する B 官能基の選び方は $_{2n}C_{n-1}$ 通りあり，選ばれた B 官能基と A 官能基との結合の仕方は $(n-1)!$ 通りある．ただし，n 量体中の n 個のモノマー単位は区別できないことを考慮すると，n 量体の結合様式の数は，$_{2n}C_{n-1}(n-1)!/n! = (2n)!/n!(n+1)!$ となる．図 1.7 には，この式より計算した分岐高分子の**構造異性体**の数の重合度依存性を示す．線状高分子では，n 量体は 1 種類しかないことと比較すると，高重合度の分岐高分子がいかに多様であるかがみてとれる．

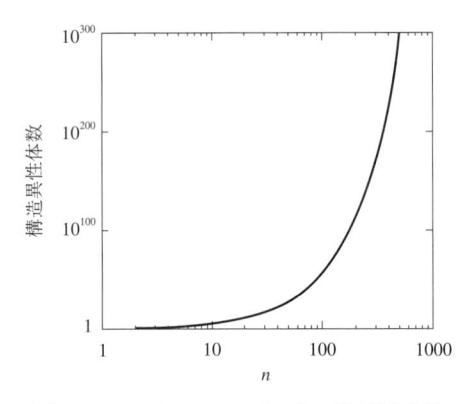

図 1.7 ABB 型モノマーの重合体の構造異性体数

1.5.3 共重合体の平均組成と多分子性

線状の共重合体には，重合度と組成に関する多分散性が存在する．平均の重合度は上述の単独重合体の場合と同様に P_n や P_w によって表され，平均組成は通常各構成モノマー単位のモル分率（あるいはモル百分率やモル比）によって表現される．人工的に合成された共重合体には，重合度とともに組成に関する分布が存在し，両方の多分散性に関する分別操作は，手間のかかる作業となる．さらに，共重合体の場合には，重合度と組成が均一であっても，異種のモノマー単位の結合順序に関する多分子性が残っている．図 1.2 では，2 元共重合体を大雑把に 4 種類に分類したが，結合順序の違う共重合体の種類は膨大である．たとえば，重合度が 100，モノマー単位のモル比が 1：1 の 2 元共重合体には，$_{100}C_{50} = 10^{29}$ 種類の分子種が存在する．

20 種類あるアミノ酸が 400 個結合した標準的なタンパク質分子には，$20^{400} \cong 10^{520}$

種類もの配列順序の異なる異性体が存在することになる．水溶液中でのタンパク質分子の3次元構造は，アミノ酸の配列順序によって決まっている．そして，酵素としてのタンパク質の機能は，その3次元の分子構造によって規定されている．タンパク質の機能が非常に多彩なのは，共重合体としてのタンパク質の種類が非常に豊富なためである．高分子の多分子性は，低分子のように純物質が得られないというネガティブな意味合いで導入されたが，タンパク質を考えると，むしろ高分子の多様性は，その非常に多彩な機能を生み出す起源であるといえる．

1.6 高分子の分子形態と性質

高分子説が認知されると，高分子研究者に課せられた次の課題は，非常にたくさんの原子団が連結した高分子鎖が，いったいどのような形をしているのかという問題であった．この問題においても，低分子の分子構造研究とは，ずいぶん異なった方法で研究を進めなければならなかった．またその研究を進める中で，高分子特有の性質は，実はこの高分子独特の分子形態に由来していることもわかってきた．

1.6.1 ガウス鎖とゴム弾性

最も単純な高分子であるポリエチレンを考えよう．この高分子は主鎖が単結合でつながった炭素原子のみから構成されている．図1.8(a)には，ポリエチレン分子$(-CH_2-CH_2-)_n$の一部を描いてある．炭素-炭素単結合の結合長は1.54Å，結合角は109.5°にほぼ固定されているのは，低分子のn-アルカンと同じである．また，各結合回りに回転（これを**内部回転**と呼ぶ）が許されることも，n-アルカンの研究からわかっている．問題は，この単結合回りの回転により，ポリエチレン分子がどれくらいの数の異なった形がとれるかである．

図1.8(b)では，ポリエチレン分子から炭素数4つの部分を取り出した．これは，n-ブタンの骨格と同一である．中央の2，3番目の炭素原子をつなぐ結合方向から眺めると，パネルcのように見え（ただし，両端の炭素原子に結合している水素原子は省略した），その結合回りに回転させると，分子の形が変化する．n-ブタンの研究から，3つの安定な回転状態があることがわかっている．図1.8cに示す，両端の炭素原子が最も離れた**トランス**と呼ばれる配座，そしてそれから±120°回転させた2種類の**ゴーシュ**と呼ばれる配座である．いずれも，直接結合していない炭素，水素原子間の立体反発が避けられる配座である．重合度がnのポリエチレン

(a)

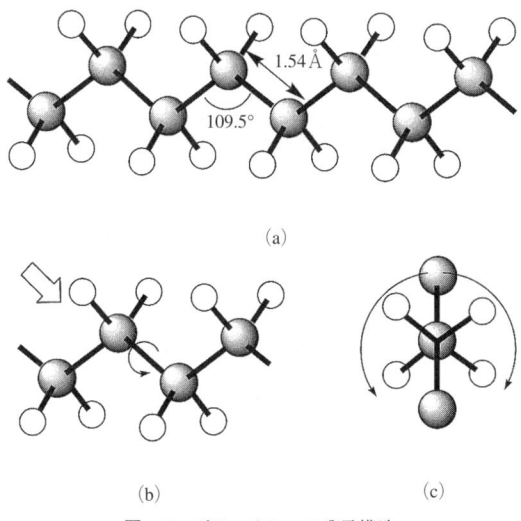

(b)　　　　　　　　　(c)

図 1.8 ポリエチレンの分子構造

分子（結合数は $2n-1$）の場合には，両端を除く各結合において3つの回転状態がとれると予想されるので，すべての立体配座（conformation）の数は，3^{2n-3} となる．分子量が1万（$n=357$）のポリエチレン分子には，10^{340} 種類の異なる形が存在することになる（ただし，この中には実際には取れない配座も含まれている；6章参照）．n-ブタンの個々の立体配座の形は具体的にイメージできるが，10^{340} 種類あるポリエチレン分子の個々の立体配座を1個ずつ考察するのは実質上不可能である．

それでは，高分子鎖の形をどう理解すればよいのであろうか．この問題に答を与えたのは，ドイツの物理学者 W. Kuhn であった．彼は，膨大な数の分子の形に対して，統計学的な取り扱いを提案した．話を単純化するために，ポリエチレン分子の代わりに，図 1.9(a)に示すような2次元の**酔歩鎖**（random-walk chain）を用いて説明する．中央の格子点から出発して，上下左右の4方向をたとえば2種類の硬貨を振ったときの裏表から決め（10円玉が表で，100円玉が裏ならば右に進む等），順次結合を発生していくと，簡単に酔歩鎖の一種である2次元格子鎖を発生できる．結合数（すなわち歩数）n_b を一定にして，格子鎖を多数回発生させると，毎回形の異なった「高分子鎖」ができる．各鎖の形を鎖の**両端間距離** R で特徴づけると，R は発生させた鎖ごとに違った値となるが，ある統計に従う（これは，酔歩

(a)　　　　　　　　　(b)　　　　　　　　　(c)

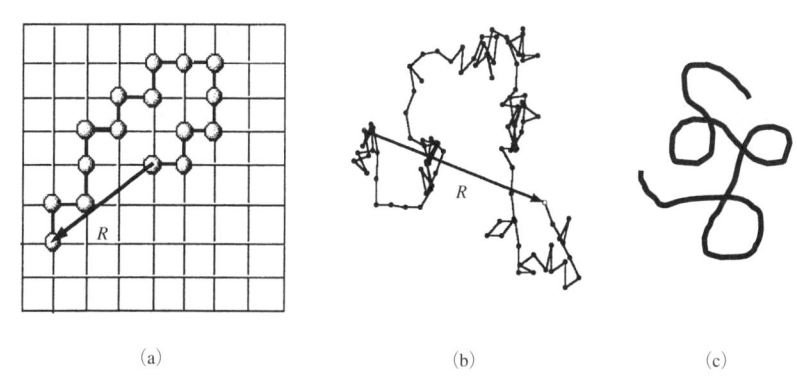

図 1.9　2 次元の酔歩鎖モデル：(a) 結合数 15 の格子鎖；(b) 結合数 100 の自由回転鎖
(c) 模式的に描いたランダムコイル鎖

の問題と呼ばれ，Rayleigh によって数学的に解かれた問題である）．

得られた R の統計データは，**確率密度** $W(R)$ と呼ばれる関数によって整理される．結合長（すなわち単位格子サイズ）を b とし，たとえば，$0 \leq R \leq 2b$，$2b < R \leq 4b$，$4b < R \leq 6b$，…の間にある鎖の数を $N(b)$，$N(3b)$，$N(5b)$，…とすると，$W(R)$ は

$$W(R) = \frac{N(R)}{N \Delta R} \tag{1.2}$$

から計算される．ただし，N は発生させた鎖の総数，ΔR は $N(R)$ を数えるときの R の幅で，上記の場合 $\Delta R = 2b$ である．図 1.10 には，結合数 $n_b = 15$ の 2 次元格子鎖を多数発生させて得られた $W(R)$ を，棒グラフの形で表している．実際に確かめてみればわかるが，この $W(R)$ は酔歩鎖に固有な関数で，何度試行してもほとんど同じ結果が得られる．すなわち，発生させた各酔歩鎖の形は千差万別であるが，その統計的性質はある規則に従っている．

数学的には，$W(R)$ を R の連続関数として取り扱う方が便利であ

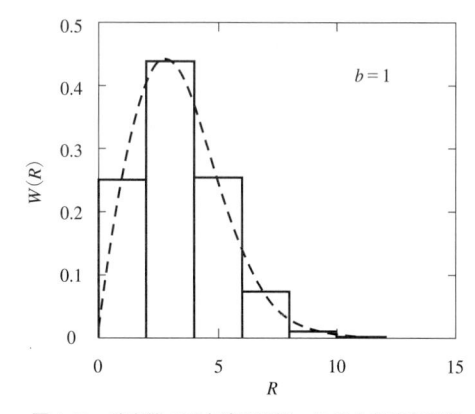

図 1.10　酔歩鎖の両末端間距離 R に関する確率密度

る．たとえば，図 1.9(b) に示した，結合角が任意の自由連結鎖（酔歩鎖の一種）で n_b と N が十分大きい場合には，ΔR を十分に小さく選べ，$W(R)$ は実質的に R の連続関数と見なせる．この場合，$W(R)$ はよい近似で次式で与えられることが数学的に証明できる．

$$W(R) = 2\pi R \cdot (\pi n_b b^2)^{-1} \exp(-R^2/n_b b^2) \qquad (1.3)$$

この式の右辺の $2\pi R$ は，両末端間を結んだベクトル $\boldsymbol{R}$ の方向に関する和（積分）をとることにより現れる因子で，この $2\pi R$ を除いた関数を（2次元の）ガウス関数と呼ぶ．式 (1.3) は，図 1.10 中の破線で示される関数となり，$n_b = 15$ の格子鎖の $W(R)$ に対するよい近似となっている[*1]．

以上では，2次元の酔歩鎖という仮想的なモデル鎖を用いて議論したが，鎖の統計的性質はモデル鎖の局所的な幾何学的制約には依存せず，結合角や内部回転角に制約があるポリエチレン分子に対する $W(R)$ も，重合度が十分高ければ，b の値をある有効な結合長で置き換えた3次元のガウス関数で表される（6章参照）．同様に，主鎖に炭素以外の原子が含まれている高分子や共役しない二重結合を含む高分子に対しても，b を適当にスケールすれば，ガウス関数が適用できる．

両末端間距離 R の分布が，ガウス関数で表される高分子鎖を，一般に**ガウス鎖** (Gaussian chain) と呼ぶ．上記の酔歩鎖からわかるように，ガウス鎖はどのような形かという問に対して，ある特定な形を指定できない．むしろ，R の分布がガウス関数で規定された多数の分子の形の集合であるというのが，正しい答である．図 1.10 に示した曲線のピーク位置の R をもつ形が最も高い確率で現れるが，たとえば図 1.8(a) に示したすべての内部回転がトランス配座をとり，まっすぐに伸びた形もガウス鎖には含まれている（ただし，ガウス関数はそのような確率がほとんどゼロであることを教える）．

高分子鎖を，図 1.9(c) に示すような糸まり状の絵で表し，**ランダムコイル** (random coil) と総称することがしばしばある．この方が直感的に高分子をイメージしやすいが，厳密にはあくまでも描かれた形は高分子鎖のとりうる形の集合の中の，高い確率で出現するひとつに過ぎないことを忘れてはいけない．

このように，分子の形が特定できず，多数の形の集合として高分子の形を理解しなければならない点が，高分子をわかりにくくしている主な原因であろう．しかし

[*1] 教室で，多数の受講者がたとえば $n_b = 15$ の酔歩を発生させ，$W(R)$ を求めてみると，ほぼ式 (1.3) が成立するのを確かめることができる．

ながら，この点がまさに高分子特有の性質の起源であり，この概念を避けて，高分子を語ることはできない．ゴム特有の弾性の起源も，高分子のこの特徴に起因している．ゴムは図 1.4 に示すような 3 次元架橋された網目状高分子であるが，2 つの隣接架橋点をつなぐ 1 本の部分鎖はガウス鎖と見なせる．両末端間距離 R が大きくなろうとすると 2 つの架橋点間に引力が生じ，逆の場合には斥力が生み出される．平衡状態では，引力と斥力が等確率で生じ，正味の弾性力は働かないが，ゴムを引き伸ばすと，部分鎖の R は，平均の R よりも大きい形をとるため，R が小さくなる形に変形する確率が高くなる．すなわち，2 つの架橋点間には正味の引力が働き，ゴム弾性が生じる．

3 次元架橋されていない高分子溶融体でも，分子間のからみ合いが，一時的な架橋点となり，ゴム弾性を呈する．ただし，ずっと変形させているとからみ合いが解け，弾性は消失する．このような力学的性質を**粘弾性**（viscoelasticity）と呼び，高分子溶融体（および濃厚溶液）に特徴的な性質であるが，これにも高分子の形が密接に関係している．詳細は 8 章で述べられる．

1.6.2 高分子の集合状態と性質

7 章で詳しく述べられるように，**結晶性高分子**は，結晶状態という高分子鎖が密に凝集した条件下で，前項で述べてきた高分子鎖とは違って，対称性の高いある特定の形のみを選択的にとる．たとえば，上述のポリエチレンは，結晶中では図 1.8(a)に示したような内部回転状態がすべてトランス配座のオール・トランス構造をとっている．これは，高分子鎖が集合したときに，隣の分子鎖との間に隙間が空かないようにするには，対称性の高い形しか許されないためである．結晶中の高分子構造は，低分子の場合と同様，高分子を構成している原子の種類とその結合の仕方によって決まっている．そして，その構造は，たとえば繊維の弾性率を決める主要な因子である．ただし，低分子結晶とは違い，結晶性高分子には常に非晶部分が共存し，実際の繊維の弾性率には，この非晶部分の影響が大きい．

非晶性高分子は，凝集状態でも結晶状態にはならず，各高分子鎖は希薄溶液中と類似の分子形態をとっている．非晶性の高分子物質は，**ガラス転移温度**（glass transition temperature）を境に，その物性が一変する．この転移温度よりも低温では，高分子鎖の運動は凍結され，前項で述べたようなゴム弾性は示さない．これは，低分子物質の固-液相転移に似ているが，ガラス転移温度は，熱力学的には一義的に

決まらず，試料の冷却速度などに依存する．このため，ガラス転移温度より上と下の状態は，それぞれ**ゴム状態**（rubbery state）と**ガラス状態**（glassy state）という高分子特有の術語で呼ばれている．ガラス転移温度は，高分子物質の非常に重要な特性量で，高分子の分子構造と運動性，および高分子間の相互作用の強さに複雑に関係している．結晶性高分子物質の場合には，固-液相転移点である融点も存在する．ガラス状態という術語は，結晶状態とも対比され，高分子鎖が規則的な構造をとっていない状態を意味する．

高分子物質の性質は，分子量に顕著に依存するものと，低分子量領域を除き依存しないものとがある．溶液の粘性，溶融体の粘弾性，拡散性，溶解性などは前者に，密度，融点，熱伝導性，熱安定性，絶縁性，屈折率などは後者に属す．前者は，昔「コロイド性」と呼ばれていた性質で，上のいくつかの例で説明したように，高分子鎖の全体的な形や大きさによって決まる性質である．後者に属す性質は，高分子物質特有の性質ではないが，前者の特性と組み合わせることにより，工業的に有用な材料とすることができる．たとえば，電子・光学的性質には，一般に高分子性はないが，フィルムなどの成型加工性をもたせるために，素材を高分子化することが有効である．

1.7　高分子の分子特性解析

高分子が，高性能・高機能性の材料として利用されるに従い，ますますその材料物性の精密な制御あるいは材料の品質管理が重要となる．特殊な用途のために限界に近い力学強度，寸法安定性，光学的性質，感光性，表面物性などの制御が要求される．またそれら材料物性のごくわずかなばらつきが，最終製品を致命的な欠陥品にしてしまう危険性がある．高分子材料の物性制御・品質管理には，まずもってその材料の**分子特性**（molecular characteristics；分子量，分岐度，共重合体組成，立体規則性やそれらの分布度）を詳細かつ正確に知っておく必要がある．上で述べたように，高分子は非常に多様な分子構造を有しており，その分子特性を決定する作業は一般に容易ではない．

以上のような状況下で，高分子の**分子特性解析法**（molecular characterization）の開発・確立に，これまで多大な労力が払われてきたし，今後も引き続き努力を続けていかなければならない．分子量測定法ひとつを取り上げても日進月歩で，田中らが開発したタンパク質の質量分析法にノーベル賞が授与されたのは記憶に新しいと

1.7 高分子の分子特性解析

表 1.5 高分子の分子量測定法

方 法	タイプ	平均分子量	有効な測定分子量範囲
静的光散乱	絶対法	M_w	$10^4 \sim 5 \times 10^7$
沈降平衡	絶対法	$M_\mathrm{w}, M_\mathrm{z}$[*]	$10^2 \sim 10^6$
蒸気浸透圧	絶対法	M_n	$<10^5$
膜浸透圧	絶対法	M_n	$10^4 \sim 10^6$
末端基定量 (NMR など)	絶対法	M_n	$<10^5$
質量分析	絶対法	分子量分布関数	$<10^4$
サイズ排除クロマトグラフィー	相対法	分子量分布関数	$10^2 \sim 5 \times 10^6$
粘度	相対法	粘度平均分子量[**]	$10^2 \sim 5 \times 10^7$

[*) $M_\mathrm{z} = M_\mathrm{w}^{-1} \sum_{n=1}^{\infty} w_n (m_0 n)^2$ (z 平均分子量) **) 6.6.2 項参照

ころである．高分子科学の胎動期には，沸点上昇や凝固点降下法くらいしかなかったのと比較すると隔世の感がある．

表 1.5 には，代表的な高分子の分子量測定法を掲げてある．これらの測定法は，絶対法と相対法に大別でき，前者は測定可能量のみから平均分子量が見積れるのに対し，後者は測定試料と同種で分子量既知の標準試料が必要な測定法である．標準試料が利用できない新規高分子の分子量測定には，前者を用いる必要がある[*1]．また，表 1.5 には，各測定法ごとに得られる平均分子量の種類も示してある．1.5.1 項に述べたように，異なる種類の平均分子量（たとえば M_w と M_n）の比は分子量分布の広さの指標となる．質量分析法とサイズ排除クロマトグラフィーによって分子量分布関数そのものを求めることができる（ただし，前者は試料のイオン化が分子量に依存してはいけない）．試料を分子量分別してから各分別区分について分子量測定をしても，分子量分布の情報が得られる．最近は，サイズ排除クロマトグラフィーと光散乱や粘度検出器とをオンラインでつないだ装置が市販されており，それらを利用すると簡便に高分子試料の分子量分布が調べられる．

実際に分子量測定を行う際には，測定法ごとに分子量の測定限界のあることに注意する必要がある．大まかな目安が，表 1.5 の第 4 欄に載せられている．それぞれ目安の限界を超えた測定には，一般に相当の困難が伴う．表 1.5 の測定法のいくつ

[*1] 分子量の正確な値を必要とせず，その大小関係のみが知りたい場合には，異種の標準試料（たとえばポリスチレン）を用いて，相対法から分子量（ポリスチレン換算分子量）が概算されることもある．ただし，正しい分子量ではないので，その絶対値に関する議論は控えるべきである．

かは，6章で詳しく述べられる．

共重合体組成や短い分岐鎖の分率などの決定には，NMR・赤外吸収・ラマン分光・元素分析をはじめとする低分子の化学分析法が利用できる．共重合体の連鎖分布や立体規則性は，通常 NMR により調べられる．NMR・赤外吸収・ラマン分光の測定法については，7章で説明される．長鎖の分岐鎖に関する情報は，回転半径・固有粘度・流体力学的半径等の希薄溶液物性研究から得られるが，それらの詳細は，6章を参照されたい．

高分子の分子特性解析において，試料の分別（成分分離）は非常に重要な過程である．細かく分別できれば，それだけ詳細に分子特性解析が行える．最近では，超臨界流体を用いたり，サイズ排除と吸着を組み合わせた種々のクロマトグラフィー技術が高分子の分別に応用されている．

[付録1] 高分子科学の発展の歴史

高分子科学を理解する上で，その発展の歴史を知っておくことは無駄ではない．表 1.6 には，本書の各章で登場する重要事項を中心に，高分子科学の発展の歴史を年表にまとめた．

表 1.6 高分子科学年表

年代	発見・発明者	歴史的な事項
1806	Gough	ゴムの熱弾性効果の発見
1844	Goodyear	天然ゴムの加硫法の特許
1869	Hyatt 兄弟	セルロイド（人工象牙）の製造
1884	de Chardonnet	硝酸セルロースによる人造絹糸
1907	Baekeland	ベークライトの製造法特許
1911	Einstein	球状粒子分散系の粘度理論
1913	西川	セルロース，絹の X 線回折
1920～35	Staudinger	高分子説の確立
1923	Svedberg	超遠心法
1931～	Carothers	ナイロン，ポリエステルの合成
1934～	Kuhn	ガウス鎖モデル
1935	Meyer, Ferri, Kuhn	ゴム弾性の統計理論
1937	Flory	縮合重合・付加重合機構の体系化
1940	Houwink, Mark, 桜田（独立に）	鎖状分子の固有粘度式
1940	桜田	ビニロンの発明
1942	Flory, Huggins（独立に）	高分子溶液の格子理論
1944	Debye	高分子溶液の光散乱法
1948	Kirkwood	高分子鎖の流体力学理論

1949	Flory	排除体積効果の理論
1949	Kratky, Porod	みみず鎖モデル
1950	Sanger	インシュリンの1次構造決定
1951	Pauling	タンパク質の2次構造
1952	Ziegler	チーグラー触媒の発見
1953	Watson, Crick	DNAの二重らせん構造
1953	Staudinger	ノーベル化学賞
1953	Rouse	ラウスモデル（高分子動力学モデル）
1955	Natta	イソタクチックポリマーの発見
1956	Szwarc	リビング重合法の発明
1957	Keller	ポリエチレン単結晶の発見
1958	Lifson, 永井	高分子鎖の統計理論
1958	William, Landel, Ferry	時間温度換算則（高分子粘弾性における）
1960	Kendrew	ミオグロビンの結晶構造
1962	Moore	サイズ排除クロマトグラフィー
1963	Ziegler, Natta	ノーベル化学賞
1963	Merrifield	ペプチド固相合成法
1967	du Pont 社	Kevlar（高弾性率糸）の液晶紡糸法特許
1971〜	de Gennes	スケーリング理論，レプテーション理論
1974	Porter, Ward（独立に）	高弾性率ポリエチレン
1974	Flory	ノーベル化学賞
1974	白川	ポリアセチレン重合法（白川法）
1978〜	土井，Edwards	管モデルによる粘弾性理論
1984	Merrifield	ノーベル化学賞
1987	田中	タンパク質の質量分析法
1990〜	Grubbs	メタセシス重合法
1991	飯島	カーボンナノチューブの発見
1991	de Gennes	ノーベル物理学賞
2000	Heeger, MacDiarmid, 白川	ノーベル化学賞
2002	Fenn, 田中, Wüthrich	ノーベル化学賞
2005	Chauvin, Grubbs, Schrock	ノーベル化学賞

［付録2］　高分子命名法[*1]

　高分子の分子構造は非常に複雑であり，その物質名についても明確に定めておかないと混乱の元となる．本付録では，高分子の命名法についてごく簡単に紹介する．

　国際純正応用化学連合（IUPAC）では，ポリマーの命名法として構造基礎名

[*1] 構造基礎命名法の詳細は，高分子，54，901-910（2005）を参照．このほか，高分子学会のホームページ http://www.spsj.or.jp/ に命名法に関する文書が掲載されている．

（structure-based name）と原料基礎名（source-based name）の2系統がある．前者はポリマー中の繰返し単位（主に2価の基）の有機化学命名法に基づく化学名を必ず括弧で括り，その前にpolyをつけるもので，体系名とも呼ばれる．原料基礎名は，polyのあとに括弧を使わず原料（主にモノマー）名をつける方式で古くからの慣行に近い．英語でモノマー名が2語以上の場合は，poly(methyl methacrylate)のように括弧でくくるが，日本語では空白を置かないので，ポリメタクリル酸メチルのように括弧をつけない．また数字や記号で始まって混乱しそうな場合も括弧を用いるのが望ましい．

　たとえば，スチレン（styrene）の重合で得られるポリマーの原料基礎名はpolystyreneであり，poly(styrene)とはしない．構造基礎名は，繰返し単位 $-CH-CH_2-$ を1-phenylethyleneと命名し，これにpolyをつけてpoly(1-phenylethylene)となる．同じポリマーを得るのに，出発原料が何種類も可能な場合，原料基礎名が複数発生する．たとえば，ナイロン-6は ω-アミノヘキサン酸の重縮合あるいは ε-カプロラクタムの開環重合で得られるので，原料基礎名は複数になるが，構造基礎名は最終生成物の繰返し単位の構造 $-NHCOCH_2CH_2CH_2CH_2CH_2-$ に基づいて一義的に，poly[imino(1-oxohexamethylene)]と命名される．

　複数のモノマー，たとえばstyreneとmethyl methacrylateの重合で得られる共重合体は，原料基礎の規則にならって，poly[styrene-*co*-(methyl methacrylate)]と命名する．中ほどの-*co*-はcopolymerであることを表す接続記号である．このほか，交互共重合体（alternating copolymer）を表すpoly(A-*alt*-B)，ブロック共重合体を表すpolyA-*block*-polyB，グラフト共重合体を表すpolyA-*graft*-polyBなどの接続記号を使った命名ができる．

2 重縮合と重付加

2.1 はじめに

 1930年ごろ,高分子を有機化学的に確実に合成する方法は少なく,収率よく起こるエステル化や酸アミド生成反応を用いて,下式のような2官能性分子間の繰返し縮合反応(現在では**重縮合**(polycondensation))が,まず最初に調べられた.

$$\text{HO(CH}_2)_n\text{OH} + \text{HO}_2\text{C(CH}_2)_m\text{CO}_2\text{H}$$
$$\longrightarrow \text{+O(CH}_2)_n\text{-OCO(CH}_2)_m\text{-CO+}_x + 2x\,\text{H}_2\text{O} \quad (\text{I})$$

$$\text{HO(CH}_2)_n\text{CO}_2\text{H} \longrightarrow \text{+(CH}_2)_n\text{-COO+}_x + x\,\text{H}_2\text{O} \quad (\text{II})$$

$$\text{H}_2\text{N(CH}_2)_n\text{NH}_2 + \text{HO}_2\text{C(CH}_2)_m\text{CO}_2\text{H}$$
$$\longrightarrow \text{+NH(CH}_2)_n\text{-NHCO(CH}_2)_m\text{-CO+}_x + 2x\,\text{H}_2\text{O} \quad (\text{III})$$

$$\text{H}_2\text{N(CH}_2)_n\text{CO}_2\text{H} \longrightarrow \text{+NH(CH}_2)_n\text{-CO+}_x + x\,\text{H}_2\text{O} \quad (\text{IV})$$

 上の4つの式の反応ではメチレン鎖が曲がりやすいためもあり,$n=4$以下では,環化が主となり,高分子はほとんど得られなかったが,(III)式の$n=6$, $m=4$ ではかなりの高分子量のものが得られ,**ナイロン**と命名された(W. H. Carothers, 1935年).デュポン社では直ちに優れた合成繊維として生産を始めた.ポリエステルでは酸部分にテレフタル酸を用いて,ICI社のWinfieldが高分子化に成功し,現在PETと呼ばれるものをはじめて合成した.この2つは現在でもポリアミドとポリエステルの代表例として大量生産されている.

 重縮合としての一般式は

$$n(\text{X–A–X}) + n(\text{H–B–H}) \rightleftharpoons \text{--}\!(\text{A–B})_n\!\text{--} + 2n\,\text{HX}$$
$$n(\text{X–A–H}) \rightleftharpoons \text{--}\!(\text{A})_n\!\text{--} + n\,\text{HX}$$

である．HX で表される小分子が反応系より生成し，平衡状態となるので，この平衡定数によっては，HX を強制的に系外へ排出して重合を進行させる．X としては OH，ハロゲンのような電気陰性度の高いものが多い．また X＝H のときは脱水素重合となる．

この付加反応時に，小分子の脱離を伴わない場合もあり，**重付加**（polyaddition）と呼ばれている．やはり平衡の成立が考えられるが，この場合も平衡がほとんど完全に付加物側に片寄っていることが高分子生成の条件となる．たとえば，アルコールやアミン類と直ちに反応するイソシアナート類が重合成分として用いられ，実例としては下式のようなポリウレタン生成反応などがある．反応論的に類似したものであるため，重縮合と重付加はひとまとめにして述べる．

$$\text{HO(CH}_2)_n\text{OH} + \text{OCN–R–NCO} \longrightarrow \left[\!-\text{O}\!-\!(\text{CH}_2)_n\!-\!\text{O}\!-\!\underset{\underset{\text{O}}{\|}}{\text{C}}\!-\!\underset{\text{H}}{\text{N}}\!-\!\text{R}\!-\!\underset{\text{H}}{\text{N}}\!-\!\underset{\underset{\text{O}}{\|}}{\text{C}}\!-\right]$$

これらにより得られる高分子は主鎖構造が炭素-ヘテロ原子から構成されており，後述の付加重合によって得られる炭素-炭素鎖とはかなり異なる物性や機能を付与することが可能である．特に現在では，高性能材料を目指して多くの系が分子設計され，個性豊かな主鎖骨格を有する高分子が次々に合成されている．

2.2　ポリアミドの合成

カルボン酸と第1級アミンからのアミド結合の生成は，一般に平衡定数が数百であるため，触媒なしでも両成分を混合加熱すれば容易に起こり，生成したアミド結合は化学的にも安定で強く高分子の主鎖として適当である．この際，2官能性のカルボン酸とジアミンを厳密に1：1のモル比で混合する必要がある．これには，通常，ナイロン塩という酸とアミンの1：1の塩生成を利用している．重合ではこのナイロン塩を240℃に加熱し，生成する水を高真空下で除けばよい．アミド結合が主鎖上で規則的に導入されると，高分子の主鎖方向にのばしたとき，NH…O 型の分子間水素結合ができて高分子同士が強く相互作用するので，-CH$_2$CH$_2$- のような"やわらかい"部分があっても，ポリアミドは丈夫な繊維となる．

現在でも Carothers が最良と結論した 66 ナイロンが，繊維として優れているが，

2.2 ポリアミドの合成

日本では，ε-カプロラクタムの開環重合（4章参照）による6ナイロンが製造されている．ナイロンは現在，エンジニアリングプラスチック（2.5節参照）としてハイテク産業でも盛んに利用されているが，近年芳香環をアミド結合間にはさんだ**アラミド**（aramid）が，超高耐熱性プラスチックとしてさらに利用範囲を広げている．

典型的なアラミドとして，ケブラー（Kevlar®，デュポン社）とノメックス（Nomex®，デュポン社）の合成を述べる．下式に示すように，この両者はベンゼン環のパラまたはメタ位にアミド結合が存在している点が異なるのみであるが，この立体的影響は，高分子の物性には大きく，ケブラーは耐熱性繊維，ノメックスは耐熱性樹脂として用いられている．ジアミン側の塩基性が弱いためもあり，酸側には縮合反応性の高い酸塩化物を用い，界面縮合（2.3節参照）または溶液内での室温付近での反応で合成されている．溶媒として HMPA（$(Me_2N)_3PO$）あるいは NMP（N-メチルピロリドン）を用いる．

これらは，非常にかたい主鎖をもつので耐熱性が高く，強い繊維となる．しかし，溶媒への溶解度がきわめて低く，紡糸が困難であった．一方，濃硫酸にはよく溶け，濃厚溶液（20〜40％）が液晶となる特性を利用して紡糸することでこの困難は克服された．現在では防火服や防弾チョッキのほか，工業的にはタイヤコードなど多方面に使用されている．

耐熱性の高い全芳香族多環ポリマーとして，ポリベンズイミダゾール（PBI）がよく知られている．合成反応は，まずオルトジアミノベンゼン構造単位が芳香族エステルと重縮合してポリアミドを生成し，次いでさらに高温（400°C）に加熱して多環ポリマーへ環化縮合を行う，2段の反応より成っている．

[反応式: テトラアミノビフェニル + イソフタル酸ジフェニル → (250℃) ポリアミド中間体 → (400℃) PBI]

PBI　融点 770 ℃
DMSO（ジメチルスルホキシド）可溶
300 ℃付近で長時間安定

　同様な多環芳香族ポリマーはピロメリット酸無水物とフェニレンジアミンまたは4,4'-ジアミノジフェニルエーテルの重縮合反応で合成され，ポリイミドと総称されている．反応性の高い酸無水物部分とアミノ基の反応によるポリアミドの生成と，それに続く脱水環化反応によって化学的に安定な酸イミド部分が生成し，多環化する．

[反応式: ピロメリット酸無水物 + 4,4'-ジアミノジフェニルエーテル → ポリアミド酸 → ポリイミド]

Kapton®

その中でもカプトン (Kapton®) は特に高性能であり，耐熱性 (250〜300°C にて長時間) も高く，強度も大きい．ジェット機やロケットの部品のほか，電子材料にも使われている．強さの表現の1つは弾性率であるが，このタイプのポリマーは超高弾性率を示し，繊維状で 340 GPa に達する例も見出されている．

2.3 界面重縮合によるポリアミドの合成

水と有機溶媒との2液界面を利用する有機合成反応は，近年，ますます広く利用されるようになったが，重縮合反応に利用されたのは，むしろ，有機反応よりも早く，ポリアミドの合成に見事な成果をあげた．酸塩化物を有機溶媒可溶な酸成分とし，ジアミンを水溶液として用い，界面での独特の反応促進効果を巧みに使ったものである．この反応では，縮合反応を促進させるため，電子吸引性で脱離が容易に起こる基として，カルボン酸の OH 基の代わりに塩素原子を導入した酸塩化物を用いている．反応は，有機層に存在する酸成分にジアミンが拡散して起こり，ポリマーは界面の有機層側で生じる．副生する塩酸は直ちにアルカリ性となっている水層に入って中和され，界面からの不溶性ポリマーの除去（かくはんまたは釣り上げ）によって次々と縮合が起こる仕組みになっている（図 2.1）．このとき，酸塩化物とジアミンのモル比は厳密には当量となっていなくてもよい．

このような**界面重縮合法**が熱的重縮合法と比べ有利なのは，簡単な装置でほぼ常温常圧で行えるほか，重合時間がきわめて短く，また2液相間での不可逆反応であることがあげられる．反応速度は最も速いビニル重合の成長速度と同程度（約 10^4

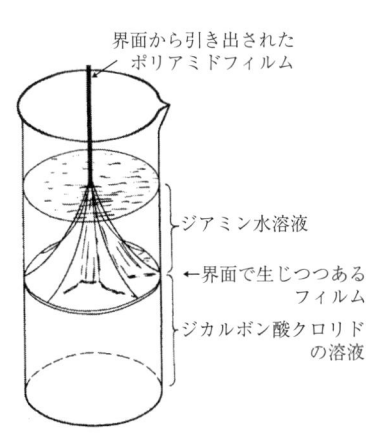

図 2.1 界面重縮合の模式図

$l \cdot mol^{-1} \cdot s^{-1}$)と推定され,現実には界面を通過する反応物質の移動速度が律速段階であると考えられている.また,界面重縮合では熱的重縮合で要求される厳密な条件(モノマーの高純度,モノマー間のモル比の正確なバランス,定量的収率)は,高分子量ポリマーを得るための必要条件ではない.溶媒の種類と溶液濃度など種々の因子の適切な選択が,界面重縮合で高分子量体を得るために必要である.

2.4 ポリエステルの合成

2.4.1 ポリエチレンテレフタレートとポリカーボネート

アミド化反応と類似したエステル化反応を高分子の合成に用いる場合,エステル生成反応での平衡定数が小さいことは,不利な条件となる.たとえば,この定数は普通250°Cで約1であり,単に酸とアルコールを混ぜて加熱しただけでは,ほとんど高分子化しない.したがって,エステル化により生成する水を強制的に系外へ排出する必要がある.エステル化においては,カルボニル炭素の求電子性を増加させるための酸(プロトン酸またはルイス酸,ZnやTiなどの塩)が触媒作用を示す(2.9節参照).反応の一成分の有機酸が触媒としても働くので,酸とアルコールを溶媒なしで加熱し,生じる水を高真空下に除きながら合成が行われている.ポリアミドと異なり,NH⋯O型の水素結合がないので,脂肪族の2塩基酸とジオールの組み合わせでは,生じたポリエステルの融点が低く,合成繊維として使えない(2.4.2項参照).そこで,酸成分に芳香族のテレフタル酸を用い,主鎖のかたさを増す一方,カルボン酸部分の酸性度を上げてエステル化を促進させ,十分な高重合度のものを得るように改良された.現在でもこの組み合わせによるポリエステルが主流で,工業的に大量生産され,繊維以外にプラスチックとしてPETやPBTの略号で利用されている.

2.4 ポリエステルの合成

[反応式: テレフタル酸 または テレフタル酸ジメチル + HO-(CH₂)ₓ-OH ($x = 2$ or 4) ⇌ HO-(CH₂)ₓ-O-CO-C₆H₄-CO-O-(CH₂)ₓ-OH →(280℃, 触媒) [-CO-C₆H₄-CO-O-(CH₂)ₓ-O-]ₙ + n HO-(CH₂)ₓ-OH]

$x = 2$：ポリエチレンテレフタレート（PET）
$x = 4$：ポリブチレンテレフタレート（PBT）

　プラスチックとして大量に合成されているポリエステルとして，次式のようにして得られるポリカーボネート（polycarbonate；次式は，ビスフェノール A ポリカーボネート）がある．化学的にかたい構造のジオール（ビスフェノール A）と求電子性の強いホスゲン $COCl_2$ の反応で，発生する HCl を塩基により除いてつくられる（界面重縮合）か，ジフェニルカーボネートを用いてエステル交換によりつくられる（溶融重合法）．また，後者の系では活性化ジアリールカーボネートを用いることで室温での重合が可能になる．ここで用いる 4-ジメチルアミノピリジンは，求核性触媒，相間移動触媒として有効に働いている．加工性も耐熱性も良いので，コンパクトディスク（CD）の主な材料として広く用いられている．

[反応式: ビスフェノール A + COCl₂ (塩基, ベンゼン) / + (PhO)₂CO (230〜300℃) / + (2,4,6-トリクロロフェニル)₂CO (NaOH aq., 4-ジメチルアミノピリジン/CH₂Cl₂, 室温) → ビスフェノール A ポリカーボネート 融点 270 ℃]

下記のような高分子主鎖が剛直な全芳香族型ポリエステル（ポリアリレート：PAR）は，溶融状態でも直線型をとるため液晶となり，電子部品や高性能フィルムなどに用いられている．

$$\left[O-\!\!\left\langle\bigcirc\right\rangle\!\!-O-\!\!\underset{\underset{O}{\|}}{C}-\!\!\left\langle\bigcirc\right\rangle\!\!-\underset{\underset{O}{\|}}{C}\right]_n \qquad \left[O-\!\!\left\langle\bigcirc\right\rangle\!\!-\underset{\underset{O}{\|}}{C}\right]_n$$

2.4.2　生分解性プラスチック（脂肪族ポリエステル）

　脂肪族ポリエステルは高い加水分解性と低い融点のため，これまで材料としては注目されていなかったが，現在，**生分解性プラスチック**としての開発がなされている．生分解性ポリマーとは，使用している間は優れた性質を持続するが，廃棄後，微生物により分解され，最終的には自然界の炭素循環に組み込まれる高分子材料のことである．たとえば，コハク酸とブタンジオールとの重縮合で得られるポリブチレンスクシネートまたはその共重合体は，化学合成系の生分解性ポリマーとして実用化されている．

$$\left[O\!\!-\!\!(CH_2)_4\!\!-\!\!O\!\!-\!\!\underset{\underset{O}{\|}}{C}\!\!-\!\!(CH_2)_2\!\!-\!\!\underset{\underset{O}{\|}}{C}\right]_n$$

ポリブチレンスクシネート

2.5　エンジニアリングプラスチック（汎用エンプラとスーパーエンプラ）

　エンジニアリングプラスチック（エンプラ）は，力学的特性，熱的特性，寸法安定性などが優れた高性能ポリマーのことで，その多くは熱を加えると流動し，成形が可能となる熱可塑性である．エンプラは金属に替わる耐熱性プラスチックとして電気・電子・自動車産業などにおいて広く使用されているだけでなく，航空機・宇宙材料やスポーツ用品など過酷な条件下（高温など）で用いられる材料としても注目されている．エンプラの定義や範囲はあいまいであるが，一般には汎用エンプラとスーパーエンプラに分類される．使用可能な温度限界（耐熱性を示す尺度としての荷重たわみ温度）が100℃以上のものが汎用エンプラ，150℃以上のものはスーパーエンプラといわれている．汎用エンプラとしては，結晶性プラスチックのポリアミド，ポリアセタール，ポリブチレンテレフタレートなどと，非結晶プラスチックのポリカーボネート，変性ポリフェニレンオキシドなどがある．一方，スーパー

エンプラとしては，ポリフェニレンスルフィド，芳香族ポリアミド，ポリアリレート，ポリエーテルエーテルケトン，液晶ポリマー，ポリテトラフルオロエチレン，ポリイミドなどがある．特に後者は，構造的に剛直な主鎖や化学的に不活性な構造，立体的な特徴を有するため，高い耐熱性・力学特性，耐薬品性，耐久性を示すなど機能を重視した特殊な材料として，今後の新しい用途が期待される．また，ガラス繊維やセラミックスなどとの複合化やポリマーアロイなどによる，さらなる高性能化も検討されている．

2.6 その他の重縮合

2.6.1 酸化重合 (oxidative polymerization)

2,6-ジメチルフェノールにピリジン中，塩化第一銅の存在下で酸素を通じると，酸化カップリング反応によりOH基とp位のHがとれてポリフェニレンオキシドが生成する．このような少量の錯体触媒の存在下で空気中の酸素を酸化剤として進行し，効率よくポリマーが生成する反応を**酸化重合**という．いわゆる脱水素重合であり，フェノキシラジカルの炭素-酸素カップリングにより重合が進行する．後述する電解重合も酸化重合の一例である．また，このポリフェニレンオキシドは，2,6-ジメチル-4-ブロモフェノールをフェリシアン化カリウムで酸化しても得られる．

2.6.2 電解重合 (electrolytic polymerization)

適当な溶媒にモノマーと支持電解質を溶解させ，電極に電圧を印加することで電極表面上にポリマーを生成させる重合法である．多くのπ共役導電性ポリマーがこの方法で合成されている．たとえば，ポリピロール，ポリチオフェン，ポリアニリン，ポリ(p-フェニレンオキシド)，ポリ(p-フェニレン) などである．これらは陽極酸化法によって合成される．モノマーからの電子の引き抜きにより生成するラジカルカチオンによって開始され，カップリング反応と脱プロトン反応が繰り返さ

れて重合が進行する．この重合系では，幅広いモノマーから一段階の重合操作で簡便にポリマー薄膜ができ，電極や重合条件を変えることでさまざまな大きさ，形状，膜厚の薄膜を生成できる．また，触媒等の混入が避けられる特長もある．

ポリピロール　　ポリチオフェン　　ポリ(p-フェニレンオキシド)

2.6.3　芳香族求電子置換反応による重合

(1)　ポリフェニレンおよび誘導体

ポリフェニレンは，ベンゼンのフリーデルクラフツ型触媒と酸化剤との組み合わせ（たとえば，塩化アルミニウム/塩化銅触媒）による脱水素重合により合成される．生成ポリマーは，褐色の不溶，不融の粉末であるが，ドーピングにより導電性高分子になる．この反応はルイス酸を用いる芳香族化合物間の連結反応であり，他のモノマーに応用することで各種の芳香族ポリケトンやポリスルホンが合成されている．

(2)　ポリフェニレンメチレンおよび誘導体

塩化ベンジルを，塩化エチル中，$-130°C$，$AlCl_3$で処理すると直鎖状のポリ(1,4-フェニレンメチレン)構造をもつ結晶性ポリマーが生成する．一方，1-クロロエチルベンゼンを，$AlCl_3$を用いて塩化エチル中，$-125°C$で縮合させると，結晶性のイソタクチックポリマーが得られる．また，$AlCl_3$の6モル倍程度のニトロエタンを共存させると，$-65°C$でもイソタクチックポリマーが生成する．

(3)　ポリエーテルエーテルケトン

ポリエーテルエーテルケトン(PEEK)の合成は，古くは酸塩化物とルイス酸としてHF/BF_3を用いたフリーデルクラフツ反応が主流であった．その後，ハロゲン

化炭化水素を溶媒とし,塩化アルミニウムを用いて低温で反応を開始させる方法や,トリフルオロメタンスルホン酸を用いた重合などが知られるようになった.一方,電子吸引基により活性化されたハロゲン化芳香族へのフェノキシドの求核置換によっても重合が可能である.反応性の見地から,脱離基としてはFが優れている.下記のPEEKは耐薬品性,耐熱性に優れており,HPLC(高速液体クロマトグラフ)の配管や連結部分など,従来はステンレスが使用されていた箇所への代替品として広く用いられている.

2.6.4　グリニヤール試薬や遷移金属錯体を用いた重縮合

グリニヤール試薬とハロゲン化芳香族化合物は,遷移金属や遷移金属化合物の触媒作用により,温和な条件下で定量的にカップリング反応する.この反応をジハロゲン化芳香族化合物に応用すると,ポリマーが得られる.たとえば,p-ジブロモベンゼンとMgを含むテトラヒドロフラン中のグリニヤール反応溶液に触媒量のNiCl$_2$(2,2'-bipyridine) 錯体を添加すると,直ちに重合が起こりポリ(p-フェニレン)が得られる.同様な方法により,ポリ(チオフェン),ポリ(2,5-ピリジンジイル)などのπ共役導電性ポリマーを合成することができる.

主にパラジウム錯体などの遷移金属錯体を用いると,ホスゲンを用いなくても,一酸化炭素により直接カルボニル基が導入される.この方法では,ポリカーボネー

トだけでなく，芳香族ポリアミドも合成できる．この場合，塩基としてDBU（1,8-ジアザビシクロ［5.4.0］-7-ウンデセン）が特に効果的である．

$$HO-C_6H_4-C(CH_3)_2-C_6H_4-OH + CO \xrightarrow{\text{遷移金属錯体}} {\left(-O-C_6H_4-C(CH_3)_2-C_6H_4-O-\overset{O}{\underset{}{C}}-\right)}_n$$

$$\text{Br-C}_6\text{H}_4\text{-Br} + H_2N-C_6H_4-O-C_6H_4-NH_2 + CO \xrightarrow[N,N-\text{ジメチルアセトアミド}]{\text{PdCl}_2(\text{PPh}_3)_2, \text{PPh}_3, \text{DBU}}$$

$$\left(-\overset{O}{\underset{}{C}}-C_6H_4-\overset{O}{\underset{}{C}}-NH-C_6H_4-O-C_6H_4-NH-\right)_n$$

2.6.5 酵素を用いた重縮合

以前は人工的な合成の成功例がなかったセルロースの合成が，以下に示す**酵素触媒重合**により実現された．ここではフッ化 β-セロビオシル，および本来セルロース加水分解酵素であるセルラーゼを用いている．酵素の使用により，β(1→4)結合の立体選択性が達成されている．

[セロビオシルフルオリド + セルラーゼ → セルロース]

西洋ワサビペルオキシダーゼ（HRP）のような酸化還元酵素は，フェノール類の触媒的な重合を可能にする．以下に示したように，シリンガ酸（4-ヒドロキシ-3,5-ジメトキシ安息香酸）を過酸化水素存在下で反応させると，脱炭酸を伴いながら分子量1万以上のポリマーが得られる．

$$\text{HO-C}_6\text{H}_2(\text{OCH}_3)_2\text{-COOH} \xrightarrow{\text{HRP + H}_2\text{O}_2} \left(-O-C_6H_2(OCH_3)_2-COOH-\right)_n + n\,H_2O + n\,CO_2$$

2.6.6 含 S, Si ポリマー

(1) ポリフェニレンスルフィド，ポリスルホン

p-ジクロロベンゼンを硫化ナトリウムと縮合させると，ポリ(p-フェニレンスルフィド）（PPS）が得られる（フィリップス法）．一方，4,4'-ジクロロジフェニルスルホンをビスフェノール A などのナトリウム塩と脱塩重縮合することにより，さまざまな構造のポリスルホンが得られる．

$$Cl-\underset{}{\bigcirc}-Cl + Na_2S \longrightarrow +[-\underset{}{\bigcirc}-S-]_n + 2n\,NaCl$$

$$Cl-\underset{}{\bigcirc}-\underset{\underset{O}{\|}}{\overset{\overset{O}{\|}}{S}}-\underset{}{\bigcirc}-Cl + NaO-\underset{}{\bigcirc}-\underset{\underset{CH_3}{|}}{\overset{\overset{CH_3}{|}}{C}}-\underset{}{\bigcirc}-ONa$$

$$\longrightarrow +[-O-\underset{}{\bigcirc}-\underset{\underset{O}{\|}}{\overset{\overset{O}{\|}}{S}}-\underset{}{\bigcirc}-O-\underset{}{\bigcirc}-\underset{\underset{CH_3}{|}}{\overset{\overset{CH_3}{|}}{C}}-\underset{}{\bigcirc}-]_n + 2n\,NaCl$$

(2) 有機ケイ素ポリマー

ポリ（ジアルキルシラン）の合成にはジアルキルシランとナトリウムを用いた方法が簡便であり，最もよく知られている．しかしこの方法には，得られるポリマーの収率が低く，分子量分布が広く再現性に乏しいという欠点があった．近年，この問題点を解決するために添加剤や反応条件の検討などがなされている．

$$Cl-\underset{\underset{R'}{|}}{\overset{\overset{R}{|}}{Si}}-Cl \xrightarrow[\text{トルエン}]{Na} +[-\underset{\underset{R'}{|}}{\overset{\overset{R}{|}}{Si}}-]_n + 2n\,NaCl$$

ヒドロシラン類からの触媒的脱水素縮合による合成としては，1980 年代半ばにチタン（Ti）やジルコニウム（Zr）などの 4 族メタロセン錯体を用いた重合が報告された．脱水素縮合反応は低重合度のポリマーを与える問題点があったが，ジルコノセン錯体（次式中，Cp＝C_5H_5，Cp*＝C_5Me_5）に $B(C_6F_5)_3$ を共触媒として添加することで，1～2 万の分子量のポリマーが得られるようになった．

$$\text{PhSiH}_3 \xrightarrow{\text{CpCp*ZrCl}_2/\text{2BuLi}/\text{B}(\text{C}_6\text{F}_5)_3} \left(\begin{array}{c} \text{Ph} \\ \text{Si} \\ \text{H} \end{array}\right)_n + n\,\text{H}_2$$

2.7 重縮合での平均分子量と分子量分布

　有機酸とアミンまたはアルコールの反応のように，混合加熱により穏やかに進行する縮合反応を基本とする重縮合では，**反応度**（extent of reaction）p と生成する重合体の分子量分布の関係がP. J. Floryによって理論的に導かれている．ここで p は，官能基の濃度を C，初濃度を C_0 としたとき $p=(C_0-C)/C_0$ で定義する．すなわち，反応前には $p=0$，官能基がすべて反応すれば $p=1$ である．重縮合する単量体として，官能基A，Bをもつ2官能性（bifunctional）の分子A〜〜〜Bを考える．AはNH_2-や HO-，Bは-COOHとし，AとBは結合する以外の反応はしないと仮定すると，下式のように高分子が次第に生成する．

$$n\,\text{A}\sim\sim\sim\text{B} \longrightarrow \left\{\begin{array}{l} \text{A}\sim\sim\text{B}-\text{A}\sim\sim\text{B} \\ \text{A}\sim\sim\text{B}-\text{A}\sim\sim\text{B}-\text{A}\sim\sim\text{B} \\ \cdots\cdots \\ \cdots\cdots \end{array}\right.$$

n 個の分子 A〜〜〜B が反応し，n 量体になったとすると $(n-1)$ 回の反応が起こったことになる．

　一方，反応前の系中の全分子数を N_0 とすると，反応した分，分子は減少するので，p で示された点まで重合反応が進んだとき，この重合反応系中の全分子数 N は

$$N = N_0(1-p) \tag{2.1}$$

と表される．このとき数平均重合度 P_n は N_0/N で表せるから，反応度 p との間には

$$P_n = N_0/N = N_0/[N_0(1-p)] = 1/(1-p) \tag{2.2}$$

の関係が成立する．つまり p が1に近づくと P_n は急激に増大する（表2.1）．末端の官能基の反応性は n の増加（重合度）によらないと仮定し，分子量分布を求めてみる．n 量体が生じるにはB-Aの結合が確率 p で $(n-1)$ 回繰り返し，末端Bが未反応（確率は $1-p$）であればよいので，$p^{n-1}(1-p)$ の存在確率となる．たとえば3量体であれば存在確率は，$p^2(1-p)$ となる．

	A〜〜B-A〜〜B-A〜〜B		
確率	p	p	$1-p$

2.7 重縮合での平均分子量と分子量分布

表 2.1 重縮合における反応度と生成ポリマーの数平均重合度の関係

反応進行の割合（%）	0	50	80	90	95	99	99.9
反応度 (p)	0	0.5	0.8	0.9	0.95	0.99	0.999
数平均重合度 (P_n)	1	2	5	10	20	100	1,000

したがって，重合反応中での n 量体の分子数を N_n とすると全分子数を使い

$$N_n = Np^{n-1}(1-p)$$

と表せる．$N = N_0(1-p)$ を代入して

$$N_n = N_0 p^{n-1}(1-p)^2$$

が得られ，n 量体のモル分率 x_n は N_n/N に等しいから

$$x_n = p^{n-1}(1-p) \tag{2.3}$$

となる．反応前の全分子数（モノマーの濃度）N_0 がわかっているので，反応の進行（p 値の増大）につれて，いろいろな重合度のポリマーの割合（つまり分子量分布）が変化する様子が計算できることになる．図 2.2 に 3 つの p 値について n 量体のモル分率 x_n を示した．

重合体の物性は，モル分率よりも重量分率（weight-fraction）によって決定される場合が多い．n 量体の重量分率は $w_n = nN_n/N_0$ であるから上記のモル分率 x_n から

$$w_n = np^{n-1}(1-p)^2 \tag{2.4}$$

が得られる．図 2.3 にその形を示す．

この分布は**最も確からしい分布**または Flory 分布，Flory-Schulz 分布などと呼ば

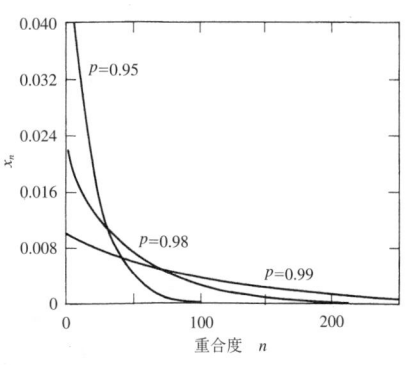

図 2.2　種々の反応度 (p) に対しての線状縮合重合体のモル分率 (x_n) と重合度 (n) の関係

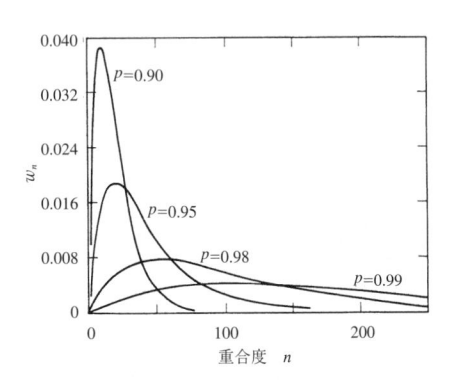

図 2.3　種々の反応度 (p) に対しての線状縮合重合体の重量分率 (w_n) と重合度 (n) の関係

れていて，縮合のように熱的に起こる段階的な成長反応のときに最もよく当てはまることが，その後の実験によって実証されている．図2.4に66ナイロンの場合の重合度 n とその重量分率（累積値）の関係を示した．曲線は上記の理論によるもので，実測は○や●で示してある．分子量分布の式 (2.3)，(2.4) を用いると数平均重合度 P_n と重量平均重合度 P_w はそれぞれ次のように求められる．

$$P_n = \sum_{n=1}^{\infty} n\, x_n = \sum_{n=1}^{\infty} n\, p^{n-1}(1-p) = 1/(1-p) \tag{2.5}$$

$$P_w = \sum_{n=1}^{\infty} n\, w_n = \sum_{n=1}^{\infty} n^2 p^{n-1}(1-p)^2 = (1+p)/(1-p) \tag{2.6}$$

$$M_w/M_n = P_w/P_n = 1+p \tag{2.7}$$

したがって，分子量分布は重合の進行とともに広がり，反応が十分進行した段階 ($p \to 1$) では $M_w/M_n \to 2$ となるはずである．

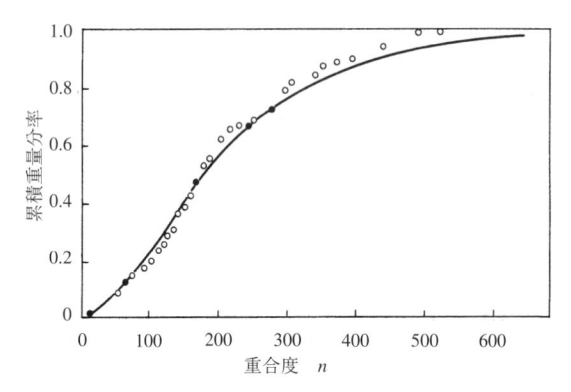

図 2.4 重量分率の累積値曲線の実例，66ナイロンの合成における $p=0.999$ の理論曲線と実測値○および●を比較したもの

2.8 高分子量ポリマーを合成する条件

重縮合は付加重合と異なり，平衡反応でかつ逐次的に進行するため，分子量の大きなポリマーを合成するためにはさまざまな生成条件を整える必要がある．これまでの節で述べてきたことをまとめると，以下のようになる．

(1) 平衡： ほとんどの重縮合は平衡反応なので，高分子量のポリマーを得るためには，平衡をポリマー側にシフトさせることが重要である．特に，ポリエステルの合成では平衡定数は1程度なので，生成する水などの低分子化合物を加熱，減

圧などによりできるだけ除くことが高分子量ポリマーを得るためには必須である．

(2) 重合率（反応度 p）：　得られるポリマーの数平均重合度は，$P_n = 1/(1-p)$ で表される．重合度の高いポリマーを得るためには，p を高くしなければいけない（たとえば，$P_n \geq 100$ のためには，$p \geq 0.99$ が必要）．

(3) モノマーの組成比と純度：　高分子量ポリマーを得るためには，官能基のモルバランスを揃えて正確に等モル用いることが重要である．また，1官能性モノマーが混入するとポリマーの分子量は激減する．たとえば，ジオールからの脱水反応，ジカルボン酸からの脱炭酸反応，酸クロリド化合物の加水分解などは，1官能性モノマーの生成を引き起こすので，モノマーをはじめとする試薬の精製や重合条件には注意を払う必要がある．

(4) 環化反応：　鎖状ポリマーの生成は環状ポリマーの生成と平衡状態にある．特に A–B タイプのモノマーの場合は低分子環状化合物が生成しないようにアルキル基の長さなどを考慮する必要がある．

(5) その他の生成条件：　エステル交換やバックバイティング機構による環化により分子量の低下が起こらないような重合条件（温度，触媒，濃度など）を考える．

2.9　重縮合での反応解析

グリコールと2塩基酸によるポリエステル化反応の場合には2塩基酸のカルボキシル基が触媒として働くので，ポリエステル化反応は次のように書き表すことができる．

$$-d[\text{COOH}]/dt = k[\text{COOH}]^2[\text{OH}]$$

グリコールと2塩基酸を等モル量とし，それらの濃度を c とすると次式のようになる．

$$-dc/dt = kc^3$$

これを積分すると

$$2kt = 1/c^2 + \text{const}$$

この積分定数は，官能基の初濃度を c_0 とすると，$-1/c_0^2$ となる．上に述べた反応度 p は

$$c = c_0(1-p)$$

で表されるから

$$2c_0^2 kt = 1/(1-p)^2 + \text{const}' \tag{2.8}$$

となって t と $1/(1-p)^2$ との間には直線関係が存在することになる.

ただし,速度定数 k が反応中ずっと一定であることが仮定されている.つまり,縮合反応中,末端の-COOH や-OH 基の反応性が分子量によらず一定であることがこの式の成立条件となっている.

実際は図 2.5 に示すように,反応初期の重合度の非常に小さいところを除くと,この直線関係が満足される.この結果から官能基の反応性が重合度に関係しないこと,したがって上記の反応速度定数 k が一定値であることが実験的に証明されたことになる.このとき,環化反応はまったく起こらないと仮定すると,$1/(1-p)$ は式 (2.2) に示すように,数平均重合度 P_n に等しいから,重合度の増加が反応時間の平方根 $t^{0.5}$ に比例することが式 (2.8) からわかる.

一方,同様の反応を酸触媒を用いて行うと

$$-\mathrm{d}[\text{COOH}]/\mathrm{d}t = k[\text{COOH}][\text{OH}]$$

$$c_0 kt = 1/(1-p) + \text{const}'' \tag{2.9}$$

となり,この場合は,t と $1/(1-p)(=P_n)$ に直線関係がみられるようになる.

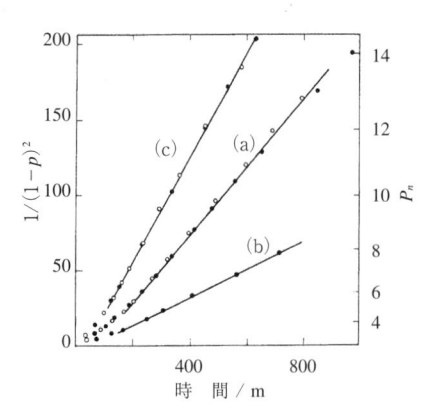

図 2.5 ポリエステル化反応における反応度の時間依存性
(a) HOCH$_2$CH$_2$O-CH$_2$CH$_2$OH(DE) と HO$_2$C(CH$_2$)$_4$CO$_2$H(A)
(b) DE と CH$_3$(CH$_2$)$_3$-CO$_2$H(C)
(c) DE と A の反応 (202°C) (t は 2 倍にしてある)

右側の P_n 値は $P_n=1/(1-p)$ なので 2 乗のスケールでとってある.したがって P_n は $\sqrt{t}$ に比例している.

2.10 重縮合の新展開

重縮合ではこれまで，CarothersやFloryの理論式に従った高分子のみが合成されると考えられ，ポリマーの構造（配列や環化など），分子量やその分布を制御することは困難とされていた．しかし最近，**活性化モノマー法**や**連鎖重縮合法**などの新展開により，従来の理論の範疇を超えたさまざまなポリマーが合成されるようになった．本節ではそれらのいくつかの例に触れる．また，AB_nタイプ（典型的にはAB_2）のモノマーの重縮合によるハイパーブランチポリマーやデンドリマーのような多分岐型ポリマー合成に関しては，5章において述べる．

2.10.1 活性化エステル・アミド法および直接重縮合

活性化エステル法は，ペプチド合成で古くから用いられているカルボン酸の活性化法を利用している．具体的には，カルボン酸の置換基として電子吸引基や芳香族を使用することで，カルボニル炭素の反応性を向上させ，同時に，脱離基の安定化や分子内塩基触媒作用により反応を促進している．活性化エステル法の例としては，古くはp-ニトロフェノール，N-ヒドロキシスクシンイミドなどがあり，最近では1-ヒドロキシベンゾトリアゾールなどがある．活性化アミドでは，ベンゾチアゾロン，ベンゾオキサゾールチオンなどがある．これらの活性化法を重縮合に利用すると，比較的求核性の小さな芳香族ジアミンとも室温付近で反応して，高分子量のポリアミドが得られる．たとえば下記に示すように，1-ヒドロキシベンゾトリアゾール，ベンゾチアゾロンのような脱離基を用いた例がみられる．

$$X-\overset{O}{\underset{\|}{C}}-R-\overset{O}{\underset{\|}{C}}-X + H_2N-R'-NH_2 \longrightarrow \left(\overset{O}{\underset{\|}{C}}-R-\overset{O}{\underset{\|}{C}}-\underset{H}{N}-R'-\underset{H}{N}\right)_n + 2n\,HX$$

一方，ジカルボン酸とジアミンやジオールを亜リン酸エステル-ピリジン系，塩化チオニル-ピリジン系，ポリリン酸などの縮合剤の存在下で反応させると，室温や比較的低い温度でポリアミドやポリエステルを得ることができる．この合成法

は，重合系内でジカルボン酸に縮合剤を加えてその場で活性化を行っている（高反応性のアシル誘導体を生成させる）ので，直接重縮合法と呼ばれる．現在では，温和な条件下で高分子量ポリマーが得られる方法として，各種の縮合系高分子合成に広く利用されている．

2.10.2 重縮合における配列制御

通常，非対称モノマーを重合するとランダムな配列のポリマーが生成する．最近いくつかの方法で，配列の規制された（定序性）ポリマー合成の検討も行われている．図 2.6 に概念図を示す．あらかじめ配列の揃ったオリゴマーを合成しそれを重合する間接法と，非対称モノマーを one-pot で直接重縮合する方法がある．後者では，反応速度の異なる置換基を利用し添加方法を工夫した直接重縮合系で重合することで，いくつかの配列の規制された新しいポリマーを生成している．定序性ポリマーはランダムのポリマーとは異なる物性，たとえば，高い結晶性，耐熱性を示す．

図 2.6 非対称モノマー（◁）から配列規制ポリマー合成の概念図

2.10.3 重縮合における分子量（分布）の制御：連鎖重縮合

従来の理論では，重合官能基の反応性は重合中変化しないと仮定すると，高分子量ポリマーを得るためには両モノマーを厳密に等モルにする必要があり，また，逐次反応なので分子量分布も $M_w/M_n = 2$ に近づく，とされていた．しかし，重縮合系でも 1 つの重合性基が反応するともう 1 つの重合性基の反応性が変化する（特に増大する）場合，非等モルでの反応でも高分子量ポリマーが得られたり，分子量分布の狭い "リビング" 型のポリマーが得られることが報告されている．

前者に関しては，通常は一方の成分 A が過剰にあると，A-B-A 型のオリゴマー

が生成してしまい高分子量ポリマーが得られないが，モノマーの1つの重合性基の反応によりもう1つの重合性基の反応性が高くなる場合は，そのモノマーを過剰に用いても分子量の高いポリマーが生成する．たとえば，ジハロメタンとビスフェノール類からのポリホルマールの合成においては，ジハロメタンを過剰に（溶媒として）用いても分子量の大きなポリマーが得られている．

また後者でも，同様に重合性基の反応性が増大する場合，連鎖型の重合が起こりえる．たとえば，次式に示すように，もし開始剤から開始反応が起こり連鎖重合だけが起こると，重縮合においてもリビング重合と同様な重合が可能になる．その結果，分子量がモノマーと開始剤との比で制御でき，分子量分布も狭くなる．ブロックコポリマーも合成できる．これまで，パラ置換モノマーの共鳴効果の変化を利用して，いくつかのポリマー合成が検討されている．

2.10.4 大環状ポリマーの生成

重縮合では大環状ポリマーは生成しない，という従来からの仮定がくずれるような実験結果が，最近いくつか示されている．特に，MALDI-TOF質量分析の発達により高分子末端の確認が可能になり，種々の重縮合系において（重縮合中に副反応がなければ）環状ポリマーが生成することが示されている．たとえば，ポリカーボネート，ポリエーテルスルホン，ポリアミド，ポリエステルなどにおいて大環状ポリマーの生成が確認されている．

2.11 重付加（polyaddition）と付加縮合（addition condensation）

工業的には，ジイソシアナート類とジアミンやジオールの組み合わせによって，ポリウレタンやポリ尿素が多量に生産されている（次式）．反応時に水分が存在すると CO_2 の脱離が起こるため（次式 [ ] 内参照），ポリマー生成と同時に発泡し，多孔性の固体が得られる．これらの発泡体は自動車のシートなど多方面に用いられている．

環化重付加としては，Diels-Alder 反応と 1,3-双極子環化付加がある．下式は前者の例である．

熱硬化性樹脂として広く利用されているフェノール樹脂（ベークライト）やメラミン樹脂は，付加と縮合が同時に起こり3次元化して得られる．このような重合を付加縮合という．たとえばフェノール樹脂は，古くから知られているフェノール・ホルムアルデヒド間の付加反応と縮合反応の繰返しで合成される．アルカリ性ではフェノール側の活性化が行われ付加が縮合より起こりやすく，酸性ではアルデヒド側の活性化が行われ縮合が付加よりも起こりやすい．次に示したように，まず可溶性のオリゴマー（レゾール，ノボラック）の段階を経て，最後に加熱により重縮合（3次元化）し，硬い固体となる．

2.11 重付加（polyaddition）と付加縮合（addition condensation）

```
                    アルカリ性      熱と圧力
                   ┌──→ レゾール ──────────┐
フェノール＋ホルムアルデヒド              ├──→ フェノール樹脂
                   └──→ ノボラック ─────────┘
                    酸性      ヘキサメチレンテトラミンを
                              加えて熱と圧力
```

レゾールの構造の例　　　　　　ノボラックの構造の例

フェノールの代わりに尿素，メラミンなどを用いてホルムアルデヒドと熱的重縮合をさせても同様な3次元ポリマーができる．NH_2基が前者に2つ，後者に3つあり，したがって前者は最高4官能性，後者は6官能性と考えることができる．反応初期のまだ線状のときに希望する形に成型してから，加熱して不溶不融のものとする．家具などの表面コーティングに用いられている．

尿素　　　　　　メラミン

エポキシ樹脂は，2官能性のエポキシ化合物（たとえば，ビスフェノールAと過剰のエピクロロヒドリンとの反応で生成）と，ジアミンとから得られるポリマーである．ここで，ジアミンは4官能性のモノマーと考えられるので，初期に生成した線状ポリマーは徐々に枝が生成し，ついで橋かけポリマーが得られる．最終的に得られた橋かけポリマーは，機械的強度が高く，強い水素結合を形成するので，金属に対しても優れた接着性を有する．現在では，複合材料としてもよく使用されている．

$$\text{H}_2\text{C}-\text{CH}-\text{CH}_2-\text{O}-\text{C}_6\text{H}_4-\underset{\underset{\text{CH}_3}{|}}{\overset{\overset{\text{CH}_3}{|}}{\text{C}}}-\text{C}_6\text{H}_4-\text{O}-\text{CH}_2-\text{CH}-\text{CH}_2$$

$$+ \quad \text{H}_2\text{N}-\text{C}_6\text{H}_4-\text{CH}_2-\text{C}_6\text{H}_4-\text{NH}_2 \quad \rightleftharpoons \quad \text{エポキシ樹脂}$$

〈参考文献〉

(1) 日本化学会編：第 5 版実験化学講座 26，高分子化学，丸善（2005）
(2) 野瀬卓平ら：大学院高分子科学，講談社サイエンティフィク（1997）
(3) 大津隆行：改訂高分子合成の化学，化学同人（1996）
(4) 伊勢典夫ら：新高分子化学序論，化学同人（1995）

3 不飽和化合物の付加重合

酢酸ビニル,スチレンなどのビニル化合物およびブタジエン,イソプレンなどの共役ジエン類は付加反応によって重合する.このような連鎖重合は付加重合と呼ばれる.

$$CH_2=CH \atop X \quad \xrightarrow{A-B} \quad A-CH_2-CH^* \atop X \quad \xrightarrow{CH_2=CH \atop X} \quad A-CH_2-CH-CH_2-CH^* \atop XX$$

$$\longrightarrow A-CH_2-CH\!\left(\!CH_2-CH\!\right)_{\!n}\!CH_2-CH^* \atop XXX$$

	A–B （A：B）	
ラジカル重合	A・	・B
イオン重合(アニオン重合,カチオン重合)	A:⊖ A⊕	B⊕ :B⊖

付加重合はラジカル,アニオンまたはカチオンによって引き起こされ,そのどれによって反応が起こるかにより**ラジカル重合**,**アニオン重合**,**カチオン重合**と呼ばれている.

3.1 ラジカル重合 (radical polymerization)

3.1.1 ラジカル重合の過程

少量の 2,2′-アゾビスイソブチロニトリル (AIBN) をスチレンに加えて加熱すると，スチレンは容易に重合して高重合体のポリスチレンを与える．これは AIBN が分解してラジカルを生じ，このラジカルがスチレンの重合を開始するからである．

$$\text{CH}_3\text{-}\underset{\underset{\text{CN}}{|}}{\overset{\overset{\text{CH}_3}{|}}{\text{C}}}\text{-N=N-}\underset{\underset{\text{CN}}{|}}{\overset{\overset{\text{CH}_3}{|}}{\text{C}}}\text{-CH}_3 \longrightarrow 2\ \text{CH}_3\text{-}\underset{\underset{\text{CN}}{|}}{\overset{\overset{\text{CH}_3}{|}}{\text{C}}}\cdot\ +\ \text{N}_2\uparrow \quad (\text{I})$$

$$\text{CH}_3\text{-}\underset{\underset{\text{CN}}{|}}{\overset{\overset{\text{CH}_3}{|}}{\text{C}}}\cdot\ +\ \text{CH}_2\text{=CH(Ph)} \longrightarrow \text{CH}_3\text{-}\underset{\underset{\text{CN}}{|}}{\overset{\overset{\text{CH}_3}{|}}{\text{C}}}\text{-CH}_2\text{-}\overset{\cdot}{\text{CH}}\text{(Ph)} \quad (\text{II})$$

$$\text{CH}_3\text{-}\underset{\underset{\text{CN}}{|}}{\overset{\overset{\text{CH}_3}{|}}{\text{C}}}\text{-CH}_2\text{-}\overset{\cdot}{\text{CH}}\text{(Ph)}\ +\ \text{CH}_2\text{=CH(Ph)} \longrightarrow \text{CH}_3\text{-}\underset{\underset{\text{CN}}{|}}{\overset{\overset{\text{CH}_3}{|}}{\text{C}}}\text{-CH}_2\text{-CH(Ph)-CH}_2\text{-}\overset{\cdot}{\text{CH}}\text{(Ph)} \quad (\text{III})$$

$$\sim\sim\text{CH}_2\text{-}\overset{\cdot}{\text{CH}}\text{(Ph)}\ +\ \text{CH}_2\text{=CH(Ph)} \longrightarrow \sim\sim\text{CH}_2\text{-CH(Ph)-CH}_2\text{-}\overset{\cdot}{\text{CH}}\text{(Ph)} \quad (\text{IV})$$

（I），（II）のようにラジカルが生成してモノマーに付加する反応を**開始反応** (initiation)，（III），（IV）のようにモノマーが次々に付加して分子量の大きいポリマーになる反応を**成長反応** (propagation) という．また AIBN のような物質を**開始剤**[*1] (initiator) と呼ぶ．いま開始剤を I，そのラジカルを R·，モノマーを M とするとこれらの反応を次のように表すことができる．

開始反応：$\text{I} \xrightarrow{k_d} 2\text{R}\cdot$

$\text{R}\cdot + \text{M} \xrightarrow{k_i} \text{RM}\cdot$

成長反応：$\text{RM}_n\cdot + \text{M} \xrightarrow{k_p} \text{RM}_{n+1}\cdot$

[*1] 触媒 (catalyst) と呼ぶことがある．しかしその断片が反応生成物に介入するので厳密な意味での触媒とはいえない．

ここで k_d, k_i, k_p はラジカル生成，開始および成長反応の速度定数である．成長反応は連鎖反応としてきわめてすみやかに進行するが，やがてポリマーラジカル間の反応によって失活し，その成長は停止する．この反応を**停止反応**（termination）と呼ぶ．その形式には**再結合**（combination）と**不均化**（disproportionation）の2つが存在する．

$$\text{R}\sim\text{CH}_2-\overset{\bullet}{\underset{\text{X}}{\text{CH}}} + \overset{\bullet}{\underset{\text{X}}{\text{CH}}}-\text{CH}_2\sim\text{R} \longrightarrow \begin{cases} \text{R}\sim\text{CH}_2-\underset{\text{X}}{\text{CH}}-\underset{\text{X}}{\text{CH}}-\text{CH}_2\sim\text{R} \quad \text{(再結合)} \\ \text{R}\sim\text{CH}_2-\underset{\text{X}}{\text{CH}}_2 + \underset{\text{X}}{\text{CH}}=\text{CH}\sim\text{R} \quad \text{(不均化)} \end{cases} \quad (\text{V})$$

停止反応を一般に次のように表すことができる．

停止反応：$\text{RM}_m\cdot + \text{RM}_n\cdot \xrightarrow{k_t} \text{RM}_{m+n}\text{R}$ または $\text{RM}_m + \text{RM}_n$

k_t は停止反応速度定数を表す．

3.1.2 開始反応

ラジカル重合では，加熱などによりモノマーからラジカルが生成し重合することもある（無触媒熱重合）が，そのままでは反応を制御することが困難である．一般には，結合が容易に切断されラジカルを生成する化合物がラジカル開始剤として用いられ，モノマーに対してごく少量使用される．ラジカル開始剤は非常に多くの種類があり，それぞれに特徴を有するので，反応条件や目的により使い分けられる．通常のラジカル重合では，ある条件下で開始剤の濃度が半分になるまでに要する時間（半減期）が数時間から十時間程度になるように，開始剤の種類と重合温度が設定される．

(1) アゾ化合物と過酸化物開始剤

最もよく使用される開始剤は，アゾ化合物と過酸化物である．加熱により分解してラジカルを生成する，いわゆる熱によるラジカル分解は結合解離エネルギーの大きさから推定できる．通常のC-CやC-Hの結合解離エネルギーに対し，-N=N-や-O-O-ではその半分程度である．

アゾ基-N=N-を有する開始剤は，前述のような機構（3.1.1項参照）で分解する．分解時に安定な N_2 が生成することがアゾ化合物の分解しやすさにつながっている．置換基の構造（共鳴安定化と立体障害）も分解速度に大きく影響する．前述

表 3.1 AIBN の開始剤効率

モノマー	開始剤効率
メタクリル酸メチル	0.52
スチレン	～0.81
アクリロニトリル	～1.00
酢酸ビニル	0.68～0.82
塩化ビニル	＞0.50

のAIBNは，最も広く用いられ，その半減期は60～70℃で8～10時間程度であり，通常の重合には使用しやすい．さらに，AIBNの分解速度は溶媒の種類にほとんど無関係である（過酸化ベンゾイル（BPO）と異なり，生成ラジカルが溶媒から水素を引き抜かない）．

一方，開始剤より生成したラジカルがすべて重合反応の開始に有効に役立つとは限らない．それは開始ラジカル間の再結合によってその一部が失われるからである．すなわち，分解で同時に生成した2つのラジカルは溶媒に囲まれており（かご効果），お互いに反応しなくなるところまで拡散してはじめてモノマーと反応することになる．この「かご効果」により再結合が起こり，ラジカルの一部が失われる．生成ラジカルのうち開始反応に関与するものの割合を開始剤効率と呼び，たとえばAIBNの種々のモノマーに対する開始剤効率として表3.1の値が得られている．

過酸化物系のラジカル開始剤としては，過酸化ジアルキル，過酸化ジアシル，無機化合物（H_2O_2，$K_2S_2O_8$，$(NH_4)_2S_2O_8$など）がある[*1]．置換基の種類により最適の温度や条件が異なる．重合開始剤として最も広く使用されている過酸化物は過酸化ベンゾイル（BPO）である．結合解離エネルギーは約 $40 \text{kcal} \cdot \text{mol}^{-1}$ であり，式（Ⅵ）のように分解する．モノマー濃度が低い場合やモノマーの反応性によっては，生成ラジカルはさらに式（Ⅶ）のように分解する．また，溶媒から水素を引き抜いて生成する溶媒ラジカルが，再びBPOを攻撃して新たなラジカルを生成する．このような反応は誘発分解と呼ばれ，溶媒により分解速度が大きく異なる．また，過酸化ジアルキルは100℃以上の温度で使用する（200℃以上の重合では過酸化ジクミルが用いられる）．

[*1] 過酸化物の取扱いには注意が必要である．還元剤や金属と接触しないよう，また衝撃などを与えないように注意すること．

(C₆H₅-C(=O)-O-O-C(=O)-C₆H₅) ⟶ 2 C₆H₅-C(=O)-O· 　（Ⅵ）

C₆H₅-C(=O)-O· ⟶ C₆H₅· + CO_2↑ 　（Ⅶ）

(2) その他の開始剤系

次式に示すように過酸化物と還元性物質とを共存させると容易に酸化還元反応が起こりラジカルを発生する．このような反応を利用した開始剤を**レドックス系開始剤**という．この種の開始剤には水溶性のものもあり，かつ低温でも容易にラジカルを生成するので，特に工業生産に広く利用されている．

$H_2O_2 + Fe^{2+} \longrightarrow HO· + OH^- + Fe^{3+}$

$S_2O_8^{2-} + Fe^{2+} \longrightarrow ·SO_4^- + SO_4^{2-} + Fe^{3+}$

(C₆H₅-C(=O)-O-O-C(=O)-C₆H₅) + C₆H₅-N(CH₃)₂

⟶ C₆H₅-C(=O)-O· + ⁻O-C(=O)-C₆H₅ + C₆H₅-N⁺·(CH₃)₂

上記の重合では，ラジカル発生の駆動力は熱エネルギーまたはレドックス反応であったが，光や放射線をエネルギー源として利用する場合がある．光をエネルギーとして利用する場合には光重合，放射線を用いる場合には放射線重合といわれる．いずれの場合も室温以下でラジカルを発生させることができるので，低温で重合反応を行うことができる．たとえば，AIBN やベンゾインは近紫外部の光によって分解し，共存するモノマーの重合を開始する．このように，光によって分解し，重合を開始する試剤は**光開始剤**と呼ばれている．これに対し，光を吸収してエネルギーの高い状態（励起状態）になるが，それ自身は分解せず，吸収したエネルギーをラジカルが発生しやすい第2の物質へ移し，それ自身はもとの状態（基底状態）に戻る場合がある．このような反応系にモノマーが存在すると，重合が起こり，ポリマーが生成する．この重合反応は光増感重合と呼ばれ，光開始剤を用いた重合と区

別されている．

(3) リビングラジカル重合開始剤

構造や分子量の制御されたポリマーやブロックコポリマーの合成に有効ないくつかの開始剤系が見出されている（3.8節参照）．

3.1.3 成長および停止反応

(1) 頭-尾結合と頭-頭，尾-尾結合

ラジカルにモノマーが付加するときに，モノマーのビニル基のどちらの炭素で反応が起こるかによって，次の2種類のラジカル末端ができる可能性がある．

$$R\cdot + CH_2=CH\underset{X}{\quad}\longrightarrow R-CH_2-\overset{\cdot}{\underset{X}{C}}H \quad または \quad R-\overset{\cdot}{C}H-CH_2\underset{X}{\quad}$$

$$(Ⅷ) \qquad\qquad (Ⅸ)$$

一般にこのようなラジカル反応ではより安定な生成物を生じる方向に反応が進行するが，(Ⅸ)に比べると(Ⅷ)の不対電子は置換基Xとの共鳴により幾分安定化され，また立体的にも(Ⅷ)の方が生じやすいと考えられる．したがって成長反応はもっぱら(Ⅷ)によって進行し，ポリマーは**頭-尾**（head-to-tail）**結合**によって形成される．しかし(Ⅸ)がまったく生じないわけでなく，(Ⅷ)の生じる反応に混じって非常に低い確率ではあるが(Ⅸ)も生成するので，その部分では**頭-頭**（head-to-head），**尾-尾**（tail-to-tail）**結合**ができることになる．特に，置換基の共鳴による安定化効果の小さいラジカルの場合，(Ⅷ)と(Ⅸ)で安定性に大きな差がなくなり，このような不規則な構造が生成しやすくなる．また，置換基のかさ高さや極性基の反発も重要な要素になる．たとえば，酢酸ビニルなどのビニルエステルから得られたポリマーは1〜3%の頭-頭結合を含んでいる（頭-尾付加反応の活性化エネルギーが，頭-頭付加反応より1〜3kcal・mol^{-1}だけ小さい）．一方，スチレンのような共役型モノマーでは置換基による共鳴のため頭-尾結合が起こりやすくなる（頭-尾付加反応の活性化エネルギーが，頭-頭付加反応より約9kcal・mol^{-1}も小さい）．

(2) 立体構造

ビニルモノマーのラジカル重合で得られたポリマーの立体構造に関して，一般に，高温で生成した高分子は不規則な構造，いわゆるアタクチック構造である．し

かし，メタクリル酸メチルや塩化ビニルなどの重合系，特に低温での重合系では，シンジオタクチック構造の割合が増大したポリマーが得られやすい．理由は，次式に示すように，成長末端の置換基（かさ高い置換基：L，小さい置換基：S）に対して立体障害の小さい方向からモノマーが付加しやすいからである．しかも，前末端基の置換基との関係から，式中のポリマーの上部から末端に付加すると，エネルギー的に有利になり，シンジオタクチック構造が得られやすくなる．

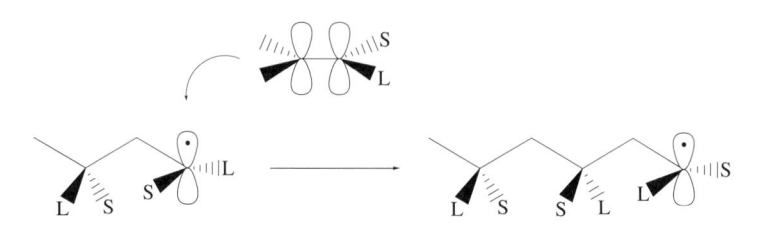

(3) ゲル効果

活性ラジカルの濃度は一般に，重合反応の進行中はあまり変化しない．したがって開始剤効率がモノマー濃度に無関係な場合には，重合速度はモノマー濃度に比例するのが普通である．ところが，たとえばメタクリル酸メチルの重合で，モノマー濃度が高い溶液で重合を行うと，重合率の増加とともに著しい重合速度の増大をきたし（図 3.1），生成ポリマーの平均分子量も大きくなる．この現象は，重合率の増加とともに反応系の粘度が増大し，その結果，成長中のラジカル間の反応に基づく停止反応速度が低下する（活性ラジカル濃度の増大）ためと説明されている．こ

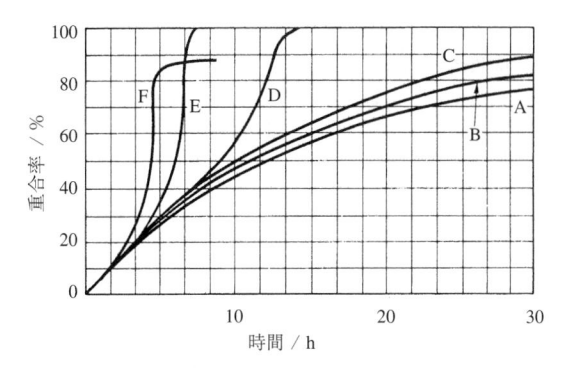

図 3.1 BPO（10g/l）の存在におけるメタクリル酸メチルの重合（50℃，溶媒：ベンゼン）
モノマー濃度（A：10%，B：20%，C：40%，D：60%，E：80%，F：100%）

表 3.2 素反応の速度定数と活性化エネルギー

モノマー	k_p ($l \cdot mol^{-1} \cdot s^{-1}$)		k_t ($l \cdot mol^{-1} \cdot s^{-1}$)		E_p (kJ·mol^{-1})	E_t (kJ·mol^{-1})
	30℃	60℃	30℃	60℃		
酢酸ビニル	1,240	3,700	3.1×10^7	7.4×10^7	30.5	21.3
スチレン	55	176	2.5×10^7	3.6×10^7	32.6	10.0
メタクリル酸メチル	143	367	0.61×10^7	0.93×10^7	26.3	11.7
アクリル酸メチル	720	2,090	0.22×10^7	0.47×10^7	—	—

の現象は**ゲル効果**（gel effect）とも呼ばれている．実際に，あらかじめポリマーを加えてメタクリル酸メチルの重合を行うと，その重合速度はポリマーを加えないで重合させた場合に比べて著しく大きくなる．

(4) 再結合と不均化反応

ラジカル重合の停止反応は，前述（3.1.1 項）した 2 つの成長ラジカルの再結合または不均化反応によって起こる．どちらの反応で停止するかは，モノマーの種類や反応条件により変化する．スチレン，アクリロニトリル，酢酸ビニルなどの 1 置換モノマーでは再結合による停止が起こる．一方，メタクリル酸メチルでは α-メチル基の立体障害が大きく，また脱離しうる水素が多いため，不均化反応が起こりやすくなる．

(5) 成長反応と停止反応の速度定数

各モノマーについて求められた成長反応と停止反応の速度定数（k_p と k_t）と活性化エネルギー（E_p と E_t）を示すと表 3.2 のようになる．

この表から明らかなように，k_p も k_t も非常に大きな値であるが，k_p に比べて k_t ははるかに大きい．これは成長反応がラジカルとモノマー間の反応であるのに対して停止反応がともに活性なラジカル同士の反応だからである．しかしラジカルの濃度に比べてモノマーの濃度の方がはるかに大きいため，成長鎖の停止が起こるまでに成長反応は十分進行してポリマーとなる．

3.1.4 ラジカル重合の動力学

重合速度すなわちモノマーの消費速度は実質的には成長反応だけを考慮すればよいので式（3.1）で与えられる．

$$R_p = -d[M]/dt = k_p[M\cdot][M] \tag{3.1}$$

ここで R_p は成長反応速度，[M] はモノマー濃度，[M・] はポリマーラジカルの全

濃度である．

さて k_t（および k_p）は k_d に比べてはるかに大きい．このことは開始剤がラジカルに分解するときわめて速やかに成長反応が進行し，しかも短時間で停止して安定なポリマー分子になることを示している．したがって反応のごく初期を過ぎると反応系中のラジカルの濃度［M・］は開始剤の分解速度に対応して一定となり，増減しない状態，すなわち**定常状態**（stationary state）に達する．

$$d[\mathrm{M}\cdot]/dt = 0 \tag{3.2}$$

したがって，停止反応速度 R_t は開始反応速度 R_i に等しい．開始剤の分解により2個のラジカルを生じるから R_i は分解速度の2倍になる．一方，成長ラジカルは停止反応ごとに2個消失するから $R_t = 2k_t[\mathrm{M}\cdot]^2$ と表される．したがって式（3.2）を考慮すると式（3.3）が得られる．

$$R_i = 2fk_d[\mathrm{I}] = 2k_t[\mathrm{M}\cdot]^2 = R_t \tag{3.3}$$

ただし f は開始剤効率である．

式（3.1）と（3.3）から

$$R_p = (fk_d/k_t)^{0.5}k_p[\mathrm{I}]^{0.5}[\mathrm{M}] \tag{3.4}$$

が導かれる．すなわち重合速度は開始剤について1/2次，モノマーについて1次となる．式の誘導から明らかなように，1/2次となるのは停止反応が2つのポリマーラジカル間で起こることに基づいており，ラジカル重合に特徴的な現象である．

〈**参　考**〉 成長反応速度定数（k_p）および停止反応速度定数（k_t）などの素反応速度定数の決定には，古くは，光重合を用いた非定常状態法や回転セクター法が用いられた．いずれも，光照射による重合において，光の照射と遮断を行うことにより解析する方法である．前者では定常状態に達するまでの過程と逸脱する過程を解析し，後者では光源と重合系の間に切り込みを入れた円盤を使用し，その円盤の回転数と重合速度の関係から解析が行われた．最近では，より直接的で誤差のない方法として，レーザーパルス法や ESR 法が用いられている．前者は，レーザー光をパルスで重合系に照射し，パルス間隔の成長で生成したポリマーの重合度から k_p 値を求める方法である．一方，ESR 法は，電子スピン共鳴装置を用いて，通常の重合条件下での成長ラジカルのラジカル濃度を測定する方法である．酢酸ビニルの光増感重合の際の［M・］の経時変化を図3.2に示す．重合系の［M・］は光照射後十数秒で一定値に達し，その後定常状態になる．このデータと重合速度 R_p から k_p，k_t を直接的に求めることができる．

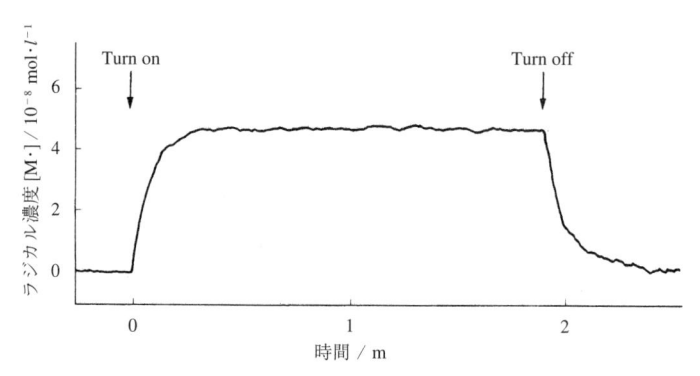

図 3.2 酢酸ビニル（5.4 mol·l^{-1}）の光増感重合（室温）
（開始剤：BPO（52 m mol·l^{-1}），溶媒：ベンゼン）

3.1.5 連鎖移動

ポリマーラジカルが他の分子（XY）と反応して安定なポリマー分子になると同時に新たにラジカルを生じ，このラジカルがモノマーと反応して新しいポリマー連鎖をつくるとき，この反応を**連鎖移動**（chain transfer）という．

$$R-M_n\cdot\ +\ XY \xrightarrow{k_{tr}} R-M_n-X\ +\ Y\cdot \xrightarrow{M} Y-M\cdot$$

このように連鎖移動が起こってもラジカルが消滅するわけではなく，動力学的連鎖はなお継続するのに対し，ポリマー分子鎖の成長は連鎖移動によって断たれる．溶液重合の場合を例にとると，XY は溶媒，開始剤，モノマーなどの連鎖移動剤を示している．生成するポリマーの（数平均）重合度 P_n は次の式で示される．

$$P_n = R_p/(R_t+R_{tr}) = k_p[M\cdot][M]/(2k_t[M\cdot]^2 + k_{trS}[M\cdot][S]$$
$$+ k_{trI}[M\cdot][I] + k_{trM}[M\cdot][M]) \tag{3.5}$$

ここで R_{tr} は連鎖移動速度，k_{trS}, k_{trI} および k_{trM} はそれぞれ溶媒（S），開始剤（I）およびモノマー（M）への連鎖移動速度定数である．これから

$$\frac{1}{P_n} = \frac{2k_t\cdot R_p}{k_p^2[M]^2} + \frac{k_{trS}[S]}{k_p[M]} + \frac{k_{trI}[I]}{k_p[M]} + \frac{k_{trM}}{k_p} = \frac{1}{P_n^0} + C_S\frac{[S]}{[M]} + C_I\frac{[I]}{[M]} + C_M \tag{3.6}$$

が得られる．ここで P_n^0 は連鎖移動反応がないときの平均重合度，C_S, C_I および C_M は溶媒，開始剤およびモノマーへの**連鎖移動定数**と呼ばれ，成長反応に対する連鎖移動反応の起こりやすさを示す定数である．

種々の溶媒およびモノマーに対する連鎖移動定数は表 3.3，3.4 のとおりである．表 3.3 において，ベンゼンに比べてトルエンの方が連鎖移動を起こしやすいのは

表 3.3 溶媒への連鎖移動定数 (C_S)

溶媒	スチレン (60℃)	MMA (80℃)
ベンゼン	0.18×10^{-5}	0.75×10^{-5}
シクロヘキサン	0.24×10^{-5}	1.00×10^{-5}
トルエン	1.25×10^{-5}	5.25×10^{-5}
エチルベンゼン	6.7×10^{-5}	13.5×10^{-5}
イソプロピルベンゼン	8.2×10^{-5}	19.0×10^{-5}
四塩化炭素	9.2×10^{-3}	23.9×10^{-5}
ドデシルメルカプタン	19	

表 3.4 モノマーへの連鎖移動定数 (C_M)

モノマー	$C_M / 10^{-5}$
スチレン	6
メタクリル酸メチル	1
アクリロニトリル	2.6
酢酸ビニル	25

$$R-M_n\cdot + C_6H_5CH_3 \longrightarrow R-M_n-H + C_6H_5CH_2\cdot$$

のようにそのメチル基で反応が起こるからで,エチルベンゼン,イソプロピルベンゼンと二級炭素,三級炭素に結合する水素ほど引き抜かれやすい.四塩化炭素では

$$R-M_n\cdot + CCl_4 \longrightarrow R-M_n-Cl + Cl_3C\cdot$$

$$Cl_3C\cdot + n\,M \longrightarrow Cl_3C-M_n\cdot \xrightarrow{CCl_4} Cl_3C-M_n-Cl + Cl_3C\cdot$$

のように反応して重合度の低いポリマーを生じる.この移動反応が特に著しい場合に,このようにして生じる低重合度のポリマーをテロマー(telomer),その反応をテロマー化(telomerization)という.生成ポリマーの重合度は連鎖移動剤の種類およびその濃度によって変化するため,連鎖移動剤を重合度調節の目的に使用する場合がある.

また,この連鎖移動反応を利用すると,末端に官能基を有するポリマーを合成することも可能である.両末端に官能基を有する場合はテレケリックポリマーとして,重縮合系でのセグメント成分に利用されている.また,片末端に重合官能基を有する場合はマクロモノマーとして,グラフトポリマー合成のためのモノマーに用いられている.たとえば,四塩化炭素や官能基を有するメルカプタンを用いて,末

端に効率よく官能基を導入できる．これらの連鎖移動剤による末端官能化法はリビングラジカル重合（3.8節）による方法とともに，代表的な末端官能基導入法である．

3.1.6　ポリマーへの連鎖移動および枝分れ

連鎖移動は溶媒，開始剤，モノマーのほか，生成したポリマーに対しても起こる．ポリマーへの連鎖移動が起こると枝分れを生じる．ポリエチレン（高圧法）の場合は分子間連鎖移動で長い枝が，分子内連鎖移動でエチル基，ブチル基程度の短い枝が生じる．

この方法で得られるポリエチレンを低密度ポリエチレン（LDPE）と呼び，配位重合で合成される高密度ポリエチレン（HDPE）や，ブテンのようなα-オレフィンとの配位共重合で合成される線状低密度ポリエチレン（LLDPE）と区別される．これらは枝分かれ構造が異なるため，結晶性などの性質に大きな違いがみられる．また酢酸ビニルの重合では側鎖のアセチル基への連鎖移動が起こることが知られている．この場合，ポリマーをけん化してPVAに変えると，枝は幹からはずれるので重合度の低下となって観察される．

ポリエチレン
・分子間水素移動
$R_1 \sim CH_2\text{-}CH_2 \cdot + R_2 \sim CH_2\text{-}CH_2 \sim R_3$
$\longrightarrow R_1 \sim CH_2\text{-}CH_3 + R_2 \sim \overset{\cdot}{C}H\text{-}CH_2 \sim R_3$

・分子内水素移動
$R_1 \sim CH_2 \quad CH_2 \longrightarrow R_1 \sim CH_2\text{-}\overset{\cdot}{C}H$
$\qquad\qquad CH \quad CH_2 \qquad\qquad CH_2CH_2CH_2CH_3$
$\qquad\qquad H \quad CH_2 \qquad\qquad$（ブチル分枝）
$\qquad\qquad\quad \cdot CH_2$

ポリ酢酸ビニル
$\sim CH_2\text{-}CH \sim$
$\qquad |$
$\qquad O$
$\qquad |$
$\qquad C=O$
$\qquad |$
$\qquad CH_2$
$\qquad |$
$\qquad M_n \sim$

3.1.7　禁止剤および抑制剤

ある化合物に対する連鎖移動，あるいは付加反応の結果生じたラジカルが新たに

3.1 ラジカル重合 (radical polymerization)

モノマーの重合を開始する能力がないか，もしあっても弱い場合には，その化合物の存在のために重合反応は抑制される．このような物質を**抑制剤**（retarder），その作用がきわめて強くて事実上重合が起こらなくなるような場合，これを**禁止剤**（inhibitor）という．すなわち次の反応で，$k_{tr} \geq k_p$ で $k_p \gg k_i'$ の場合，もしくは $k_{tr} \ll k_p$ で $k_i'=0$ となる場合，Y または XY は抑制剤となり，$k_{tr} \gg k_p$ でしかも $k_i'=0$ のときには禁止剤となる．

$$M_n\cdot + M \xrightarrow{k_p} M_{n+1}\cdot$$
$$M_n\cdot + Y \xrightarrow{k_{tr}} M_nY\cdot$$
$$M_nY\cdot + M \xrightarrow{k_i'} M_nYM\cdot$$

または
$$M_n\cdot + XY \xrightarrow{k_{tr}} M_nX + Y\cdot$$
$$Y\cdot + M \xrightarrow{k_i'} YM\cdot$$

たとえばキノン類は禁止剤として働き

$$R-M_n\cdot + O=\!\!\!\underset{}{\bigcirc}\!\!\!=O \longrightarrow R-M_n-O-\underset{}{\bigcirc}-O\cdot$$

$$\xrightarrow{R-M_m\cdot} R-M_n-O-\underset{}{\bigcirc}-O-M_m-R$$

ニトロ化合物の多くはキノンほどラジカル反応性が高くないので抑制剤として作用する．

また，きわめて安定なラジカルである 2,2-ジフェニル-1-ピクリルヒドラジル（DPPH）や 2,2,6,6-テトラメチルピペラジン-1-オキシル（TEMPO）はラジカル捕捉剤と呼ばれ，自らは重合反応を開始させないが，開始ラジカルとは速やかに反応して安定な化合物となり，きわめて強力な禁止剤となる．

酸素は通常三重項であり，不対電子を有するため多くの場合抑制剤的な作用をもっている．そこで，再現性のある重合反応を行うためには使用するモノマーや溶媒から酸素を十分に除く必要がある．

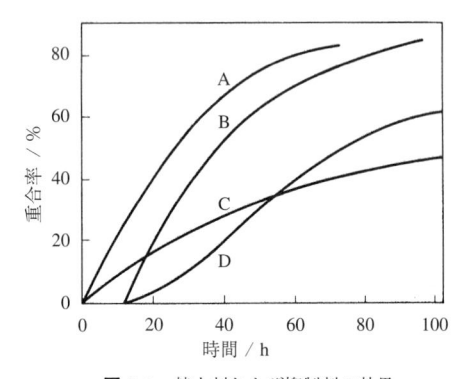

図 3.3 禁止剤および抑制剤の効果
A：100℃ でのスチレンの熱重合，B：A に 0.1% のベンゾキノン添加，
C：A に 0.5% のニトロベンゼン添加，D：A に 0.2% のニトロソベンゼン添加

禁止剤の存在下に重合反応を行うと，禁止剤の濃度に応じて一定の誘導期が観察され，その誘導期後は正常な重合が行われるが（図 3.3B），抑制剤の存在下には誘導期は存在せず，低い重合速度で反応が進行する（図 3.3C）．その性質から明らかなように，通常の連鎖移動剤では生成重合体の重合度は低下しても重合速度は変わらないのに対して，抑制剤の存在下では重合体の重合度が低下するだけでなく，重合速度そのものまで小さくなる（図 3.3）．

3.1.8 ビニル重合における平衡，天井温度

2 章の重縮合では，成長反応となっている反応段階（縮合反応）の平衡の問題が取り扱われた．事実，重縮合では重合反応熱の絶対値が小さく（$-4 \sim -17 \mathrm{kJ} \cdot \mathrm{mol}^{-1}$），重合において逆反応を考慮する必要があった．

ビニル重合ではどうであろうか，これについて考えてみよう．

$$\mathrm{CH_2 = CHX} \rightleftarrows 1/n \ {+\!\!\mathrm{CH_2 - CHX}\!\!+}_n$$

$$\Delta G = \Delta H - T \Delta S \tag{3.7}$$

ここで ΔG，ΔH，ΔS はそれぞれ重合反応に伴う Gibbs エネルギー変化，エンタルピー変化（発熱反応を負と約束する），エントロピー変化で，T は絶対温度である．

一般にビニル化合物の重合反応は $-80 \mathrm{kJ} \cdot \mathrm{mol}^{-1}$ 前後の発熱反応である（表 3.5）．内部エネルギーの減少とエントロピー減少を伴う反応であって，常温付近で

表3.5　重合熱

モノマー	重合熱/kJ·mol^{-1}
エチレン	-92.9
酢酸ビニル	-89.0
アクリル酸メチル	-84.4
アクリロニトリル	-76.5
イソプレン	-74.8
ブタジエン	-72.3
スチレン	-69.8
塩化ビニル	-71.1
塩化ビニリデン	-60.2
メタクリル酸メチル	-54.8
イソブテン	-51.4
α-メチルスチレン	-35.1

の前記の平衡は右に極端に偏り，平衡を問題とする必要はない．重合熱は，イソブテンの場合には立体障害のため，またスチレンの場合にはモノマーの共鳴安定化のために平均より低い値を示している．

しかし，α-メチルスチレンの場合のように上に述べた立体障害と共鳴安定化の両者の影響を受けるときは，重合熱の絶対値は低い値（約-35kJ·mol^{-1}）となるために，比較的低い温度（61℃）で ΔH と $T\Delta S$ は同程度の大きさとなり $\Delta G \fallingdotseq 0$ となる．すなわちモノマーとポリマーの間には次式に示すような平衡を考えなければならなくなる（通常のビニル化合物でも高温の重合ではこのことを考えなければならない）．

$$\mathrm{M}_n\cdot + \mathrm{M} \underset{k_{-\mathrm{p}}}{\overset{k_\mathrm{p}}{\rightleftharpoons}} \mathrm{M}_{n+1}\cdot$$

重合反応はある温度で平衡に達し，それ以上では重合の進まない温度がある．これを**天井温度**（ceiling temperature）という．すなわち天井温度では $R_\mathrm{p}=0$ となり，重合反応の速度と活性な鎖の末端からモノマーが次々に離れていく解重合反応の速度が等しくなる．R_pは

$$R_\mathrm{p} = k_\mathrm{p}[\mathrm{M}][\mathrm{M}\cdot] - k_{-\mathrm{p}}[\mathrm{M}\cdot] \tag{3.8}$$

と表され，天井温度では

$$k_\mathrm{p}[\mathrm{M}] = k_{-\mathrm{p}} \quad (R_\mathrm{p}=0) \tag{3.9}$$

なる関係が得られる．いくつかのモノマーのおよその天井温度を示すと，エチレン（400℃），スチレン（310℃）は比較的高温であるが，メタクリル酸メチル（220℃），α-メチルスチレン（61℃）と立体障害の度合いが高くなるにつれて低下する*1．すなわち，α-メチルスチレンが室温以下でなければ高重合体が得られにくいのは，重合温度が天井温度付近にきているからである．

3.1.9 重合方法

ビニル化合物の重合方法を大別して**塊状重合**（bulk polymerization），**溶液重合**（solution polymerization），**懸濁重合**（suspension polymerization），および**乳化重合**（emulsion polymerization）に分けることができる．塊状重合（バルク重合）は溶媒を用いないで行う重合で，純粋なポリマーが得られやすい．溶液重合はモノマーを溶媒に溶かした状態で重合を行うものであり，重合熱の除去が塊状重合に比べ容易である．懸濁重合は，水溶性のポリマーや無機物粉体などの適当な安定剤の存在下に，モノマーと開始剤を 0.1～数 mm の粒子として水中に分散し，粒子内で重合させそのまま小球（pearl または bead）状の重合体として取り出す方法である．乳化重合は，乳化剤（界面活性剤）の存在下に水を媒体としてモノマーのエマルションをつくり，水溶性の $K_2S_2O_8$ などの開始剤を用いて重合反応を行う．乳化重合では，温度や系の粘度の調節が比較的容易である．懸濁重合との違いは，粒子径がきわめて小さい（数 nm～数 μm）ことと，開始剤が水溶性であることである．実験室的研究には溶液あるいは塊状重合が多く用いられるが，懸濁重合，乳化重合は主として工業技術的な面から発達したもので，その最も大きな目的は，重合反応中の重合熱に伴う温度上昇の制御による重合条件の保持と，生成ポリマーの分離を容易にすることにある．これらの重合方法にはそれぞれ一長一短があり，重合の目的に応じて適当な方法が採用される．また，これらの重合法以外に，モノマーが可溶で生成ポリマーが不溶な疎水性溶媒中で，安定剤存在下，モノマーをかくはんしながら重合し，サブミクロンからミクロンサイズの単分散微粒子を得る分散重合・沈殿重合法がある．固体あるいは結晶での重合では，光固相重合など特徴ある重合を可

---

*1 天井温度はあくまでも活性種の平衡に関係したことであり，後章（5.4 節）に取り扱うポリマーの熱分解とは別問題であることは注意を要する．そこではでき上がったポリマー（dead polymer）に関係した反応であり，ポリマーの熱分解にはラジカル活性種がまず生成する必要がある．

能にする場合がある*1.

以上の重合方法のうち溶液重合と懸濁重合はともに本質的には塊状重合と同じであって，重合速度，重合度などは同一の動力学に従うが，乳化重合はこれらと多少違った性格をもっている．

3.1.10 乳化重合

スチレンをモノマーとした場合について一例をあげると，乳化重合は

モノマー　100g,　　　水　100g

界面活性剤　2～5g,　$K_2S_2O_8$　0.1～0.5g

といった処方で，酸素を除いた系で行われる．

この系の中には水相のほかに，図3.4に示すようにモノマーの油滴，ミセルが存在する．水溶性の開始剤 $K_2S_2O_8$ から水相で生成した開始剤ラジカル（$SO_4\cdot^-$）がミセルの中に侵入して，重合が開始され，反応が進むとともにミセルはポリマー粒子に変化する．また，モノマーは油滴からわずかずつ水相を通じてミセルの中に侵入し，重合が進むにつれ，ポリマー粒子自身次第に大きくなる．

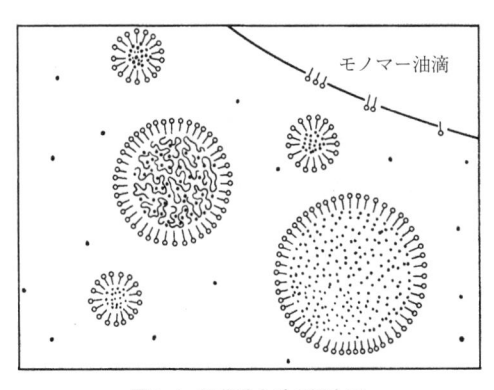

図3.4　乳化重合系の概念図
●：モノマー分子，〇-：セッケン分子，
👌：ポリマー分子．

---

*1　2官能性の化合物である2,5-ジスチリルピラジンは結晶中において二重結合が接近して規則正しく配列しているため，光照射により隣接二重結合間で反応が進行し，定量的にポリマーを生成する．結晶でのモノマーの分子配列，すなわち二重結合の位置が近いことと，重合によりモノマーの位置が大きく変化しないことが重要な因子である．一方，ジエンジカルボン酸誘導体は構造的な条件が満たされれば，光照射による結晶中の重合により，超高分子量立体規則性ポリマーが生成する．

3.2 ラジカル共重合 (radical copolymerization)

2種類のモノマー M_1 と M_2 を混ぜて共重合させると，M_1 と M_2 がランダムな順序で結合した共重合体が生じる．一般に共重合体はその成分から得られる単独重合体と性質が異なるので，各成分の単独重合では得られない優れた性質や新たな用途が期待され，多くの共重合体が合成されている．共重合体には，そのモノマーの結合様式によりランダム，ブロック，グラフトコポリマーなど多くの種類がある．特に最近のリビングラジカル重合の発展（3.8.3項）に伴い，従来合成が困難であった構造の制御された共重合体が数多く合成されている．それらの合成や性質に関しては5章で述べる．ここでは，ランダム共重合に絞り，モノマーの反応性と共重合体の組成の関係やモノマーの構造と反応性の関係（置換基の共鳴・極性効果）などの基礎について述べる．

3.2.1 共重合組成式

M_1 と M_2 の共重合を考えると，下記に示す4種の成長反応で示すことができる．そして，成長末端と各モノマー M_1 ないし M_2 の反応が，末端ラジカル $M \cdot$ の種類によってのみ支配され，その前の部分には無関係であると仮定すると，各反応の反応速度は次に示すようになる．

$$\sim\sim M_1 \cdot + M_1 \xrightarrow{k_{11}} \sim\sim M_1 \cdot \qquad \text{反応速度} \quad k_{11}[M_1 \cdot][M_1]$$

$$\sim\sim M_1 \cdot + M_2 \xrightarrow{k_{12}} \sim\sim M_2 \cdot \qquad k_{12}[M_1 \cdot][M_2]$$

$$\sim\sim M_2 \cdot + M_1 \xrightarrow{k_{21}} \sim\sim M_1 \cdot \qquad k_{21}[M_2 \cdot][M_1]$$

$$\sim\sim M_2 \cdot + M_2 \xrightarrow{k_{22}} \sim\sim M_2 \cdot \qquad k_{22}[M_2 \cdot][M_2]$$

単独重合で用いた定常状態の考えをこの場合にも適用して，$M_1 \cdot$ と $M_2 \cdot$ のそれぞれについて定常濃度を仮定すると，$M_1 \cdot$ が $M_2 \cdot$ に変化する速度と $M_2 \cdot$ が $M_1 \cdot$ に変化する速度が等しいことになるから

$$k_{12}[M_1 \cdot][M_2] = k_{21}[M_2 \cdot][M_1] \tag{3.10}$$

モノマー M_1 と M_2 の消失速度はそれぞれ

$$-d[M_1]/dt = k_{11}[M_1 \cdot][M_1] + k_{21}[M_2 \cdot][M_1] \tag{3.11}$$

$$-d[M_2]/dt = k_{12}[M_1 \cdot][M_2] + k_{22}[M_2 \cdot][M_2] \tag{3.12}$$

であるから

$$\frac{d[M_1]}{d[M_2]} = \frac{k_{11}[M_1\cdot][M_1] + k_{21}[M_2\cdot][M_1]}{k_{12}[M_1\cdot][M_2] + k_{22}[M_2\cdot][M_2]} \qquad (3.13)$$

となる．さらに，$k_{11}/k_{12}=r_1$，$k_{22}/k_{21}=r_2$ と式（3.10）を用いると

$$\frac{d[M_1]}{d[M_2]} = \frac{[M_1]}{[M_2]} \left(\frac{r_1[M_1]+[M_2]}{[M_1]+r_2[M_2]} \right) \qquad (3.14)$$

が得られる．式（3.14）は**共重合組成式**と呼ばれ，重合反応中のある任意の瞬間に生成する共重合体の組成を示すものである．また r_1，r_2 を**モノマー反応性比**（monomer reactivity ratio）と呼び，末端ラジカルが同一のモノマーと，他の一方のモノマー（コモノマー，comonomer）のどちらの方に反応しやすいかを示す尺度となるものである．いろいろなモノマーの組み合わせで得られた r_1，r_2 を表 3.6 に示した．

3.2.2　モノマー反応性比と共重合体組成

表 3.6 に示したようにモノマーの組み合わせによって r_1，r_2 はいろいろに変化する．$r_1 \times r_2 = 1$ の場合は，$k_{11}/k_{12}=k_{21}/k_{22}$ であり，モノマー M_1 と M_2 の付加の速度定数の比がラジカル $M_1\cdot$ と $M_2\cdot$ で等しい．このような場合を**理想共重合**（ideal copolymerization）と呼ぶ．

いま反応系中に存在するモノマー M_1 と M_2 の濃度比を F，生成ポリマー中の M_1 と M_2 各単位のモル比を f とすると，式（3.14）の共重合組成式は式（3.15）となる．

$$f = F\left(\frac{r_1 F + 1}{F + r_2} \right) \qquad (3.15)$$

一般に F と f が等しくならないのは当然で，また F も f も重合反応の進行とともに変化する．したがって共重合体の組成はある瞬間においては，r_1，r_2 とそのときのモノマー組成によって定まるが，重合率がある範囲にわたるときは組成がいろいろに変化したポリマーの混合物となる．式（3.15）から，ある与えられた r_1，r_2 における F と f の関係が得られ，$r_1 \times r_2 = 1$ の場合についてこれを図示すると図 3.5 のような共重合組成曲線が得られる．すなわち $r_1 = r_2 = 1$ のときは $F = f$ となり，共重合体の組成は反応させた単量体のモル比と等しく重合反応中変化しない．$r_1 > 1$ のときは $f > F$ となり，重合とともに F が減少し，$r_1 < 1$ のときはこの逆となる．

一般的な共重合組成曲線の例を $r_1 \times r_2 \neq 1$ の場合も含めて図 3.6 に示す．$r_1 \times r_2 >$

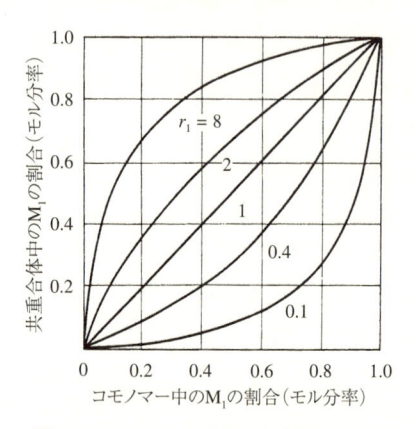

図 3.5 $r_1 \times r_2 = 1$ の場合の共重合組成曲線

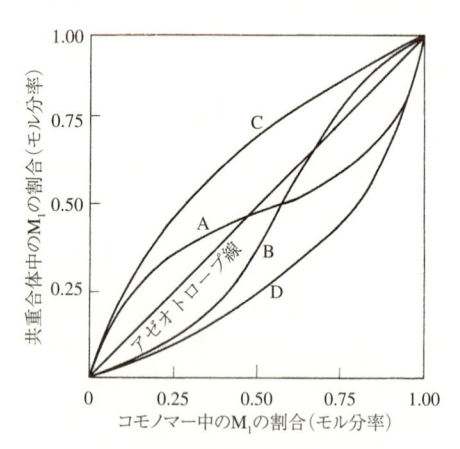

図 3.6 共重合組成曲線
A：$r_1 = 0.2$, $r_2 = 0.3$　　B：$r_1 = 2$, $r_2 = 3$
C：$r_1 = 2$, $r_2 = 0.3$　　D：$r_1 = 0.2$, $r_2 = 3$

1の場合には $(k_{11}k_{22})/(k_{12}k_{21}) > 1$ となり（曲線B），重合体中に M_1-M_2 または M_2-M_1 の配列よりも M_1-M_1 または M_2-M_2 の配列を生じやすく，極端な場合として $k_{12} = k_{21} = 0$ になると反応生成物は M_1，M_2 それぞれの単独ポリマー（homopolymer）になる．しかしこのように $r_1 \times r_2 > 1$ となるような例はラジカル共重合ではまれであり，ほとんどの例では $r_1 \times r_2 < 1$ である．またその中でも $r_1 < 1$, $r_2 < 1$ の場合が普通で（曲線A），このことは一般にビニル化合物のラジカル共重合では同種のモノマー間の反応よりも異種のモノマー間の反応の方が起こりやすいことを示してい

る．これらの関係は主としてモノマーの二重結合の電子密度によって支配される．モノマーの置換基（R_1）が**電子供与性**の場合は二重結合上の電子密度は増大して多少負に荷電した状態をとり，**電子吸引性**の置換基（R_2）をもつ場合には二重結合の荷電は逆に正となる．単量体でこのような置換基の影響がラジカルになったときにも適用されるとすれば

$$CH_2=CH-R_1 \longrightarrow \sim\sim\sim CH_2-\overset{\delta-}{CH}\cdot \qquad CH_2=CH-R_2 \longrightarrow \sim\sim\sim CH_2-\overset{\delta+}{CH}\cdot$$

ラジカル末端の炭素もまた幾分負または正の荷電をもつことになる．2つのモノマーの二重結合上のこのような電子密度が等しいような場合には $r_1 \times r_2 = 1$ になるが，その間に差がある場合，その差が著しいほど交互付加の傾向が強くなる．r_1，r_2 が極端に小さく0に近い値をとるときは，M_1 と M_2 がほぼ規則正しく交互に配列したポリマーを生ずることになる．

以上に述べたさまざまな例が表3.6に示されている．

3.2.3　モノマー反応性比の求め方

実験によって r_1, r_2 を求めるには，M_1 と M_2 の濃度比を変えて重合反応を行い，各濃度が実質的に変化しないと見なしうる範囲の初期重合物（少なくとも10％以下の重合率）についてその組成を求める．式（3.14）および（3.15）からそれぞれ

$$r_2 = \frac{[M_1]}{[M_2]}\left\{\frac{d[M_2]}{d[M_1]}\left(1+\frac{[M_1]}{[M_2]}r_1\right)-1\right\} \tag{3.16}$$

$$F(f-1)/f = r_1 F^2/f - r_2 \tag{3.17}$$

が得られる．1つの方法は，まず，さまざまなモノマー組成で得られた各初期重合物の組成から式（3.16）を用いて対応する直線を描く．得られる直線は，実験誤差のために必ずしも一点では交わらないので，各直線の交点の平均の座標をもって r_1, r_2 とする．この方法は**直線交差法**と呼ばれる．一方，式（3.17）の $F(f-1)/f$ と F^2/f は単量体組成と共重合体組成より求められ，r_1 を勾配，$-r_2$ を切片とする直線関係にある．各測定値はその直線上の各一点を与えることになるので，最小二乗法を用いてより正確に r_1, r_2 を求めることができる．これは **Fineman-Ross 法**といわれ，単量体反応性比の決定に広く利用されている．また，これら以外に，コン

表 3.6 モノマー反応性比

M_1	M_2	r_1	r_2	$r_1 \times r_2$
スチレン（St）	ブタジエン（Bd）	0.78	1.39	1.08
スチレン	p-メトキシスチレン（pMeOSt）	1.16	0.82	0.95
スチレン	メタクリル酸メチル（MMA）	0.52	0.46	0.24
スチレン	酢酸ビニル	55.0	～0.01	―
酢酸ビニル（VAc）	塩化ビニル（VCl）	0.23	1.68	0.39
酢酸ビニル	マレイン酸ジエチル	0.17	0.043	0.007
無水マレイン酸	酢酸イソプロペニル	0.002	0.032	0.00006
アクリル酸メチル（MA）	塩化ビニル	9.0	0.083	0.75

ピュータを用いて実験点と計算曲線とのシミュレーションから r_1, r_2 を求める曲線合致法，Fineman-Ross 法のデータの重みを公平にするために式（3.17）を変形した Kelen-Tüdős 法などの方法がある．多くのモノマーの r_1, r_2 の値は Polymer Handbook（第 4 版）にまとめられている．いくつかの代表的なモノマーについて求められた r_1, r_2 を表 3.6 に示す．r_1, r_2 は開始剤濃度や全体の反応速度に無関係であり，また禁止剤や連鎖移動剤の存在，溶媒の種類などによる影響は少ないが，後に述べるようにイオン共重合では開始剤や溶媒によって大きく変化することがある．

3.2.4 モノマーの相対的な反応性

$$\sim\sim M_1\cdot + M_1 \xrightarrow{k_{11}} \sim\sim M_1\cdot$$
$$\sim\sim M_1\cdot + M_2 \xrightarrow{k_{12}} \sim\sim M_2\cdot$$

さて $1/r_1 = k_{12}/k_{11}$ であるから，この値はラジカル $M_1\cdot$ に対するモノマー M_2 と M_1 の**相対的な反応性**（relative reactivity）を表すものである．したがって，ある M_1 と種々のモノマーを M_2 とする共重合反応から求められた $1/r_1$ は同じラジカル $M_1\cdot$ に対するこれらモノマーの反応性の相違を示すことになる．その例を表 3.7 に示す．

表から明らかなように同一のラジカルに対するモノマーの反応性はモノマーの置換基の種類によって異なり，相手のラジカルの種類が異なっても，その反応性はモノマーの置換基に関してはほぼ同じ順序で変化する．モノマーの反応性をその置換基の順に並べると

3.2 ラジカル共重合（radical copolymerization）

表 3.7 各種ラジカルに対するモノマーの相対反応性

ラジカル＼モノマー	St	MMA	AN	VCl$_2$	VCl	VAc
スチレン（St）	(1.0)	1.9	2.4	0.55	0.05	0.02
メタクリル酸メチル（MMA）	2.2	(1.0)	0.75	0.4	0.07	0.05
アクリロニトリル（AN）	20	5.5	(1.0)	1.1	0.3	0.2
塩化ビニリデン（VCl$_2$）	12	4	2.7	(1.0)	0.5	0.25
塩化ビニル（VCl）	30	−	15	5	(1.0)	0.5
酢酸ビニル（VAc）	50	70	18	30	3.5	(1.0)

$$-C_6H_5 > -CH=CH_2 > -COCH_3 > -COOR > -CN > -Cl > -OCOCH_3 > -OR$$

のようになる．全体的な傾向としては，共役型のモノマーは相対的に反応性が大きく，非共役型のモノマーは反応性が低いことがわかる．このような関係は，モノマーから反応によって生じるラジカルの置換基による共鳴安定化の効果として理解することができる．たとえば，スチレンは下式のような共鳴構造が考えられ，スチレンラジカルの共鳴安定化のエネルギーは約 80 kJ に達する．

上記のように，共重合体組成は各ポリマーラジカルに対するモノマーの相対的な反応性が大きな影響を及ぼすことがわかったが，それぞれのモノマーを単独重合させたときにどちらが速く進行するかは，共重合の結果から直接は予測できない．それは，ラジカルの共鳴安定化が大きいほどモノマーに対する反応性が低下するためである．

3.2.5　Alfrey-Price の Q-e の概念

以上に述べてきたようにビニル化合物の重合反応における反応性は置換基による分極性，共鳴効果（および立体因子）によって決定される．このことを，経験的ではあるが定量化して表そうとしたのが **Q-e スキーム**である．Alfrey と Price は

$$\sim\!\!\!\sim M_1\cdot + M_2 \xrightarrow{k_{12}} \sim\!\!\!\sim M_2\cdot$$

における反応速度定数を

表3.8 Q-e 値

	Q	e		Q	e
p-Methoxystyrene	1.53	-1.40	Chloroprene	7.26	-0.02
Isobutyl vinyl ether (VE)	0.030	-1.27	Ethylene (E)	0.016	0.05
Isobutene (IB)	0.023	-1.20	Vinyl chloride (VCl)	0.056	0.16
1-Vinylnaphthalene	1.94	-1.12	Vinylidene chloride	0.31	0.34
Vinyl acetate (VAc)	0.026	-0.88	Methyl-α-chloroacrylate	2.43	0.35
2-Vinylphenanthrene	4.44	-0.87	p-Nitrostyrene	1.63	0.39
α-Methylstyrene	0.97	-0.81	Methyl methacrylate (MMA)	0.78	0.40
Styrene (St)	1.00	-0.80	Methyl acrylate (MA)	0.45	0.64
p-Bromostyrene	1.30	-0.68	Methacrylonitrile	0.86	0.68
p-Chlorostyrene	1.33	-0.64	Acrylic acid	0.83	0.88
p-Methylstyrene	1.10	-0.63	Methyl vinyl ketone	0.66	1.05
Isoprene	1.99	-0.55	Diethyl maleate	0.053	1.08
1,3-Butadiene	1.70	-0.50	Acrylonitrile (AN)	0.48	1.23
2-Vinylpyridine	1.41	-0.42	Vinylidene cyanide	14.22	1.92
2-Vinylnaphthalene	1.25	-0.38	Diethyl fumarate	0.25	2.26
p-Cyanostyrene	2.93	-0.38	Maleic anhydride	0.86	3.69

$$k_{12} = P_1 Q_2 \exp(-e_1 e_2) \qquad (3.18)$$

で表すことを提唱した．ここに P_1 はラジカル〜〜$M_1\cdot$ の，Q_2 はモノマー M_2 の反応性（共鳴安定化）に関係し，e_1，e_2 はそれぞれの相対的な荷電の尺度（極性項）である．ここでモノマーとそれから生成するラジカルは同じ e 値をとると仮定する．

$$k_{11} = P_1 Q_1 \exp(-e_1^2) \qquad (3.19)$$

から

$$r_1 = (Q_1 / Q_2) \exp[-e_1(e_1 - e_2)] \qquad (3.20)$$

$$r_2 = (Q_2 / Q_1) \exp[-e_2(e_2 - e_1)] \qquad (3.21)$$

が得られる．一般にはスチレンを標準（$Q=1.00$, $e=-0.80$）とし，共重合から得られた r_1, r_2 の値をもとに種々のモノマーの Q および e 値が算出できる．

多くのモノマーの Q および e 値は Polymer Handbook（第4版）にまとめられている．それらのうち主なものを表3.8に掲げる．スチレン，メタクリル酸メチルなどは大きな Q 値をもつ共役型モノマーであり，酢酸ビニルや塩化ビニルなどは小さな Q 値をもつ非共役型モノマーである．また，電子吸引性の置換基を有するアクリロニトリルやメタクリル酸メチルは正の e 値をとり，電子供与性の置換基を有するビニルエーテルやイソブテンは負の e 値をとっていることがわかる．このように，Q-e スキームの結果は，それぞれのモノマーがどのような重合をしやす

3.3 イオン重合 (ionic polymerization)

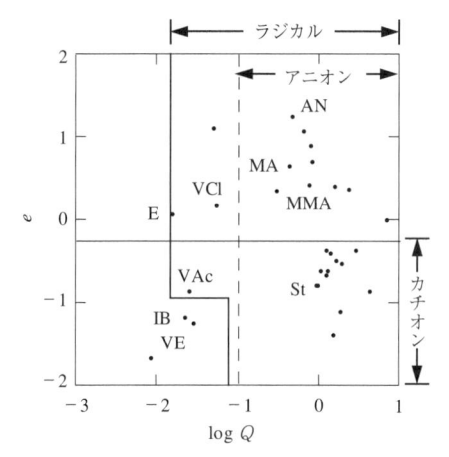

図 3.7 表 3.8 に示すモノマーの Q-e プロットと各重合方法が起こりやすい領域

いかの指標になる．図 3.7 に，ラジカル重合，アニオン重合，カチオン重合の起こりやすい領域の概略を示す．この結果，ラジカル重合するモノマーは大きな Q 値を有する傾向があり，アニオン重合はそれに近く，カチオン重合は Q 値ではなく e 値の小さなモノマーに有効なことがわかる．

3.3 イオン重合 (ionic polymerization)

3.3.1 ビニル化合物とイオン重合性

ビニル化合物の多くはラジカル機構によってばかりでなく，イオン機構によっても重合する．イオン重合には成長末端の種類によって**カチオン重合**（cationic polymerization）と**アニオン重合**（anionic polymerization）があり，その開始反応は一般に次のように表される．

$$\text{カチオン重合}: \quad B^+ + \overset{\delta^-}{CH_2}=\overset{\delta^+}{\underset{X}{CH}} \longrightarrow B-CH_2-\underset{X}{CH^+}$$

$$\text{アニオン重合}: \quad A^- + \overset{\delta^+}{CH_2}=\overset{\delta^-}{\underset{Y}{CH}} \longrightarrow A-CH_2-\underset{Y}{CH^-}$$

カチオン重合の開始剤としては酸が用いられ，アニオン重合には塩基が用いられる．上に示したようにモノマーの二重結合は置換基の影響によって，多少とも正ま

たは負に荷電している．置換基が電子供与性で二重結合上の電子密度が高い場合にはカチオンの付加を受けやすく，逆に電子吸引性の置換基をもつモノマーはアニオン重合を行いやすい．

モノマー $CH_2=CHX$ がどちらのイオン重合を行うかを置換基 X について示すと次のようになる（カッコ内はラジカル重合性のモノマーを示す）．

$$X：-NO_2, \overbrace{\left(-CN, -\underset{\underset{O}{\|}}{C}-O-CH_3, -CH=CH_2, \underbrace{-\bigcirc\hspace{-0.5em}}_{\text{カチオン重合}}\right)}^{\text{アニオン重合}}, -CH_3, -OR$$

イソブテンやビニルエーテルはカチオン重合によってのみポリマーとなり，単独ではラジカル重合も行わない．一方，酢酸ビニルではラジカル重合によってのみ高重合体が得られている．

3.3.2　イオン重合の特徴

ビニル化合物のイオン重合をラジカル重合と比較した場合，次に示すような相違点があげられる．

　1)　ラジカル重合では一般に**開始種**（initiating species）となるラジカルの生成が重合反応中継続して起こるのに対し，イオン重合ではすべての開始剤が最初から同時に開始反応に関与しうる場合が多い．

　2)　ラジカル重合の停止反応に見られるような活性ポリマー間の 2 分子反応による停止はイオン重合では存在しない．したがってラジカル重合では全重合速度は開始剤濃度の 1/2 乗に比例したが，イオン重合では多くの場合開始剤濃度の 1 乗に比例する（1 分子停止）．

　3)　ラジカル重合に比べイオン重合では溶媒の性質，特にその誘電率による影響が著しい．

　4)　イオン重合は一般に，ラジカル重合の場合のラジカル生成反応のように開始種の生成に大きな活性化エネルギーを必要とすることが少ないので，低温でも反応が速やかに進行することが多い．

　5)　イオン重合ではポリマーの成長末端に**対イオン**（counter-ions）が存在し，

この対イオンが重合反応に対してきわめて大きな影響を与える．

3.4 アニオン重合（anionic polymerization）

3.4.1 アニオン重合の開始剤

モノマーのアニオン重合性はすでに述べたように置換基の電子吸引性の強さによって変化し，モノマーの二重結合の正への分極，すなわち Q-e の概念で与えられる e 値の大きさによって決まる．しかし，塩化ビニルのように e 値がある程度大きくても，二重結合に共役する置換基をもたない Q 値の小さな非共役モノマーはアニオン重合しにくい．

実際にあるモノマーがアニオン重合するかしないかは，用いる開始剤の塩基性にも強く依存し，モノマーのアニオン重合性と開始剤の塩基性の組み合わせが重要となる．表 3.9 は主な開始剤とモノマーについて，塩基性あるいはアニオン重合性の強さの順に分類し，重合する組み合わせを示したものである．

表 3.9 アニオン重合におけるモノマーおよび開始剤の構造と反応性

開始剤		モノマー	Q	e
Li, Na, K RLi, RNa, RK	a — A	$CH_2=C(CH_3)C_6H_5$ $CH_2=CHC_6H_5$ $CH_2=C(CH_3)-CH=CH_2$ $CH_2=CH-CH=CH_2$	0.97 1.00 1.99 1.70	−0.81 −0.80 −0.55 −0.50
Li-, Na-, K-ケチル $RMgX, R_2Mg$	b — B	$CH_2=C(CH_3)COOCH_3$ $CH_2=CHCOOCH_3$	0.78 0.45	0.40 0.64
ROLi, RONa, ROK	c_1 — C_1	$CH_2=C(CH_3)CN$ $CH_2=CHCN$	0.86 0.48	0.68 1.23
R_3Al, R_2Zn	c_2 — C_2	$CH_2=C(CH_3)COCH_3$ $CH_2=CHCOCH_3$	1.03 0.66	0.6 1.05
ピリジン, NR_3 H_2O	d — D	$CH_2=CHNO_2$ $CH_2=C(COOCH_3)_2$ $CH_2=C(CN)COOCH_3$ $CH_2=C(CN)_2$	— — — 14.2	— — — 1.92

線で結んだ組み合わせの場合にアニオン重合が起こる．

最も塩基性の強い a グループの開始剤は，スチレンやブタジエンなどの電子吸引性基をもたない負の e 値のモノマーでもアニオン重合を開始する．より塩基性の低い R_2Mg や RMgX はメタクリル酸メチル，アクリロニトリルなどの重合を開始するが，スチレンは特殊な溶媒を用いない限りこれらの開始剤では重合を起こさな

い．R$_3$Al や R$_2$Zn では，金属-炭素結合はイオン性が小さいために，アニオン機構による重合を行いにくいが，R$_3$Al とピリジンを組み合わせて用いるとメタクリル酸メチルの重合が開始される．アニオン重合性の大きい D グループの α-シアノアクリル酸エステルやニトロエチレンは水によって，またメチレンマロン酸エステルではアミンやホスフィンのような弱い塩基によっても重合する．

3.4.2 成長反応

開始反応で生じたモノマーのカルバニオン（$\sim$M$^-$）は対イオン（B$^+$）を伴って，さらにモノマーに付加して成長反応を行う．

$$\sim\!\!\sim\!\text{M}^-\text{B}^+ + \text{M} \xrightarrow{k_p} \sim\!\!\sim\!\text{MM}^-\text{B}^+$$

成長反応速度は，速度定数 k_p，成長アニオン濃度 C とモノマー濃度 [M] の積で表せる（$-d[\text{M}]/dt = k_p C[\text{M}]$）と考えられるが，テトラヒドロフラン中での Na$^+$ を対イオンとするスチレンのアニオン重合では，成長アニオン濃度が小さいときに，見かけの k_p が上昇することが知られている．

この現象は，成長末端**イオン対**（ion pair）*1 の解離によって生成する**フリーイオン**（free ion）成長種の存在を考えることで説明される．

$$\sim\!\!\sim\!\text{M}^-\text{Na}^+ \underset{}{\overset{K_d}{\rightleftharpoons}} \sim\!\!\sim\!\text{M}^- + \text{Na}^+$$

$k_p \downarrow +\text{M}$　　　$k_p' \downarrow +\text{M}$

$$\sim\!\!\sim\!\text{MM}^-\text{Na}^+ \underset{}{\overset{K_d}{\rightleftharpoons}} \sim\!\!\sim\!\text{MM}^- + \text{Na}^+$$

イオン対成長種　　　フリーイオン成長種

$K_d = 1.5 \times 10^{-7}$ mol$\cdot l^{-1}$
$k_p = 80$ $l\cdot$mol$^{-1}\cdot$s^{-1}
$k_p' = 6.4 \times 10^4$ $l\cdot$mol$^{-1}\cdot$s^{-1}

イオン対成長種，フリーイオン成長種それぞれからの成長反応の速度定数を k_p および k_p'，成長末端イオン対のフリーイオン成長種への解離定数を K_d，成長アニオンの全濃度を C_0，フリーイオン成長種の割合を x とすると，成長反応速度と解離定数はそれぞれ

$$-d[\text{M}]/dt = k_p(1-x)C_0[\text{M}] + k_p' x C_0[\text{M}]$$

---

*1 対カチオンと成長末端アニオンがすぐ近傍に存在する接触イオン対（contact ion pair）と，両者が溶媒で分離された溶媒分離型イオン対（solvent-separated ion pair）にさらに区別する場合がある．

$$K_d = (xC_0)^2 / (1-x)C_0 \tag{3.22}$$

と表せる. テトラヒドロフラン中 25℃ での解離定数 K_d はおよそ 1.5×10^{-7} mol·l^{-1} で, 解離度 x が十分小さいことを考慮すると, 成長反応速度は

$$-d[\text{M}]/dt = [k_p + k_p'(K_d/C_0)^{1/2}]C_0[\text{M}] \tag{3.23}$$

いま活性ポリマーの全濃度 (C_0) を 10^{-3} mol·l^{-1} とするとフリーアニオンの濃度は 1.2×10^{-5} mol·l^{-1} で, 全体の中のわずか 1.2% にしか過ぎないが, k_p' が k_p の 800 倍にも達するために, モノマーの約 90% はフリーアニオンへの付加によって消費されることになる. またこの場合の全体の (見かけの) 反応速度定数 k_{app} は

$$k_{app} = k_p + k_p'(K_d/C_0)^{1/2} \tag{3.24}$$

で表され, 約 $9\times10^2 l\cdot\text{mol}^{-1}\cdot\text{s}^{-1}$ となる. この値はスチレンのラジカル重合における値 ($k_p=55\ l\cdot\text{mol}^{-1}\cdot\text{s}^{-1}$) の 10 倍程度である. 通常, ラジカル重合での成長ラジカルの定常濃度は $10^{-7}\sim10^{-8}$ mol·l^{-1} であるのに対し, アニオン重合では $C_0=10^{-3}$ mol·l^{-1} 程度であることが多い. したがって反応速度 ($R_p=k_pC_0[\text{M}]$) はラジカル重合の場合に比べて非常に大きく, アニオン重合反応はきわめて短時間に完結することが多い.

成長反応はイオン対から遊離した遊離イオンまでの各状態で行われるが, どのような状態で反応が進むかによって反応速度ばかりでなく, モノマーが付加する際の立体配置も大きな影響を受ける. 両イオンがこれらの中のどの状態をとるかはモノマーおよび対イオンの種類, 溶媒, 反応条件などによって種々に変化する.

3.4.3 連鎖移動反応および停止反応

アニオン重合では多くの場合, アルコールや水のようなプロトン性の化合物が停止剤になる. 一般に, あるモノマーのアニオン重合で成長アニオンと反応しうる化合物 RH が停止剤になるか連鎖移動剤になるかは, 成長アニオンと RH の反応で生成するアニオン R^- がそのモノマーの重合を開始するかどうかによる. 表 3.9 からわかるように, CH_3OH から生成する CH_3O^- はメタクリル酸メチル (MMA) やスチレンの重合を開始しないので停止剤になるが, アクリロニトリル (AN) の重合では連鎖移動剤になる. 同様に, トリフェニルメタンはブタジエンでも重合の連鎖移動剤となりうる.

AN のアニオン重合では, その α 位の水素を容易にプロトンとして放出するので, モノマー自身が連鎖移動剤としても作用する.

OH，COOH，NH$_2$ などのプロトン性官能基を有するモノマーは，そのままでは開始剤がこれらのプロトンと反応して失活するため，ポリマーは生成しないが，これらの官能基を保護し，開始剤など反応条件を選べばアニオン重合する．得られたポリマーを酸で処理するなどの方法で保護基をはずすと，もとの反応性基を側鎖に有する反応性高分子が合成できる．スチレンの p-置換体の例を次に示す．

	官能基	保護された官能基
CH$_2$=CH–C$_6$H$_4$–X	–OH	CH$_3$–Si(O)(C(CH$_3$)$_3$)–CH$_3$
	–NH$_2$	N(Si)(Si) 環
	–COOH	N=C(CH$_3$)–O 環

COOR，CN などの極性官能基を有するモノマーのアニオン重合では，成長アニオンの分子内反応による自己停止反応が起こって成長が停止する場合がある．たとえば MMA の重合では

$$R-CH_2-C(OCH_3)(=O)\cdots MgCl^+ \cdots C(-OCH_3)(-CH_3)-CH_2-C(H_3)(CO_2CH_3) \longrightarrow R-CH_2-C(CH_3)(C(=O)CH_3)-CH(CO_2CH_3)-C(CH_3)(CO_2CH_3) + CH_3O^- MgCl^+$$

のように成長末端の環化によって安定な6員環ケトン構造を生成して成長が停止することがある．

3.4.4 リビングポリマー

ブタジエンが金属 Na によって重合し，合成ゴム "Buna" (<u>Bu</u>tadien <u>Na</u>trium) を与えることは古くから知られ，かつて工業的に利用されたことがある．Ziegler はこの重合反応の開始が金属 Na からのブタジエンへの電子移動によって次のジアニオンを生じて行われるものと考えた．

$$2\,Na + CH_2=CH-CH=CH_2 \longrightarrow Na^{+\,-}CH_2-CH=CH-CH_2^{-}\,Na^+$$

3.4 アニオン重合 (anionic polymerization)

スチレンもこのような金属 Na からの電子移動によってアニオン重合するが，固体表面からの不均一反応になり，反応制御は困難である．Szwarc は，Na からナフタレンへの電子移動で生成する，テトラヒドロフランなどの極性溶媒に可溶なナトリウムナフタレニドを経由してスチレンの重合を行い，その活性ポリマーを以下に述べる理由で**リビングポリマー** (living polymer) と名づけた．

この反応ではまず Na から電子がナフタレンに移動して緑色のラジカルアニオンを生じる[*1]．このナトリウムナフタレニドの溶液をスチレンに加えると，さらにスチレンに電子が移動して，スチレンのラジカルアニオンを生じる．ラジカル末端は2分子間の結合によって消失し，成長反応はジアニオンの両端でアニオン機構によって進行する．

この重合反応では連鎖移動も停止反応も起こらないために，ポリマーの成長末端は活性を持続し，長寿命でいわゆるリビングである．このことは (1) スチレンが反応すると溶液はベンジルアニオンの赤色に変化するが，スチレンが完全に重合してしまってもこの色が消えないこと，(2) スチレンが 100% 重合したのちモノマーを追加すると，重合反応がさらに進行してその分だけポリマーの重合度が増すこと，(3) 生成ポリマーの重合度が

$$P_n = [M] \Big/ \frac{1}{2}[C] \qquad [M]:モノマー濃度，[C]:開始剤濃度 \qquad (3.25)$$

に従うことなどから明らかにされた．また得られたポリスチレンの重量平均分子量と数平均分子量の比 M_w/M_n がほぼ 1 に近く，分子量分布のきわめて狭いポリマーが得られることも，この重合の特徴の 1 つである．

[*1] この反応はテトラヒドロフランなどの極性溶媒中で起こる．

リビングポリマーは，これを開始剤にして他のモノマーを重合させるとブロック共重合体が得られるなど高分子合成の見地から有用であるばかりでなく，リビングであることを利用してアニオン重合の基礎的な研究を行うことができる．3.4.2 項に述べたスチレンの成長反応速度の測定もリビングポリマーによって行われたものである．

3.4.5 極性モノマーのアニオン重合

メタクリル酸メチル（MMA），アクリロニトリル，ビニルケトンなどの電子求引性置換基をもつモノマーは，アルカリ金属アルキルをはじめ，広範囲な有機金属化合物によってアニオン重合する．たとえば，有機合成で頻繁に用いられるグリニヤール試薬は，上記のモノマーの重合開始能力をもっている．しかし，エステル基などの極性置換基への付加反応などが重合反応と併発することがあり，反応は一般に複雑になる．

トルエン中 n-C_4H_9MgCl による MMA のアニオン重合では，モノマーの C=C 二重結合への開始剤の付加（a）で生成したアニオン〔A〕にモノマーが順次付加して成長反応が進行する．ところが，n-C_4H_9MgCl の一部は重合の開始段階でモノマーのカルボニル基と反応し（b），ブチルイソプロペニルケトン〔B〕と CH_3OMgCl が生成する．CH_3OMgCl は MMA の重合を開始しない．一方，ケトン〔B〕はエステル基より電子吸引性のやや高いアシル基を有するため，MMA よりアニオン重合性が高く，成長アニオン〔C〕の中にはケトン〔B〕と反応してアニオン〔D〕となるものがある．アニオン〔D〕は MMA アニオン〔C〕より反応性が低く，この重合条件下では MMA を付加しないので，成長アニオン〔C〕へのケトン〔B〕の反応は実質上の停止反応となる．重合停止後に得られるポリマーには，MMA 単位を末端に有する分子とケトン〔B〕の単位を有する分子とが含まれる．

このほか，アニオン〔C〕の一部は，重合温度が高いと末端の3つのモノマー単位から環状ケトン構造を生成することがある（3.4.3項参照）．

より塩基性の高い n-C_4H_9Li による MMA の重合でもこれと同様の副反応が起こるが，アニオン〔D〕の対イオンが Li^+ では反応性がやや高いため，一部は MMA を付加して成長し，鎖中にケトン〔B〕の単位を有するポリマーも生成する場合がある．このように，開始剤とモノマーの副反応が起こると，余分の副生成物が生成するに止まらず，重合反応の進行や，生成ポリマーの構造にまで影響が及ぶ．

1,1-ジフェニルヘキシルリチウムのようなかさ高いアニオン開始剤を用いてテトラヒドロフランなどの極性溶媒中で重合を行うと副反応が起こらず，重合はリビングに進行する．また，t-C_4H_9MgBr のようなかさ高いグリニヤール試薬を用いたトルエン中低温での重合でも副反応が起こらなくなり，リビングに進行する．

3.4.6　アニオン共重合

スチレンと MMA を 1:1 でラジカル共重合させるとほぼ 1:1 の組成の共重合体が得られるのに対して，アニオン共重合では MMA のホモポリマーに近い組成の共重合体が生成する．これは，アニオン重合では置換基の種類がモノマーならびに成長アニオンの反応性により強く影響を与えるためである．すなわち，モノマーの反応性は電子吸引性のエステル基をもつ MMA の方がスチレンより高く，成長アニオンの反応性は MMA アニオンの方が低いので，MMA はいずれの成長アニオンとも反応できるのに対して，スチレンは MMA のアニオンとは反応しない．

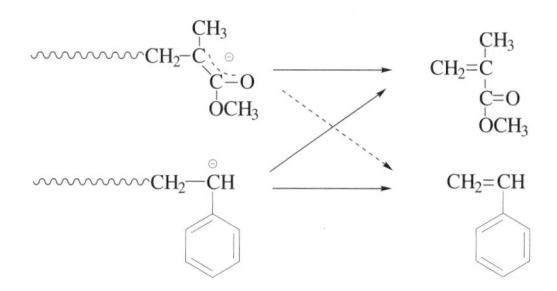

したがって，スチレンのリビングポリマーに MMA を加えると，ポリスチレンとポリ(MMA) のブロック共重合体が生成するが，逆にリビングポリ(MMA) によってスチレンは重合しない．通常の条件下ではスチレン誘導体相互間，共役ジエン間，あるいは共役ジエンとスチレンのように互いに e 値の似かよった，同程度の

表 3.10 スチレンと p-メチルスチレン，p-メトキシスチレンおよびビニルメシチレンの成長反応速度定数から求めた r_1, r_2
　　　　　溶媒：THF，温度：25℃，対イオン：Na$^+$，速度定数の単位：$l\cdot$mol$^{-1}\cdot$s^{-1}

M$_1$	M$_2$	k_{11}	k_{12}	k_{21}	k_{22}	r_1	r_2	$r_1 \times r_2$
スチレン	p-メチルスチレン	950	180	1,150	210	5.3	0.18	～1
スチレン	p-メトキシスチレン	950	50	1,100	50	19	0.045	0.85
スチレン	ビニルメシチレン	950	0.9	77	0.3	1,060	0.004	～4

極性をもつモノマー間においてのみアニオン共重合は可能である.

Szwarc はリビングポリマーを用いてスチレンとその誘導体との間の成長速度定数を求め，その比からモノマー反応性比 r_1, r_2 を得た（表 3.10）. たとえば，p-メトキシスチレンとの共重合の r_1, r_2 は，ラジカル共重合（表 3.6，$r_1=1.16$, $r_2=0.82$）ではさほど違いがないのに比べると，アニオン共重合は際立って大きく異なり，反応性に対する置換基の影響の大きいことがわかる.

3.5　カチオン重合（cationic polymerization）

ビニル化合物の中でイソブテン，スチレン，α-メチルスチレン，ビニルエーテルなどはカチオン機構によって重合し，高重合体が得られる. イソブテンと少量のイソプレンから得られる共重合体はブチルゴム（butyl rubber）として工業的に製造されている. また最近では，種々のイソブテン共重合体が医用材料として実用化されている.

3.5.1　カチオン重合の開始剤

カチオン重合の開始剤としては H$_2$SO$_4$，HClO$_4$，CF$_3$CO$_2$H などの**プロトン酸**を単独で用いる，もしくはカチオン源と BF$_3$，AlCl$_3$，TiCl$_4$，SnCl$_4$ などの**ハロゲン化金属**（ルイス酸）を組み合わせたものが使用される.

硫酸などプロトン酸では，下式に示すように酸の解離により生成したプロトンによって重合が開始される.

$$\text{H}_2\text{SO}_4 + \text{CH}_2=\underset{\text{R}}{\text{CH}} \longrightarrow \text{H}-\text{CH}_2-\underset{\text{R}}{\text{CH}^+} \text{ HSO}_4^-$$

一般にハロゲン化金属は単独では重合を開始しない. しかし，水，アルコール，

弱酸，ハロゲン化アルキルなどを作用させると，これらの化合物のイオン解離を促進してプロトンもしくは炭素カチオンを生成し，そこにモノマーが反応することで重合を開始する．つまり，ハロゲン化金属は重合開始を手助けする役割を果たす．また，この反応ではハロゲン化金属から生じた対イオンが比較的かさ高いため，後述する対イオンによる停止反応が起こりにくくなり，成長反応が容易になる．

$$AlCl_3 \cdot H_2O + CH_2=C(CH_3)_2 \longrightarrow CH_3-C^+(CH_3)_2 \ [AlCl_3 \cdot OH]^-$$

$$SnCl_4 \cdot C_2H_5Cl + CH_2=C(CH_3)(C_6H_5) \longrightarrow C_2H_5-CH_2-C^+(CH_3)(C_6H_5) \ [SnCl_5]^-$$

ルイス酸（ハロゲン化金属），カチオン源の重合反応に対する活性は重合させるモノマーや反応溶媒などによって必ずしも一致しないが，$-78℃$ でのイソブテンの重合ではルイス酸の活性は次の順である．

$$BF_3, AlCl_3 > AlBr_3 > TiCl_4 > TiBr_4 > BCl_3 > BBr_3 > SnCl_4 > H_2SO_4$$

またイソブテンを塩化エチル中 $SnCl_4$ を用いて $-78℃$ で重合させた場合，カチオン源により重合速度は以下の順になった．

$$CCl_3CO_2H > CH_2ClCO_2H \gg CH_3CO_2H > C_6H_5OH > H_2O$$

Et_2AlCl によるイソブテンの重合で，塩化アルキルの種類とポリマー生成量との関係を図 3.8 に示す．図の横軸には塩化アルキルから生じる炭素カチオンをその安定性の順に並べてある．図の左方ほど塩化アルキルの炭素カチオンへの解離が困難で，その代わり炭素カチオンの反応性が大きく，図の右方に進むほどその逆になると考えられる．炭素カチオンの生成しやすさが中ほどの t-BuCl や $C_6H_5CH_2Cl$ で極大を示すことは，塩化アルキルの解離の容易さと，生成炭素カチオンの安定性とのバランスによって重合活性が左右されることを示している．

3.5.2 カチオン重合における成長，移動，および停止反応

カチオン重合では一般に低温になると反応速度も，生成ポリマーの重合度も大き

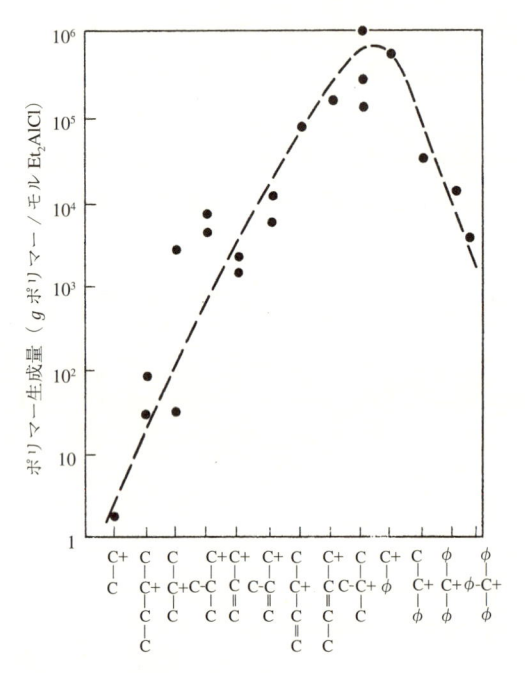

図 3.8 Et$_2$AlCl-カチオン源系によるイソブテンの重合におけるポリマー生成量
　　　　溶媒：塩化メチル，温度：-50℃

くなる．たとえばイソブテンの BF$_3$ による重合では，1 つの分子ができ上がるのに数秒間という短時間であり，生成ポリマーの分子量は数百万にも及ぶ（図 3.9）．これは高温では停止反応や連鎖移動反応などの副反応が起こりやすいのに対して，低温になるほどこれらの反応が抑制され，重合の成長反応だけが優勢に起こるようになるからである．

　一般にカチオン重合の停止反応は，対イオン（ルイス酸を含む場合はそれ以外の部分）が成長炭素カチオンと再び結合する反応である．

$$\sim\!\!\sim\!\!\text{CH}_2-\underset{\underset{\text{CH}_3}{|}}{\overset{\overset{\text{CH}_3}{|}}{\text{C}}}{}^+\ [\text{TiCl}_4\cdot\text{Cl}_3\text{C}-\overset{\overset{\text{O}}{\|}}{\text{C}}-\text{O}]^- \longrightarrow \sim\!\!\sim\!\!\text{CH}_2-\underset{\underset{\text{CH}_3}{|}}{\overset{\overset{\text{CH}_3}{|}}{\text{C}}}-\text{O}-\overset{\overset{\text{O}}{\|}}{\text{C}}-\text{CCl}_3 + \text{TiCl}_4$$

　また，β 位（炭素カチオンの隣）の炭素に結合した水素の酸性度が大きくなる（より正電荷へ片寄る）ため，対イオンによる引き抜きが起こりやすい．引き抜かれたプロトンは重合を再開始させる．これを連鎖移動反応と呼ぶ．

3.5 カチオン重合 (cationic polymerization)

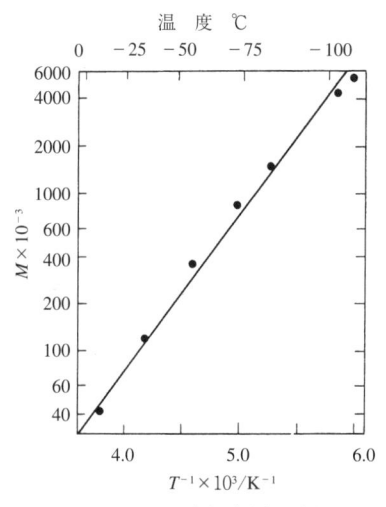

図 3.9 BF_3 によるイソブテンの重合（重合温度と分子量の関係）

$$\sim\sim CH_2-\underset{CH_3}{\overset{CH_3}{\underset{|}{\overset{|}{C}}}}{}^+ [BF_3\cdot OH]^- + CH_2=\underset{CH_3}{\overset{CH_3}{\underset{|}{\overset{|}{C}}}}$$

$$\longrightarrow \sim\sim CH_2-\underset{CH_3}{\overset{CH_2}{\underset{|}{\overset{||}{C}}}} + CH_3-\underset{CH_3}{\overset{CH_3}{\underset{|}{\overset{|}{C}}}}{}^+ [BF_3\cdot OH]^-$$

しかし上記の典型的な副反応だけでなく，停止反応や連鎖移動反応の形式は重合させるモノマー，開始剤，溶媒などにより多様である．たとえばスチレンを例にとると，芳香族炭化水素を溶媒に用いた場合，溶媒への連鎖移動によって末端にフェニル基が結合する．

$$\sim\sim CH_2\underset{C_6H_5}{\overset{|}{CH}}{}^+ X^- + \underset{}{\bigcirc}-Y \longrightarrow \sim\sim CH_2\underset{C_6H_5}{\overset{|}{CH}}-C_6H_4Y + HX$$

また分子内で同様な反応が起こると，ポリマー末端にインダン環が生じる．

$$\sim\sim CH_2-CH-CH_2-CH^+ \ X^- \ \longrightarrow \ \sim\sim CH_2-CH-CH_2 \atop \underset{\displaystyle \bigcirc}{} \ \underset{\displaystyle \bigcirc}{} \qquad CH \atop \underset{\displaystyle \bigcirc}{} \ + \ HX$$

3.5.3 リビングカチオン重合

　特定のカチオン源およびルイス酸，またその他の添加物を組み合わせると，前項で述べた移動および停止反応がまったく起こらない重合が進行する（リビング重合）．1980年代にビニルエーテル，次いでイソブテンの**リビングカチオン重合**が発見された．基本的には成長末端と類似した構造（もしくはこれを反応系中で生成する）のカチオン源とルイス酸（主にハロゲン化金属）を組み合わせた開始剤系を用いる．この2成分のみでリビング重合が達成されない場合でも，エステル，エーテルなどの弱いルイス塩基，アンモニウム塩などを添加することでリビング重合が達成できる．

　ここではビニルエーテルのリビング重合について説明する．ビニルエーテルをHI/I_2を用いて重合させると，カチオン源から定量的に重合が開始され，分子量分布の狭いリビングポリマーが生成する．この重合ではビニルエーテルと HI との付加物がまず生成し，その C-I 結合が I_2 により活性化されて重合が進行する．成長末端が炭素カチオンと C-I 結合との平衡状態（圧倒的に共有結合側に片寄っている）をとることで，通常の炭素カチオンでは起こりやすい副反応を抑制してリビング重合を進行させている．

$$CH_2=CH \atop \underset{OR}{} \xrightarrow{HI} CH_3-CH-I \atop \underset{OR}{} \xrightarrow{I_2} CH_3-\overset{\delta^+}{CH}\cdots \overset{\delta^-}{I}\cdots I_2 \atop \underset{OR}{}$$

$$\xrightarrow{n\ CH_2=CH-OR} CH_3-CH{\atop \underset{OR}{}}\!\!\!\left(CH_2-CH{\atop \underset{OR}{}}\right)_{\!\!n-1}\!\!\!CH_2-\overset{\delta^+}{CH}\cdots \overset{\delta^-}{I}\cdots I_2 \atop \underset{OR}{}$$

　上記の考え方をもとにカチオン源にプロトン酸もしくはモノマーとプロトン酸との付加物を用いて，種々のハロゲン化金属と組み合わせることで多種類のリビング重合開始剤系が開発された．イソブテン，スチレン誘導体など他のモノマーでも同様の考え方でリビング重合が達成されている．

3.5.4 異性化を伴う重合

3-メチル-1-ブテン（Ⅰ）を $AlBr_3$ で重合させる場合に，低温で行うと生成するポリマーは（Ⅱ）のほかに（Ⅲ）の構造を含み $-130℃$ 以下では主として（Ⅲ）の構造単位からなる結晶性のポリマーが得られる．

$$CH_2=CH \atop \underset{H_3C\ \ CH_3}{CH} \quad (Ⅰ) \quad \left(\!\!\begin{array}{c}-CH_2-CH-\\ \underset{H_3C\ \ CH_3}{CH}\end{array}\!\!\right) \quad (Ⅱ) \quad \left(\!\!\begin{array}{c}-CH_2-CH_2-\underset{CH_3}{\overset{CH_3}{C}}-\end{array}\!\!\right) \quad (Ⅲ)$$

これは次に示すように分子内で H^- アニオンが移動して，より安定な三級炭素カチオンを形成し成長反応が行われるためである．このような重合は**異性化重合**（isomerization polymerization）と呼ばれる．この反応形式がカチオン重合の途中で起こり高分子鎖に組み込まれる可能性を常に注意しておく必要がある．

$$\sim\!\!\sim\!\!CH_2-CH^+ \atop \underset{H_3C\ \ CH_3}{C\!-\!H} \quad \rightleftarrows \quad \sim\!\!\sim\!\!CH_2-CH_2 \atop \underset{H_3C\ \ CH_3}{C^+}$$

$$CH_2=CH-\underset{CH_3}{\overset{CH_3}{CH}}-CH_3 \quad \longrightarrow \quad \sim\!\!\sim\!\!CH_2-CH_2-\underset{CH_3}{\overset{CH_3}{C}}-CH_2-CH^+ \atop \underset{H_3C\ \ CH_3}{CH}$$

3.5.5 カチオン共重合

ラジカル重合では，共重合におけるモノマーの反応性比は開始剤や溶媒の種類によってあまり変化しない．これに対してイオン機構による共重合では，溶媒によってモノマー反応性比が大きく変化する場合がある．

たとえばスチレンと p-クロロスチレンの $AlBr_3$ による共重合では，これらのモノマーから導かれる炭素カチオンの構造が似ているのでモノマー反応性比に対する溶媒効果は小さく（表3.11），また同一溶媒中では開始剤を $TiCl_4$ や $SnCl_4$ に変えても r_1, r_2 はほとんど変化しない．一方，イソブテンとスチレンの共重合（表3.12）では溶媒の誘電率を変化させると r_1, r_2 は大きく変化し，反応系の誘電率が低くなるにつれてスチレンの反応性が相対的に増大する．極性の低い溶媒中では炭素カチオンへのスチレンの選択的溶媒和が起こるためと考えられている．一方，触媒の変化

表 3.11 スチレン(M_1)-p-クロロスチレン(M_2) の共重合（AlBr$_3$, 0℃）

溶媒	誘電率	r_1	r_2
四塩化炭素	2.2	1.5	0.40
四塩化炭素-ニトロベンゼン（1:1）	14.0	2.0	0.34
ニトロベンゼン	29.7	2.3	0.36

表 3.12 イソブテン(M_1)-スチレン(M_2) の共重合（−78℃）

溶媒	触媒	r_1	r_2
n-C$_6$H$_{14}$	TiCl$_4$	0.5	2.0
C$_6$H$_5$CH$_3$	TiCl$_4$	1.5	0.7
CH$_2$Cl$_2$	TiCl$_4$	1.7	0.3
C$_2$H$_5$NO$_2$	TiCl$_4$	4.0	0.3
n-C$_6$H$_{14}$	AlBr$_3$	0.9	1.2
C$_6$H$_5$CH$_3$	AlBr$_3$	1.6	0.8
C$_2$H$_5$NO$_2$	AlBr$_3$	5.0	0.3

によるモノマー反応性比の変化はあまり顕著ではない．

3.6 配位重合（coordination polymerization）

3.6.1 チーグラー触媒による重合

Ziegler はアルキルアルミニウムとオレフィンの付加反応の研究中に，アルキルアルミニウムと遷移金属化合物とを共存させると，それまで高温高圧下においてラジカル機構でしか高重合体にならなかったエチレンが，常温常圧で容易に重合し高重合体になることを見出した（1952 年）．このような有機金属化合物と遷移金属化合物の組み合わせによる開始剤を一般にチーグラー触媒と呼ぶ．その代表例は TiCl$_4$ と Et$_3$Al の組み合わせである．この両者を炭化水素溶媒中で混合すると次の反応が進行する．

3.6 配位重合 (coordination polymerization)

$$TiCl_4 + Et_3Al \longrightarrow EtTiCl_3 + Et_2AlCl$$

$$EtTiCl_3 \longrightarrow Et\cdot + TiCl_3$$

$$Et\cdot + Et\cdot \longrightarrow \begin{cases} CH_2=CH_2 + C_2H_6 \\ \text{または} \quad C_4H_{10} \end{cases}$$

すなわち $TiCl_4$ は Et_3Al によって還元されて β-$TiCl_3$ と呼ばれる褐色の沈殿となる. 同時に生成した Et_2AlCl はさらに $TiCl_4$ を還元していき, 条件によってはついに $AlCl_3$ にまで変化する. $TiCl_3$ もさらに還元を受けて3価以下の原子価になることができるが, これらの反応は $TiCl_3$ が固体で固-液間の反応となり上記の反応に比べて起こりにくいので, 触媒は実質的に $TiCl_3$ と Et_2AlCl および過剰に存在する Et_3Al から成っている. チーグラー触媒としては $TiCl_3$ の固体表面のみが有効である.

一方, Natta はこのチーグラー触媒を用いてプロピレンやスチレンの重合を行い, それまで高重合体を得ることのできなかったプロピレンのような α-オレフィンが高重合体反応を行いうるばかりでなく, 立体規則性ポリマーを与えることも見出した (1955年). このことは学問的にも非常に重要な発見であるが, 工業的な見地からもきわめて大きな価値をもっているため, その後莫大な数の研究が行われている.

重合機構としては, 重合速度が Ti 化合物の濃度に依存し, Al 化合物濃度には無関係であること, 遷移金属化合物の存在だけでエチレンやプロピレンが重合し, その共重合組成が遷移金属の種類により変化することなどから, 触媒の中心は Ti にあり, 成長反応も Ti 面上で起こると考えられている. また, 遷移金属は還元された状態にあることが必要であり, 重合において最も重要な点は, 遷移金属へのモノマーの配位が重合反応の推進力になっていることである. すなわち, 次式に示したプロピレンの例のように, オレフィンが還元された Ti に配位したのち, Ti-C 結合に挿入し, これが繰り返されてポリマーが生成するわけである. このような重合を総称して, **配位重合** (coordination polymerization) と呼ぶ.

3.6.2 高活性・高立体規則性触媒，メタロセン触媒，リビング配位重合

発見当時のチーグラー触媒は重合活性が低かったが，その後いろいろなタイプの高活性触媒が研究されて触媒効率は著しく向上し，現在では遷移金属1g当たり1トン以上のポリエチレンを産出する触媒も開発されている．その結果，生成ポリマーから触媒を除去する必要がなくなり，生産効率が著しく向上した．また，立体規則性に関しても，結晶性に優れ融点の高いイソタクチックポリプロピレンやシンジオタクチックポリスチレンなどがほぼ選択的に得られるようになっている．

1970年代後半，Kaminskyらにより4族のメタロセン化合物をメチルアルミノキサン（MAO）で活性化したオレフィン重合の均一系触媒，いわゆるメタロセン触媒が見出された．たとえば，Ti, Zr, Hfなどの塩化物にシクロペンタジエン誘導体が配位した化合物を用い，MAO存在下でエチレンやプロピレンの重合を行うと，ポリマーが得られることがわかった．特に，錯体の対称性などを考慮して配位子を設計すると，さまざまな立体規則性ポリマーが得られることがわかった．また，これらの重合系では成長反応とともに，モノマーや中心金属へのβ-水素移動などの連鎖移動反応が頻発することが知られているが，最近，遷移金属錯体や重合条件を選ぶことにより，エチレンを含むオレフィンのリビング配位重合を進行させる系が次々と見出されている．

3.6.3 メタセシス重合

一方，MoCl$_5$-AlCl$_3$系やWCl$_6$-AlEt$_3$系をはじめMoやWの錯体を開始剤に用いると，シクロヘキセンを除く環状オレフィンやノルボルネンの開環重合が起こる．こ

3.6 配位重合 (coordination polymerization)

の重合は，次式に示すように，金属カルベン錯体から開始し，メタラシクロブタン環を経由する二重結合の組み替えによって重合が進行するので，**メタセシス重合**（metathesis polymerization）と呼ばれている．

1980年代後半からは，Ti，W，Mo，Ru を有する構造の明確な金属カルベン錯体が開発され，ノルボルネン誘導体などのリビング重合が可能になった．これらの錯体は重合だけでなく，種々の有機合成反応を選択的かつ効率よく進行させる．そのため合成分野でメタセシス反応の利用が急速に広まり，中心的な研究を進めたChauvin, Schrock, Grubbs の3名に対し，2005年にノーベル化学賞が授与された．

一方，メタセシス開環重合（ROMP）を利用すると，ポリアセチレンを合成することもできる．1,2-ジ(トリフルオロメチル)アセチレンとシクロオクタテトラエンの付加体を WCl_6-$Sn(C_6H_5)_4$ 触媒で開環重合して得られるポリマーを熱分解するとポリアセチレンが生成する（Durham法）．この方法では，中間体ポリマーが可溶性なので，任意の形態のフィルムを溶液キャスト法によりつくることができ，その熱分解によって，均一で緻密なポリアセチレンフィルムを容易に得ることができる利点がある．また，置換アセチレン類の重合も同様にメタセシス機構で反応が進行する．たとえば1置換および2置換アセチレンは，$MoCl_5$ や WCl_6 を共触媒とともに作用させることにより重合して可溶性の高分子量置換ポリアセチレンを生成す

る．フェニルアセチレン誘導体をRh錯体などにより重合すると立体特異性ポリマーが得られ，生成ポリマーは溶液中でらせん構造をとる．

3.7 立体特異性重合 (stereospecific polymerization)

3.7.1 立体特異性重合とポリマーの立体規則性

ビニルモノマーの付加重合では，立体配置の異なる繰返し単位（モノマー単位）を有するポリマーが生成する可能性がある．このような立体配置が規則的なポリマーを**立体規則性ポリマー**（stereoregular polymer）と呼び，下に示すように[*1]，置換基Xが同じ側に配列し，同じ立体配置の繰返し単位が並んだポリマーをイソタクチック（isotactic）ポリマー，互いに逆の立体配置の繰返し単位が交互に並んだポリマーをシンジオタクチック（syndiotactic）ポリマーという．規則性のないポリマーはアタクチック（atactic）ポリマーと呼ばれる．

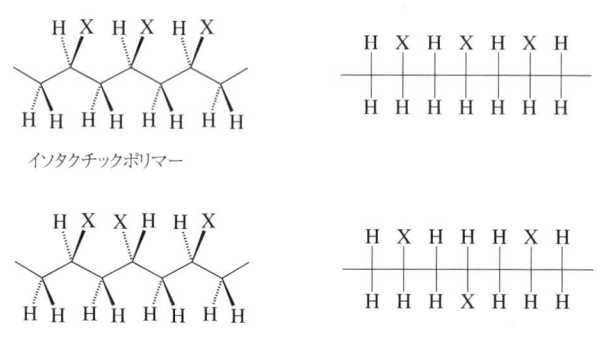

イソタクチックポリマー

シンジオタクチックポリマー

チーグラー触媒によるイソタクチックポリプロピレンの生成のように，立体規則性ポリマーを生ずる重合反応を**立体特異性重合**（stereospecific polymerization）と呼ぶ．実際のポリマーではすべての単位が同じ立体配置であることはないので，ポリマーがどの程度に高い立体規則性をもっているかを表す尺度としてタクチシチー（tacticity）という指標を用いる．

[*1] 次の図は，Fischer投影図を横向きにしたRotated Fischer Projectionで，簡略な表記として使われる．

3.7 立体特異性重合 (stereospecific polymerization)

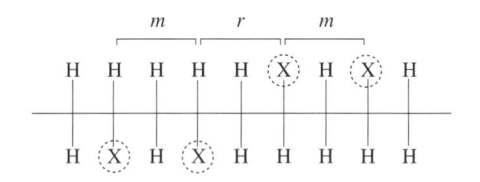

```
         m      r      m
    ┌───┴───┬───┴───┬───┴───┐
  H   H   H   H   H  (X)  H  (X)  H
  │   │   │   │   │   │   │   │   │
──C───C───C───C───C───C───C───C───C──
  │   │   │   │   │   │   │   │   │
  H  (X)  H  (X)  H   H   H   H   H
```

いま，ポリマー鎖中の連続する2組の繰返し単位の置換基Xの向きに着目すると，これらが同じ立体配置をとる並びと，互いに異なる並びがある．前者を**メソ**(meso)**2連子**(diad)，後者を**ラセモ**(racemo)**2連子**と呼び，それぞれmとrで表す．したがって，上の例に示す連鎖の立体配置はこれらの2連子の表記法で"mrm"と表すことができる．3組の繰返し単位については，mm, rrおよびmr（あるいはrm）で表せる3つの組み合わせが可能で，それぞれ**イソタクチック**，**シンジオタクチック**および**ヘテロタクチック**（heterotactic）**3連子**（triad）と呼ぶ．3組以上の長い連鎖には，このような特別の名称は用いられず，すべてmとrの組み合わせで表示される．たとえば，4連子連鎖は，mmm, mmr, rmr, mrm, rrm, rrの6種類があり，5連子連鎖は10種類ある．立体規則性の尺度であるタクチシチーはこれらの連鎖の割合で表され，用いる連子に応じて，3連子タクチシチーなどと呼ぶ．

メソ2連子 (meso diad) (*m*)　　　ラセモ2連子 (racemo diad) (*r*)

タクチシチーの分析には高分解能NMRスペクトルの測定が有力な手段となる．ポリメタクリル酸メチルの主鎖メチレン水素はメソ2連子では磁気的に非等価で異なる化学シフトを示すのに対して，ラセモ2連子では等価になるので，両者を区別できる．このことを利用してその^{1}H NMRからタクチシチーが求められる（7.2.4B項参照）．

3.7.2 ラジカル重合における立体特異性

ビニルモノマーのラジカル重合では成長ポリマーのラジカル末端はsp^2の平面構造をとると考えられ，次に示すように，付加するモノマーが紙面の上から入るか下

から入るかによって，末端モノマー単位 (1) の立体配置が確定し，その手前のモノマー単位 (2) に対してメソになるか，ラセモになるかが決まる．

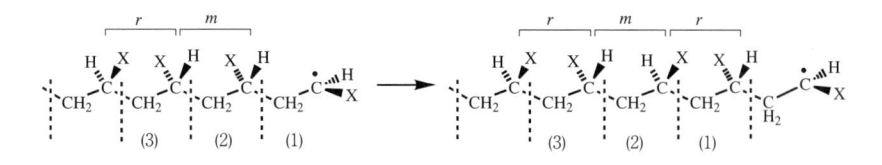

いま，成長末端にモノマーが付加して新たに生成する2連子が，メソになるか，ラセモになるかがすぐ手前のモノマー単位 (2) だけに支配されて，さらに手前のモノマー単位 (3) の立体配置には影響されない，すなわち (2) と (3) の立体配置がメソかラセモかによらないとすると，mm，mr および rr 3連子の分率 $[mm]$，$[mr]$，$[rr]$ は，モノマーの付加で新たに生成する2連子がメソである確率 P_m を用いて

$$[mm] = P_m^2 \tag{3.26}$$

$$[mr] = P_m(1-P_m) + (1-P_m)P_m = 2P_m(1-P_m) \tag{3.27}$$

$$[rr] = (1-P_m)^2 \tag{3.28}$$

と表せる．これらの関係を図示すると図3.10の曲線が得られる（Boveyプロット）．図中の丸は，さまざまな条件で合成されたポリメタクリル酸メチルの3連子タクチシチーで，図の左半分は異なる温度でのラジカル重合で得られたポリマーの $[rr]$ の値を式 (3.28) の理論曲線上に乗せて P_m の値を求め，その値の位置に $[mm]$ と $[mr]$ をプロットしてある．これらの値がよく理論曲線にのることから，この重合では，上に述べたような立体規制によって反応が進行していることがわかる．メタクリル酸メチルのラジカル重合では置換基の間の立体障害によってラセモ連鎖が生成しやすく，その傾向は低温ほど顕著で，P_m は 60℃ で 0.21 であるのに対して，－30℃ では 0.15 に低下する．

この図の右半分はアニオン重合で得られたポリメタクリル酸メチルについて $[mm]$ の値を式 (3.28) の理論曲線上にのせ，$[rr]$ と $[mr]$ の値がプロットされているが，理論曲線からはずれており，重合の立体規制がラジカル重合の場合ほど単純でないことを示している．

一般に，ラジカル重合の立体特異性はモノマーの構造のみに依存するが，ブタジエンや 2,3-ジメチルブタジエンと尿素またはチオ尿素との包接化合物を固体状態で

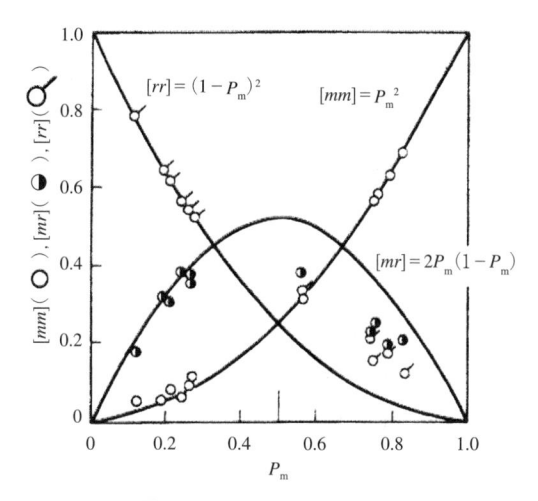

3.7 立体特異性重合 (stereospecific polymerization)

図 3.10 3 連子分率と P_m の関係

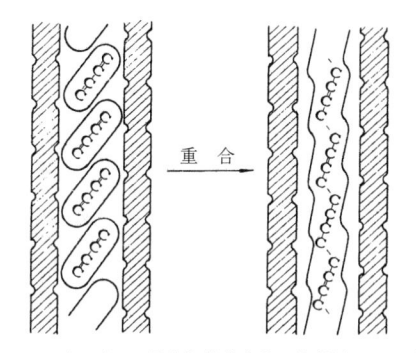

図 3.11 ブタジエン尿素包接化合物の放射線による重合

放射線重合すると，結晶中でのモノマーの規則的な配置を反映して *trans*-1,4-ポリマーが得られる（図 3.11）．

ムコン酸ジアルキルは結晶状態で紫外線照射すると固相でラジカル重合して，メソ-ジイソタクチック-トランス-2,5-構造[*1]のポリマーを与える．結晶状態でのモノマーの配列が立体規則性の制御の要因と考えられている．

---

*1 メソ（meso）は隣り合うエステル基の結合した 2 つの不斉炭素の立体配置がメソ配置であること，ジイソタクチック（diisotactic）は 1 つのモノマー単位中に 2 つあるエステル基の立体配置がそれぞれ隣のモノマー単位の対応する位置のエステル基の立体配置と同じであることを意味する．

メソージイソタクチック-トランス-2,5-ポリマー

3.7.3 イオン重合における立体特異性

イオン重合ではポリマーの成長末端は対イオンを伴っているため，対イオンの種類によって重合の立体特異性が影響を受けることがある．アルカリ金属イオンを対イオンとするスチレンのアニオン重合をトルエンのような無極性溶媒中で行うと，対イオンが Li^+, Na^+, K^+, Cs^+ と大きくなるにつれて，メソ2連子の割合が0.5から0.7まで増加する．テトラヒドロフラン（THF）のような極性溶媒中ではフリーイオンによる成長が優勢となる（3.4.2項参照）ため，メソ2連子の割合は対イオンの種類によらずほぼ一定（0.5前後）となる．これらの立体特異性重合は重合温度の影響を受け，一般に低温で反応を行うほど重合の立体特異性は高くなる．

MMAのアルキルリチウムよる重合でも同様の溶媒効果がみられるが，その効果はより顕著で，トルエン中ではイソタクチックポリマーが生成するのに対して，THFやジメトキシエタンのような極性溶媒中ではシンジオタクチックポリマーが得られる．対イオンの影響の少ないフリーイオンによる成長で主に生成する後者の規則性はラジカル重合で得られるポリマーと同程度で，低温にするほど規則性の高いシンジオタクチックポリマーが生成する．トルエン中ではイソタクチックポリマーが生成する理由は明らかではないが，成長末端近傍のモノマー単位中のカルボニル基が対イオンのLiに配位して，成長末端の構造を立体的に規制しているためと考えられている．

グリニヤール試薬RMgXによるMMAの重合をTHFなどの極性溶媒中で行うと，やはりシンジオタクチックポリマーが生成するが，トルエン中では開始剤のR基の構造やハロゲン基Xの種類によって立体特異性が影響を受ける．3.4.5項で述べた n-C_4H_9MgCl による重合では立体規則性の低いポリマーしか得られないが，t-C_4H_9MgBr を用いた低温での重合では，反応がリビングに進行し，分子量の揃ったイソタクチックポリマー（*mm*3連子 97%）が得られる．t-C_4H_9Li とトリアルキルアルミニウムを組み合わせて用いた同条件での重合ではシンジオタクチックポ

リマー（rr3連子　92％）が得られる．

$$CH_2=C\begin{smallmatrix}CH_3\\|\\C=O\\|\\OCH_3\end{smallmatrix} \xrightarrow[\text{トルエン,}-78℃]{t\text{-}C_4H_9MgBr} CH_3-\underset{\underset{CH_3}{|}}{\overset{\overset{CH_3}{|}}{C}}-(CH_2-\underset{\underset{OCH_3}{|}}{\overset{\overset{CH_3}{|}}{C}}-C=O)_n-H$$

イソタクチックPMMA

$$CH_2=C\begin{smallmatrix}CH_3\\|\\C=O\\|\\OCH_3\end{smallmatrix} \xrightarrow[\text{トルエン,}-78℃]{t\text{-}C_4H_9Li/(n\text{-}C_4H_9)_3Al} CH_3-\underset{\underset{CH_3}{|}}{\overset{\overset{CH_3}{|}}{C}}-(CH_2-\underset{\underset{OCH_3}{|}}{\overset{\overset{CH_3}{|}}{C}}-C=O)_n-H$$

シンジオタクチックPMMA

ビニルエーテルは，BF_3OEt_2を開始剤とする，無極性溶媒中，低温でのカチオン重合でイソタクチックポリマーを与える．ベンジルビニルエーテルやトリメチルシリルビニルエーテルのイソタクチックポリマーからイソタクチックポリビニルアルコールが誘導される．

イソプレンを炭化水素溶媒中でLiまたはRLiで重合させると天然ゴムと同じ構造のcis-1,4-ポリイソプレンを生じる．これは，イソプレンが次に示すようなシス配置に近い構造でポリマーの成長末端への配位を経て付加し，シス構造の末端アリルアニオンを生成するためと考えられている．このアリルアニオンは熱力学的に有利なトランス構造へ異性化しうるが，モノマー濃度が低下して成長速度が小さくなると，モノマーの付加と異性化が競合して起こるため，規則性が低下する．

極性溶媒中では上に示したようなモノマーの配位が妨げられ，3,4-結合の割合が増す．ブタジエンは炭化水素溶媒中　RLiでシスとトランスの混ざった1,4-ポリマーを与え，反応系の極性を増すとイソプレンの場合同様1,2-重合に移行する．

3.7.4　チーグラー触媒による立体特異性重合

チーグラー型触媒によるα-オレフィンやジエンの重合の立体特異性は用いる金

表 3.13　チーグラー型触媒による主な立体規則性ポリマー

モノマー	触媒	立体規則性
プロピレン	$TiCl_3$-$AlEt_3$	イソタクチック
プロピレン	VCl_4-アニソール-R_2AlCl	シンジオタクチック
プロピレン	$VOCl_3$-$Al(C_6H_{13})_3$	アタクチック
スチレン	$TiCl_4$-$AlEt_3$	イソタクチック
イソプレン	$TiCl_4$-$AlEt_3$	シス-1,4
イソプレン	VCl_3-$AlEt_3$	トランス-1,4
ブタジエン	VCl_3-$AlEt_3$	トランス-1,4
ブタジエン	$CoCl_2$-ピリジン-Et_2AlCl	シス-1,4
ブタジエン	$V(acac)_3$[*]-AlR_3	1,2-シンジオタクチック
ブタジエン	$Cr(CNC_6H_5)_6$-AlR_3	1,2-イソタクチック

[*]　$acac$：アセチルアセトナート

属や添加剤によって大きく変わる（表 3.13）．

　プロピレンの重合では，$TiCl_3$を用いるとイソタクチックポリマー，VCl_4ではシンジオタクチックポリマーがそれぞれ生成する．$TiCl_3$-$AlEt_3$による重合では，$TiCl_3$の固体表面の一部で$AlEt_3$によるアルキル化が起こり，これが重合の開始点になる．下の図は，Cosseeらが提案した固体表面上の活性点のモデルを使って成長反応の過程を表したもので，成長ポリマー鎖に結合した Ti 原子の空配位座（□）にプロピレンの二重結合が配位し，ポリマー鎖の移動を伴ってモノマーがCH_2で Ti と結合するように挿入される（Primary 挿入）．この際に，モノマーの面選択が起こって一方の立体配置のモノマー単位が発生し，イソタクチックポリマー鎖が生成する．なお，反応前後（［Ⅰ］と［Ⅱ］）でポリマー鎖と空配位座の位置が入れ換っているが，その周辺の立体的環境は等価であると考えられている．

VCl₄による重合では，モノマーがCHでVと結合するように挿入され（Secondary挿入），ポリマー鎖末端のCH₃基の立体障害を避けやすいラセモ付加が優先すると考えられている．

$$\boxed{V}-CH(CH_3)-CH_2\sim\sim + CH(CH_3)=CH_2 \longrightarrow \boxed{V}-CH(CH_3)-CH_2-CH(CH_3)-CH_2\sim\sim$$

3.7.5 不斉重合

　ビニルモノマーの付加重合で得られるポリマーの繰返し単位の立体配置が制御され，対掌体の一方が過剰に生成して光学活性なポリマーを与える反応を不斉重合と呼ぶ．不斉重合は，重合反応によってポリマー鎖中に新たに不斉の要因が生じて光学活性のポリマーができる**不斉合成重合**と，ラセミ体モノマーのいずれか一方の対掌体が優先的に重合して光学活性ポリマーが生成する**不斉選択重合**に分類される．

　ペンタ-1,3-ジエンの重合が1,4-付加で進行すると，CH₃基の置換した主鎖の炭素が不斉になる．光学活性なチーグラー-ナッタ触媒を用いた重合で一方の絶対配置を主として含む光学活性ポリマーが得られる．

$$CH_2=CH-CH=CH-CH_3 \longrightarrow {-}[CH=CH-\overset{H}{\underset{CH_3}{C}}-CH_2]_n{-}$$

ベンゾフランのカチオン重合でも，2,3位の主鎖炭素が不斉中心となるので，光学活性開始剤を用いた重合は一方の絶対配置を主として含む光学活性ポリマーを与えうる．

　これらの例では，プロキラルなモノマーの重合によってモノマー単位中にキラル中心が生成している．一方，モノマーがキラルであって，その影響によってポリマー

中に新たなキラル中心が生成する不斉重合もある．光学活性ビニルエーテルと無水マレイン酸の共重合体は，キラルな側鎖をヨウ化ホスホニウムを作用させてはずしたあとも旋光性を示す．これは，キラルな側鎖の影響で無水マレイン酸単位の主鎖に真の不斉中心が導入された結果である．

```
～CH₂-CH-CH-CH～  ─PH₄I→  ～CH₂-*CH-*CH-*CH～ + CH₃-*CHI
         |   |  |                        |   |  |              |
         O   CO CO                       OH  CO CO             C₆H₅
         |    ＼／                             ＼／
      CH₃-*CH  O                              O
         |
         C₆H₅
```

$[\alpha]_D^{20}$ −33.6°（アセトニトリル） $[\alpha]_D^{19}$ +6.6°

メタクリル酸トリフェニルメチルは重合条件のいかんによらずイソタクチックなポリマーを生成する．これはかさ高いトリフェニルメチル基の立体障害のためにシンジオタクチックな構造ではポリマーを形成することができず，イソタクチックに，しかもらせんを巻きながらポリマー鎖が形成されていくためである．このモノマーをリチウム（R）-N-(1-フェニルエチル）アニリドや（−）-スパルテイン-n-BuLi 錯体のような光学活性な開始剤で重合させると，らせんの巻き方向が左右いずれか一方に規制され，重合反応が終了した後もそのらせん構造が保持される結果，大きな旋光度をもつポリマーが得られる．この例では分子鎖の形態の不斉（分子不斉）に基づいて光学活性が発現している．なお，このポリマーはラセミ化合物の光学分割に有効な不斉吸着剤として用いられる．

```
        CH₃                                         CH₃
        |                                           |
CH₂=C       ⟨N⟩⟨N⟩-C₄H₉Li     ～～～-CH₂-C-
        |      ──────────────→                     |
        C=O     トルエン中,-78℃                       C=O
        |                                           |
        O                                           O
        |                                           |
        C(C₆H₅)₃                                   C(C₆H₅)₃
```

メタクリル酸-1-フェニルエチル（PEMA）のラセミ混合物を $C_6H_{11}MgCl$ と（−）-スパルテインの錯体で重合させると図 3.12 に示すように，まず（S）-モノマーが優先的に重合し，次いで（R）-モノマーが重合する．最初に生成するポリマーの光

3.8 リビング重合 (living polymerization)

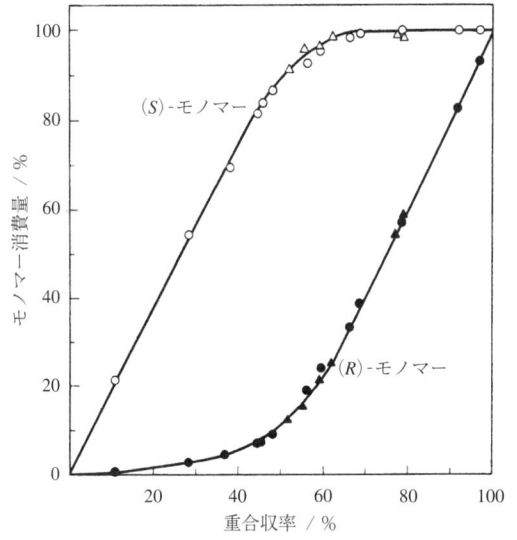

図 3.12 トルエン中 −78℃ での $C_6H_{11}MgCl$-$(-)$-スパルテイン錯体による重合

学純度は 90% 以上であり，重合率 65% の時点で残存 (R)-モノマーの光学純度は 100% に達する．この重合反応はまた触媒量の光学活性物質を用いて大量のラセミ体モノマーあるいはアルコールを光学分割できるという点でも興味深いものである．

(S)-PEMA + (R)-PEMA → poly[(S)-PEMA]

3.8 リビング重合 (living polymerization)

これまでの節で種々の重合系の素反応や特徴について述べてきたが，いずれの重合法においても，活性種の性質や速度論的研究などの学術的な興味と新しい構造のポリマーを合成しようとする産業的な見地から，熱心にリビング重合の検討がなさ

れてきた．重合法によりその方法論は異なるが，活性種の安定化や重合条件などの詳細な検討によりさまざまな副反応を抑制することが可能になり，現在ではほとんどの重合法でリビング重合の可能性が見出されている．その結果，従来の重合法では合成が困難であった構造や分子量の制御されたさまざまなポリマーがつくられるようになってきている．本節では，それらをまとめて概説する*1．

3.8.1 リビング重合の特徴

リビング重合は，副反応がまったく起こらない重合反応のことであり，従来の重合方法との違いおよび得られるポリマーの特徴としては，以下のような点があげられる．

（i） 連鎖移動や停止反応がないため活性種の失活がない．その結果，得られたポリマーの分子量は重合率に比例して増加し，重合終了後に新たなモノマーを加えても，さらに同様な重合が進行する．異なる構造のモノマーを添加すればブロックコポリマーが生成する．

（ii） 1個の開始剤から1本のポリマー鎖が生成する（成長種の数が一定である）ため，仕込みのモノマーと開始剤との比から，設計どおりの分子量をもつポリマーが合成される．ブロック共重合の場合は，添加するモノマーのモル比により，任意の組成比のブロックコポリマーが合成できる．

（iii） 開始反応が定量的に行われるため，開始剤末端がすべてのポリマーの片方の末端に導入される．停止剤添加により反応が停止されると，その際の停止剤切片がもう一方のポリマー末端に導入される．2官能性開始剤による重合の場合は，両末端に停止剤末端が導入される．また，開始剤または停止剤に官能基を有する化合物を用いると，末端官能性ポリマー（両末端に有する場合，テレケリックポリマー；官能基が重合性基の場合，マクロモノマー）が得られる．

（iv） 開始速度が成長速度に比べて十分に速い場合が多く，生成ポリマーの分子

---

*1 リビング重合はどのくらい選択的か？： 一般に，化学実験で90％というと高収率な反応であるが，100回連続して反応が進行する重合の場合では$100 \times (0.9)^{100} = 2.7 \times 10^{-3}$（％）となり，最後まで選択的な反応はほとんど連続しない．仮に99％でも，$100 \times (0.99)^{100} = 37$（％）となり，2/3の活性種は失活してしまうことになる．もし仮に，100回続けて付加反応が副反応なく進行し，かつ99％以上でブロックコポリマーをつくる（成長末端が生きている）ことを考えると，$100 \times (0.9999)^{100} = 99$（％）となり，すなわち99.99％ないしそれ以上の収率の反応が必要になってくる．リビング重合ではこのような選択性を有する反応が要求されることになる．

量はよく揃い，ポアソン分布に従った分子量分布の狭い M_w/M_n が 1.1（ないし 1.2）以下のポリマーが得られる．

3.8.2 リビング重合の歴史

歴史的には，スチレンやジエンなどの炭化水素系モノマーのアニオン重合で 1956 年に最初に見出されて以来（アニオン重合の項参照），THF などのカチオン開環重合，そしてビニルピリジンなどの極性モノマーのアニオン重合が可能になった．これらの系では得られる成長種が元来安定であり，基本的には，比較的リビング重合を起こすことが容易であった【第 1 世代】．この時期に，リビング重合の概念が提唱され，各種速度論的研究や成長末端のイオン種の構造解析も行われた．

一方，カチオン重合や配位重合，官能基を有するモノマーのアニオン重合などのリビング重合が第 1 世代から 20 年後以降に見出された．これらは，第 1 世代と同様な手法ではリビング重合することが困難であり，いかに成長種を安定化することができるか（ドーマント種の生成など）を対イオンや錯体，添加物，保護基などを工夫することによって初めて得られた系である【第 2 世代】．多くの重合系でのリビング重合の可能性が次々に見つかり，高分子の分子設計の夢が大きく広がった時期である．この中には，グループトランスファー重合やイモータル重合など，低分子有機反応から展開した重合や今までにない新しい概念の重合法も見つかっている．しかし，この時期になってもまだラジカル重合ではリビング系は見出されていなかった．

1980 年代に大津らは Iniferter 法により，分子量分布はそれほど狭くないもののさまざまなブロックコポリマーの合成に成功した．この先駆的な研究のあと，1993 年の Georges らによるニトロキシドなどの安定ラジカルを用いたスチレンの重合を契機に 1990 年代半ばより急速にリビングラジカル重合は発展し，分子量（分布）や構造の制御されたリビングポリマーを合成できるようになった【第 3 世代】．最も汎用に利用されているラジカル重合でリビング重合が可能になり，工業的にも広がりを見せている．そのほか，従来困難であったエチレンのリビング配位重合なども大きな進歩のひとつである．またごく最近では，正確にはリビング重合ではないが，連鎖型重合により重縮合においても分子量分布の狭いポリマーやブロックコポリマーが得られるようになった．

3.8.3 リビング重合各論

(1) アニオン重合

スチレン，ブタジエン，イソプレンなどの炭化水素系モノマーのアニオン重合では，成長種の炭素アニオンは重合中副反応を起こさず活性を保っている．一方，極性モノマーのアニオン重合では，極性官能基との副反応が起こるためリビング重合が困難であった．しかし，詳細な重合系の検討により，いくつかのリビング重合系が見出された．たとえば，MMA の重合を例にすると，かさ高いアニオン開始剤，塩化リチウムの添加，ジエチル亜鉛の添加などにより，また，シリルエノールエーテルを開始剤にしたグループトランスファー重合 (group transfer polymerization)，Al-ポルフィリン触媒による重合，Yb や Sm 錯体による重合などがあげられる．さらに，-OH，-SH，-NH$_2$，-CHO，-COOH などを有する場合は，シリル基などの保護基をつけてリビング重合し，重合後脱保護する．

グループトランスファー重合の例をあげる．求核試剤を触媒に用い，シリルケテンアセタールの存在下でメタクリル（アクリル）酸エステルを重合させると，シリルケテンアセタール（I）が開始剤となって，下記のようにシリル基の移動で重合が進行する．この重合では，HF$_2^-$ などの求核試剤の作用で生成するメタクリル酸エステルのアニオンのエノラートが活性種となって付加反応が進行する．成長末端の大半は安定なシリルアセタール構造を保っており，ブロックコポリマーの合成にも利用されている．

(2) カチオン重合

一般に成長種である炭素カチオンは活性であるが不安定であり，種々の副反応を起こすことが知られている．これらの副反応を抑制してリビングカチオン重合を進行させるために，成長種を種々の方法で安定化させる検討がなされている．たとえば，(i) 求核性の大きな対アニオンによる安定化，(ii) 弱いルイス塩基の添加による安定化，(iii) 添加塩による安定化である．これらにより，ビニルエーテル，イソブテン，スチレン誘導体などでリビングカチオン重合が可能になっている．従来の，ごく低温での重合系が必要という条件上の制限や，分子量や構造の制御が困難というイメージは一掃され，室温付近でも分子量分布の狭いポリマーやブロックコポリマーが選択的に合成されている．また，側鎖に極性官能基を有していても副反応なくリビング重合が進行することが多く，刺激応答性ブロックコポリマーや星型ポリマーなど新しいタイプのポリマーが次々に設計・合成されている．

(3) 配位重合，メタセシス重合

オレフィンの配位重合においては，錯体触媒の進歩および配位子の設計により，β-水素移動などの連鎖移動反応が抑制できるようになり，種々のオレフィンのリビング重合が可能になってきている．現在では，エチレン，プロピレン，1-ヘキセン，アレン類などのリビング重合が可能なだけでなく，立体規則性を有するさまざまなポリマーやそのブロックコポリマーが合成されている．また，これらの配位重合触媒は共役ジエンやスチレン誘導体の立体特異性重合を進行させることも知られている．

金属カルベンを活性種とする環状オレフィンの開環メタセシス重合（ROMP）においては，Ti，W，Mo，Ru などの金属錯体触媒によりリビング重合が見出されている．また，かさ高いアセチレン類のメタセシス重合においても，リビング重合や立体特異性重合が達成されている．

(4) ラジカル重合

ラジカル重合は工業的に重要な重合法であるが，イオン重合のように反応を制御する対イオンがなく，しかも重合中に成長種同士の2分子停止が起こりやすいため，リビング重合は困難とされてきた．しかし，前記のように，1990年代半ばより急速にリビングラジカル重合は発展し，分子量（分布）や構造の制御されたリビングポリマーを合成できるようになった．リビング重合が可能な重合方法を大きく3つに分けると，(i) ニトロキシドを用いる系（Nitroxide-Mediated Polymerization：

NMP), (ii) 遷移金属錯体を用いる系 (Atom Transfer Radical Polymerization: ATRP), (iii) 可逆的連鎖移動剤を用いる系 (Reversible Addition Fragmentation Transfer: RAFT) がある. 各重合法にはそれぞれ特徴があるが, 成長種を一時的に不活性にする**ドーマント種**（重合反応を休止しているという意味）とラジカル活性種の平衡の状態をつくり出す, という基本的には同じ原理に基づいている. すなわちこの場合, 前述のラジカル同士の停止反応を抑制するためラジカル種濃度を低く保つことがポイントであり, この平衡はドーマント種側に偏っている. また, 両者は非常に速い交換反応を起こしていることも狭い分子量分布のためには必要である. リビングラジカル重合の一番の特徴は, 多くの汎用モノマーに適用でき, 末端官能性ポリマーやブロック, グラフトコポリマーが合成できることである. リビングラジカル重合の各方法の詳細は以下のとおりである.

(i) NMP法

(ii) ATRP法

(iii) RAFT法

$$\sim\sim\text{CH}_2-\underset{\underset{\text{Ph}}{|}}{\text{CH}}-\text{S}-\underset{\underset{\text{Ph}}{|}}{\text{C}}=\text{S} + \text{R}\cdot \rightleftarrows \sim\sim\text{CH}_2-\underset{\underset{\text{Ph}}{|}}{\overset{\cdot}{\text{CH}}} + \text{S}=\underset{\underset{\text{Ph}}{|}}{\text{C}}-\text{S}-\text{R}$$

（i） NMP法： 過酸化物などのラジカル開始剤にTEMPO（前図ないし3.1.7項参照）のような安定ラジカルを加えて重合を行う（または，モノマーとTEMPOの付加体を開始剤として用いる）．

（ii） ATRP法： 有機ハロゲン化合物を開始剤とし，遷移金属錯体を活性化剤として用いて，主に共役系ビニルモノマーの重合を行う．

（iii） RAFT法： AIBN等のラジカル開始剤に，ジチオエステルなどの可逆的付加開裂型連鎖移動（RAFT）剤を添加して，共役，非共役系ビニルモノマーの重合を行う．モノマーの適用範囲が非常に広い．

(5) その他の重合

開環重合においてもカチオン，アニオン，ラジカル重合機構によりポリマーが得られるが，いくつかの系においてリビング重合が検討され（ROMPに関しては前出），環状エーテル，エステル，アミド，オキサゾリン，アジリジンなどから分子量分布の狭いポリマーやブロックコポリマーが得られている．詳細は4章を参照のこと．

〈参考文献〉

（1） Brandrupら：Polymer Handbook（第4版），Wiley-Interscience（1999）
（2） 日本化学会編：第5版実験化学講座26，高分子化学，丸善（2005）
（3） 野瀬卓平ら：大学院高分子科学，講談社サイエンティフィク（1997）
（4） 大津隆行：改訂高分子合成の化学，化学同人（1996）
（5） 伊勢典夫ら：新高分子化学序論，化学同人（1995）

4 開環重合

4.1 はじめに

　環状構造をもった化合物が環を開いて重合することを**開環重合**という．このような環状モノマーは多くの場合ヘテロ原子を含み，生成した重合体は縮合重合で得られた重合体に組成が似ている．ある重合体は実際に縮合重合によっても合成することができる．典型的な縮合重合では先に見てきたように，重合の際に水のような小さな分子がとれていくが，この場合にはそれがなく，モノマーとポリマーとの組成が一致している．したがってアトムエコノミカルな重合反応ともいわれている．

　ビニル化合物の付加重合では二重結合が開くことから，基本的には-80 kJ mol^{-1}程度の発熱反応であり，天井温度や解重合反応を考慮する必要のある例はまれであった．開環重合では結合の性格はモノマーとポリマーで変わらない．したがって，両者に特別な事情がなければ重合熱は0となって重合は事実上起こらない（3.1.8項参照）．発熱反応になるためには，モノマーの不安定化あるいはポリマーの安定化が必要である．こうして環状モノマーのひずみによる不安定化が重要となる．表 4.1 に環状エーテルの重合熱を示す．3,4員環の重合反応は大きな発熱反応で，重合も容易である．テトラヒドロピランになると重合は吸熱反応で実際には重合例は見当らない．

$$\begin{array}{c}\overline{(CH_2)_m}\\ X \end{array} \longrightarrow \mathrm{+\!\!\!(CH_2)_m\!-\!X\!\!\!+_n}$$

　ヘテロ原子のないシクロプロパンやシクロブタンは明らかにひずみをもってい

表 4.1 環状エーテルの重合熱

環員数	環状エーテル	重合熱 $(-\Delta H_p)$ /kJ·mol^{-1}
3	エチレンオキシド	94.5
4	シクロオキサブタン	80.7
5	テトラヒドロフラン	14.6
6	テトラヒドロピラン	-5.4

て，熱力学的には重合可能であるが，高分子量ポリマーを得る重合方法は見つかっていない．しかし，シクロブテンやシクロペンテンのような環状オレフィンになると，高分子量ポリマーが生成する．このことはヘテロ原子がなくても二重結合をうまく利用すると高重合体になることを示している．通常，炭素-ヘテロ原子結合や二重結合のような分極能を有する結合の存在も高重合体に導くことが明らかである．

代表的な環状モノマーの重合能と環の大きさの関係を表 4.2 に示す．

表 4.2 環状モノマーの重合性[*]　$\begin{array}{c}-(CH_2)_m-\\-X-\end{array}$

官能基	$-X-$	環員数					
		3	4	5	6	7	8
エーテル	$-O-$	○	○	○	×	○	―
イミン	$-NH-$	○	○	×	×	―	―
ラクトン	$\begin{array}{c}-CO-\\\|\\O\end{array}$	―	○	×	○	○	―
ラクタム	$\begin{array}{c}-CNH-\\\|\\O\end{array}$	―	○	○	○	○	○
オレフィン	$-CH=CH-$	―	○	○	×	○	○

[*] 三枝武夫：開環重合 (I)，化学同人 (1971)

一般にイオン型の開始剤によって重合が始まり，ラジカル機構で重合した例はきわめて少ない．重合反応は連鎖反応の形式で進む．この系に属するポリマーには実用上重要なものが多く，高重合度のポリマーを得るためには，いったん環状モノマーとしてから重合させるといった例も多い．

4.2 環状エーテル

4.2.1 アルキレンオキシド

エチレンオキシド,プロピレンオキシド,グリシジルエーテルなどのエポキシ化合物がこの部類に入る.

エチレンオキシドはアルカリ,$SnCl_4$,BF_3,Zn またはアルカリ土類金属の酸化物,有機金属化合物を開始剤として重合する.重合開始剤や重合条件により粘稠な液体から硬いロウ状物質,硬くて強じんな結晶性固体など,分子量の違いによって性質を異にする重合体が得られ,それぞれの用途が開けている.アルカリによる重合はリビング的な性格をもったアニオン重合である.

$$OH^- + CH_2\text{—}CH_2 \xrightarrow{} HOCH_2CH_2O^-$$
$$\backslash O /$$

$$HOCH_2CH_2O^- + nCH_2\text{—}CH_2 \xrightarrow{} HO[CH_2CH_2O]_nCH_2CH_2O^-$$
$$\backslash O /$$

Na,K,Al,Mg,Zn,Fe などの金属アルコキシド,Zn,Al などの**有機金属化合物**と水(またはアルコール)のような**配位重合型**の開始剤を用いると高重合度のポリエチレンオキシドを得ることができる.高重合度のポリマーは結晶性で mp. 66 ℃である.

BF_3 によるカチオン重合では微量の水の共存が必要であり,重合は次式によっているが,一部に 2 量体のジオキサンが脱離する**解重合反応**やポリマーへの**連鎖移動反応**が起こるために,高重合度のポリマーを得ることができない.

$$BF_3 \cdot H_2O + C_2H_4O \xrightarrow{} H\text{-}O^+\!\!\begin{smallmatrix}\diagup CH_2\\ \diagdown CH_2\end{smallmatrix}\!\!\cdots BF_3OH^-$$

$$H\text{-}O^+\!\!\begin{smallmatrix}\diagup CH_2\\ \diagdown CH_2\end{smallmatrix}\!\!\cdots BF_3OH^- + nC_2H_4O \xrightarrow{} H(OCH_2CH_2)_nO^+\!\!\begin{smallmatrix}\diagup CH_2\\ \diagdown CH_2\end{smallmatrix}\!\!\cdots BF_3OH^-$$

プロピレンオキシドの重合では,エチレンオキシドの重合と異なり,開裂する C-O 結合が 2 種類あるうえ,メチル基のついている炭素原子は不斉炭素であるから,開裂する場所と立体規則性の問題が新たに加わる.

$$\underset{\beta}{CH_2}-\underset{\alpha}{\overset{\overset{CH_3}{|}}{CH^*}} \quad \underset{O}{} \qquad \underset{(a)}{CH_2 \overset{*}{-} CH} \qquad \underset{(b)}{CH_2 - \overset{*}{CH}}$$

(a) 型の β 開裂ではモノマーの立体配置は保持されるが，(b) 型の α 開裂では必ずしも CH_3-C^* の立体配置は保持されるとは限らないことになる．また頭-頭結合の問題も考えなければならない．

プロピレンオキシドの立体規則性ポリマーをもたらす開始剤として，多数の金属アルコキシド系，あるいは有機金属-水系開始剤が見出されている．そのほかに $(CH_3)_2AlOAl(CH_3)_2$ や $(C_2H_5)ZnN(t-C_4H_9)ZnC_2H_5$ がきわめて高い立体特異性を有するポリマーを生成することが見出されている．

ポリアルキレンオキシドにおける不斉炭素の立体化学はポリマーのエーテル結合をアルカリアルキルで切断して得られる低分子化合物の研究から明らかになった．それによると開裂するのは β の C-O 結合であり，CH_2 基への攻撃は O の反対側から行われる．したがってメチレン基が CHD であればこの不斉炭素の反転が行われることになる．また重合機構としては次のような2つの金属を含む活性点における配位重合機構が Price により提唱されている．

$$RO \cdots \overset{C}{\underset{O}{C}} \cdots \overset{}{\underset{M}{O}} \cdots M$$

$Zn(C_2H_5)_2$-H_2O (1:1) 系触媒を用いるとプロピレンオキシドのような3員環エーテルと CO_2 が**交互共重合**し，高分子量の脂肪族ポリカーボネートを与えることが見出されている．

4.2.2 シクロオキサブタン，テトラヒドロフラン，トリオキサン

4員環のシクロオキサブタン(I)，3,3-ビス（クロロメチル）シクロオキサブタン(II)は BF_3, AlR_3-H_2O などを触媒として開環重合し，高重合体を与える．重合は，エチレンオキシドについて例示したように，オキソニウムイオンを成長末端とするカチオン重合と考えられている．IIの重合体は工業化されており，電気的およ

び機械的性質に優れた，耐酸，耐アルカリ性の樹脂である．

$$
\begin{array}{cc}
\text{CH}_2\text{—CH}_2 & \text{ClCH}_2\text{—}\underset{\underset{\text{CH}_2\text{—O}}{|}}{\overset{\overset{\text{CH}_2\text{Cl}}{|}}{\text{C}}}\text{—CH}_2 \\
\text{CH}_2\text{—O} & \\
\text{(I)} & \text{(II)}
\end{array}
$$

5員環のテトラヒドロフランも同様に，BF_3，PF_5 などによるカチオン重合によってポリエーテルを与える．負の重合熱が 14.6 kJ mol^{-1} と小さいので解重合を含む**平衡重合**であるが，移動および停止反応がなく，一種のリビング重合である．

$$\sim\!\!\sim\!\!\sim\!\!O^+\!\!\bigcirc \;+\; O\bigcirc \;\rightleftarrows\; \sim\!\!\sim\!\!\sim\!\!O(CH_2)_4\text{—}O^+\!\!\bigcirc$$

これらのポリエーテルはいずれも両末端に OH 基をもっているので，ポリウレタン系弾性糸の重要な原料となる．

ホルムアルデヒドよりも安定な環状3量体トリオキサンを原料とする重合法もある．もともとトリオキサンの真空中での昇華の際に見つかった重合方法であるが，改良されて炭化水素溶媒中カチオン触媒による重合が一般的になっている．高エネルギー放射線による重合も容易である．特に融点（62℃）以下の固相において容易に重合が起こり，きわめて高分子量のポリマーを与える．

$$[\text{CH}_2\text{O}]_3 \longrightarrow +\!\!\!\!-\text{CH}_2\text{—O}-\!\!\!\!+_n$$

4.3 環状エステル

環状エステルは，最も安定な5員環の γ-ブチロラクトンを除いて，アルカリ金属，アルカリ金属の水素化物やアルコキシドなどのアニオン開始剤，AlEt$_3$ や ZnEt$_2$ などの有機金属化合物やそれに水を添加した配位重合開始剤などにより重合し，高分子量ポリマーを生成する．特に，下記のような Al テトラフェニルポルフィリン錯体（III）や希土類金属錯体（IV）を用いると，リビング重合になることが明らかにされている．プロトン酸やルイス酸などによってカチオン重合も起こるが，副反応を伴うので，高分子量ポリマーにはなりにくい．

(Ⅲ)　　　　　　　　　　　　　　(Ⅳ)

　環状エステルの開環重合でポリエステルが得られる．同じポリエステルは ω-ヒドロキシ酸の重縮合でも得られるはずであるが，実際には2分子間脱水や分子内脱水反応を起こして安定な環状エステルに移行したり，副反応が起こったりしてポリエステルが直接得られることは少ない．

　たとえば，乳酸からはラクチド，ヒドロキシプロピオン酸からは β-プロピオラクトンが生成する．したがって，これらのオキシ酸の重縮合では高分子を得ることはできないが，その環状化合物は，開環重合により高分子量のポリエステルを生成する．最近では特にラクチドの開環重合によるポリ乳酸の合成がその生分解性の観点から注目されている．

$$HOCH_2COOH \rightarrow \text{(環状)} \rightarrow +CH_2COO+_n$$

$$HOCH_2CH_2COOH \rightarrow \text{(環状)} \rightarrow +CH_2CH_2COO+_n$$

$$HO(CH_2)_3COOH \rightarrow \text{(環状)} \rightarrow +(CH_2)_3COO+_n$$

　ω-ヒドロキシ酪酸からは，最も安定な5員環の γ-ブチロラクトンが生成する．これはラクトンの中では最も安定で，開環重合でもポリエステルを得ることはできない．

　このように，メチレン鎖が短い ω-ヒドロキシ酸の重縮合では高分子が生成しな

いが，メチレン鎖が5個以上になると，重縮合を起こすので，開環重合でなくても
ポリエステルを得ることが可能になる．

4.4 環状アミド

4.4.1 ラクタムの重合

6員環のピペリドンや5員環のピロリドンを除いて，環状アミドは $TiCl_4$ のよう
な Lewis 酸，トリフルオロメタンスルホン酸メチルのようなアルキル化剤，アルカ
リ金属，その水素化物，水酸化物，アルコキシド等により，ポリアミドが生成す
る．

7員環の ε-カプロラクタムの重合ではナイロン6が得られ，ヘキサメチレンジア
ミンとアジピン酸からつくられるナイロン66とともに工業生産に利用されてい
る．

カプロラクタムの開環重合はまたアルカリ金属によって速やかに開始される．こ
の場合はアニオン重合の形式で重合が進む．系からはあらかじめ厳密に水を除いて
おく必要がある．重合はアルカリ金属のほかに促進剤（promoter）を必要とする場
合がある（下記のピロリドンの重合参照）．

$$\text{ε-カプロラクタム} \longrightarrow \text{[NH (CH}_2\text{)}_5\text{CO]}_n$$

ε-カプロラクタム

ピロリドンは5員環ラクタムで通常の重合法では高重合度のポリマーは得られな
い．金属カリウムだけではほとんど重合しないが，N-アシル化合物を加えると，
次式に示すように反応は室温以上で進行する．重合は N-アシルピロリドンに対す
るピロリドンカリウムの攻撃に始まり，以下カリウムの交換反応で順次ピロリドン
がピロリドンカリウムになり，末端のアシルピロリドン環への攻撃を続けていく．
すなわち，モノマーが活性化される重合である．重合は微量の水で阻害される．

$$\text{pyrrolidone-NH} + K \longrightarrow \text{pyrrolidone-NK} + 1/2\,H_2$$

$$\text{RCO-N(pyrrolidone)} + \text{K}^+\text{N(pyrrolidone)} \longrightarrow \text{RCON}^-(CH_2)_3\text{CO-N(pyrrolidone)} \quad \cdots 開始反応$$
$$\text{K}^+$$

$$+$$

$$\text{RCON}^-(CH_2)_3\text{CO-N(pyrrolidone)} + \text{HN(pyrrolidone)CO}$$
$$\text{K}^+$$

$$\longrightarrow \text{RCONH}(CH_2)_3\text{CO-N(pyrrolidone)} + \text{K}^+\text{N(pyrrolidone)} \quad \cdots カリウム交換反応$$

$$\longrightarrow \text{RCONH}(CH_2)_3\text{CON}^-(CH_2)_3\text{CO-N(pyrrolidone)} \quad \cdots 成長反応$$
$$\text{K}^+$$

$$\xrightarrow{\text{HN(pyrrolidone)CO}} \text{RCO[NH}(CH_2)_3\text{CO]}_n\text{N(pyrrolidone)}$$

環状アミドのうち，6員環のピペリドンについては開環重合が困難で，高重合度のポリマーは得がたいとされていた．しかし，上に述べたように金属アルカリを開始剤とする重合方法の改良によって最近では高分子量のものも得られている．

4.4.2 α-アミノ酸-N-カルボン酸無水物の重合

アミノ酸の N-カルボン酸無水物は"Leuchsの無水物"(Leuchsは初めての合成者)，または，NCA化合物ともいわれている．重合の開始は微量の水，アミノ酸，アミンなどによって引き起こされる．

$$\underset{\text{COOH}}{\overset{NH_2}{R-CH}} \xrightarrow{COCl_2} \underset{CO-O}{\overset{NH-CO}{R-CH}} + HCl$$

次に開始剤アミンによる重合経路を示す．開環およびCO_2の脱離を繰り返しながら重合するため，厳密には開環脱離重合と呼ばれている．

$$\underset{\substack{HN-CHR\\|\ \ \ \ \ \ \ \ |\\OC\ \ \ \ \ CO\\\diagdown O\diagup}}{} \xrightarrow{R'NH_2} \underset{\substack{RCH-NHCOOH\\|\\CONHR'}}{} \longrightarrow \underset{\substack{RCH-NH_2\\|\\CONHR'}}{} + CO_2$$

$$\underset{\substack{RCH-NH_2\\|\\CONHR'}}{} + \underset{\substack{HN-CHR\\|\ \ \ \ \ \ \ \ |\\OC\ \ \ \ \ CO\\\diagdown O\diagup}}{} \longrightarrow \underset{\substack{R\ \ \ \ \ \ \ \ R\\|\ \ \ \ \ \ \ \ |\\R'NHCOCHNHCOCH\\|\\NH_2}}{} + CO_2$$

$$\longrightarrow \longrightarrow \longrightarrow \text{ポリペプチド}$$

NaOR，NR_3のような強い塩基を開始剤としたときは，ピロリドンのときと同様に活性化モノマーによる重合が起こる．種々のアミノ酸から高分子量のポリペプチドがこの方法によってつくられる．このような合成研究はタンパク質研究のモデル物質をつくるために大切である．

$$\underset{\substack{HN-CHR\\|\ \ \ \ \ \ \ \ |\\OC\ \ \ \ \ CO\\\diagdown O\diagup}}{} \xrightarrow{B} \underset{\substack{^-N-CHR\\|\ \ \ \ \ \ \ \ |\\OC\ \ \ \ \ CO\\\diagdown O\diagup}}{} + BH$$

4.5 環状スルフィド

3員環および4員環のスルフィドはエポキシ化合物との関連で研究され，PF_5の

ようなカチオン開始剤やアルカリ金属塩のようなアニオン開始剤で容易に重合することが見出されている．環状スルフィドは対応するエポキシ化合物と同様に**解重合反応**や**連鎖移動反応**が起こりやすく高分子量になり難いが，アニオン開始剤では対応するエポキシドに比べ，副反応が少ないためリビング重合する場合が多く，アルカリ金属の水酸化物やアルコキシド，ナトリウムナフタリン，CdやZnのチオアルコキシド，ポルフィリン錯体で高分子量のポリマーが得られている．ポリプロピレンスルフィドでは$AlEt_3$や$ZnEt_2$のような有機金属とH_2Oやアルコールのような活性水素を有する化合物との反応物が開始剤となり，**立体規則性ポリマー**が得られている．

$$\underset{R}{\overset{S}{\triangle}} \longrightarrow +SCHCH_2+_n \atop R$$

ポリエチレンスルフィドは mp. 215℃ で結晶性も高いが，ポリプロピレンスルフィドではイソタクチックポリマーで mp. 40℃，アタクチックポリマーではガラス転移点は−52℃ で合成ゴムとしての可能性が検討されている．

$$\underset{R}{\overset{R}{>}}C=S \longrightarrow \text{(環状3量体トリチアン)}$$

チオホルムアルデヒドやチオケトンは不安定で，環状3量体のトリチアンになる．チオホルムアルデヒドについてはトリチアン，環状4量体のテトラチアオクタン，5量体のペンタチアデカンの酸触媒によるカチオン重合が行われる．

4.6 環状イミン

エチレンイミンは酸触媒によって開環重合してポリエチレンイミンを与える．ポリマーは非結晶性であり，平均3単位当たりに1個の枝をN上にもつという高度に分岐した構造をもっている．

$$\begin{array}{c}\text{H}_2\text{C}-\text{CH}_2\\ \diagdown\;\;\diagup\\ \text{N}\\ |\\ \text{H}\end{array} \xrightarrow{\text{カチオン重合}} \begin{array}{c}-\text{CH}_2\text{CH}_2\text{NCH}_2\text{CH}_2\text{NH}-\\ |\\ \text{CH}_2\text{CH}_2\text{NH}_2\end{array}$$

2-オキサゾリン(Ⅴ)の重合によって直鎖状のポリエチレンイミンの合成が可能である．ポリマーは線状の高分子量体で結晶性である．重合触媒として $BF_3 \cdot Et_2O$, 硫酸エステル，スルホン酸エステル，ヨウ化アルキルなどが有効で一種のカチオン重合と考えられている．

$$\begin{array}{c}\text{H}_2\text{C}-\text{N}\\ |\;\;\;\;\;\;\|\\ \text{H}_2\text{C}\;\;\;\text{CH}\\ \diagdown\;\diagup\\ \text{O}\\ (\text{Ⅴ})\end{array} \xrightarrow{\text{カチオン重合}} \begin{array}{c}\text{\Large\{}\text{CH}_2\text{CH}_2\text{N}\text{\Large\}}_n\\ |\\ \text{C}=\text{O}\\ |\\ \text{H}\end{array} \xrightarrow{\text{加水分解}} \begin{array}{c}\text{\Large\{}\text{CH}_2\text{CH}_2\text{NH}\text{\Large\}}_n\\ \text{mp}\cdot 58.5^\circ\text{C}\end{array}$$

4.7 環状ポリシロキサン

環状ポリシロキサン，特にオクタメチルテトラシロキサン(Ⅵ)は酸またはアルカリによって開環重合して高分子量のポリシロキサンを与える．Ⅵはたとえばジメチルジクロロシランの加水分解によって得られる生成物から蒸留によって純粋に得られるから，これを開環重合して高分子量のポリマーをつくっている．

$$(\text{CH}_3)_2\text{SiCl}_2 \xrightarrow{\text{H}_2\text{O}} [(\text{CH}_3)_2\text{SiO}]_4 \xrightarrow[\text{Me}_3\text{SiOSiMe}_3]{\text{KOH}} (\text{CH}_3)_3\text{SiO}\begin{bmatrix}\text{CH}_3\\ |\\ \text{Si}-\text{O}\\ |\\ \text{CH}_3\end{bmatrix}_n\text{Si}(\text{CH}_3)_3$$
$$(\text{Ⅵ})$$

重合時に添加されるヘキサメチルシロキサンはキャップ剤といわれ鎖の両末端に$(\text{CH}_3)_3\text{SiO}$-としてつき，安定化と重合度の調節の役目を果たしている．

この開環重合はまた酸でも行われる．アルカリによる重合の機構は次のように考えられている．

$$[\text{Me}_2\text{SiO}]_4 \xrightarrow{\text{KOH}} \text{H}\begin{pmatrix}\text{CH}_3\\ |\\ \text{OSi}\\ |\\ \text{CH}_3\end{pmatrix}_4\text{O}^-\text{K}^+ \xrightarrow{n[\text{Me}_2\text{SiO}]_4} \text{H}\begin{pmatrix}\text{CH}_3\\ |\\ \text{OSi}\\ |\\ \text{CH}_3\end{pmatrix}_{4n+4}\text{O}^-\text{K}^+$$

シリコーンゴムは上式のようにして得られた高分子量ポリシロキサンを過酸化物

で処理して架橋反応を起こさせて得られる．（5.7節参照）

4.8 クロロホスファゼン

クロロホスファゼンはP＝N結合を有する6員環化合物で，封管中250〜350℃に加熱すると直鎖状または架橋したゴム状ポリマーになる．無機化合物であるから耐熱性があるうえ，弾性を有するので高温に耐える無機ゴムとして利用されている．重合はイオン種の生成を伴い，次の機構で進行するといわれている．

4.9 環状オレフィン

環状オレフィンの重合では付加重合のほかに，開環重合が可能である．$MoCl_5$-$AlCl_3$系やWCl_6-$AlEt_3$をはじめMoやWの錯体を開始剤に用いると，シクロヘキセンを除いたシクロオレフィンやノルボルネンの開環重合が起こる．

この重合は，次式に示すように，金属カルベン錯体から開始し，メタラシクロブタン環を通して重合が進行するので，**メタセシス重合**と呼ばれている．(3.6.3項参

照）

<参考文献>

(1) 三枝武夫：開環重合（Ⅰ），重合反応講座6，化学同人（1971）
(2) 三枝武夫：開環重合（Ⅱ），重合反応講座7，化学同人（1973）
(3) 大津隆行，竹本喜一（編）：新しい高分子合成，化学増刊，53，p.93,127，化学同人（1972）
(4) 梶原鳴雪：概説無機高分子，地人書館（1978）
(5) 高分子学会編：高分子の合成と反応（2），高分子機能材料シリーズ2，共立出版（1991）

5 高分子反応

5.1 はじめに

　高分子の機能を高めるため，高分子に各種の反応を行って，一段と高次の構造のものにするのが高分子反応の主な目的である．きわめて多種類の反応がすでに調べられている．それらの内のごく一部の代表的と思われているものについて述べる．

　高分子反応には大別して
　　a）　ブロックまたはグラフトポリマーの合成
　　b）　星型または樹状ポリマーの合成
　　c）　高分子への新たな機能性グループの付加反応や置換反応
　　d）　高分子主鎖での反応による高分子の分解
　　e）　線状高分子の3次元化（架橋反応）
　　f）　ポリロタキサンなどの超分子ポリマーの構築
のようなものがある．

5.2　ブロックまたはグラフトポリマーの合成

　高分子の物性は，その主鎖の構造によって影響されるので，目的に合うように物性を変えるためにいろいろな型のブロックポリマーがつくられている．

　ブタジエンとスチレンのブロックポリマーの場合には，両方のモノマーがアニオン重合できるため，最初にスチレンのリビングアニオン重合を行い，次いでブタジエンを加えてさらに重合させる方法がよく用いられる．

n PhCH=CH$_2$ $\xrightarrow{\text{アニオン開始剤}}$ $\text{--}(\text{CH}_2\text{-CH})_{n-1}\text{CH}_2\text{-CH}^{\ominus}$ $\xrightarrow{m\ \text{CH}_2=\text{CH-CH}=\text{CH}_2}$
　　　　　　　　　　　　　　　　　　|　　　　　　　|
　　　　　　　　　　　　　　　　　Ph　　　　　　Ph

$\text{--}(\text{CH}_2\text{-CH})_n\text{--}(\text{CH}_2\text{-CH}=\text{CH-CH}_2)_{m-1}\text{CH}_2\text{-CH}=\text{CH-CH}_2^{\ominus}$
　　　　|
　　　Ph

　このとき停止剤の代わりに，別のアニオン重合性モノマーを加えると3種のブロックをもつトリブロックポリマー（triblock copolymer）が得られる．

　最近，アニオン重合以外にもリビング重合を行う開始剤が見出されているので，カチオン重合やラジカル重合，メタセシス重合によってもブロックポリマーが得られるようになった．

　ポリマーの末端にCO_2HやNH_2のような官能基をもつ場合，これらの基より重縮合または重付加を行って，ブロックポリマーを合成することができる．たとえば，ブタジエンをアニオン重合したあと，末端に存在するカルバニオンにCO_2を反応させてカルボキシル基とし，これにエポキシモノマーを重合させると，生ゴムに似た粘度のある液状ブロックポリマーが得られる．

　ポリブタジエンは多くの二重結合があるのでラジカル反応しやすい．この性質を利用してポリブタジエンの存在下に，アクリロニトリルとスチレンのラジカル共重合を行うと，ポリブタジエンからアクリロニトリル（A）とスチレン（S）の鎖が出たグラフトポリマーが得られる．これは ABS 樹脂と呼ばれ，AS 部分の特徴の固さと流動性とともに，ブタジエン幹成分の高い耐衝撃性を兼ね備える独特の物性を示し，自動車などに広く用いられている．

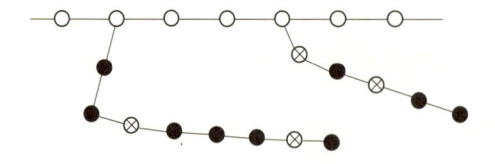

○：ブタジエン（B）部分
●：スチレン（S）部分
⊗：アクリロニトリル（A）部分

図 5.1 グラフトポリマーの模式図

　デンプンなどの有機天然高分子に放射線を作用させて高分子上にラジカルをつくり，ここからスチレンやアクリロニトリルのラジカル重合を開始させる方法で，グラフトポリマーが合成されている．デンプンではセリウム（Ⅳ）イオンによっても

OH 基の部分が，1 電子酸化されてラジカルが生成する．親水性の強いポリマー主鎖に疎水性のビニルポリマーが適当な程度グラフトされると吸水性の樹脂が得られ，実用となっている．

$$\text{（多糖）} \xrightarrow{Ce^{4+}} \text{（ラジカル体）} \xrightarrow{x\ CH_2=CHX} \text{グラフト共重合体}$$

グラフト共重合体

5.3 星型ポリマーと樹状ポリマー

5.2 節のグラフトポリマーと同様に，多くの枝分かれ構造からなっているポリマーとして，星型ポリマー（star-shaped polymer）と樹状ポリマー（dendritic polymer）がある．星型ポリマーは，多くの枝ポリマーが 1 ヶ所（コア部）で結び付いている点がグラフトポリマーとは異なる．一般には，リビング重合を用いた以下の 3 種類の方法で合成されることが多い．(i) 多官能性開始剤を用いた重合反応，(ii) 多官能性停止剤を用いた重合系の停止反応，(iii) 枝ポリマー合成（重合）の後期に少量のジビニル化合物を添加し，分子間（架橋）反応によりコアを形成させる方法．(iii) の方法では，コア部がミクロゲル型になるが，(i), (ii) の方法と異なり多数の枝が結合する特徴を有する．いずれの方法もリビング重合を用いるため枝の長さや種類を調節することができ，最近では種々の形態の星型ポリマー（たとえばヘテロアーム型）も合成されている．

樹状ポリマーは，基本的には，AB_2 型のモノマーの単独ないし共重合により合成される，枝分かれが繰り返された構造を有するポリマーのことで，ハイパーブランチポリマー（hyperbranched polymer）とも呼ばれる（このような AB_2 型モノマーの重合による枝分かれポリマー合成の可能性は，P. J. Flory により 1950 年代から理論的に予測されていた）．これらの中で，規則的な分岐を繰り返した構造のポリマーとして，1985 年，D. Tomalia らはデンドリマー（dendrimer）の概念を発表した．AB_2 型モノマーの官能基の保護と脱保護，鎖延長を 1 世代ずつ段階的に行う合成法である．Tomalia らの方法は，コア部から外に向かって合成する方法（divergent 法）で，逆に外からコア部に向かって合成する方法（convergent 法）は，J. M. J. Frechet らにより見出されている．生成したポリマーの特徴としては，線状ポリマーと比較して以下のような点があげられる．（i）非晶性，有機溶媒に可溶で粘度が低い，（ii）高世代になると外側が密な球状で，コア部の孤立化が可能，（iii）末端基の数が非常に多く，化学修飾が容易，（iv）多くの構造のデンドリマーが合成可能である．また，これらの特長を活かして，分子カプセル，キャリヤー，触媒，分子ワイヤー，センサーなどの多くの機能性デンドリマーが合成されている．

5.4　高分子の付加または置換反応

ポリエチレンのような構造の簡単な反応性の低い高分子では，Cl_2によるラジカル的塩素化やSO_2/Cl_2によるクロロスルホン化が行われている．これらは，典型的な化学機能化反応であり，おのおのポリエチレンにはない特性（たとえば，溶解性，化学反応性，光反応性など）が加えられる．

$$-(CH_2-CH_2)_n \xrightarrow{Cl_2/CCl_4} -(CH-CH_2/CH_2-CH_2)_n$$
$$\qquad\qquad\qquad\qquad\quad |$$
$$\qquad\qquad\qquad\qquad\;\, Cl$$

$$\xrightarrow{Cl_2/SO_2/CCl_4} -(CH-CH_2/CH_2-CH_2)_n$$
$$\qquad\qquad\qquad\qquad\quad |$$
$$\qquad\qquad\qquad\qquad\; SO_2Cl$$

ポリスチレンのように，適度な反応性をもつフェニル基をもつものでは，各種の芳香族置換反応が可能で，多種類のポリスチレン誘導体が合成されている．最もよく利用されているのは，クロロメチル化反応であり，下式のようにフリーデル・クラフツ反応によって，フェニル基のパラ位を選択的に置換して誘導体がつくられている．

$$\underset{}{-(CH_2-CH)_n} + ClCH_2OCH_3 \xrightarrow{ZnCl_2} -(CH_2-CH/CH_2-CH)-$$

(ベンゼン環置換, CH₂Cl)

CH₂Cl 基の導入の程度は反応でのモル比や温度，時間などによって，目的に応じて加減でき，フェニル基の 1〜3% がクロロメチル化されたものから，ほとんどのフェニル基が置換されたものまで合成できる．また，原料のポリスチレンとして，架橋したもの（たとえばジビニルベンゼンを数%加えて重合して得られたもの）を用いて，後述のポリマー・サポート用になる場合も多い．

ポリビニルアルコールのホルマール化反応は，典型的な付加反応の実例である．この反応は水中でホルムアルデヒドを用いて行われ，約 70% 程度まで OH 基が OCH₂ 基で置換され，OH 基が減少するため，水溶性が極端に低下し合成繊維として利用できるようになる．

$$-(CH-CH_2)_n \xrightarrow[\text{ホルマリン水溶液}]{H^+} -(CH-CH_2-CH-CH_2/CH-CH_2)_n$$
(OH) → (O-CH₂-O) (OH)

このポリビニルアルコールは，ポリ酢酸ビニルの側鎖の酢酸エステル部分をアルカリ水溶液で加水分解して合成されている．このときメタノールを用いるとエステル交換反応が起こってポリビニルアルコールと酢酸メチルが生じ，水溶液での場合よりポリマーの単離が容易となる．

$$-(CH-CH_2)_n \xrightarrow[CH_3OH]{OH^-} -(CH-CH_2)_n + n\ CH_3CO_2CH_3$$
(O-C-CH₃, ‖O) (OH)

5.5 高分子の主鎖開裂 (chain scission)

重合反応の逆反応として，**解重合**がある．イソブテンやアセトアルデヒドの重合は**天井温度**以下で起こり，重合触媒が残っていると，生成したポリマーはこの温度以上で容易に解重合し，モノマーに戻る．

$$CH_2=C\begin{matrix}CH_3\\CH_3\end{matrix} \rightleftarrows -(CH_2-\underset{CH_3}{\overset{CH_3}{C}})_n-$$

$$CH_3-\underset{O}{\overset{H}{C}} \rightleftarrows -(\underset{}{\overset{CH_3}{CH}}-O)_n-$$

　これらの解重合しやすいポリマーは，合成反応後末端基を化学的な処理で不活性化すると安定化するが，酸などの作用で一部にカチオン性の活性部分が生じると，直ちに解重合が起こりポリマーは揮発性のモノマーとなって気化消滅する．

　一般にポリオレフィンの熱分解反応では主鎖の開裂が起こるが，その生成物はオレフィンやアルカンの混合物となり，主鎖がラジカル的に切断されて生じる各種の反応の結果であることはわかっている．このような分解はランダム分解と呼ばれていて，典型的な実例はポリエチレンを440℃に加熱したときに起こる．

$$-(CH_2-CH_2)_n- \xrightarrow{440℃} CH_4(18\%), C_2H_4(7\%), C_2H_6(7\%), C_3H_6(14\%), C_3H_8(10\%) \text{など}$$

　ポリメタクリル酸メチルやポリ（α-メチルスチレン）では解重合がほとんど完全に起こり，モノマーに戻る．これはモノマーがビニリデン型の場合に多い．またポリ（テトラフルオロエチレン）の場合には，熱分解（509℃）によってモノマーへ戻るが，これはC-F結合がC-C結合に比べ，熱的に安定（結合エネルギー 116 kcal／mol）なためである．

　主鎖がC-NやC-O結合を含む場合には，これらの強い結合を切らないように分解が起こるので，一般にポリアミド，ポリエステルでは加熱によって，ランダム分解する．ポリオキシメチレン（$(CH_2-O)_n$）のときは，C-O結合を切断することになるので，ホルムアルデヒドが定量的に生じる．

　ポリアクリロニトリルを減圧下に300℃に加熱すると側鎖のニトリル基が互いに付加反応し，ラダー型のポリマーとなり，黄から褐色に変色する．これをさらに加熱すると脱水素が起こり黒色粉末となるが，この状態ではまだ，かなりの窒素を含んでいる．1500～2000℃に加熱するとポリマー鎖が平面状にくっついた黒鉛（グラファイト）となり，炭素繊維になる．炭素繊維は航空機やロケットに利用されている．

[反応式: ポリアクリロニトリル +CH₂-CH(CN)+ₙ → (300℃減圧) 環化構造 → (Δ) さらに環化 → (2000℃) グラファイト化した部分]

ポリ（ジメチルシリレン）は，450℃ に加熱すると，メチル基が Si-Si 結合に挿入して Si-CH_2-Si-CH_2 のような主鎖をもつポリマーとなり，これを紡糸後，300℃ より 1200℃ で焼成すると炭化ケイ素繊維（silicon carbide）となり，2000℃ にも耐える耐熱性素材となるので，宇宙材料などに用いられている．

[反応式: +Si(CH₃)₂+ₙ →(450℃) +Si(CH₃)(CH₂)+ₙ →(紡糸) 繊維状ポリマー →(300〜1200℃) 炭化ケイ素繊維]

5.6 側鎖での高分子反応

高分子側鎖での化学反応は，機能性を高分子に与えるため，盛んに研究されてきた．それらの中でも生体高分子のモデルとなる酵素類似型や DNA 類似型の機能性高分子について述べる．

酵素の特徴の 1 つとなる基質取り込み（substrate binding）機能をもつ高分子として各種のシクロデキストリンを側鎖にもつものが合成され，高分子鎖に沿った空洞（cavity）にサイズの一致した有機化合物が選択的に取り込まれる現象が見出されている．

核酸モデル高分子としてポリアクリル酸エステルの側鎖に各種の核酸塩基を結合させたもの，負電荷を主鎖にもつ $+$CH(-R)CH_2-OP$O_2^{\ominus}$-O$+_n$ 型ポリマーに同様な塩基をもつものなど数多く合成されている．これらでは，水溶液中で核酸塩基が互いに重なり合って（stacking という），淡色効果（hypochromicity）が起こり，天然の DNA などと類似した構造が存在すると考えられている．

5.7 架橋反応

最も古くから行われている高分子の架橋反応は，生ゴムの加硫である．1839年，Goodyearは生ゴムが偶然の機会に硫黄と加熱下に反応し，弾性をもつゴムになることを発見し，その後のゴム製品の発展を導いた．反応としては，硫黄（S_8）分子が熱的にラジカルとなり，生ゴム中の二重結合の隣のCH結合と反応し，炭素ラジカルを生じる素過程が主である．

こうして，生ゴムは不溶化し，架橋の程度によって柔らかいゲルから，弾性のある固体まで，種々の3次元化高分子となる．

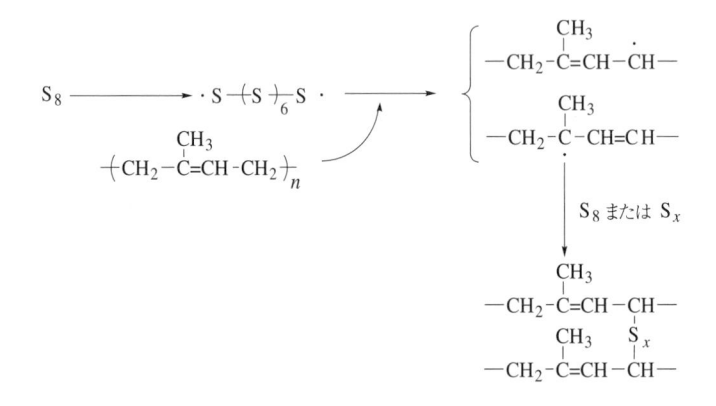

$$S_8 \longrightarrow \cdot S\text{-}(S)_6\text{-}S\cdot \longrightarrow \begin{cases} -CH_2-\underset{CH_3}{C}=CH-\overset{\cdot}{C}H- \\ -CH_2-\underset{\cdot}{\underset{CH_3}{C}}-CH=CH- \end{cases}$$

$$\underset{n}{-(CH_2-\underset{CH_3}{C}=CH-CH_2)-}$$

S_8 または S_x

$$-CH_2-\underset{CH_3}{C}-CH-CH- \\ |\,S_x \\ -CH_2-\underset{CH_3}{C}-CH-CH-$$

高分子鎖中にフリーラジカルを生じる場合，一般にラジカル間の再結合反応（recombination）によってポリマー鎖につながるので，ラジカル発生反応を行う試剤（たとえば，有機ペルオキシド類）や紫外・放射線の作用は，ポリマーの架橋の原因となる．架橋を行って不溶化を行うことは，実用上きわめて重要な技術であり，他にも多くの方法が行われている．ただし，ポリマーの構造決定などには不溶化は好ましいものではなく，架橋を防ぐ手段もまた重要な場合も多い．

重合反応時に，架橋を行う試剤，たとえばジビニル化合物を加えておくと，重合中に架橋が起こり，不溶性のポリマーが直接得られる．たとえばスチレンのラジカル重合時に少量のp-ジビニルベンゼンを加えると，ポリスチレンゲルが得られるが，このときに必要な架橋剤の量は，理論的に計算される．Floryの古典的理論によればポリマー1分子当たり，平均2個の架橋があれば不溶化あるいはゲル化する．つまり，重合度が大になるとごく少量の架橋によって，不溶化が起こる．

5.7 架橋反応

$$2 \, \text{Ph-CH=CH-CO}_2\text{H} \longrightarrow \text{(シクロブタン二量体)}$$

(ケイ皮酸の光二量化によるシクロブタン環形成：2つのPh基と2つのCO_2H基を持つ四員環)

ポリビニルシンナメートの光架橋：

$$-(\text{CH}_2-\text{CH})_n- \quad (\text{側鎖} : \text{O-CO-CH=CH-Ph}) \longrightarrow \text{架橋体（シクロブタン環で連結）}$$

　ケイ皮酸が上式のように光によって2量化する反応を利用して，ケイ皮酸をポリビニルアルコールでエステル化したポリマーの光不溶化によるネガ型感光性フィルムがつくられている．

　このような光反応による高分子の不溶化は，新聞などの印刷に広く利用されている．

　集積回路での回路図の作成には，いろいろな型の感光性高分子が使われている．これらは**レジスト樹脂**と呼ばれていて，シリコン基板上に薄いフィルムとして被覆し，光や放射線で微細な回路をつくるために半導体産業で用いられている．代表的な例を示す．

a) **ネガ型フォトレジスト**

$$-(\text{CH}_2-\overset{\text{CH}_3}{\underset{|}{\text{C}}}=\text{CH}-\text{CH}_2)_n- \quad \xrightarrow[\text{N}_3\text{-R-N}_3 \;(\text{ビスアジド})]{\text{光}} \quad \text{架橋不溶化ポリマー}$$

b) **ポジ型フォトレジスト**

ノボラック（可溶性フェノールホルムアルデヒド樹脂） $\xrightarrow{\text{光}}$ (ナフトキノンジアジド)

- 露光部：アルカリ可溶
- 未露光部：アルカリ処理により架橋・不溶化

5.8 微生物による高分子反応

世界中で，各種の高分子が大量に合成されるのに伴って，廃棄される量も増加し社会的な問題となってきている．自然にかえる高分子として生分解性（biodegradable）のあるものが，注目され合成されている．その例として，ポリ（3-ヒドロキシ酪酸）（PHBと略）について述べる．このR-(−)体は，多くの微生物が合成していて，エネルギー源として利用しているが，そのラセミ体P〔(RS)-HB〕は，*Alcaligenes faecalis* のような微生物中のPHBデポリメラーゼの水溶液によって解重合されてモノマーとオリゴマーになる．

$$\text{\Large$\left(\text{O}-\underset{\underset{\text{CH}_3}{|}}{\text{CH}}-\text{CH}_2-\underset{\underset{\text{O}}{\|}}{\text{C}}\right)_n$} \longrightarrow \text{HO}-\underset{\underset{\text{CH}_3}{|}}{\text{CH}}-\text{CH}_2-\text{COOH}$$

このように生体中で合成されるポリマーの場合，その解重合反応も容易であり，多糖類やタンパク質でも加水分解酵素によっておのおのの単糖類やアミノ酸へ分解される．しかし，天然に存在しないポリエチレンやポリ塩化ビニルでは，酵素が作用できないため，生分解性がない．一般に汎用のポリマーは微生物の作用を受け付けないが，水溶性のポリエチレングリコールやOH基が並んだポリビニルアルコールは土壌中の微生物の酵素によって分解される．

5.9 イオン交換樹脂

10%程度のジビニルベンゼンで架橋したポリスチレンのフェニル基をスルホン化して得られる樹脂は，強酸性の高分子電解質であり，カチオン交換樹脂と呼ばれている．これを食塩水に入れると，水がスルホン酸基と強く結合するため，樹脂の内部に浸透し，樹脂は膨潤する．水に溶けているNa^+とCl^-とは，水とともに樹脂内部に入るが，Na^+はスルホン酸のH^+と交換し，H^+が樹脂の外に出てくる．Cl^-は，相当するアニオン部分（この場合，$-SO_3^-$基）が高分子に固定され，ポリアニオンまたは固定アニオンとなっているため交換できず，樹脂にはほとんど入り込まない．このようにして樹脂の内外でNa^+とH^+の間に平衡が成立するまで交換が行われ，結果として食塩水のNa^+イオンが樹脂に取られ，HClを含むようになる．同様に，NaOH水溶液を用いると，交換の程度に応じてアルカリ性が減り，中和され

ていく．樹脂1g当たりのイオン交換の能力は，次式の交換容量で表される．

交換容量＝樹脂1g当たりの交換基数（m mol・g^{-1}）

　スルホン酸の代わりにカルボン酸をもつ樹脂は，弱酸性樹脂と呼ばれ2+以上の多価カチオンに対して交換を行う．アミノ基をもつ樹脂は，アニオン交換を行うのに用いられている．これらのうち，-NH$_2$基のような弱塩基性のものは強酸のみを吸着させ，-NR$_3^+$OH$^-$をもつものは弱酸をも吸着する．このような性質を利用して，純水（イオン交換水）の製造，水溶性天然物（たとえばデンプン，糖類，核酸，ペプチド）の精製のほか，原子炉より出る放射性金属イオンの収集・処理に使われている．実用上は，粒の揃った球状のもの（beadsという）が好まれ，20～50メッシュで表面を多孔性とし，能力が向上したポーラス型がよく使われるようになった．

5.10　高分子複合体

　ポリアクリル酸ナトリウムのようなポリアニオンの水溶液を，ポリビニルピリジニウムブロミドのようなポリカチオン水溶液と混合すると当量比が1:1のときに沈殿がみられ，これを**ポリ塩**または**ポリイオンコンプレックス**（poly salt, polyion complex）と呼ぶ．反対に荷電した高分子間の反応は，この例のように＋と－がよく似た位置関係にあり，同数となった場合，特に効率良く，相手の高分子を認識し結合する．イオン結合以外の化学結合，たとえば水素結合でも同じように強い水素結合が多数できるように相手の高分子を選んで複合体（polymer complex）をつくる．相補的な塩基配列をもつDNA同士の二重らせん形成はこのよい実例である．疎水性相互作用のような弱い結合の場合も，複合体の生成が見られる場合がある．たとえば，イソタクチックポリメタクリル酸メチルを，シンジオタクチックのものとアセトンのような極性の高い溶媒中で混合するとゲル化して沈殿する．これをステレオコンプレックス（stereocomplex）と呼び，高分子主鎖の立体配置が互いに疎水性の相互作用をし合って1:1の比で複合化したものと解釈されている．

5.11　高分子支持台（polymer support）

　架橋して不溶化した高分子の一部に反応性の官能基を導入し，この反応点に低分子試薬を反応させ，目的の生成物を高分子に支持した形で得る有機反応は，近年ますますその応用範囲が広がっている．この方法では，反応生成物を副生成物や溶媒

と分けやすく,逐次反応には特に適しているほか,少量の貴重な物質の合成の場合,高分子部分によって増量する効果もある.そのため,ペプチドや核酸の合成に使われるようになってきた.

1963年Merrifieldは架橋ポリスチレンのフェニル基のパラ位にクロロメチル化された樹脂を用いて,N末端保護したアミノ酸(たとえばBoc-NH-CHR-CO$_2$H)を結合させ,保護基をはずしてから次のアミノ酸を脱水縮合させる反応を繰り返して,インシュリン(51個のアミノ酸残基)やリボヌクレアーゼ(124個のアミノ酸残基)を合成した(1990年ノーベル賞).この方法を**固相法**(solid phase method)といい,クロロメチル化樹脂を**Merrifield樹脂**と呼んでいる.

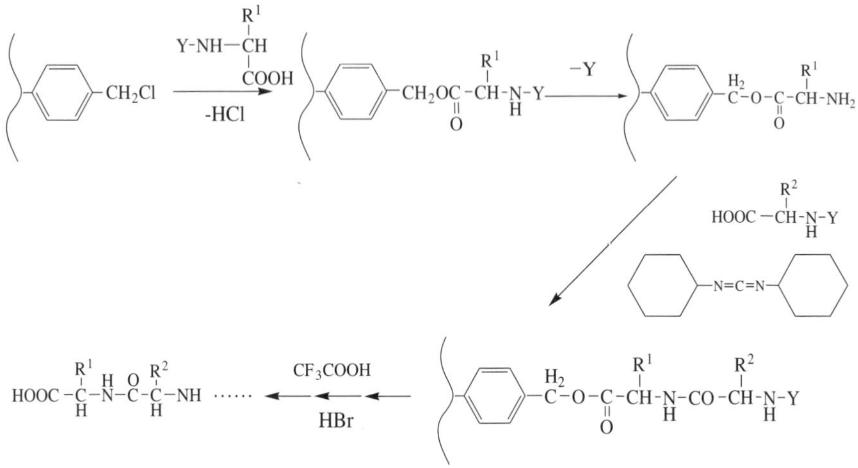

図5.2 固相法によるペプチド合成

Y:N端末保護基((CH$_3$)$_3$C-O-C(=O)—=Boc,またはPhCH$_2$O-C(=O)—=Z),R^{1,2}:アミノ酸の側鎖(官能基がついている場合には適当に保護したもの)

固相法は,従来の液相法に比べ,操作が著しく簡便であり,1個のアミノ酸をつけるのに必要な時間も数時間と短いため合成法として画期的な進歩であった.しかしながら各段階での反応率を100%に近づけないと,繰り返し反応を続けている間に目的のアミノ酸が抜けたものが混合してきて,結局複雑な混合物が生成する危険性がある.先に樹脂に結合させたアミノ酸の種類によって,縮合反応の条件を適当に変えて,収率をできるだけ上げるように,改良が行われている.

核酸の合成においても固相法が使われるようになり,ポリアクリルモルホリドを

5.11 高分子支持台 (polymer support)

ポリマーとして，31個の単位をもつデオキシリボヌクレオチドが通算収率0.25%で得られている．この合成では，3つの核酸塩基をもつ単位（トリヌクレオチドに適当に保護基をつけたもの）を各種合成しておいて，これを樹脂に次々と結合させるやり方を採用している．図5.3に示したのはトリエステル法と呼ばれる方法をポリアクリルモルホリド樹脂に担持して行った例であり，5′位のOH基にヌクレオシドリン酸ジエステルを次々に縮合させてヌクレオチドの数を段階的に増やしていく（図5.3と図5.4参照）．

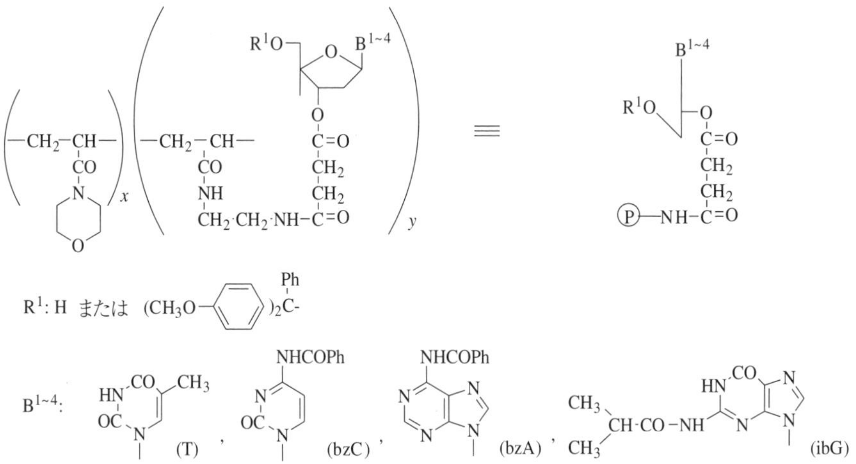

図5.3 固相法によるデオキシリボヌクレオチドの合成（その1）

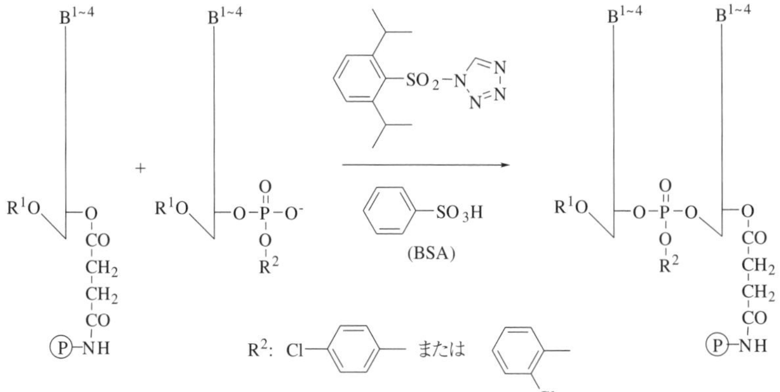

図5.4 固相法によるデオキシリボヌクレオチドの合成（その2）

5.12 高分子触媒

　高分子の一部に触媒機能をもつ化学構造を組み込んだものを**高分子触媒**と呼ぶ．化学的に改変しやすい合成高分子やシリカなどの表面改質したものなどを**高分子支持台**（polymer support）として，数多くの種類の高分子触媒が合成され，その中には実験室や工業的に使われているものもある．生体内で働いている酵素も，高分子触媒の一種であるが，ここではポリペプチドが高分子主鎖となり，$-CO_2H$, $-OH$, イミダゾール基などが協同して触媒作用を行っている．このような協同作用を人工的にまねるために特に合成された高分子触媒は，biomimetic catalyst と呼ばれている．また，遷移金属のホスフィン錯体などが，きわめて選択性と活性の高い新しい均一触媒として開発されているが，反応後の触媒の分離，回収，再使用の点でこれまでの不均一触媒に劣っている．これらの欠点を改良するため，錯体を高分子に担持し，不均一化した新しい触媒（polymer supported metal complex）が各種合成され，実用的に検討されている．また有機合成でよく用いられている酸塩基触媒を高分子化したもの，たとえばナフィオン（Nafion）も，省資源と廃酸・アルカリの対策から，次第に使われるようになってきた．

5.13 酵素モデル高分子触媒

　タンパク質中のペプチド結合や糖類のグリコシド結合を加水分解し，解重合する触媒となる酵素のうち，キモトリプシンやリゾチームの分子構造がX線解析によって明らかとなり，触媒作用の分子レベルでの説明が，低分子で積み重ねられてきた有機反応機構の知識に立って行われるようになってきた．ペプチド結合の加水分解を行うキモトリプシンの場合，セリンの-OH基と，ヒスチジンのイミダゾール基の間の協同作用が推定されているので，合成高分子にこのような協同作用の発現を期待して，イミダゾールと-OH基を含む高分子が多く合成され，加水分解触媒作用が調べられた．ペプチド結合加水分解の触媒作用は，天然酵素では活性が高く，TN（ターンオーバー数：turn-over number，モル基質/モル酵素/分または秒）は0.01〜300s^{-1}程度である．それに対して，イミダゾール基をもつ合成高分子ではペプチド結合の加水分解活性はないが，エステル結合の加水分解に活性を示す．p-ニトロフェニルエステルは，エステル加水分解触媒での基質として使われているが，キモトリプシンを触媒とした場合，きわめて容易に反応する．高分子効果のまったく

ないイミダゾールだけを触媒とすると,弱い加水分解触媒活性が見られ,キモトリプシンの$1/10^{10}$以下であった.ポリビニルイミダゾールを用いると活性がわずかに向上するのみであるが,ビニルイミダゾールとビニルフェノールの共重合体では,pH9.1の場合,フェノール基が一部酸解離し,イミダゾール基と協同作用し,活性が約10倍に上がる(TN 0.003s^{-1},下図参照).表5.1には酵素反応と無機触媒反応の活性化エネルギーを示す.

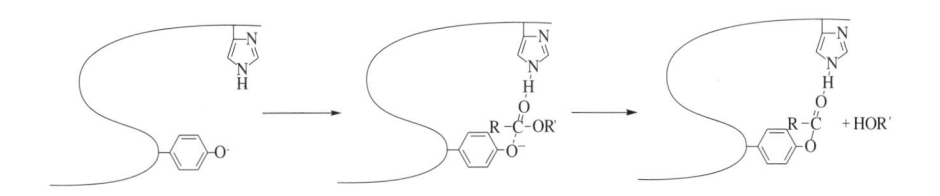

表5.1 酵素と無機触媒の比較

反 応	触 媒	活性化エネルギー (kJ・mol^{-1})
H_2O_2の分解	ナ シ	75
	Pd コロイド	49
	水和Fe(Ⅱ)イオン	42
	カタラーゼ	7
酢酸ブチルの加水分解	水素イオン	70
	水酸化物イオン	43
	すい臓リパーゼ	19
カゼインの加水分解	水素イオン	86
	トリプシン	50

最近,遷移状態アナローグ(類似体)を抗原として作製した抗体がその反応の触媒となることが見出された.本来,触媒作用のない抗体が,遷移状態を安定化させることによって反応を促進させる.この触媒は抗体触媒と呼ばれている.

5.14 高分子酸塩基触媒

濃硫酸より10^8倍も強い酸性度をもつ超強酸,たとえばSbF_5 / FSO_3H系は合成反応に触媒として用いられているが,発煙性液体で取り扱いにくいため,高分子に担持したものが便利である.SiO_2-Al_2O_3やSiO_2-TiO_2などの無機担体やフッ素化有機ポリマーに超強酸をつけた触媒はアルカンの異性化,芳香族化合物のアルキル化,

オレフィンのオリゴマー化に用いられる．ペルフルオロオレフィンのポリマーにスルホン酸基を結合させたものは Nafion-H（商品名）と呼ばれ，超強酸としていろいろな目的に利用されつつある．グラファイトやイオン交換樹脂も酸触媒の高分子担体として使える．

超強塩基触媒としては，金属ナトリウムで表面処理した MgO や Al_2O_3 がオレフィンの異性化に用いられ，通常の塩基触媒に見られない高い活性で反応が進行する．

5.15 高分子金属錯体

高分子の側鎖に金属原子や金属イオンを結合させたものが高分子金属錯体である．それらは，高分子主鎖と側鎖の化学的特性と金属の種類や高分子への結合状態の違いによって著しく異なる化学的機能を有し，特に変化に富んだ高度な機能物質として注目されている．

三級ホスフィンやシクロペンタジエニル基（η-C_5H_5）が配位結合した遷移金属錯体の中には，金属の電子構造が配位子置換反応を促進するようなものがあり，その1つの結果として著しい触媒作用が見られる．たとえば，$RhCl(PPh_3)_3$ は Wilkinson 錯体と呼ばれ，常温常圧でオレフィンの水素添加において，活性がきわめて高い均一触媒として働く．均一系では，触媒の回収と再使用が困難であるため，ポリスチレンのフェニル基のパラ位に -CH_2-PPh_2 基または -PPh_2 基を導入し，$RhCl(PPh_3)_3$ と反応させ，配位子を高分子ホスフィンと置換したポリマー触媒が合成されている．触媒活性はポリスチレンの架橋度，PPh_2 基の導入割合，高分子錯体化の条件，ポリマーの粒度や表面積などによって複雑に影響されるが，一般に低分子錯体より低く 1/10～1/100 に下がる．しかし，合成方法が適切であれば，この高分子触媒は空気に安定で，繰り返し使用に耐えるので高価な貴金属を浪費しないですむ．

9章で述べるように生体反応で重要な働きをしている金属酵素も一種の高分子金属錯体であり，その著しい触媒作用は，タンパク質部分がもたらす「高分子効果」と結合した金属イオンの独特の反応性が互いに助け合って生じたものと理解されている．その本質は複雑なため，系を簡単にした酵素モデルがいろいろ合成され，高い機能をもつ高分子モデル錯体もしだいに見出されている．たとえばポリリシンやポリビニルピリジンの Cu(II) 錯体による触媒的酸化反応，高分子担持モリブデン錯体触媒による還元反応などが研究され，そのうち，ある場合には天然酵素に近い

触媒活性が見られた．

最近，Wilkinson 錯体に対する抗体がつくられ，その抗体に Rh 錯体を取り込ませ，アミノ酸前駆体を水素添加したところ，100%ee. で L 体のアミノ酸が得られることが報告された．Rh 錯体自身には不斉はなく，抗体のタンパク質の部分の不斉が反応に寄与したものである．

5.16　超分子ポリマーの構築

近年，構成分子が共有結合ではなく，水素結合や配位結合などの分子間相互作用により，結合した分子集合体の構築について関心が寄せられている．これらは超分子ポリマーと呼ばれている（図 5.5 参照）．超分子ポリマーの構築は生物の構成要素が分子間相互作用により，集合し，特定の構造を形成し，特異な機能を発現していることと密接に関係している．合成した分子でも分子間相互作用を利用することにより，さまざまな超分子ポリマーがつくられる．

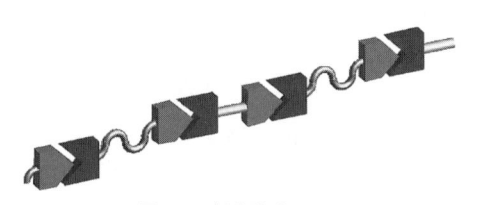

図 5.5　超分子ポリマー

5.17　ポリロタキサンの構築

ダンベル型の分子に環状の分子が取り込まれた構造の分子集合体はロタキサンと呼ばれている．この名は *Rota*（回転子）と *Axle*（軸）に由来している．高分子鎖に環状の分子がいくつも取り込まれた構造の分子集合体はポリロタキサンと呼ばれている（図 5.6）．環状分子と線状分子（高分子）が共有結合で結合しているわけではないが，共有結合を切断し，末端のかさ高い置換基を切断しないとばらばらにはならない珍しい分子である．これらの分子の中の輪は線状部分に沿って並進したり，回転することができるので，分子機械や特異的な物性を示す物質の開発に向けた研究が行われている．

図 5.6 ポリロタキサン

〈参考文献〉
(1) 高分子錯体研究会編：高分子錯体の基礎，高分子錯体触媒，電子機能，有機金属ポリマー，高分子集合体，光エネルギー変換，学会出版センター（1982〜1991）
(2) T. Takemoto, Y. Inaki, R. M. Ottenbrite : Functional Monomers and Polymers, M. Dekker（1987）

6 分子特性と溶液の性質

6.1 はじめに

　すでに1章で，最も化学構造が単純なポリエチレンを例にあげて，高分子鎖の3次元構造がいかに多様で複雑であるかについて説明した．そして，その構造の多様性が，高分子特有の性質を生み出していることを述べた．すなわち，1本の高分子鎖の3次元構造は複雑であるが，高分子の諸性質を理解する上で，その構造を正しく把握しておくことが必須である．同様なことは，生体高分子であるタンパク質や核酸についてもいえ，それらの生理活性を理解する基礎として，それらの3次元構造の知識は不可欠である（9章参照）．

　本章の前半（6.2～6.4節）では，1本の高分子の形と高分子間の相互作用を特徴づける**分子特性**（molecular characteristics）について，基本的な高分子モデルを紹介しながら説明する．これらは，高分子の溶液および固体・融体状態での多くの物性に影響を与える基礎的パラメータであり，高分子の**分子特性解析**（molecular characterization）は，高分子化学における最も基本的な作業である．高分子は一般に気化しないので，その特性解析は，主として高分子の希薄溶液に対する物理化学的測定によって行われる．その代表的な測定法を，6.5～6.7節で紹介する．高分子の希薄溶液物性研究は，Staudingerが高分子説の確立を目指して以来，高分子研究の主要テーマであった．多くの高分子科学者の努力により，今日では高分子溶液学として確立した学問分野に成長した．紙面の都合で，本章ではこの分野のごく一部しか紹介できない．より詳細は，章末の参考文献を参照されたい．

　分子特性解析とともに，高分子の分子特性量と任意の濃度の溶液および固体・融

体状態での物性との間の関係を明らかにすることが，高分子物理化学における重要な研究テーマである．これについては，本章の6.8と6.9節，および次の7, 8章で取り扱われる．

6.2 高分子鎖の幾何学

線状の高分子鎖の主鎖骨格は，図6.1のように模式的に表される（主鎖原子以外は省略してある）．主鎖の原子を端から0番目，1番目，2番目，…，n番目と番号づけし，$i-1$番目の原子の中心を始点，i番目の原子の中心を終点とするベクトルをr_iと記し，i番目の結合ベクトルと呼ぶ．n個の結合ベクトル$\{r_1, r_2, \cdots, r_n\}$を与えると高分子の主鎖の形（および向き）が一義的に決まる[*1]．

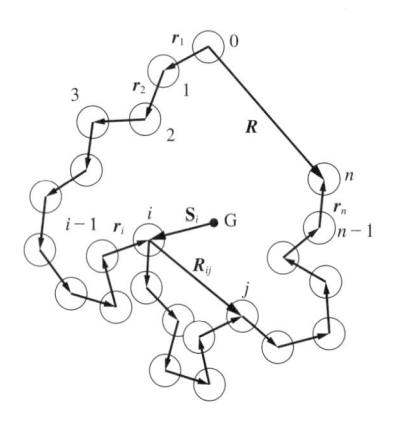

図6.1 線状の高分子鎖の主鎖骨格

図6.1からわかるように，すべての結合ベクトルを足し合わせると両末端間ベクトルRになる．

$$r_1 + r_2 + \cdots + r_n = \sum_{i=1}^{n} r_i = R \tag{6.1}$$

このベクトルの絶対値$R = |R|$あるいはその2乗$R^2 = R \cdot R$は，線状高分子鎖の全体的な広がり（サイズ）の目安となる最も単純な量である．また，1種類の原子から構成された主鎖の重心を図中のGとし，このGからi番目の原子の中心まで結んだベクトルをS_iと記すと，重心の定義より

[*1] 1章においてn_bで表した結合数を，ここではnで表す．

$$\sum_{i=0}^{n} \boldsymbol{S}_i = 0 \tag{6.2}$$

なる関係が成立しなければならない．この $\boldsymbol{S}_i$ の二乗を使って，次式により回転半径 S という幾何学量が定義される．

$$S = \sqrt{\frac{1}{n+1} \sum_{i=0}^{n} S_i^2} \tag{6.3}$$

この回転半径は，主鎖を構成する原子が鎖の重心から平均的にどれくらい離れているかを表す量で，鎖の平均的な半径と見なすことができ，両末端間距離 R とともに，鎖の全体的な広がりの目安となる基本量である．

i 番目の主鎖原子中心を始点，j 番目の主鎖原子中心を終点とするベクトルを $\boldsymbol{R}_{ij}$ と表すと，余弦定理から

$$R_{ij}^2 = S_i^2 - 2\boldsymbol{S}_i \cdot \boldsymbol{S}_j + S_j^2 \tag{6.4}$$

なる関係が成立する．この式の両辺について i と j に関する二重和をとり，式（6.2）を使うと，回転半径は

$$S^2 = \frac{1}{2} \frac{1}{(n+1)^2} \sum_{i=0}^{n} \sum_{j=0}^{n} R_{ij}^2 \tag{6.5}$$

と表すこともできる（Lagrange の定理）．この式を使えば，鎖の重心位置を知らなくても，回転半径が計算できる．回転半径は，線状ではない高分子に対しても同様に定義できる．これに対して，両末端間距離は線状高分子に対してのみ有効な広がりを表すパラメータである．

結合ベクトルの集合 $\{\boldsymbol{r}_1, \boldsymbol{r}_2, \cdots, \boldsymbol{r}_n\}$ を与えると，R あるいは S は一義的に決まるが，逆に R あるいは S を与えても，$\{\boldsymbol{r}_1, \boldsymbol{r}_2, \cdots, \boldsymbol{r}_n\}$ は一義的には決まらない．R あるいは S は，高分子鎖全体の広がりを表すが，局所構造の情報を含んでいない．われわれは，高分子鎖のすべての結合ベクトルを決定する実験手法を持ち合わせていない．6.5～6.7 節で紹介する種々の実験法は，高分子鎖全体の広がりの情報を提供するのに対し，7 章で紹介される種々の分光法からは鎖に沿って隣接する結合ベクトルの相対配置（局所構造）の情報が得られる．以下，本章では主として高分子鎖全体の広がりについて述べるが，局所構造情報との組み合わせから，より詳細な高分子鎖の分子形態が理解されることを前もって注意しておきたい．

6.3 高分子鎖の統計的性質

　高分子鎖は，溶液中で膨大な数の異なった形をとり，かつ時々刻々その形を変化させている．また，溶液中に存在する個々の高分子鎖は，それぞれ異なった形をとっている．したがって，われわれが溶液物性から実験的に求め得るのは，広がりの平均量である．理論的に，広がりの平均量を計算するには，高分子鎖がとり得るすべての形の出現確率，すなわち鎖の統計的性質を知っていなければならない．いくつかのモデル鎖を用いて，高分子鎖の統計的性質について調べよう．

6.3.1　自由連結鎖（freely jointed chain）

　最も単純な統計的性質を有する高分子鎖モデルとして，すべての結合長が一定値 b をとり，各結合角はすべての値を等確率でとれる仮想的な鎖がしばしば利用される．このモデルを自由連結鎖と呼ぶ．結合角に制限がないので，ある結合ベクトルを固定しても別の結合ベクトルは任意の方向を向け，$\langle r_i \cdot r_j \rangle = 0$ $(i \neq j)$ となる．ここで，$\langle \cdots \rangle$ は鎖のとり得るすべての形にわたる統計平均を表す．この統計的性質を利用すると，自由連結鎖の両末端間ベクトルの二乗平均量 $\langle R^2 \rangle$ は，式（6.1）より次のように表される．

$$\langle R^2 \rangle = \langle \boldsymbol{R} \cdot \boldsymbol{R} \rangle = \sum_{i=1}^{n}\sum_{j=1}^{n} \langle r_i \cdot r_j \rangle = \sum_{i=1}^{n} \langle r_i^2 \rangle + 2\sum_{1 \le i < j \le n} \langle r_i \cdot r_j \rangle = nb^2 \quad (6.6)$$

また，この式を応用すると，$\langle R_{ij}^2 \rangle = |j-i|b^2$ と書け，これを式（6.5）に代入すると，自由連結鎖に対する回転半径の二乗平均 $\langle S^2 \rangle$ は，n が十分大きい場合に

$$\langle S^2 \rangle = \frac{1}{6}nb^2 \quad (6.7)$$

で表され，$\langle S^2 \rangle = \frac{1}{6}\langle R^2 \rangle$ の関係が成立する．

6.3.2　結合角と内部回転角に制限のある鎖

　自由連結鎖は，実在の高分子鎖の結合長がほぼ一定値をとる事実とはよく対応しているが，結合角もほぼ固定されている事実とは食い違っている．そこで，より現実に近いモデル鎖として，**自由回転鎖**（freely rotating chain）が提案された．図 6.2 には，図 6.1 の高分子主鎖の一部を拡大して描いている．結合長 b と結合角 θ を一定にしても，各結合回りの内部回転（図中の ϕ_i で指定される）により，高分子

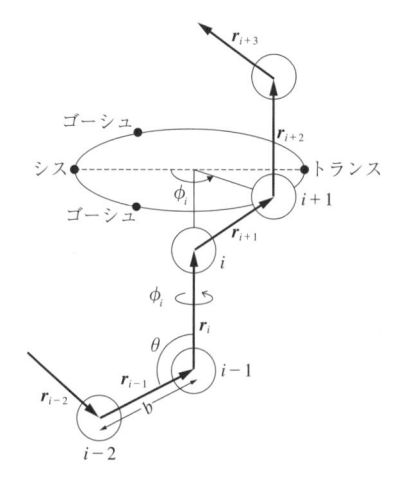

図 6.2 線状の高分子鎖の結合長,結合角,および内部回転角
主鎖原子 $i-2$, $i-1$, i および $i+1$ が同一平面にあるときが,
トランスあるいはシス状態

鎖はさまざまな形をとることができる.自由回転鎖では,この内部回転角が 0 から 360°のすべての値を等確率でとれると仮定する.この場合,2 つの結合ベクトルの内積の統計平均量は

$$\langle \boldsymbol{r}_i \cdot \boldsymbol{r}_j \rangle = b^2 \cos^{|j-i|}(\pi - \theta) \tag{6.8}$$

と書ける.この式を式 (6.6) に代入すると,n が十分大きい場合には

$$\langle R^2 \rangle = nb^2 \frac{1-\cos\theta}{1+\cos\theta} \tag{6.9}$$

が得られる.平均二乗回転半径についても自由連結鎖の場合と同様な方法で計算できるが,ここでは省略する.

実在の高分子鎖の内部回転は自由ではなく,たとえばポリエチレンの場合には,図 6.3 に示すような内部回転ポテンシャル $E(\phi)$ を感じながら,その分子形態を変化させている.1 章で述べたトランスと 2 つのゴーシュ状態が,このポテンシャルの 3 つの極小に対応している.計算を簡単にするために,内部回転角 ϕ がこれら 3 つの極小位置での値(180°と ±60°)のみをとるとしたモデル鎖を**回転異性体近似モデル**(rotational isomeric state model)と呼ぶ.内部回転角の極小位置からのゆらぎはいずれの高分子鎖についても小さく,回転異性体近似モデルは実在の高分子鎖の分子形態を表現するよいモデルである.

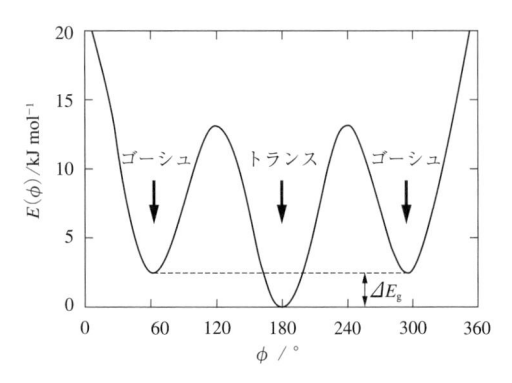

図 6.3 ポリエチレン鎖の内部回転ポテンシャル

このモデルに対する $\langle R^2 \rangle$ は,原理的には先の自由回転鎖の場合と同様に計算できる.ただし一般には,ϕ_i の出現確率が ϕ_{i-1} などの先立つ結合の内部回転角に依存することに注意して,統計平均をとる必要がある.そのような隣接結合の内部回転角の間に相関がない特別な場合には,n が十分大きい極限で,$\langle R^2 \rangle$ は以下のように表される.

$$\langle R^2 \rangle = nb^2 \left(\frac{1-\cos\theta}{1+\cos\theta} \right) \left(\frac{1-\langle\cos\phi\rangle}{1+\langle\cos\phi\rangle} \right) \quad (6.10)$$

図 6.3 に示したポテンシャル $E(\phi)$ をもつポリエチレン鎖では,内部回転角に関する統計平均は

$$\langle \cos\phi \rangle = \frac{\cos(180°) + [\cos(60°) + \cos(-60°)]\exp(-\Delta E_g/RT)}{1 + 2\exp(-\Delta E_g/RT)} \quad (6.11)$$

より計算される.ただし,ΔE_g はゴーシュ状態とトランス状態のエネルギー差(結合のモル当たり),RT は気体定数と絶対温度の積を表す.

6.3.3 ガウス鎖と特性比

すでに 1 章で述べたように,酔歩鎖の両末端間ベクトル R の分布(確率密度)は,良い近似でガウス関数に従う.すなわち,3 次元空間中で R は

$$P(R) = \left(\frac{3}{2\pi nb^2} \right)^{3/2} \exp\left(-\frac{3R^2}{2nb^2} \right) \quad (6.12)$$

という確率密度関数に従って分布する.(1 章の式 (1.3) で与えられた $W(R)$ は,2 次元のしかも R の絶対値に関する確率密度である点で,上式の $P(R)$ とは異な

る．）上で出てきた自由連結鎖の $\boldsymbol{R}$ も，n の大きい極限で同じガウス分布に従うことが数学的に証明されている．たとえば，$nb^2 = 400$ nm^2 のときの $P(\boldsymbol{R})$ の具体的な関数形は，図 6.4 で与えられる．式 (1.3) の $W(\boldsymbol{R})$ に対応する $\boldsymbol{R}$ の絶対値に関する（向きを無視した）分布関数 $4\pi R^2 P(\boldsymbol{R})$ も，併せて示してある．$P(\boldsymbol{R})$ 自身は両末端間距離の単調減少関数であるが，$4\pi R^2 P(\boldsymbol{R})$ は $R = 16$ nm 付近に極大をもつ関数となっている．

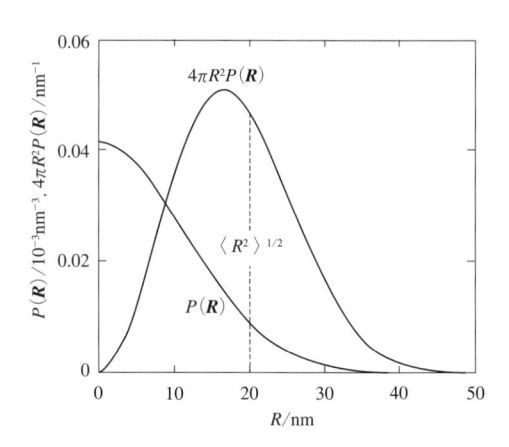

図 6.4 ガウス鎖の両末端間距離の分布関数

この確率密度関数を利用すると，$\langle R^2 \rangle$ は次式より計算される．

$$\langle R^2 \rangle = \int R^2 P(\boldsymbol{R}) \mathrm{d}\boldsymbol{R} = nb^2 \tag{6.13}$$

ただし，上式中の積分は 3 次元空間のすべての点にわたって行う．この式は，上で別の考察より求めた式 (6.6) と同じ結果を与えている．図 6.4 よりわかるように，$R = \langle R^2 \rangle^{1/2}$ において，$P(\boldsymbol{R})$ は $R = 0$ のときよりも 2 割程度まで減少しており，また $\langle R^2 \rangle^{1/2}$ は $4\pi R^2 P(\boldsymbol{R})$ のピーク位置を少し越えている．任意の i 番目と j 番目の原子間距離ベクトル $\boldsymbol{R}_{ij}$ の分布もガウス分布に従うとすると

$$\langle S^2 \rangle = \frac{1}{6} \langle R^2 \rangle = \frac{1}{6} nb^2 \tag{6.14}$$

の関係が成立し，式 (6.7) が確かめられる．

自由回転鎖および回転異性体近似モデルの $\boldsymbol{R}$ の分布も，十分 n が大きいときには，やはりガウス関数に従う．ただし，式 (6.13) と式 (6.9) および式 (6.10) を比較するとわかるように，式 (6.12) 中の b^2 は，それぞれ $b^2(1-\cos\theta)/(1+\cos$

θ) および $b^2[(1-\cos\theta)/(1+\cos\theta)][(1-\langle\cos\phi\rangle)/(1+\langle\cos\phi\rangle)]$ で置き換える必要がある．

一般に，$\langle R^2\rangle$ および $\langle S^2\rangle$ が n に比例し，R に関する確率密度がガウス関数に従う鎖を**ガウス鎖**（Gaussian chain）と呼ぶ．上述の十分高重合度の自由連結鎖，自由回転鎖，回転異性体近似モデルはいずれもこの範疇に属するモデル鎖である．このガウス鎖に分類される高分子鎖の個性は

$$C_\infty = \lim_{n\to\infty}\langle R^2\rangle/nb^2 = \lim_{n\to\infty}\langle S^2\rangle/(\frac{1}{6}nb^2) \tag{6.15}$$

で定義される**特性比**（characteristic ratio）と呼ばれる量 C_∞ によって特徴づけられる．（主鎖が複数種類の結合から構成されている場合には，上式中の b^2 はそれらの結合の二乗平均量で置き換えられる．）式 (6.9) や (6.10) からわかるように，C_∞ には結合角や内部回転角の制限が反映されている．

n-ブタンに対する $\Delta E_\mathrm{g}(\approx 2\,\mathrm{kJ/mol})$ を利用すると，式 (6.10) と (6.11) から，$C_\infty=3.7$ が得られる．ポリエチレンに対する C_∞ の実測値は約 7 で，計算値よりも大きい．このずれは，n-ペンタンにおいて，$(\phi_2,\phi_3)=(60°,-60°)$ あるいは $(-60°,60°)$ という連続した回転状態が，図 6.5 に示すように両端のメチル基間の衝突を引き起こし，ほとんど出現しないというペンタン効果に起因している．式 (6.10) では，この隣接内部回転角の相関を無視していた．ペンタン効果を考慮に入れた回転異性体近似モデルでは，実測と近い結果が得られることが証明されている．表 6.1 には，代表的な高分子の C_∞ を掲げる．期待されるように，C_∞ は側鎖がかさ高いほど大きい値をとる傾向にある．

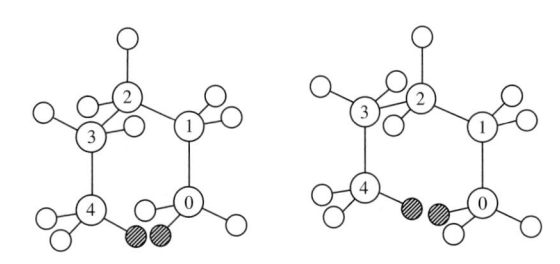

図 6.5 ペンタン効果
$(\phi_2, \phi_3)=(60°, 300°)$ あるいは $(300°, 60°)$ のときに炭素原子 0 と 4 に結合している水素原子が衝突する．

表 6.1 代表的な屈曲性高分子の特性比

高分子	特性比 C_∞
ポリエチレン	6〜7
ポリスチレン（アタクチック）	10
ポリ（オキシエチレン）	4〜5
ポリブタジエン（トランス）	6
ポリブタジエン（シス）	5

6.3.4 排除体積効果

これまでは無視してきたが，1章で述べた酔歩鎖の実験には重大な欠陥がある．実際にこの実験をやってみるとすぐにわかるが，硬貨を振って鎖を発生させていくと，図 6.6 に示すように，前にたどった格子点と同じところに戻ってくる場合が起こる．高分子の構成単位同士は空間中で重ねられないので，実際の高分子鎖は自身で重なった形態はとれない．酔歩鎖およびより一般のガウス鎖は，この点を無視している．

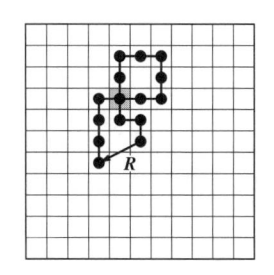

図 6.6 禁止された分子形態

硬貨を振り，鎖が自分自身と重なるような形態が出現したときには，これを破棄し，重ならない形態の目が出たときのみを採用すると，酔歩鎖とは異なる統計に従った鎖が生じる．これを**自己回避鎖**（self-avoiding walk chain）と呼ぶ．破棄する目が出る場合が多いので，硬貨を振って高重合度の自己回避鎖を発生させるのは容易ではないが，コンピュータを用いたシミュレーションは多数行われている．得られた自己回避鎖の両末端間距離 R の分布関数は，定性的には図 6.7 のようにガウス分布からずれる．すなわち，R の小さいときは（すなわち高分子鎖が縮んだ形態の場合は），主鎖原子が重なることが多く，破棄される可能性が高いので，ガウ

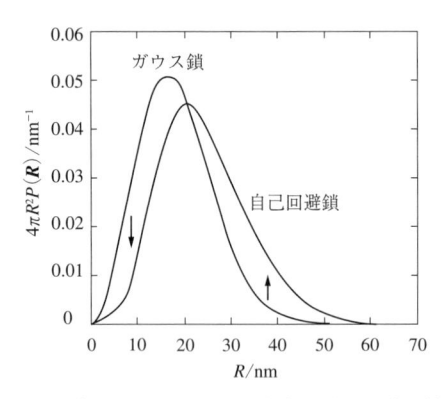

図 6.7 自己回避鎖に対する両末端間距離の分布関数

ス分布よりも確率が低くなる．逆に，R が大きいとき（鎖が広がっているとき）は，生き残る可能性が高く，相対的に確率はガウス分布より大きくなる（関数 $4\pi R^2 P(R)$ には，R で積分すると 1 になるという規格化条件が課せられている）．すなわち，分布関数の形は，全体として R の大きい方へ移動するようになる．いい換えると，高分子鎖が自身で重なった形態をとれないことにより，高分子鎖は酔歩鎖よりも広がった形態をとる確率が高くなる．これを**排除体積効果**（excluded-volume effect）と呼ぶ．この効果は高分子溶液学における重要な研究テーマであるが，その重要性を最初に指摘したのは Flory であった．

　排除体積効果は数学的取り扱いが困難で，ガウス鎖のように R に関する確率密度関数が単純な式では表せない．この困難さがあって，Debye は長らく Flory の意見を入れず，ガウス鎖に固執していたのは有名な話である．ただし，コンピュータ・シミュレーションの結果より（またその後，de Gennes による臨界現象の理論に基づいて），自己回避鎖の $\langle S^2 \rangle$ は次の式に従うことが見出されている．

$$\langle S^2 \rangle \propto n^{1.2} \tag{6.16}$$

式（6.14）で与えられたガウス鎖に対する $\langle S^2 \rangle$ の n 依存性との違いに注意されたい．

　実験的には，孤立した高分子鎖の分子形態は，通常低分子溶媒に溶かした希薄溶液状態で調べられる．そのような溶液中での排除体積効果には，これまでやはり考慮されてこなかった高分子鎖の分子形態への溶媒の効果も考えに入れる必要がある．図 6.6 において，空いている格子点には溶媒分子を表す白玉（○）を詰めるも

のとしよう．また，黒丸（●）はこれまでは，高分子の主鎖原子を想定していたが，今後は側鎖も含めた高分子鎖の構成単位（その選び方は自由で，以下セグメントと呼ぶ）を表すこととする．そのような溶液中で，鎖に沿って十分離れた同一高分子鎖に属する2つのセグメントは，図6.8に模式的に示すようなポテンシャル$u(r)$を感じていると考えられる．すなわち，2つのセグメントが十分離れているときには$u(r)=0$，最近接格子点に配置されたときには引力ポテンシャル$\Delta\varepsilon$が働き，2つのセグメントが同一格子点には入れないので，それより近づくと無限大の斥力ポテンシャルが働く．この最後の斥力ポテンシャルが，上述の排除体積効果の起源である．引力ポテンシャル$\Delta\varepsilon$は，2×●○→●●＋○●という配置換えが起こったときのエネルギー変化量に対応し，セグメント-溶媒分子間，セグメント-セグメント間，および溶媒分子-溶媒分子間のポテンシャルエネルギーをそれぞれε_{12}，ε_{22}，ε_{11}とすると

$$\Delta\varepsilon = \varepsilon_{22} + \varepsilon_{11} - 2\varepsilon_{12} \tag{6.17}$$

と書ける．

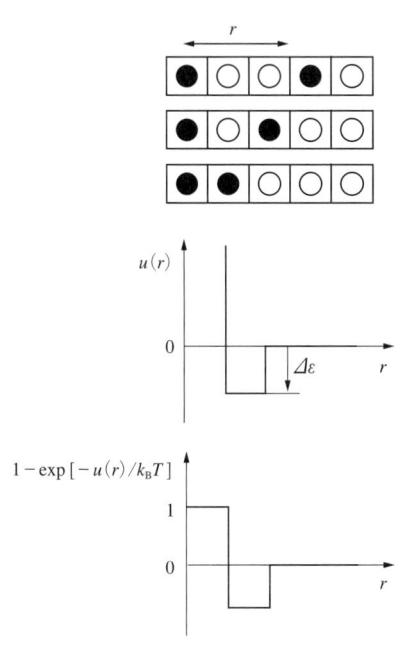

図 6.8 溶液中で高分子間に働くポテンシャル
黒玉を高分子のセグメント，白玉を溶媒分子とする．

高分子をよく溶かす溶媒を**良溶媒**（good solvent），高分子との親和性の低い溶媒を**貧溶媒**（poor solvent）と呼ぶ．前者の溶液系では3種類の対間のポテンシャルがほぼ等しく，$\Delta\varepsilon\sim0$ となるが，後者の溶液系では ε_{12} が高くなり，$\Delta\varepsilon$ は負で絶対値が大きい．

上述のポテンシャル $u(r)$ を使って，セグメントの**2体クラスター積分**（binary cluster integral）β を以下のように定義する．

$$\beta \equiv \int \{1-\exp[-u(r)/k_\mathrm{B}T]\}\,\mathrm{d}r \tag{6.18}$$

式中，k_B は Boltzmann 定数，積分は溶液全体積にわたって行う．この β は，溶液中でのセグメント間の相互作用の強さを表す尺度となる．図6.8からわかるように，β は2つの項に分けられ，斥力ポテンシャルが働く領域での積分はセグメント体積に比例する正の値を，最近接格子点に対応する領域での積分は $\Delta\varepsilon$ に関係し，貧溶媒中では負の値を与える．引力項がゼロに近い良溶媒中では，β は正の大きい値をとり，セグメント間には強い斥力が働き，排除体積効果は顕著である．他方，貧溶媒中では引力項が斥力項と相殺されるため，β は小さくなって，セグメント間相互作用すなわち排除体積効果は弱まる．

セグメント間の斥力と引力がちょうど釣り合った $\beta=0$ の溶液状態をシータ状態（theta state），シータ状態が実現する溶媒を**シータ溶媒**（theta solvent）と称する．前項の特性比 C_∞ は，このシータ状態にある高分子鎖の広がりを使って，式(6.15)より計算されなければならない．

一般に，排除体積効果を受けた屈曲性高分子鎖の回転半径は

$$\langle S^2 \rangle^{1/2} = \alpha_\mathrm{S} \langle S^2 \rangle_0^{1/2} \tag{6.19}$$

で表される．ここで，α_S は膨張因子（expansion factor）と呼ばれる排除体積効果の度合いを表す量，また $\langle S^2 \rangle_0^{1/2}$ は排除体積効果を受けていないときの回転半径である．上の議論から，α_S は鎖に沿って離れたセグメント間の相互作用を表す β に依存し[*1]，$\langle S^2 \rangle_0^{1/2}$ は隣接モノマー間の相互作用に依存する C_∞ [式(6.15)] によって特徴づけられる．

6.3.5 剛直・半屈曲性高分子

以上は主鎖の各結合が，複数の内部回転状態を比較的自由にとれる場合を考えて

[*1] 膨張因子 α_S は，結合数 n（分子量）にも依存する．自己回避鎖の場合，α_S は $n^{0.1}$ に比例する．

きた．これに対して，9章で説明されるように，生体高分子の中には，主鎖結合が特定の内部回転状態のみをとるらせん状態が溶液中でも安定な場合が多数存在する．たとえば，α-ヘリックス状態をとるポリペプチドや二重らせん状態をとるDNAなどがその例である．これらの高分子はらせん軸方向に伸びた形をとり，上述のポリエチレンなどとはその形がまったく違う．また，らせん構造はとらなくても，図 6.9 に示すような主鎖に共役二重結合性を有する高分子は，その二重結合性によって内部回転が禁止され，ポリエチレンなどと比べるとやはり伸びた形態をとると考えられる．内部回転が比較的自由な高分子を**屈曲性高分子**（flexible polymer）と呼ぶのに対し，らせん構造をとる高分子や共役二重結合性を有する高分子などは，**剛直性高分子**（stiff-chainpolymer）あるいは**半屈曲性高分子**（semi-flexible polymer）と呼ばれている．

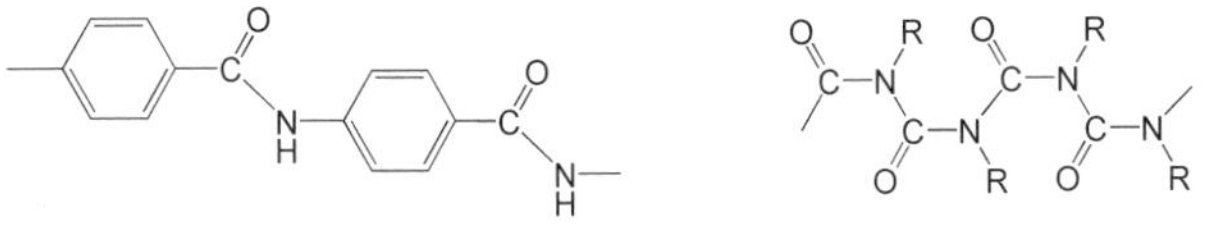

ポリ(p-ベンズアミド)　　　　ポリイソシアナート誘導体

図 6.9　剛直性・半屈曲性の合成高分子の例

らせん高分子や共役二重結合性高分子も，溶液中では熱運動によって，エネルギー最安定な内部回転状態から多少ゆらいでいる．重合度が高ければ，各内部回転角のわずかなゆらぎが積算され，鎖のたわみとなって現れる．すなわち，剛直性高分子でも分子量が高ければ，真直ぐな棒状分子とは見なせず，鎖の屈曲性が現れてくる．遺伝子である高重合度のDNAが，電子顕微鏡で観察すると曲がりくねった形をとっているのを，生物学の教科書で容易に確かめられる．

このような，剛直性・半屈曲性高分子の統計的性質を記述するモデルとして，KratkyとPorodが提案した**みみず鎖モデル**（wormlike-chain model）がある．このモデルの出発点は，結合数 n，結合長 b，そして結合角が θ の自由回転鎖である．この鎖について

$$nb \equiv L, \quad b/(1+\cos\theta) \equiv q \tag{6.20}$$

と置き，これら L と q が一定の条件下で，$n \to \infty$，$b \to 0$，$\theta \to \pi$ の極限操作をとる（図 6.10 参照）．その結果得られた全長が L の連続鎖は，元の自由回転鎖とは違った統計的性質を有し，$\langle R^2 \rangle$ と $\langle S^2 \rangle$ は

(1)

自由回転鎖

(2)

$n \to 2$ 倍；$b \to$ 半分

(3)

$1 + \cos\theta \to$ 半分

(4)

(2)と(3)の操作を無限回繰り返す

図 6.10　みみず鎖モデル

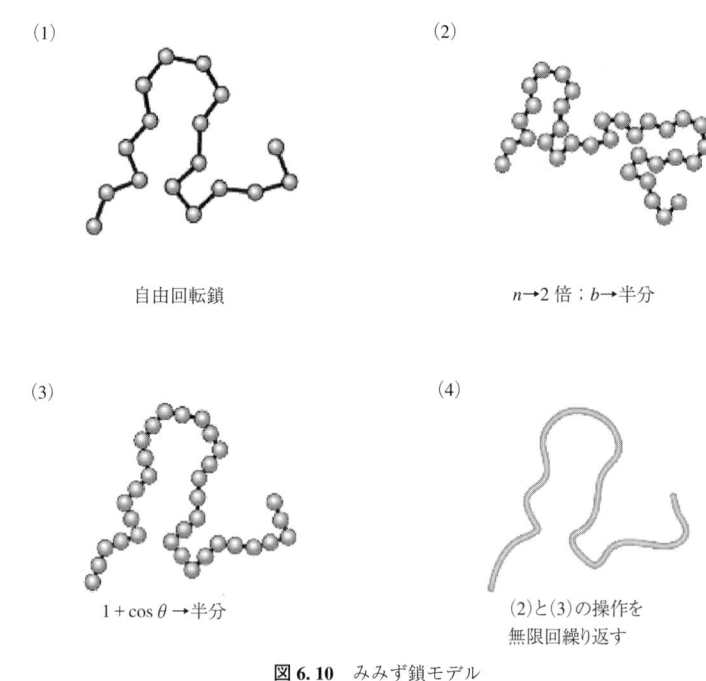

$$\langle R^2 \rangle = 2qL - 2q^2(1 - e^{-L/q}), \quad \langle S^2 \rangle = \frac{1}{3}qL - q^2 + \frac{2q^3}{L}\left[1 - \frac{q}{L}(1 - e^{-L/q})\right] \quad (6.21)$$

で与えられる．$L/q \ll 1$ の極限において，上式は真直ぐな棒に対して期待される

$$\langle R^2 \rangle = L^2, \quad \langle S^2 \rangle = \frac{1}{12}L^2 \quad (6.22)$$

という関係に還元される．また逆に，$L/q \gg 1$ の極限では

$$\langle R^2 \rangle = (2q)^2 (L/2q), \quad \langle S^2 \rangle = \frac{1}{6}(2q)^2 (L/2q) \quad (6.23)$$

となり，結合長が $2q$，結合数が $L/2q$ のガウス鎖に対する結果に還元される．すなわち，みみず鎖は真直ぐな棒とガウス鎖とを両極限として含んだ一般的なモデル鎖である．

　式 (6.21) に現れる q を**持続長**（persistence length），$2q$ を Kuhn の統計セグメント長，そして $L/2q$ を Kuhn の統計セグメント数と呼ぶ．この持続長は，みみず鎖の剛直性の目安となるパラメータで，鎖の全長が q よりもずっと短ければ棒の形

表 6.2　種々の剛直性・半屈曲性高分子の持続長

高分子	持続長　q / nm
シゾフィラン（三重らせん多糖）	150〜200
コラーゲン（三重らせんタンパク質）	〜200
ポリ（γ-ベンジル L-グルタメート）（α-らせんポリペプチド）	150
DNA（二重らせん核酸）	60
ポリ（p-ベンズアミド）	50
ポリ（n-ヘキシルイソシアナート）	20〜40
セルロース（トリスフェニルカルバメート）（セルロース誘導体）	10
ポリ（1-フェニル-1-プロピン）（ポリアセチレン誘導体）	4

状，逆にそれが q よりもずっと長ければ屈曲性のガウス鎖の形状となる．なお，このモデル鎖と実在鎖を比較する際，このモデルの L は高分子主鎖結合に沿った長さではなく，たとえばらせん軸の長さであることに注意されたい．

　これまでに，さまざまな剛直性・半屈曲性高分子に対してみみず鎖モデルが適用され，剛直性パラメータである q が見積もられている．表 6.2 には，代表的な結果を掲げる．また興味ある例として，主鎖がケイ素でできたポリシラン誘導体は，側鎖の化学構造に応じて，q が 5〜100 nm の範囲で大幅に変化する．なお，高分子鎖の剛直性が高ければ，分子内でのセグメント間衝突の確率が低いので，前項の排除体積効果は重要でない．

6.4　高分子溶液の熱力学

　以上では，高分子鎖 1 分子の形に焦点を当てて議論してきた．本節では，高分子と低分子が混合した溶液系の**熱力学的性質**（thermodynamic properties），およびその性質を決定づけている溶液中での**高分子間相互作用**（intermolecular interaction）について考察する．高分子溶液の熱力学的性質が，希薄領域においても低分子溶液と比べて著しく非理想性を呈することは古くより知られており，それが沸点上昇や凝固点効果法による高分子の分子量の精密測定を困難にした．この高分子溶液の非理想性を理論的に説明したのは，格子モデルを用いて高分子溶液の熱力学的性質を考察した Flory と Huggins である．以下，この **Flory-Huggins 理論**について簡単に説

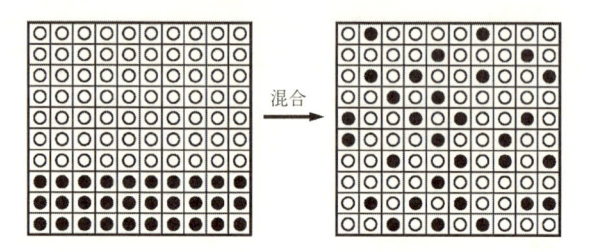

図 6.11 低分子液体の混合

明する．

まず最初に，低分子溶液系を考えよう．図 6.11 で，溶媒分子を表す白玉が N_1 個，溶質分子を表す黒玉が N_2 個あるとする．左側が溶質の溶解する前，右側が溶解した後である．溶媒-溶媒，溶媒-溶質，そして溶質-溶質分子が最近接格子点にきたときのポテンシャルエネルギーを，それぞれ ε_{11}, ε_{12}, ε_{22} とし，最近接格子点以外の分子対間のポテンシャルエネルギーをゼロとすると，混合による系のエンタルピー変化 ΔH は，次式で与えられる．

$$\Delta H = zN_1 x_2[\varepsilon_{12} - (\varepsilon_{11}+\varepsilon_{22})/2] \equiv k_B T \chi N_1 x_2 \qquad (6.24)$$

ここで，z は最近接格子点数（配位数），x_2 は溶質のモル分率 $[=N_2/(N_1+N_2)]$ で，zN_1x_2 は混合により溶媒分子と溶質分子が最近接格子点に配置して相互作用するようになる対の数を表し，その次のエネルギー因子は，(1/2) ○○ + (1/2) ●● → ●○ という配置換えが起こったときのエネルギー変化量を表している．また，第 3 式中の χ は，相互作用パラメータ（χ パラメータ）と呼ばれる物理量である（相互作用パラメータ χ は，式 (6.17) で定義される $\Delta\varepsilon$ とは逆符号であることに注意）．貧溶媒系では，上記の配置換えが起こるとエネルギーが高くなる．すなわち，この溶液系の χ は大きく，溶質は溶媒には溶解しにくい．他方，良溶媒系では，上記の配置換えが起こってもエネルギーはあまり高くならず，χ の値は小さい．特に，$\chi=0$ のときを無熱溶液（athermal solution）と呼ぶ．溶質と溶媒間に水素結合などの特殊な相互作用が働かない溶液系では，一般に $\chi \geq 0$ である．

同種の分子を区別できないとすると，溶解前の分子の配置のさせ方は，1 通りしかないのに対し，溶解後では，白丸と黒丸を入れ替えて，さまざまな異なった配置が可能である．Boltzmann によれば，微視的状態の数の対数と k_B の積がエントロピーに等しいので，溶解により系のエントロピーは増大することになる．黒丸を全

部で N_1+N_2 個の格子点に配置する仕方は，$(N_1+N_2)!/N_1!N_2!$ 通りある．白丸は残った格子点に詰めるのみなので，この配置の数が溶液の微視的状態数である．したがって，溶解によるエントロピー変化 ΔS は

$$\Delta S = k_B[(N_1+N_2)\ln(N_1+N_2) - N_1\ln N_1 - N_2\ln N_2] = -k_B(N_1\ln x_1 + N_2\ln x_2) \quad (6.25)$$

となる（溶解前の配置のエントロピーはゼロである）．ただし，$N \gg 1$ の条件の下で Stirling の公式（$\ln N! \approx N\ln N - N$）を用いた．上式は，よく知られた理想溶液の混合エントロピーに対する式に他ならない．

高分子溶液の場合には，図 6.12 に示すように，黒丸が数珠状につながったものを溶質分子と見なす必要がある．格子理論では，黒丸は溶媒分子とサイズの等しい高分子鎖の単位（セグメント）を表す．改めて，溶媒と溶質（高分子鎖）の分子数を N_1 と N_2 とし，1 本の高分子鎖がもつセグメント数（重合度に比例する量）を P' とすると，溶媒と溶質の体積分率は，それぞれ次の式によって計算される．

$$\phi_1 = N_1/(N_1+P'N_2), \quad \phi_2 = P'N_2/(N_1+P'N_2) \quad (6.26)$$

溶液中で黒丸と白丸が最近接格子点に配置する対の数は，ϕ_2 を白丸の隣に黒丸がくる確率と見なすと，$zN_1\phi_2$ で与えられるので，高分子溶液系の ΔH は，式 (6.24) で x_2 を ϕ_2 に置き換えた式で与えられる．

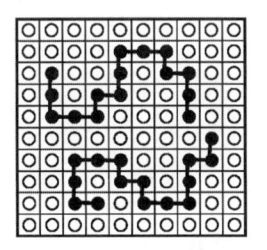

図 6.12 高分子溶液の格子モデル

他方，溶液中での白丸と黒丸の配置の仕方の数は，結合している 2 つの黒丸を最近接格子点に配置させなければならないという制限が課せられているので，低分子溶液の場合よりもずっと少ない．すなわち，高分子溶液の ΔS は低分子溶液のそれよりも非常に小さい．これが高分子溶液の熱力学的性質の特徴である．詳細は省略するが，ΔS の最終結果は，式 (6.25) の第 3 辺において，モル分率 x_1 と x_2 をそれぞれ体積分率 ϕ_1 と ϕ_2 で置き換えた式により与えられる（章末の参考文献 1,2 参照）．結局，高分子溶液の混合の Gibbs エネルギー ΔG は次式で表される．

$$\Delta G/k_\text{B}T = N_1 \ln \phi_1 + N_2 \ln \phi_2 + \chi N_1 \phi_2 \tag{6.27}$$

$P'=1$ のときは，体積分率とモル分率が一致するので，式 (6.27) は分子サイズが等しく，特殊な相互作用の働いていない 2 成分低分子溶液に適用される正則溶液に対する式（式 (6.24) と式 (6.25) から計算される ΔG の式）と一致する．これに対して，$P' \gg 1$ のときは体積分率とモル分率はまったく異なり，その結果高分子溶液特有の熱力学的性質が現れる．Flory-Huggins 理論は，このようにして高分子溶液の非理想性を見事に説明した．

式 (6.27) で与えられる ΔG より，高分子溶液の浸透圧 Π は

$$\frac{\Pi}{RT} = -\frac{1}{V_1}\left[\ln(1-\phi_2) + \left(1-\frac{1}{P'}\right)\phi_2 + \chi \phi_2^2\right] = \frac{c}{M} + \frac{V_1}{2M_0^2}(1-2\chi)c^2 + \cdots \tag{6.28}$$

で表される．式中，V_1 は溶媒（すなわちセグメント）のモル体積，M は高分子の分子量，M_0 はセグメントのモル質量 $(=M/P')$，そして c は高分子の質量濃度 $(=\phi_2 M/P'V_1$; 単位: g/cm^3) を表す．第 3 辺は，Π の c に関するべき展開（ビリアル展開）で，第 1 項目で切った式が有名な van't Hoff の式，また第 2 項目の c^2 の係数は**第 2 ビリアル係数**（second virial coefficient）と呼ばれ，通常 A_2 で表される．相互作用パラメータ χ とは次の関係にある．

$$A_2 = \frac{V_1}{2M_0^2}(1-2\chi) \tag{6.29}$$

浸透圧法は，次節で述べる光散乱法が開発される前は，最も標準的な高分子の分子量測定法であった．ただし，式 (6.28) 中第 3 辺の第 1 項目が分子量とともに減少するので，高分子量ほど分子量決定に必要な第 1 項目の Π への寄与が小さく，測定精度が落ちる欠点があった．

前節の図 6.8 では，同一高分子鎖に属する 2 つのセグメント間の相互作用ポテンシャル $u(r)$ を考えたが，異なる高分子鎖に属すセグメント間の $u(r)$ も同じである．そして，A_2 は式 (6.18) で定義された β を使って

$$A_2 = N_\text{A}\beta/2M_0^2 \tag{6.30}$$

とも表される[*1]．すでに述べたように，β は斥力項と引力項に分けられ，式 (6.30) と式 (6.29) の対応関係は明確である．シータ状態では，$A_2 = \beta = 0$ とな

[*1] 2 本の屈曲性高分子鎖が 2 点以上で同時に接触する場合には，この式には補正因子が必要になり，A_2 に弱いながら分子量依存性が現れる（多重接触効果）．ただし，主要な項は，依然式 (6.30) の右辺である．

り,分子内とともに分子間の相互作用も消失する.浸透圧はかなり広い濃度範囲でvan't Hoffの式に従い,分子量決定が容易となる.

6.5 光散乱法

6.5.1 基礎理論

　光散乱法は,現在最も標準的な高分子の分子特性解析法のひとつである.この事実は,高分子溶液が強い光散乱能をもち,散乱光の強度が正確に測定できること,および高分子鎖を溶解状態のままで測定できることに由来している.光散乱能が低い低分子溶液系の研究に光散乱法が用いられることはまれである.

　古典電磁気学によれば,電場と磁場の振動は相互に協同して,空間あるいは物質中を波として伝搬する.この電磁波の伝播が光である.図6.13に示すように,入射光の電場の振動方向をx軸方向,磁場の振動方向をy軸方向,そして伝播方向をz軸の正方向に選び,丸で示した高分子のひとつの構成単位を座標原点に配置する.入射光の座標原点での電場の強さE_0は,時刻tにおいて

$$E_0 = E^\circ \cos(2\pi ft)$$

で与えられる.ここで,E°は振幅,fは周波数を表す.この電場は,原点に位置する構成単位内の電子と原子核に反対方向の電気力を印加する.その結果,構成単位はx軸方向に分極し,双極子pが誘起される.構成単位の分極率をαとすると,双極子は$p=\alpha E_0$で振動し,2次的な電磁波(球面波)を四方に発する.これが,

入射光電場:$E_0 = E^\circ \cos(2\pi ft)$
誘起双極子:$p = \alpha E^\circ \cos(2\pi ft)$

散乱光電場:
$$E = \left(\frac{2\pi}{\lambda}\right)^2 \frac{\alpha E^\circ}{r} \cos\left[2\pi f\left(t - \frac{r}{v}\right)\right]$$

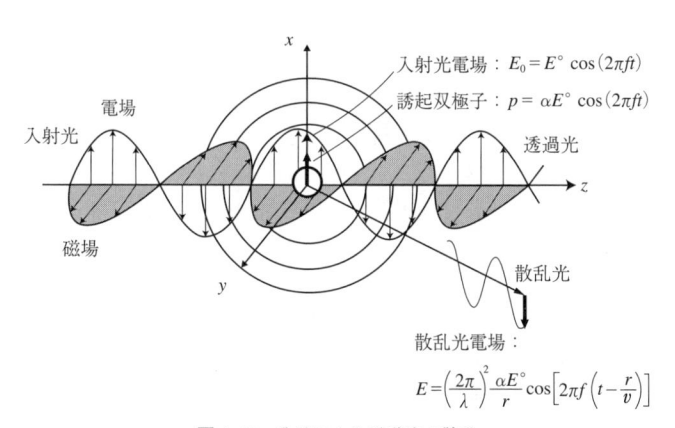

図6.13　分子による電磁波の散乱

光の散乱である．電磁気学によれば，yz 平面（散乱面）上で原点から r だけ離れた場所での散乱光（双極子放射）の電場 E は

$$E = \left(\frac{2\pi}{\lambda}\right)^2 \frac{\alpha E^\circ}{r} \cos\left[2\pi f\left(t - \frac{r}{v}\right)\right] \tag{6.31}$$

と書ける．ただし，λ は光の波長，v は光速である．E は誘起双極子の振幅（$= \alpha E^\circ$）に比例し，散乱光が球面波なので r に逆比例して減衰する．時刻 t において距離 r の場所に達した散乱光は，時刻 $t - r/v$ に散乱点を発しており，上式の cos 関数の変数は，その時刻での入射光電場の位相と一致している．

次に，座標原点から $\boldsymbol{R}_i$ だけ離れた位置に存在する高分子の i 番目の構成単位からの散乱は，図 6.14 に示すように，入射光が原点と同位相の点 A を通過して $\boldsymbol{R}_i \cdot \boldsymbol{e}_z$ だけさらに進んでから起こり，また，散乱光の検出器までの経路は，原点からの散乱光よりも $\boldsymbol{R}_i \cdot \boldsymbol{e}_f$ だけ短い．ここで，$\boldsymbol{e}_z$ と $\boldsymbol{e}_f$ はそれぞれ入射光と散乱光の進行方向の単位ベクトルである．以上を考慮すると，i 番目の単位から散乱された光の受光面での電場 $E^{(i)}$ は次式で与えられる．

$$E^{(i)} = \left(\frac{2\pi}{\lambda}\right)^2 \alpha E^\circ \frac{1}{r} \cos\left[2\pi f\left(t - \frac{\boldsymbol{R}_i \cdot \boldsymbol{e}_z}{v} - \frac{r - \boldsymbol{R}_i \cdot \boldsymbol{e}_f}{v}\right)\right] \tag{6.32}$$

式（6.32）の cos 関数は散乱光電場の波の位相を考慮した因子で，異なる構成単位から発した散乱光を足し合わせる際に重要になる（以下参照）．特に，それが構成単位の位置に依存していることが重要である．この cos 関数の中の $\boldsymbol{R}_i$ にかかったベクトル $\boldsymbol{k} \equiv (2\pi f/v)(\boldsymbol{e}_f - \boldsymbol{e}_z)$ は，散乱実験における重要なパラメータで，**散乱ベクトル**（scattering vector）と呼ばれる．図 6.14 からわかるように，その絶対値 k は，入射光と散乱光とがなす角度 θ と次の関係にある．

$$k = (4\pi \tilde{n}_0 / \lambda) \sin(\theta/2) \tag{6.33}$$

ただし，$\tilde{n}_0$ は溶媒の屈折率で，$f/v = \tilde{n}_0/\lambda$ なる関係を用いた．角度 θ を散乱角と呼ぶ．

高分子の構成単位の散乱能は α で決まる．この α は，溶液の比屈折率増分 $\partial \tilde{n}/\partial c$ と次の関係にある．

$$\alpha = (M_0 / 2\pi N_A) \tilde{n}_0 \, \partial \tilde{n} / \partial c \tag{6.34}$$

この $\partial \tilde{n}/\partial c$ は実測可能量であり，高分子鎖末端の寄与が無視できる高重合度の単独重合体では，分子量には依存しない．また，1 本の高分子鎖の散乱能（分極率）は構成単位の α の和で表され，重合度に比例する．高分子と溶媒の屈折率が等し

6.5 光散乱法

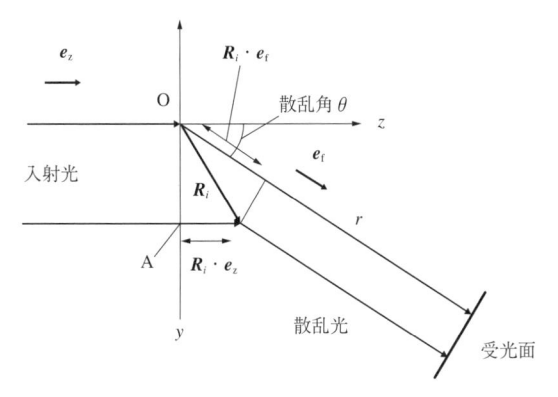

図 6.14 散乱実験における光の経路

く，$\partial \tilde{n} / \partial c = 0$ の場合には，高分子から光は散乱されない．また，散乱光電場は λ にも依存し，短波長ほど散乱効率が高い．この結果を用いて，空が青く，朝焼け・夕焼けが赤いことを説明したのは，上述の光散乱原理の定式化を行った Rayleigh であった．

n 個の構成単位から成る 1 本の高分子鎖により散乱される光の電場は，各単位からの散乱光電場のベクトル和で与えられる．さらに，光散乱に寄与する体積（散乱体積）V_s の溶液内に存在する N 本の高分子鎖から散乱される光の電場の総和が全散乱光の電場となる．ただし，光の振動は非常に高周波なので，散乱光の電場自身は実測できず，測定できるのは電場の二乗の 1 周期にわたる時間平均として定義される強度である．全散乱光の電場は，式 (6.32) で与えられる $E^{(i)}$ を，V_s 内に存在する nN 個の構成単位にわたって足し合わせることにより計算されるが，強度はその和の二乗をとるので，展開すると $(nN)^2$ 個の項が現れる．これらの項は，図 6.15 に示すように，同一高分子鎖に属す 2 つの単位 i と j が関与する項と，異なる高分子鎖に属す単位 i と i' が関与する項に分類わけできる．前者は，同一分子内から散乱された光の干渉に関係する項で

$$\cos[2\pi f (t-r/v)+\boldsymbol{R}_i\cdot\boldsymbol{k}]\cos[2\pi f (t-r/v)+\boldsymbol{R}_j\cdot\boldsymbol{k}]$$
$$=\frac{1}{2}\cos[4\pi f (t-r/v)+(\boldsymbol{R}_i+\boldsymbol{R}_j)\cdot\boldsymbol{k}]+\frac{1}{2}\cos[(\boldsymbol{R}_i-\boldsymbol{R}_j)\cdot\boldsymbol{k}]$$

に比例し，右辺の第 1 項目は 1 周期にわたる時間平均により消失するが，第 2 項目は時間平均によって消失せず同一分子内単位 i と j の相対距離 $R_{ij}=|\boldsymbol{R}_i-\boldsymbol{R}_j|$ に依

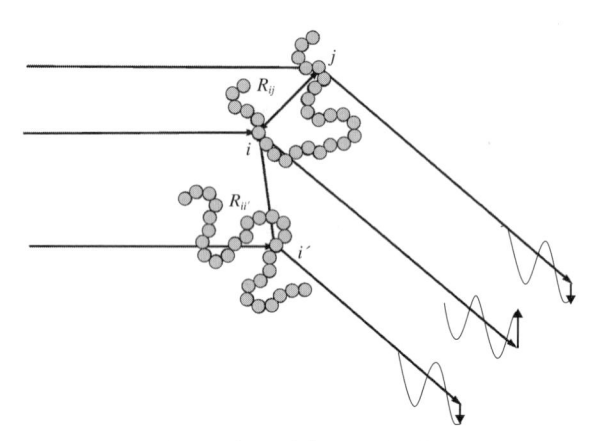

図 6.15 高分子溶液からの光の散乱

存する.同様に,異なる高分子鎖に属する単位 i と i' が関与する項は,両単位の相対距離 $R_{ii'}$ に依存し,分子間干渉効果の影響を受ける.

溶液中で,各構成単位は熱運動によりその位置を時々刻々変化させている.したがって,R_{ij} や $R_{ii'}$ も時間とともに変化し,それに伴って散乱光強度も周波数 f よりもずっとゆっくりとした速度で変動する.光散乱強度を解析する方法に2種類があり,ひとつはゆっくりと変動している散乱光強度の時間平均を解析する方法,もうひとつは散乱光強度の変動を解析する方法である.前者を**静的光散乱法**(static light scattering),後者を**動的光散乱法**(dynamic light scattering)と呼ぶ.

6.5.2 静的光散乱法

図 6.16 に,光散乱の測定装置を模式的に示す.測定される高分子溶液は,標準的には直径 1〜2 cm の円筒状のガラスセルに入れ,回転ステージの回転中心に設置する.光源から回転中心に向かって放たれた細い光線が,測定溶液を通過し,高分子からの散乱が起こる.四方に放射された散乱光の強度を,回転ステージの腕に設置された検出器によって測定する.ただし,検出器の手前に2枚のスリットを置き,そのスリットが見込む微小な体積が散乱体積 V_s となる.ステージを回転させ,異なる散乱角 θ での散乱光強度 I_θ を測定する.また,濃度の異なる高分子溶液について I_θ を測定する.散乱体積の中心部と検出器間の距離が前出の距離 r となる.

前項の議論では,溶媒からの散乱を無視した.分子が密に集まった溶媒では,各

6.5 光散乱法

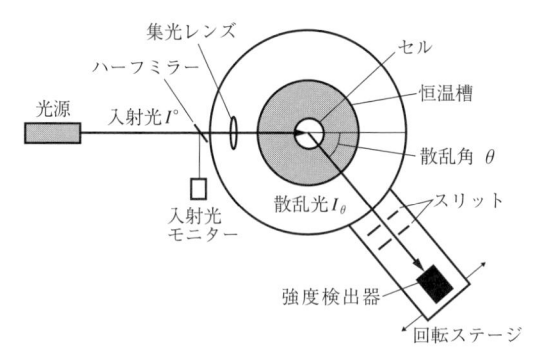

図 6.16 光散乱光度計の模式図

分子から散乱された球面波は互いに打ち消し合い，散乱光強度は一般に弱い．高分子溶液の全散乱光強度 I_θ から微弱な溶媒からの散乱光強度を差し引いて，高分子からの散乱光強度とする．溶液と溶媒の散乱光強度をそのゆらぎに関して時間平均した量を，それぞれ $\overline{I_\theta}$ と $\overline{I_0}$，入射光強度を $I°$ で表し，次式で過剰 **Rayleigh 比** R_θ を定義する．

$$R_\theta = (\overline{I_\theta} - \overline{I_0}) r^2 / I° V_s \tag{6.35}$$

この R_θ は，$I°$，r，V_s といった測定装置に固有のパラメータとは関係のない，測定溶液固有の量となるので，異なる装置で測定した強度データを比較するのに便利である（ただし，光の波長の効果だけは除けていない）．

上述のようにして得られる R_θ は，一般に図 6.17（a）に示すような角度依存性を呈する．角度増加によって R_θ が減少するのは，図 6.15 に模式的に示した散乱光の干渉のせいである．$\theta = 0$ の極限では，式（6.32）からわかるように，すべての散乱光は同位相になり，干渉は起こらない（ただし，$\theta = 0$ では透過光と重なり，散乱光強度を実測できない）．また，6.3 節で定義した見かけ上構成単位間に相互作用が働かないシータ状態では，希薄領域で R_θ と高分子濃度 c の間に比例関係が成立するが，良溶媒系では高分子間の干渉効果で比例しない．

得られた R_θ から，分子特性量である分子量 M，回転半径 $\langle S^2 \rangle^{1/2}$，および第 2 ビリアル係数 A_2 を求めることができる．溶液が希薄でかつ高分子鎖のサイズが k の逆数よりも小さいときには，式（6.32）から出発して，次のような一般式を導くことができる．

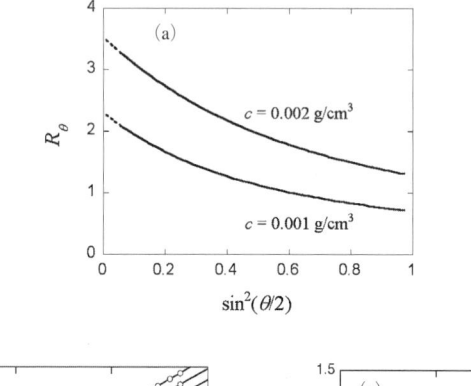

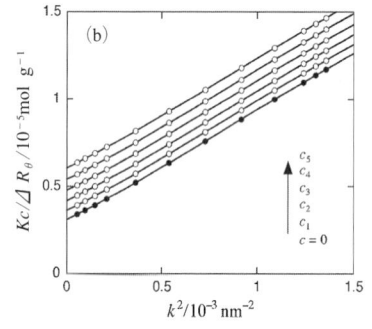

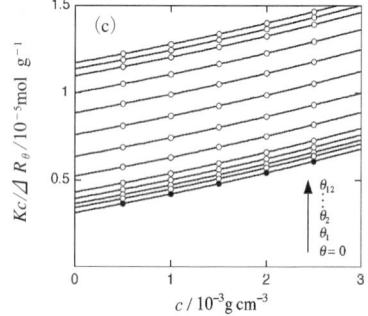

図 6.17 過剰 Rayleigh 比の角度および濃度依存性

$$\frac{Kc}{R_\theta} = \frac{1}{M}\left[1+\frac{1}{3}\langle S^2\rangle k^2+O(k^4)\right]+2A_2\left[1+O(k^2)\right]c+O(c^2) \quad (6.36)$$

ここで，K は光学定数と呼ばれる量で，次式を使って実験量のみから計算できる．

$$K = (4\pi^2\tilde{n}_0^2/N_A\lambda^4)(\partial\tilde{n}/\partial c)^2$$

静的光散乱データの解析法は，以下のとおりである．測定で得られた R_θ から Kc/R_θ を計算し，図 6.17 の (b) と (c) に示すようなグラフを描く．(c) の濃度依存性を示したグラフにおいて，各散乱角のデータ点を $c=0$ に外挿すると，(b) のグラフの黒丸が得られる．式 (6.36) の右辺で c をゼロにすると，切片より $1/M$，初期勾配と切片の比より $\langle S^2\rangle/3$ が求まる．また，(b) の k 依存性を示したグラフにおいて，各濃度のデータ点を $k=0$ に外挿すると，(c) のグラフの黒丸が得られる．式 (6.36) の右辺で $k=0$ とすると，黒丸の切片から $1/M$，初期勾配から $2A_2$ が得られる．測定高分子試料に分子量分布がある場合には，重量平均分子量が得ら

れることを証明できる．なお，図 6.17 (b) あるいは (c) の横軸として，$c+Ak^2$ (A は適当に選んだ定数) を用いると，濃度・角度依存性を 1 枚のグラフに描くことができる．これを，考案者にちなみ Zimm プロットと呼ぶ．

波長の非常に短い電磁波である X 線や物質波として振舞う中性子線も，光と同様に散乱実験に用いることができる．散乱の基礎理論は上述の光散乱の場合とほとんど同じで，違いは波長と散乱能である．光散乱では，通常は 300～700nm 程度の波長の光を用いるが，X 線小角散乱法では 0.1nm 程度の波長の X 線が，また中性子小角散乱法では 0.1～1nm 程度の波長の熱中性子あるいは冷中性子が用いられる．式 (6.33) と (6.36) からわかるように，$\lambda/\tilde{n}_0=300$ nm において，θ を 0° から 180° まで変化させても，$\langle S^2\rangle^{1/2}$ が 10 nm ならば散乱光強度は 6% 程度しか変化せず，それよりも小さい高分子サイズの正確な測定は困難である．これに対して X 線や中性子の小角散乱法を用いると，波長が短いために $\langle S^2\rangle k^2$ の値が大きく，小サイズの高分子の $\langle S^2\rangle$ を精度よく求められる利点がある．逆にサイズの大きい高分子の $\langle S^2\rangle$ は，光散乱法の方が有利である．

光は，高分子と溶媒の屈折率差 ($\partial\tilde{n}/\partial c$) が散乱能を決めるのに対し，X 線の場合には電子密度差，中性子線では散乱長密度の差が散乱能を決める．特に，中性子と原子核との相互作用を反映する散乱長は，水素と重水素で非常に異なり，高分子試料を重水素化することにより，化学的性質はほとんど変えずに中性子線に対する散乱能だけを変化できる．この重水素ラベル法は，濃厚溶液や融体中における高分子鎖の回転半径の測定を可能にする．式 (6.36) からわかるように，通常の光散乱法では，高分子濃度をゼロに外挿しないと正しい $\langle S^2\rangle$ は求められないが，中性子小角散乱法では，全高分子の濃度を一定にしておいて，重水素ラベルした試料の濃度だけをゼロに外挿すれば，その濃度における正しい $\langle S^2\rangle$ が求められる．

最後に，任意の濃度の高分子溶液に対する過剰 Rayleigh 比は，一般に

$$\frac{Kc}{R_\theta} = \frac{1}{RT}\frac{\partial\Pi}{\partial c}\left(1+\xi^2 k^2+\cdots\right) \tag{6.37}$$

で表され，Kc/R_θ 対 k^2 のプロットの切片から浸透圧縮率の逆数と呼ばれる熱力学量 $\partial\Pi/\partial c$ が，また初期勾配と切片より相関長 ξ と呼ばれる物理量が求められる．無限希釈状態で，ξ は $(\langle S^2\rangle/3)^{1/2}$ に一致し，$k=0$ において式 (6.37) が c の 1 次項まで式 (6.36) と一致することが式 (6.28) より確かめられる．有限濃度での ξ の物理的意味は，6.8 節で説明する．

6.5.3 回転半径の重合度依存性

これまでに,さまざまな高分子溶液について静的光散乱測定が行われ,溶液中での回転半径 $\langle S^2 \rangle^{1/2}$ の重合度依存性が求められている.図 6.18 には,その代表例を示す.まず,典型的な屈曲性高分子であるポリスチレンのデータを見てみよう.横軸には,実測の分子量から計算された主鎖の炭素-炭素結合の数を n として用い,縦軸・横軸とも両対数でプロットしてある.貧溶媒のシクロヘキサン中(34.5℃)と良溶媒のベンゼン中(25℃)でのデータが示されているが,それぞれ傾きが 0.5 と 0.6 の直線によく従っている.前者の傾きは式(6.14),すなわち $\log \langle S^2 \rangle^{1/2} = 0.5 \log n + \log(b/\sqrt{6})$,後者は式(6.16)の予想と一致しており,ポリスチレン鎖はそれぞれの溶媒中でガウス鎖と自己回避鎖として振舞っていることが実証された.特にシクロヘキサンの場合,温度が 34.5℃ においてガウス鎖に期待される指数 0.5 になる(ベンゼン中の指数は,温度に鈍感である).このシータ状態が実現する温度を,**シータ温度**(theta temperature)と呼ぶ.ここには示していないが,シータ温度以上になると,分子内排除体積効果の増大によって,ポリスチレンのシクロヘキサン中での $\langle S^2 \rangle^{1/2}$ 対 n の両対数プロットは,傾きが次第に 0.5 より大きくなり 0.6 に近づく.

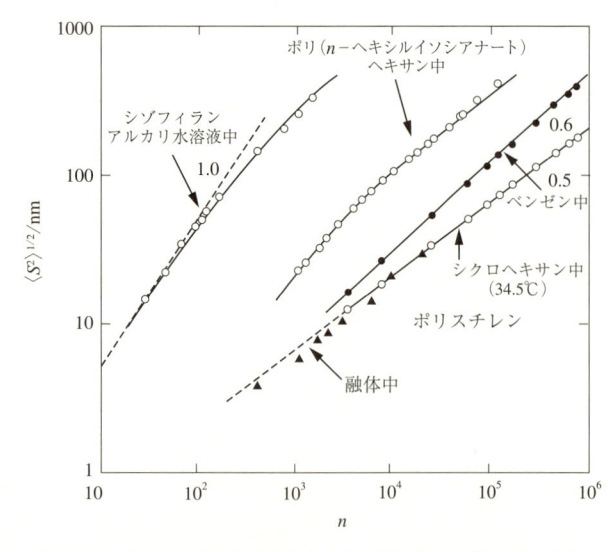

図 6.18 屈曲性高分子と剛直性高分子の回転半径の重合度依存性

前項で述べたように，重水素でラベル化した高分子試料を用いた中性子小角散乱より，非晶性の固体中あるいは融体中での$\langle S^2 \rangle$を求めることができる．図6.18の三角印は，ポリスチレンの融体中での$\langle S^2 \rangle$の結果で，シクロヘキサン中のデータ点とほぼ重なっている．ポリスチレン同士は親和性が高く，融体は良溶媒系と見なせるので，$\beta > 0$である．多数の高分子鎖が密に集合した融体中では，異なった鎖に属すセグメント間の相互作用も考慮して，各高分子鎖の統計を議論する必要があるが，その理論的取り扱いは容易ではない．融体中で屈曲性高分子鎖がガウス統計に従うことを最初に予言したのも，またFloryであった．

図6.18には，剛直な三重らせん構造をとる多糖シゾフィラン（9章参照）および半屈曲性高分子であるポリ（n-ヘキシルイソシアナート）（図6.9参照）の希薄溶液中での$\langle S^2 \rangle$の結果も示されている．ただし，前者に対する横軸は三重らせん内の1本の主鎖中のグルコース残基数，後者についてはC-N結合の数を横軸のnとして用いてプロットしてある．シゾフィランのデータ点は，破線で示すように低重合度で傾きが1の直線に従っている．これは，式(6.22)からわかるように，真直ぐな棒に対して期待される依存性である（Lはnに比例する）．しかし，三重らせんが長くなると，データ点は破線よりも下にずれてくる．シゾフィラン三重らせんは，これまでに知られている中で最も剛直な高分子のひとつであるが，それでも長くなると，らせんのたわみが顕著となり，まっすぐな棒とは見なせなくなる．

シゾフィランとポリスチレンとの間の中間的な剛直性を有するポリ（n-ヘキシルイソシアナート）のデータ点は，低重合度側で，傾きが1までは大きくないが，ポリスチレンよりも明らかに強い回転半径の重合度依存性を呈している．高重合度側で，その依存性がかなり緩やかになっているのは，シゾフィランと同様，鎖が長くなることによってたわみが顕著となるためである．

剛直・半屈曲性鎖のモデルとして，みみず鎖を6.3節で導入した．式(6.21)で与えられるこのモデルに対する$\langle S^2 \rangle$の式と実験データとの比較により，式中に含まれる持続長qを見積ることができる．表6.1に示した数値は，そのようにして決めた結果で，図6.18中のシゾフィランとポリ（n-ヘキシルイソシアナート）に対する実線は，それぞれ$q = 150$ nmと42 nmを式(6.21)に代入して計算された理論値を表している（Lとnの関係は，それぞれの化学構造から推定できる）．なお，剛直な高分子鎖では，良溶媒中でも排除体積効果が現れにくいことをすでに指摘した．ポリ（n-ヘキシルイソシアナート）の場合，図6.18中の最も分子量の

高い2点が実線よりもわずかに上にずれており,これが排除体積効果の現れ始めを示唆している.

なお,高分子鎖が分岐構造をもつ場合には,分岐が多いほど $\langle S^2 \rangle^{1/2}$ 対 n の関係は下方にずれる.分岐すると,重合度の増加に比して広がりの増加が小さくなるからである.線状高分子に対する $\langle S^2 \rangle^{1/2}$ 対 n の関係からのずれより,その試料の分岐度に関する情報が得られる.

6.5.4 動的光散乱法

動的光散乱法における基本式は,やはり式(6.32)である.式中に散乱要素である高分子構成単位の位置 R_i が含まれ,熱運動によりその位置が時間とともに変化して,散乱光の電場および強度の変動が起こる.その変動は熱運動が起源なので不規則であるが,その不規則な変動の中に有用な情報が含まれている.いま,時刻 t_0 と $t+t_0$ における散乱光強度をそれぞれ $I(t_0)$ と $I(t+t_0)$ と表そう.動的光散乱法では,強度の単純な時間平均ではなく

$$g^{(2)}(t) \equiv \langle I(t+t_0)I(t_0)\rangle_{t_0} / \langle I(t_0)\rangle_{t_0}^2 \qquad (6.38)$$

で定義される散乱光強度に関する**自己相関関数**(autocorrelation function)$g^{(2)}(t)$ を議論の対象とする.ここで,$\langle \cdots \rangle_{t_0}$ は t_0 に関する長時間にわたる時間平均を表す.この $g^{(2)}(t)$ は,基準時刻 t_0 とそれから時間 t だけ経過したときで,散乱光強度にどの程度の相関が残っているかを表している.$t \to 0$ の極限では,分子は $\langle I(t_0)^2 \rangle_{t_0}$ と書け,Schwartz の不等式より $g^{(2)}(t)$ は1よりも大きい値をとるが,$t \to \infty$ では,2つの時間での強度間に相関がなくなって独立に時間平均がとれ,$g^{(2)}(t) \to 1$ に減衰する.

定性的にいえば,サイズの大きい高分子鎖は溶液中での熱運動がゆっくりで,その結果散乱光強度の変動も緩やかである.他方,サイズの小さい高分子鎖は熱運動が激しく,散乱光強度の変動も急激である.図6.19に模式的に示すように,前者では $g^{(2)}(t)$ はゆっくり減衰するのに対し,後者では減衰が速い.

定量的には,式(6.32)から出発して相関関数 $g^{(2)}(t)$ を計算しなければならない.高分子濃度と散乱角がゼロの極限では,個々の高分子鎖は独立に運動していると見なしてよく,また分子内の構成単位間の干渉効果も考慮する必要がないので,計算が簡単となり,次式が得られる.

$$g^{(2)}(t) = 1 + \langle \exp\{i\boldsymbol{k}\cdot[\boldsymbol{R}(t+t_0)-\boldsymbol{R}(t_0)]\}\rangle_{t_0}^2 = 1 + \exp(-2Dk^2 t) \qquad (6.39)$$

6.5 光散乱法

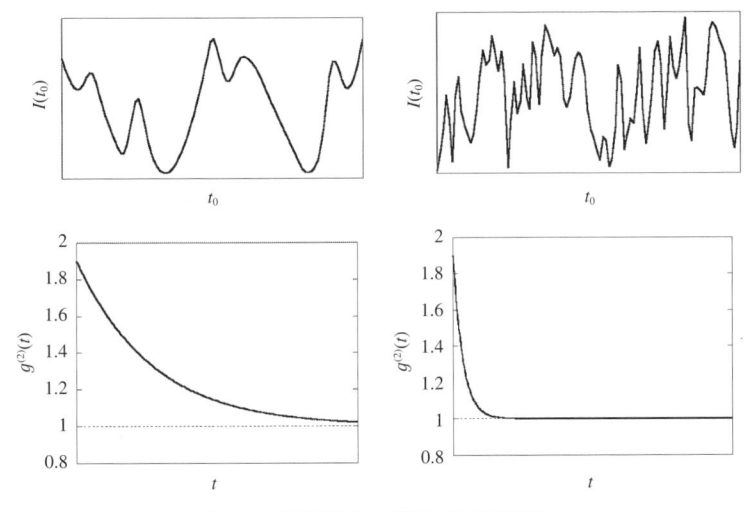

図 6.19 散乱光強度の変動と自己相関関数

ここで，$\boldsymbol{R}(t_0)$ は時刻 t_0 における高分子鎖の任意の構成単位の位置を表し，式 (6.32) 中の $\cos x$ を指数関数 $[\exp(ix) = \cos x + i\sin x]$ で置き換えた（虚数部分は平均をとると消えるので最終結果に影響を及ぼさない）．第 2 辺は，時間 t の間に高分子鎖がブラウン運動によって移動する過程と関係し，高分子鎖の**拡散係数** (diffusion coefficient) D を用いて第 3 辺のように書ける．ただし，実際の実験では第 3 辺の指数関数の前に，散乱体積 V_s に依存するある定数因子（<1）が掛かる．

Einstein によれば，D は高分子の摩擦係数 f と次の関係にある．

$$D = k_B T / f \tag{6.40}$$

溶媒中で，高分子鎖に外力 F が働き，一定速度 v で移動していると想像しよう．このとき，摩擦係数 f と v の積で与えられる摩擦力が外力 F と釣り合っている．もしも，溶媒が高分子の運動とは関係なく静止していると仮定すると，高分子鎖を構成している各単位には一様に v に比例する摩擦力が働き，高分子鎖全体の f は構成単位数に比例するはずである．しかし実際には，高分子鎖に取り囲まれた溶媒は鎖と一体となって移動し，鎖の中心部に位置する構成単位と溶媒とはほぼ同じ速度で運動しているので摩擦には寄与しない．この「非すぬけ効果」のために，屈曲性高分子鎖に関する f の重合度依存性はむしろ高分子鎖とそれに取り囲まれた溶媒を一体と見なした球状粒子のそれに近くなる．そこで，球に対する摩擦係数の式を応用して，$f = 6\pi\eta_s R_H$ と書き，R_H を高分子鎖の**流体力学的半径** (hydrodynamic radius)

と呼ぶ．ただし，η_sは溶媒の粘性係数である．(6.40) と組み合わせると

$$R_H = k_B T / 6 \pi \eta_s D \qquad (6.41)$$

が得られる (Einstein-Stokes の式)．このR_Hが，動的光散乱法から得られる高分子サイズを表す物理量である．剛直性高分子も，便宜上このR_Hでそのサイズを表す．

以上は，無限希釈状態の溶液に対する議論であったが，有限濃度の溶液に対する動的光散乱測定で得られたデータからも，同様な解析によって，相互拡散係数D_mおよび動的相関長ξ_Dと呼ばれる量が求められる（k^2をゼロに外挿する操作は必要である）．前者は古典的な拡散実験より求められる拡散係数と一致し，後者は静的光散乱測定より得られる相関長ξ（式 (6.37) 参照）に対応する物理量である．

6.5.5 流体力学的半径の重合度依存性

図 6.20 には，図 6.18 と同様に屈曲性高分子ポリスチレン，剛直性高分子シゾフィラン，および半屈曲性高分子ポリ（n-ヘキシルイソシアナート）に関するR_Hのn依存性を示す．まず，シータ溶媒であるシクロヘキサン中（34.5℃）でのポリスチレンのデータ点は，$\langle S^2 \rangle^{1/2}$のときと同様に，両対数プロットにおいて傾き0.5 の直線によく従っており，$\langle S^2 \rangle^{1/2}$と$R_H$との間には比例関係が成立する．この比$\langle S^2 \rangle^{1/2}/R_H$は通常$\rho$と表されるが，シータ溶媒中での高重合度の屈曲性高分子の場合には，1.2〜1.3 の値をとることがわかっている．一方，良溶媒であるトルエン中（15℃）でのポリスチレンのデータ点は，$n^{0.55}$に比例している．この指数は，同じく良溶媒であるベンゼン中でのポリスチレンの$\langle S^2 \rangle^{1/2}$の対応する指数 0.6 よりも少し小さい（図 6.18 参照）．良溶媒中での屈曲性高分子のρは，1.2〜1.5 程度の値をとることが知られており，弱いながら分子量の増加関数となっている．

シゾフィランとポリ（n-ヘキシルイソシアナート）のR_Hのn依存性は，ポリスチレンの場合よりも強く，高分子鎖の剛直性はR_Hのn依存性にも反映されている．またρの値も 1.8〜3 程度と，屈曲性高分子に対する値よりも大きく，これらが剛直性・半屈曲性高分子の特徴である．ただし，シゾフィランのデータ点は，傾きが0.76 の直線にほぼ従っているように見え，図 6.18 に示した同高分子の$\langle S^2 \rangle^{1/2}$のデータ点が上に凸の曲線に従っていたのとは違った$n$依存性を呈している．

図中のシゾフィランとポリ（n-ヘキシルイソシアナート）に対する実線は，中心軸がみみず鎖で太さがdの円筒モデルに対する流体力学計算より得られた理論

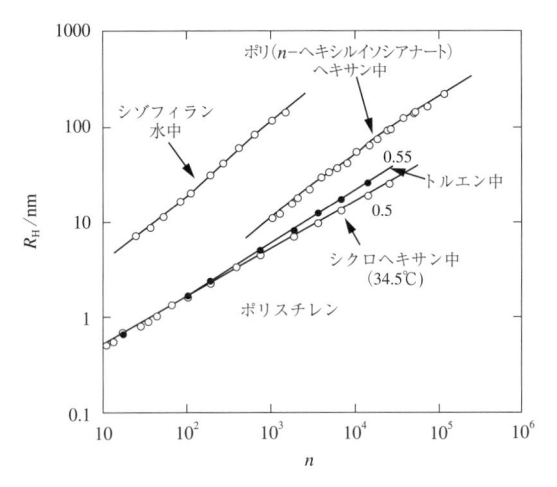

図 6.20　流体力学的半径の重合度依存性

線である．この R_H に関する実験と理論の比較からやはり持続長 q が得られ，その結果は図 6.18 の回転半径からの見積りとよく一致した．みみず鎖円筒の理論によれば，ρ は円筒の軸比 L/d が小さくなるか，Kuhn の統計セグメント数 $L/2q$ が大きくなると小さくなり，ある L で極大をとる．その結果，R_H は回転半径とは違った n 依存性を示す．なお，球の ρ は $\sqrt{3/5}=0.775$，軸比が無限大の真直ぐな棒では $\rho=\infty$ である．

また，回転半径と同様に R_H の n 依存性から分岐に関する情報が得られる．

6.6　粘　度　法

6.6.1　粘性係数と固有粘度

高分子に対する適当な分子量測定法が知られていなかった当時，Staudinger は高分子溶液の粘性を分子量の指標とした．高分子の増粘効果は低分子と比べて著しいので，この方法は理にかなっていた．Staudinger 以来，粘度法は高分子の主要な分子特性解析法であった．近年，測定がより簡便なサイズ排除クロマトグラフィー（次節参照）が高頻度で利用されるが，粘度法の有効性はいまだに変わらない．

図 6.21 に示すように，上から一定圧力 P を印加したときに，半径が a で長さが l の細い管中を単位体積の液体が流れるのに要する時間 t を用いて，液体の粘性係

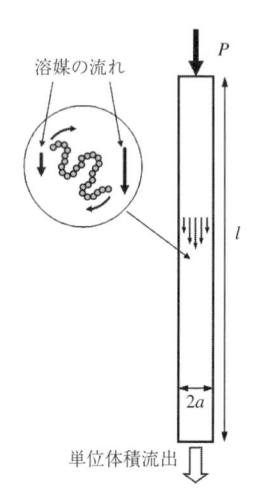

図 6.21 細管中の液体の流れ

数 η は

$$\eta = \pi a^4 Pt / 8l \tag{6.42}$$

で与えられる．細管中での液体の流速の分布は，管の中心が最も速く，図のように放物線的で，その速度勾配によって生じる液体の内部摩擦が大きいほど粘性が高い．高分子鎖が分散した溶液の場合には，高分子鎖の左右で溶媒の流れの速さが違い，そのため鎖は回転しながら流れ落ちる．鎖の回転運動は溶媒との付加的な摩擦を生み出し，それが高分子の増粘効果となって現れる．

高分子の希薄溶液の粘度測定は，通常毛細管粘度計を用いて行われる．同じ毛細管粘度計を用いて，一定圧力下での高分子溶液と溶媒の流下時間 t を測定する．式 (6.42) からわかるように，その流下時間の比が溶液の粘性係数 η と溶媒の粘性係数 η_s の比となる．相対粘度と名づけられているこの比は，希薄領域では次のように表される．

$$\eta / \eta_s = 1 + [\eta]c + k'([\eta]c)^2 \tag{6.43}$$

式中の c の 1 次の係数 $[\eta]$ を高分子の**固有粘度**（intrinsic viscosity），2 次の係数中の k' を Huggins 係数と呼ぶ（Huggins 定数と呼ばれることもあるが，厳密には定数ではない）．前者は，高分子鎖 1 本のサイズと関係し，後者は高分子鎖間の直接あるいは溶媒を介した相互作用と関係している．経験的に，k' は高分子溶液の種類に依らずに 0.3〜0.6 の値をとることが知られている．

前項の f あるいは D が高分子鎖の並進運動と関係していたのに対し，$[\eta]$ は上述のように鎖の回転運動と関係する．前節で説明した「非すぬけ効果」により，高分子鎖に取り囲まれた溶媒は鎖と一体となって回転運動するので，屈曲性高分子鎖の $[\eta]$ についても球状粒子に対する表式が基本となる．球の $[\eta]$ は，Einstein によって計算されており，それを高分子鎖に適用した次式を Flory-Fox の粘度式と称する．

$$[\eta] = 6^{3/2}\Phi \langle S^2 \rangle^{3/2} / M \qquad (6.44)$$

ここで，Φ は Flory の粘度定数と呼ばれているが，厳密には以下で述べるように高分子鎖の分子量や溶媒の種類に幾分依存するパラメータである．

6.6.2 固有粘度の重合度依存性

図 6.22 には，図 6.18 および図 6.20 と同じ 3 種類の高分子に対する $[\eta]$ の n 依存性を示す．屈曲性高分子であるポリスチレンの $n \gtrsim 100$ のデータ点は，シータ溶媒であるシクロヘキサン中（34.5℃）では 0.5，良溶媒であるトルエン中（15℃）では 0.71 の直線にそれぞれ従っている．前者は，ガウス鎖に対する関係式 $\langle S^2 \rangle \propto n$ と式（6.44）とから予想される指数と一致しており，図 6.18 の $\langle S^2 \rangle^{1/2}$ の実験データと組み合わせると，粘度定数 Φ は $2.6 \times 10^{23} \mathrm{mol}^{-1}$ と求まる．他方，式

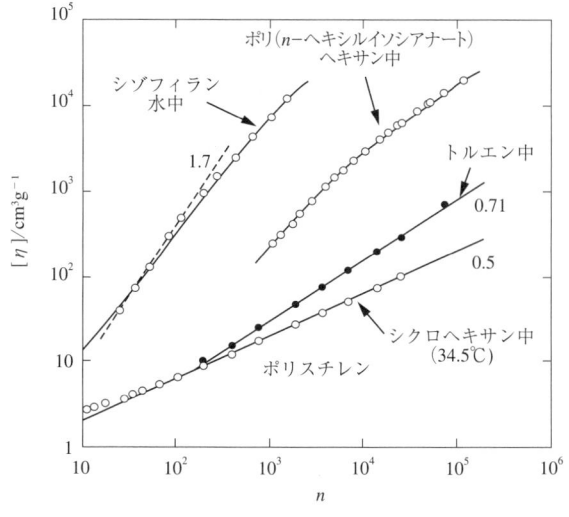

図 6.22 固有粘度の重合度依存性

(6.16) で与えられる良溶媒中での関係式 $\langle S^2 \rangle \propto n^{1.2}$ と式（6.44）とからは，指数 0.8 が得られるが，トルエン中での指数はそれよりも少し小さい．やはり，$\langle S^2 \rangle^{1/2}$ のデータと組み合わせると，Φ は $(2.3 \sim 1.9) \times 10^{23}\, \mathrm{mol}^{-1}$ 程度の値となり，重合度のわずかな減少関数になっている．剛直性・半屈曲性高分子であるシゾフィランおよびポリ（n-ヘキシルイソシアナート）では，$\langle S^2 \rangle$ や R_H の場合と同様に，$[\eta]$ においても屈曲性高分子より強い重合度依存性を呈している．特にシゾフィランのデータは，低重合度領域で $n^{1.7}$ に比例しているが，この指数は，同じ領域での $\langle S^2 \rangle^{1/2}$ の指数 1 と式（6.44）とから予想される粘度指数 2 よりも小さい．図中のシゾフィランとポリ（n-ヘキシルイソシアナート）に対する実線は，R_H と同様にみみず鎖円筒モデルを用いて計算した $[\eta]$ の理論線である．この理論によれば，L/d が小さくなるか $L/2q$ が大きくなると，Φ は大きくなる傾向にあり，前項の ρ と同様に軸比と屈曲性の両方の影響を受け，それが $[\eta]$ の n 依存性に反映される．

なお，$[\eta]$ と分子量 M との間に成立する

$$[\eta] = KM^a \tag{6.45}$$

なる関係を Mark-Houwink-Sakurada の式と呼ぶ．これまでにさまざまな高分子について定数 K と a の値が溶媒ごとに報告されている．この関係を用いると，$[\eta]$ から分子量が見積もれる．ただし，シゾフィランなどの剛直性・半屈曲性高分子の場合には，図 6.22 からわかるように，K と a は定数ではないことに注意する必要がある．この場合には，図 6.22 のグラフから分子量評価をするのがよい．分子量分布のある試料に対して，この方法で求められた分子量を粘度平均分子量と称する．多くの場合は重量平均分子量に近い値となる．K と a は，また分岐度や共重合体組成にも依存する．$[\eta]$ の分子量依存性から分岐度の情報が得られるのは，回転半径や流体力学的半径の場合と同様である．

6.7 サイズ排除クロマトグラフィー(SEC)およびその他の分子量測定法

高分子サイズと同程度の小さい穴を多数表面に有する，直径が数 $\mu\mathrm{m}$ 程度の小さいビーズを多数詰めたカラムに高分子溶液を一定速度で流し込むと，サイズの小さい高分子はビーズ表面の穴に入ったり出たりしながらカラムから流れ出てくる．他方，サイズの大きい高分子は，ビーズ表面の穴には入れずにカラムから流出される．したがって，流出してくる時間が高分子サイズに依存する．この「分子ふるい効果」を利用して高分子サイズを測定する方法を，**サイズ排除クロマトグラフィー**

(SEC) あるいはゲル浸透クロマトグラフィー (GPC) と呼ぶ．

高分子をカラムに打ち込んでから流出させるのに必要な溶出液の体積（溶出体積）V_e が，高分子とビーズ間に吸着などの特別な相互作用がない場合には，高分子鎖のサイズと関係する．高分子鎖の有効体積が式 (6.44) に従って $[\eta]M$ に比例するならば

$$\log([\eta]M) = F(V_e) \tag{6.46}$$

という関係が成り立つ．具体的な関数形 $F(V_e)$ は，$[\eta]M$ の既知の複数の標準高分子試料をカラムに打ち込んで V_e を求めることにより決定できる．この関数は，一般に図 6.23 のような形をとり，ビーズ表面の最大サイズの穴よりも大きい高分子成分と最小サイズよりも小さい高分子成分は分別されず，それぞれ $V_{e,\min}$ および $V_{e,\max}$ で一斉に溶出される．したがって，SEC で分析できるのはこれらの限界内のサイズを有する（図中の破線で挟まれたサイズをもつ）高分子成分である．その限界は，ビーズの種類に依存する．関数 $F(V_e)$ は，高分子の種類にはほとんど依存しないことが経験的に知られており，適当な標準試料を用いて決めれば，任意の種類の高分子試料に対する $[\eta]M$ が見積れる．そのため，この $[\eta]M$ と V_e との関係を表す曲線を**普遍較正曲線**（universal calibration curve）と呼ぶ．

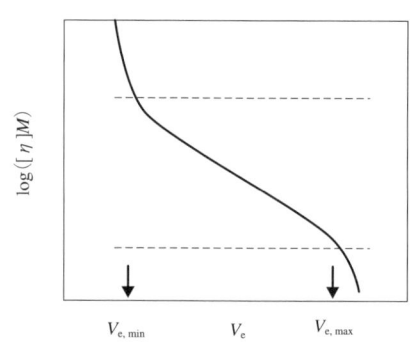

図 6.23 普遍較正曲線の模式図

SEC は，現在最も利用頻度の高い簡便な平均分子量および分子量分布測定法である．たとえば，屈折率検出器を用いて，ある高分子試料について図 6.24 の左側のような溶出曲線を得たとしよう．縦軸の屈折率検出器からの出力 RI は，各溶出成分の重量分率に比例する．上記の普遍較正曲線および $[\eta]$ 対 M の関係を使って横軸の V_e を M に変換し，また縦軸を積分値が 1 となる重量分率 $w(M)$ に規格化

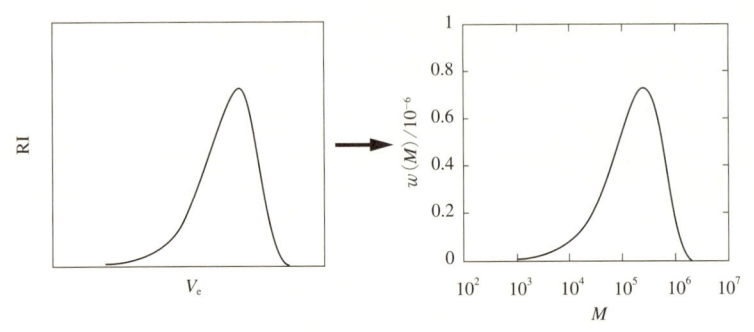

図 6.24 溶出曲線の模式図

すると，図 6.24 の右側に示す重量分率で表した分子量分布曲線が得られる．モル分率 $x(M)$ で表した分子量分布曲線は，$x(M) = M^{-1}w(M) / \int M^{-1}w(M)\mathrm{d}M$ で与えられる（表 1.4 参照）．1 章で導入した重量平均分子量 M_w および数平均分子量 M_n は，この $w(M)$ を使って次式から計算される（1 章の式 (1.1) 参照）．

$$M_\mathrm{w} = \int_0^\infty M w(M) \mathrm{d}M, \quad M_\mathrm{n} = \left[\int_0^\infty M^{-1} w(M) \mathrm{d}M \right]^{-1} \quad (6.47)$$

ただし，SEC の分子量分解能が低いと，正確な値は得られない．

上記の方法では，試験試料の $[\eta]$ の分子量依存性をあらかじめ知っておく必要がある．この関係が未知の場合には，ある標準試料（線状のポリスチレンやポリエチレンオキシドなど）を用いて M と V_e の関係（較正曲線）を求め，それを普遍較正曲線の代わりに用いることがしばしばある．$[\eta]$ の分子量依存性は，高分子の種類，分岐構造，共重合体組成などに依存するので，試験試料と標準試料でそれらが異なれば，一般に正しい平均分子量や分子量分布は得られない．真の分子量ではないことを示すために，たとえば標準試料にポリスチレンを用いた場合にはポリスチレン換算分子量と称せられる．異種高分子試料間の重合度の大小関係を，この換算分子量を用いて判定するのは危険である．

最近は，屈折率などの濃度検出器とともに，多角度光散乱計や粘度計などの検出器を SEC につなぎ，分子量，回転半径，固有粘度などを V_e の関数として求めることが可能となってきた．この手法を利用すると，分子量分布の広い高分子試料の溶液を SEC に打ち込むと，1 回の測定で図 6.18 や 6.22 に示した回転半径や固有粘度の分子量依存性が求められ，その高分子の分子形態に関する議論が行えるので，非常に便利である．ただし，各検出器ごとに感度が異なる点（光散乱や粘度検出器は分子量によって感度が異なる），また分子量分布の上下のすそ付近は精度がない

ことを考慮して，十分測定精度の高いデータのみを議論の対象とすべきである．

近年，質量分析法やNMR法の技術が格段に進歩し，これらの手法によってかなりの高分子量までの分子量測定が可能となってきている．前者は，特殊な方法で孤立状態にした電荷をもつ高分子鎖を真空中に飛行させ，外部磁場によって生じたローレンツ力で飛行軌跡の曲がり度合いから，分子量（厳密には，分子の質量と電荷量の比）を測定する．重合度に関係なく等確率で高分子鎖を真空中に飛ばせれば，分子量分布も求められる．他方，後者は高分子末端基に特有のシグナルを定量して分子量を求める一種の末端基定量法である．これらの方法の詳細は，専門書を参考にされたい．

6.8 濃厚溶液

これまでは，主として高分子鎖1本の性質が反映される希薄溶液物性について述べてきた．これに対して，高分子の濃度を高くしていくと，個々の高分子鎖の分子特性とともに高分子鎖同士の相互作用が溶液物性を支配する重要な因子となる．食品，化粧品，塗料，インク，接着剤などの品質には，このような高分子の濃厚溶液物性が重要な役割を演じる．また，溶融が困難な高分子から繊維やフィルム（薄膜）をつくる際には，溶液状態から溶媒を蒸発させて紡糸や成形する必要があり，その加工過程を制御する上で，やはり濃厚溶液物性の理解は基礎知識として必須である．

6.8.1 重なり濃度

6.4節で述べた格子モデルを使えば示せるが，2本の高分子鎖が接近すると，遠くに離れているときと比べて，それぞれの鎖に属しているセグメントが互いに同一の格子点を占めない配置の数が激減し，エントロピー的に不利である．したがって，鎖が接近してもエネルギー的に得をしない良溶媒系では，図6.25（a）に示すように，希薄溶液中で高分子鎖は互いに離れて存在する傾向にある．しかしながら，高分子濃度を上げていくと，溶液中に十分な空間がなくなり，図6.25（b）に示すように高分子鎖は互いに重ならざるを得なくなる．このような高分子濃厚溶液では，一見してどこからどこまでが共有結合でつながった1本の鎖かが判別できなくなる．また，鎖同士がからまり合っているので，熱運動による個々の高分子鎖全体の並進や回転運動が非常に遅くなる．以下で説明するが，これらの特徴が濃厚溶

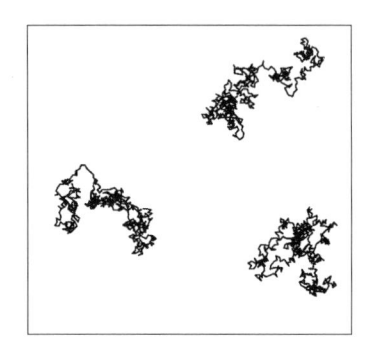

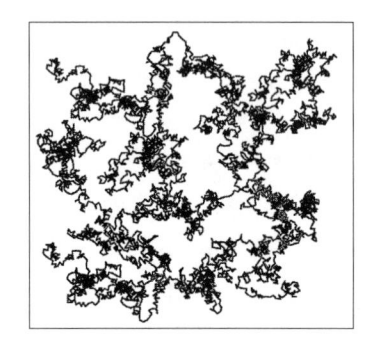

(a) 希薄溶液　　　　　　　　　　(b) 濃厚溶液

図 6.25　高分子溶液の微視的描像

液物性に反映される.

　高分子濃度が増加し，図 6.25 の (a) から (b) の状態に移り変わる途中に，ちょうど高分子鎖が平均として重なり合い始める濃度がある．これを**重なり濃度**（overlap concentration）と呼ぶ．希薄溶液と濃厚溶液との大まかな境界を表す濃度である．1 本の高分子鎖を半径が $\langle S^2 \rangle^{1/2}$ の球と見なし，重なり濃度ではこの球が N 個でちょうど溶液を充填すると仮定すると，質量濃度で表した重なり濃度 c^* は

$$c^* = \frac{(M/N_A)N}{(4\pi/3)\langle S^2 \rangle^{3/2} N} = \frac{3M}{4\pi N_A \langle S^2 \rangle^{3/2}} \tag{6.48}$$

によって計算される．屈曲性高分子-良溶媒系の場合，式 (6.16) を利用すると，c^* は分子量 M の -0.8 乗に比例して低くなる．

6.8.2　Flory-Huggins 理論とスケーリング則

　図 6.26 (a) には，屈曲性高分子であるポリスチレンのトルエン溶液に対する浸透圧 Π の濃度依存性を示す．トルエンはポリスチレンに対する良溶媒である．式 (6.28) からわかるように，縦軸の Π/cRT は濃度ゼロの極限で $1/M$ に近づくが，高濃度側では分子量依存性がほとんどなくなっている．図中の矢印で示すように，分子量依存性がなくなるのは，濃度が c^* を少し越えた付近で起こっている．上述のように，高分子鎖が重なり始めると，同一の高分子鎖に属しているセグメントがどれかが判別できなくなる．すなわち，分子量という概念が重要でなくなり，浸透圧の分子量依存性が消失したといえる．なお，6.4 節で説明した Flory-Huggins 理

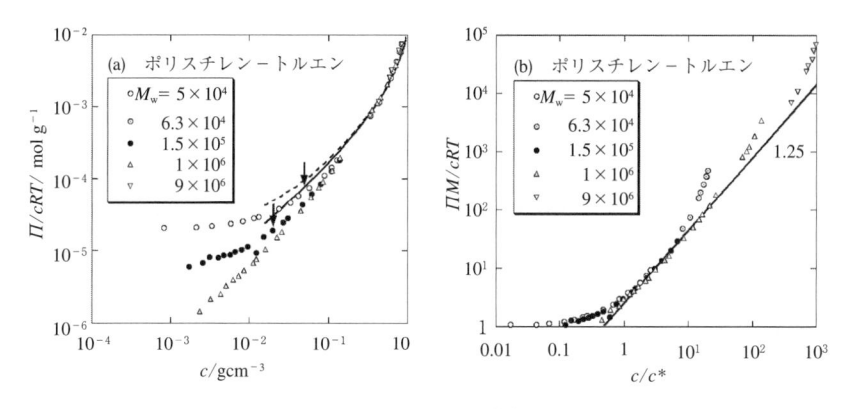

図 6.26 浸透圧の濃度依存性

(a) 中の矢印は，$M_w = 1.5 \times 10^5$（低濃度側）と 5×10^4（高濃度側）の試料に対する c^* を，また実線と破線はそれぞれ $M_w = 10^6$ と 5×10^4 に対する Flory-Huggins の理論値を示し，(b) 中の実線は，スケーリング則が予言する指数則の傾きを表す．

論でも，式（6.28）からわかるように，分子量に比例する P' は濃度の 1 次項にしか含まれないので，高濃度で Π の分子量依存性が重要でなくなる事実と矛盾しない．

図 6.26（a）中の実線と点線は，Flory-Huggins 理論の式（6.28）を用いて計算した分子量がそれぞれ 10^6 と 5×10^4 の試料に対する理論曲線である．ただし，高濃度で実験と一致するように，式中の χ は 0.319 と選んだ．これらの理論曲線は，濃度が 0.1g/cm^3 以上では実験結果とよく一致しているが，低濃度側でデータ点からのずれが認められる．Flory-Huggins 理論では，図 6.12 で高分子鎖を格子に詰め込んでいくときに，すでに格子内に存在するセグメントが格子内に均一に分布していると仮定してセグメントが重ならない確率計算を行っている（これを平均場近似と呼ぶ）．ところが濃度が十分高くないと，図 6.25 からわかるように，高分子鎖の連結性によりセグメント分布は均一とはいえず，そのために低濃度領域で同理論は実験結果を正確に表現できない．

図 6.26（b）に示すように，屈曲性高分子-良溶媒系の $\Pi M/cRT$ を c/c^* に対して両対数プロットすると，c/c^* が 1 を越えた付近からデータ点が傾き 1.25 の直線に従う濃度領域が見出され，その濃度領域は分子量が高いほど広くなっている．この濃度領域の溶液を，特に**準希薄溶液**（semidilute solution）と呼ぶ．その領域における高分子-良溶媒系の浸透圧は

$$\Pi/RT \propto (c/M)(c/c^*)^{1.25} \qquad (6.49)$$

で表される．式（6.48）を使うと，$(c/M)(c/c^*)^{1.25}=c^{2.25}M^{0.8\times1.25\,-1}$ となり，Π に分子量依存性がないことを保障している．逆に，この濃度領域で Π に分子量依存性がないという条件より，式（6.49）の指数 1.25 が導出できる．式（6.49）のようなべき乗則を，一般に**スケーリング則**（scaling law）という．浸透圧だけではなく，屈曲性高分子の準希薄溶液のさまざまな溶液物性に対して，スケーリング則が成立する（ただし，剛直性高分子の濃厚溶液では，同じスケーリング則は一般に成立しない）．

たとえば，6.5 節で出てきた相関長（式（6.37）参照）については

$$\xi \propto \langle S^2 \rangle^{1/2} (c/c^*)^{-3/4} \qquad (6.50)$$

なるスケーリング則が成立することが，屈曲性高分子の良溶媒系について実験的に証明されている．式（6.16）と（6.48）を利用すると，ξ にはやはり分子量依存性がないことを示せる．この相関長は，高分子溶液中での濃度ゆらぎのサイズを示す目安である．図 6.25 からわかるように，希薄溶液では高分子鎖は溶液中でおのおの孤立して存在しており，濃度ゆらぎのサイズは，回転半径で表される 1 本の高分子サイズ程度である．他方，重なり濃度以上の溶液中では，高分子鎖は互いに重なり合い，濃度ゆらぎのサイズは，1 本の高分子サイズよりも小さくなる．式（6.50）によれば，準希薄溶液中では，$c^{-3/4}$ に比例して濃度ゆらぎのサイズは小さくなっていき，溶液は均一化していく．

準希薄溶液では，ξ で特徴づけられる濃度不均一性が溶液物性に重大な影響を与え，Flory-Huggins 理論などの平均場理論は不正確となる．他方，濃度が十分高くなると，ξ が小さくなり，濃度不均一性は重要でなくなる．それに代わって，今度はスケーリング則が無視していたセグメントサイズ程度の局所的な溶液構造が溶液物性を支配するようになり，スケーリング則が破綻する．図 6.26（b）の高濃度側でのデータ点の直線からの逸脱はその現れである．ポリスチレン溶液の場合，0.1 g/cm³ 程度以上の濃度で，スケーリング則は成立しなくなり，代わって Flory-Huggins 理論が適用できるようになる．この 0.1 g/cm³ 程度以上の濃度領域は，準希薄領域に対して濃厚領域と呼ばれている．

6.8.3 からみ合い効果

高分子溶液は，濃度を上げていくと，非常に粘稠になる特徴を有する．それを利

用して，高分子は増粘剤・レオロジーコントロール剤として利用されている．図 6.27 には，例として半屈曲性高分子であるポリ（n-ヘキシルイソシアナート）のジクロロメタン溶液に対するゼロずり粘度 η_0 の濃度依存性を示す．いずれの分子量の試料溶液とも，図中に矢印で示した重なり濃度 c^* を少し超えたところから，非常に急激な溶液粘度の増加が認められる．図 6.25 に示したように，重なり濃度を超えると，高分子鎖同士は互いにからまり合い，個々の鎖の回転が非常に起こりにくくなる．ゼロずり粘度は高分子鎖全体の回転のしやすさ（回転拡散係数）と関係しており，からみ合いによって回転運動が遅くなることが，粘度増加の原因である．したがって，その粘度増加が c^* 付近から起こっていることは，理にかなっている．

同様に，からみ合い効果は高分子濃厚溶液の並進拡散現象においても重要な役割を演じている．

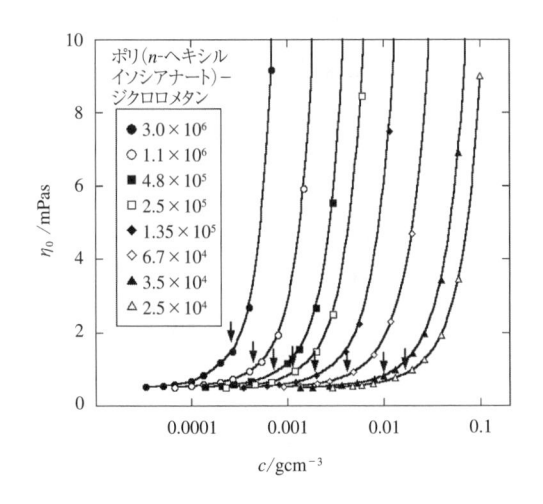

図 6.27 ゼロずり粘度の濃度依存性
図中の矢印は，各試料に対する c^* を示す（高分子量試料ほど低濃度）．

6.9　高分子溶液の相分離挙動

6.9.1　屈曲性高分子-貧溶媒系

前節で述べたように，良溶媒中では，高分子鎖は互いにできるだけ離れた位置に

存在しようとする傾向にある.他方,貧溶媒中では,高分子セグメント同士が最近接格子点に来た方がエネルギー的に有利なので,高分子鎖は互いに接近しようとする.その傾向が著しくなると相分離が起こる.まず,最も極端な場合として,溶解状態から純粋な溶質と溶媒の2相に相分離する過程を考えよう.この状態変化に伴う,系のGibbsエネルギー変化は,式(6.27)で与えられる混合のGibbsエネルギー ΔG の符号を逆にした式で与えられ,その符号が負ならば(すなわち ΔG が正ならば),そのような相分離が起こることになる.以下の議論の都合上,ΔG の代わりに単位格子当たりの混合Gibbsエネルギー $\Delta g = \Delta G / (N_1 + P'N_2)$ を用いよう.

$$\Delta g / k_B T = (1-\phi)\ln(1-\phi) + (\phi / P')\ln\phi + \chi(1-\phi)\phi \tag{6.51}$$

(式(6.27)参照;高分子成分を表す添え字の2は省略した).この式中で重合度に比例する P' に関係するのは,右辺の第2項目で,P' が大きいほど大きくなり($\ln\phi$ は負の量),Δg を正に導く.すなわち,体積分率が同じ溶液では,高分子量試料ほど相分離が起こりやすい.溶液中で重合反応が起こると,生成した高分子が析出してくることがよく観察されるが,この不溶化現象には,重合反応に伴うこの第2項目の増大が重要な役割を演じている.

一般に,高分子-貧溶媒系は,純粋な溶質と溶媒の2相には分離せず,濃度の異なる2つの溶液相に相分離する.いま,相分離した共存相を,A相とB相と名づけ,それぞれの相中の高分子の体積分率を ϕ_A と ϕ_B,またそれぞれの分離相の体積を V_A と V_B で表す.他方,相分離前の均一溶液の体積を V,高分子の体積分率を ϕ とする.この均一溶液から,A・B2相への相分離に伴うGibbsエネルギー変化 $\Delta G^{(2)}$ は,$\Delta g(\phi_A)V_A + \Delta g(\phi_B)V_B - \Delta g(\phi)V$ で与えられる.ただし,単位格子の体積を1に選んだ.物質保存則 $\phi V = \phi_A V_A + \phi_B V_B$ を用いると

$$\Delta G^{(2)} = \left[\Delta g(\phi_A)\frac{\phi_B - \phi}{\phi_B - \phi_A} + \Delta g(\phi_B)\frac{\phi - \phi_A}{\phi_B - \phi_A} - \Delta g(\phi)\right]V \tag{6.52}$$

が得られ,この量が負になるときに相分離が起こる.

いま,図6.28に示すように,相分離前の濃度 ϕ の両側に,相分離後の濃度 ϕ_A と ϕ_B を適当に選ぶ.すると,式(6.52)の右辺の括弧内第1項目と第2項目の和は,Δg の曲線上の $\Delta g(\phi_A)$ の点と $\Delta g(\phi_B)$ の点を結んだ直線が濃度 ϕ のときにとる値(すなわち,点Sでの縦軸の値)に等しい.よって,図中の上の曲線のように,点Sが Δg の曲線上の濃度 ϕ での点Uよりも下にあるときに,式(6.52)

6.9 高分子溶液の相分離挙動

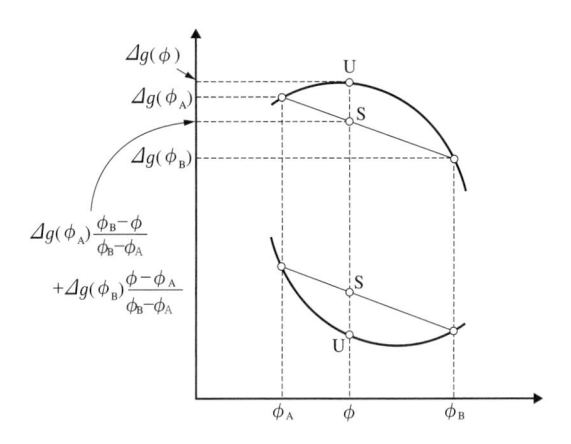

図 6.28 Gibbs エネルギー密度関数と相の安定性

の $\Delta G^{(2)}$ は負となり，相分離が起こる．逆に，図中の下の曲線のように，点 S が点 U よりも上になると相分離は起こらない．

式 (6.51) に従い，適当に選んだ χ の値に対してエネルギー密度 $\Delta g(\phi)$ を計算すると，図 6.29 のようになる．χ が小さい良溶媒系においては，$\Delta g(\phi)$ は下に凸の曲線となり，ϕ_A と ϕ_B をどのように選んでも，図 6.28 中の点 S は点 U よりも上に来るので，相分離は起こらない．他方，貧溶媒化に伴い，式 (6.51) の第 3 項目のエンタルピー項が重要になると，$\Delta g(\phi)$ は二重井戸型の曲線に変化する．この曲線の場合には，共通接線の 2 つの接点 (図 6.29 の 2 つの白丸) の内側に相分離前の濃度 ϕ があれば，点 S は点 U よりも下になり，相分離が起こる．$\Delta G^{(2)}$ が最も小さくなるのは，濃度 ϕ_A と ϕ_B を共通接線の 2 つの接点のところに選んだときに実現し，それら 2 つの濃度が最終的な共存相の濃度である．式 (6.24) より $\chi = z[\varepsilon_{12} - \frac{1}{2}(\varepsilon_{11}+\varepsilon_{22})] / k_B T$ なので，温度を下げると，χ が増加し，それに伴って，$\Delta g(\phi)$ の曲線が変形し，その結果共存相の濃度 ϕ_A も ϕ_B も変化する．この ϕ_A と ϕ_B を温度に対してプロットすると，図 6.30 に実線で示すように，縦軸に温度 T，横軸に体積分率 ϕ をとった相図上に 1 本の曲線が描ける．これを，**共存曲線** (coexistence curve あるいは binodal) と呼ぶ．

図 6.31 には，分子量の異なるポリスチレン 5 試料のシクロヘキサン溶液に対する相図が示されている．いずれの試料溶液についても，黒丸より低温側で溶液が濁り 2 相分離が起こっている．この点のことを曇点 (cloud point) と呼ぶ．他方，図

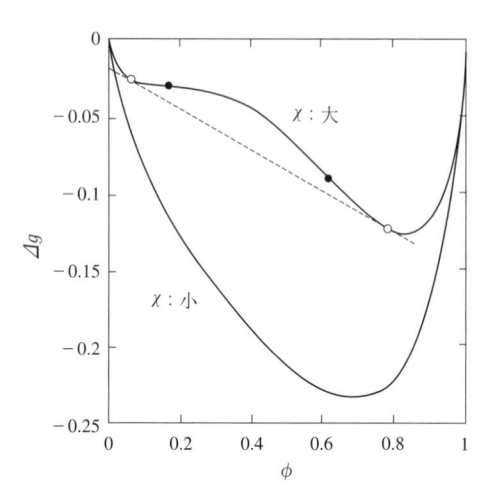

図 6.29 Flory-Huggins 理論から計算した Gibbs エネルギー密度関数

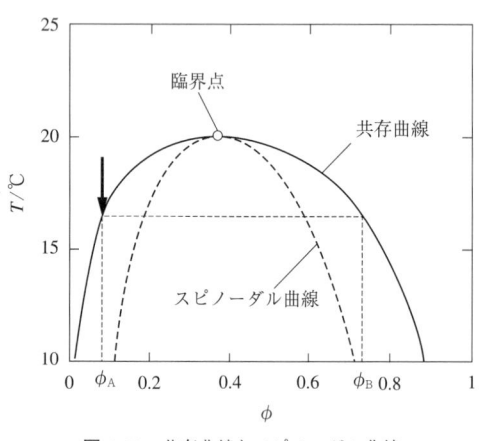

図 6.30 共存曲線とスピノーダル曲線

中の曲線は，上述の方法で計算した共存曲線である．ただし，前節で述べた Flory-Huggins 理論の低濃度領域での欠点を修正するため，χ を温度と濃度のある関数としてある．2 成分溶液の場合に期待されるように，実験の曇点と理論の共存曲線はよく一致している．

6.9 高分子溶液の相分離挙動

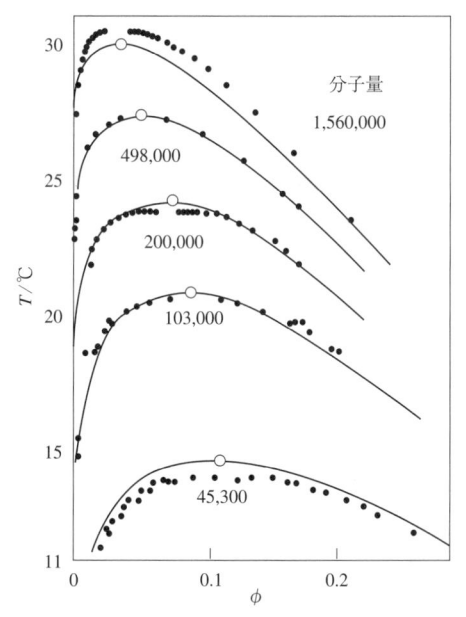

図 6.31 ポリスチレン-シクロヘキサン系の相図

曲線 $\Delta g(\phi)$ が二重井戸型から下に凸の曲線に移り変わる温度は，相分離が起こる限界の温度で，**臨界相溶温度**と呼ぶ．また相図上で対応する点は**臨界点**（critical point）と呼ばれ，共存相の濃度 ϕ_A と ϕ_B とが無限に近づく特別な点である．2成分系では，図 6.30 や 6.31 に白丸で示した共存曲線の頂点が臨界点に一致する．

温度上昇によって，高分子への溶媒和量が減少し，高分子と溶媒との親和性が低下するような溶液系では，χ は温度の増加関数になることがある．このような系では，図 6.30 とは上下が逆転した共存曲線となる．溶媒が水の水溶性高分子溶液では，しばしばこのような相図が得られ，そのような溶液では加熱すると相分離が起こる．このような系の臨界点温度を**下限臨界相溶温度**（lower critical solution temperature；LCST）と呼び，通常の**上限臨界相溶温度**（upper critical solution temperature；UCST）と区別される．系によっては，下限と上限の両方の臨界点をもつような溶液系もある．

最後に，相分離の進行過程について考える．いま，均一相内に隣接する2つの微小領域 A と B（同体積とする）を考え，ブラウン運動している高分子鎖がある時刻に領域 A から B へ移動したとする．これは自発的な濃度ゆらぎとなり，領域 A

とBの体積分率が $\phi_A=\phi-\delta\phi$ と $\phi_B=\phi+\delta\phi$ に変化し，領域A+BのGibbsエネルギー $\Delta G^{(2)}$ は上述の式 (6.52) で表されるようになる．均一相の Δg 曲線が，平均濃度 ϕ 近傍で下に凸になっている場合には，図6.28から $\Delta G^{(2)}$ は正となり，そのような濃度ゆらぎは安定ではなく，元の均一状態に戻ろうとする．他方，Δg 曲線が上に凸の場合には，均一溶液が上記の濃度ゆらぎに関して不安定となり，濃度ゆらぎはどんどん増幅される．

高分子溶液の Δg 曲線が上に凸になるのは，図6.29の二重井戸型の曲線に付されている黒丸で示した2つの変曲点で挟まれた濃度領域である．図6.30の相図上では，これらの変曲点に対応する点を結んだ破線の内側で，Δg 曲線が上に凸，すなわち均一溶液が不安定となり，その外側では，均一相は微少な濃度ゆらぎに対して安定である．この破線を**スピノーダル曲線**（spinodal curve），破線内の領域をスピノーダル領域と呼ぶ．均一溶液を急冷してスピノーダル領域にもたらすと，系内の濃度ゆらぎは自発的に増幅し，相分離が進行する．この相分離過程を**スピノーダル分解**（spinodal decomposition）と称する．

図6.30の共存曲線（実線）で区切られた2相領域では，最終的には相分離が起こるので，破線と実線ではさまれた領域では，均一溶液は準安定な状態にある．いま，図6.30に矢印で示すように，$\phi=\phi_A$ の均一溶液を曇点温度まで冷却すると，系は準安定状態になる．このとき，系内に非常に低い確率で ϕ_B に近い濃度の核と呼ばれる微少な領域が出現すると，溶質はこの核に凝集し，核が成長して相分離が進行する（このとき核を含む微小領域内で $\Delta G^{(2)}<0$）．これは**核形成-成長過程**（nucleation and growth process）と呼ばれ，曇点測定時に起こっている過程である．核の形成は起こりにくい過程なので，曇点測定の際には，温度をできる限りゆっくりと変化させなければ，正確な曇点は求まらない．

6.9.2 剛直性高分子溶液系

剛直性高分子の溶液は，低濃度では各高分子が任意の方向を向いた等方的な溶液であるが，ある濃度以上で高分子が全体としてある方向に配向している液晶相が出現することが知られている．この液晶相は良溶媒系でも現れ，高分子間に強い引力相互作用を必ずしも必要としない．図6.32には，分子量の異なるポリ（n-ヘキシルイソシアナート）試料のトルエン溶液に関する相図を示す．トルエンはこの高分子に対する良溶媒である．各試料溶液とも，図中の白丸より左側では等方溶液，黒

6.9 高分子溶液の相分離挙動

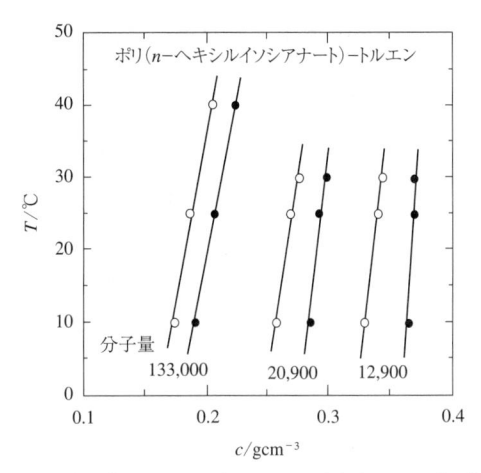

図 6.32 ポリ（n-ヘキシルイソシアナート）-トルエン系の相図

丸の右側では液晶（ネマチック）溶液として存在し，白丸と黒丸の間では等方相と液晶相が共存している．共存領域が狭いこと，高分子量試料ほどより低濃度で液晶相が出現すること，さらには相境界濃度が温度にはあまり依存しないことが，剛直性高分子溶液系で起る等方-液晶相平衡の一般的な特徴である．

　剛直性高分子溶液が液晶相を形成する理由は，定性的には以下のようにして説明できる．図 6.33 に示すある狭い格子上に，棒状高分子を詰め込む場合を考えよう．棒状分子が互いに平行であれば，重ならずに詰め込むことができるが，1 本でも直角向きになっている高分子があれば，重ならない配置は難しくなる．すなわち，棒状分子の濃厚溶液では，高分子が互いに配向した方が，詰め込む場合の数が多い（実際に Flory は，棒状分子に対する格子モデルを用いてこのことを実証した）．すなわち，高分子の配向化により，混合エントロピーは増大する．他方，分子配向に関するエントロピーは減少するので，棒状・剛直性高分子溶液の相挙動は，両エントロピーのバランスで決まる．希薄溶液では，溶液内に十分な空間があるので，方向を揃えなくても高分子鎖を溶液内に配置できるが，高濃度溶液では，配向エントロピーを犠牲にしてでも混合エントロピーを稼ごうとして，液晶状態が安定化する．高分子が長いほど，より低濃度から詰め込みが困難となるので，液晶相が出現しやすい．拮抗するのがどちらもエントロピーなので，等方-液晶相平衡は温度に鈍感である．エントロピーとエンタルピーが拮抗して生じる前述の屈曲性高分子-貧溶媒系での相平衡とは，この点で本質的に異なる．

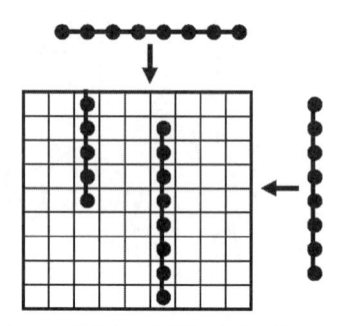

図 6.33　棒状高分子溶液に対する格子モデル

〈参考文献〉

(1) P. J. Flory：Principles of Polymer Chemistry, Cornell University Press（1953）：岡小天・金丸競訳：高分子化学，丸善（1955）
(2) 斉藤信彦：高分子物理学，裳華房（1967）
(3) P. J. Flory：Statistical Mechanics of Chain Molecules, John Wiley & Sons（1969）：安部明廣訳：鎖状分子の統計力学，培風館（1971）
(4) H. Yamakawa：Modern Theory of Polymer Solutions, Harper and Row（1970）
(5) 倉田道夫：高分子工業化学 III，近代工業化学 18，朝倉書店（1975）
(6) P.-G. de Gennes：Scaling Concepts in Polymer Physics, Cornell University Press（1979）：久保亮五監訳：高分子の物理学，吉岡書店（1984）
(7) H. Fujita：Polymer Solutions, Elsevier（1990）
(8) 高分子学会編：高分子実験の基礎—分子特性解析—（新高分子実験学 1），共立出版（1994）
(9) H. Yamakawa：Helical Wormlike Chains in Polymer Solutions, Springer（1997）

7 固体構造

 高分子がいろいろな用途に役立つ際にはほとんど固体の状態で使われている．本章では固体状態での高分子化合物の原子・分子レベルで見た構造の特徴とその研究方法について述べ，併せて構造が固体の物性とどのように関わっているかを考える．

7.1 高分子固体構造の特徴

 高分子物質の種類によっては，たとえば3次元網状樹脂のようにまったく非晶性のものもあるが，鎖状高分子の場合にはポリスチレンやポリメタアクリル酸メチルなどのように非晶性のものと，ポリエチレンやナイロンなどのように結晶性のものとがある．図7.1に鎖状高分子固体におけるさまざまな分子凝集状態のモデルを示す．非晶状態では分子は一般に無秩序な形態をとるものと考えられている（図7.1

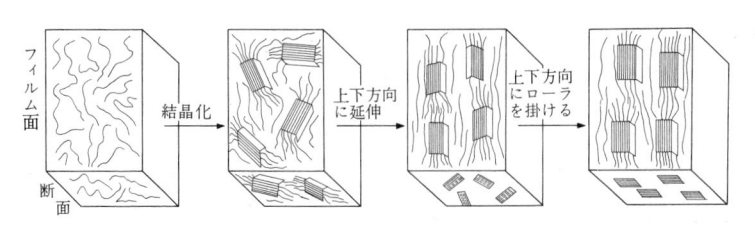

（a）非晶性　（b）結晶性，無配向　（c）結晶性，一軸配向　延伸方向に配向しているが，延伸方向に垂直な断面を見れば無秩序　（d）結晶性，二重配向　延伸方向に垂直な断面についても規則性を示し，たとえばポリビニルアルコールでは，ジグザグ鎖の面がフィルム面に平行

図7.1　高分子物質の微細構造

(a)).しかし,非晶性高分子でも条件によってはいろいろな秩序をもった凝集構造を形成することができる.結晶性高分子の固体は大まかにいえば,分子が規則正しく並んでいる**結晶領域**(crystalline region)と不規則な状態で存在する**非晶領域**(amorphous region)の2つからできていると見なされるが(2相モデル),より正確にいえば,このどちらにも属さない中間領域も存在し,結晶領域から非晶領域への移り変わりは連続的なものといえる.1つの結晶領域を**微結晶**(**クリスタリット**,crystallite)といい,そのおおよその大きさは数十 nm である.鎖状高分子の長さは普通数百 nm 以上で(たとえば分子量 50,000 のポリエチレンを平面ジグザグ状に引き延ばすと 450nm になる),クリスタリットの大きさよりはるかに長いので,1本の高分子が結晶と非晶領域を幾度も通り抜けていると想像される(図 7.1(b)).このような高分子組織の描像を房状ミセル(fringed micelle)モデルという.高分子固体を適当な条件で延伸すると図 7.1(c)のように分子鎖やクリスタリットが配向する.さらにフィルム面にローラーをかけると3次元的な配向も得られる(二重配向,図 7.1(d)).

　一方,ポリエチレンをはじめとする多くの結晶性高分子について,その希薄溶液を徐冷すると数百 nm 大の単結晶が生成することが電子顕微鏡観察で確認される.これらは厚さ数十 nm の結晶層(ラメラ)で構成され,高分子鎖は1つのラメラ内で分子鎖軸をラメラ面に垂直に並べて折りたたまれている(7.5節参照).同じような組織は融体を冷却してつくった固体中にも存在し,鎖状高分子の集合様式の1つの典型(折りたたみ鎖結晶,folded-chain crystal)と考えられている.試料を延伸すると,このようなラメラ組織の折りたたみがほぐれて房状ミセル構造に変わる.高圧下で融体を冷却結晶化した固体,あるいは特殊な重合法によって直接結晶化した高分子結晶では直鎖状に延びきった分子鎖が集まった組織が見出され,これが鎖状高分子のもう1つの典型(延びきり鎖結晶,extended-chain crystal)とみられている.

　このように,高分子固体の構造を考えるときには,通常の分子結晶の場合と異なって,クリスタリット内の単位格子構造だけでなく,結晶領域の分率(**結晶化度**,degree of crystallinity),クリスタリットの形,大きさおよび配向,クリスタリット内での分子鎖の折りたたみの状態などの高次組織の構造がきわめて重要である.さらに通常の分子結晶に比べて高分子のクリスタリットは小さく,種々の乱れを含んでいる.一方,非晶領域もけっして一様でなく液体に近いものから結晶と液体の

中間に位置する中間層（mesophase）までのいろいろな状態をとることができる．

　高分子はその化学構造はもとより，試料のつくり方を制御することによってさまざまな組織を形成することが可能で，この特性を利用してわれわれは他の物質ではみられない多彩な性能をもつ高分子材料をつくり出すことができる．

　固体高分子の性質は，分子の化学構造から高次組織にいたるあらゆる構造要因によって支配されるので構造と物性・機能の相関関係を統轄的に明らかにすることは重要な課題である．

　結晶化度および配向度が増加した場合に試料の性質がいかに変わるかをセルロースについてまとめた例を表7.1および表7.2に示す．化学構造が同じであっても分子の集合状態の違いが固体物性を大きく変えることがわかる．また，ポリエチレン繊維のヤング率は6～7倍延伸した通常の試料では1～2GPaであるが，100倍にも伸ばした超延伸試料では250GPaにも増大する．これはスチールの値（200GPa）を超えるものである．

表7.1　結晶化度が増加した場合におけるセルロース繊維の性質の変化（Howsmonら）

増　加	減　少
抗　張　力	伸　　度
ヤ ン グ 率	吸　湿　性
硬　　度	膨　潤　性
寸 法 安 定 度	染　色　性
密　　度	強靱性（toughness）
	化 学 反 応 性
	柔　軟　性

表7.2　配向度が増加した場合におけるセルロース繊維の性質の変化（Howsmonら）

増　加	減　少
抗　張　力	伸　　度
横方向の膨潤性	回復可能な伸び
湿潤延伸後の回復	縦方向の膨潤性
ヤ ン グ 率	染料の吸収
剛性（rigidity）	可　塑　性
屈　折　率	しわのよりにくさ
	化 学 反 応 性

単位格子全体としてある方向に双極子モーメントをもつ結晶は圧電性あるいは焦電性を示すが，高分子圧電材料の性質は結晶化度および配向度に大きく支配される．またポリアセチレンなど共役型高分子の導電性も高次組織に強く依存している．

7.2 構造の研究法

7.2.1 X線回折

X線回折は高分子固体の結晶領域の構造を知るための最も有力な研究法の1つで，(1) 結晶構造および分子構造，(2) 結晶化度，(3) 配向度（配向関数），(4) クリスタリットの大きさおよび乱れの程度，(5) 結晶相転移，(6) 結晶領域の物性（弾性率，圧縮率，熱膨張係数，圧電定数など）の測定，(7) 同定などの目的に用いられる．また，X線小角散乱は高次組織についての知見を与える．

ここでは単位格子の決定と構造解析法の概略を説明し，高次組織や結晶の乱れに関しては 7.5 節で述べる．

A. X線の回折

構造解析によく用いられるX線はCuKα線（波長 1.542Å）で，Ni フィルタやグラファイトあるいはLiF単結晶のモノクロメーターにより単色化したX線を試料に照射し，試料から回折されるX線の強度をいろいろな回折角で測定する．物質を構成する原子はX線の波長と同程度の間隔で並んでいるので，一定の方向からX線を入射すると，それぞれの原子から散乱されるX線は互いに干渉し合う．結晶では原子が規則正しく配列した格子をつくっているので，規則的に等間隔で並んだ平行平面の繰り返しと考えることができ，この平面を原子網面という．X線の回折はこれらの原子網面からの反射として取り扱うことができる．X線の波長を λ，原子網面の間隔を d，X線の入射方向と原子網面のなす角を θ，反射の次数を n（整数）とすると，X線の光路差が波長の整数倍になる条件，すなわち，**ブラッグ (Bragg) の条件式**

$$2d \sin \theta = n\lambda \qquad (7.1)$$

を満たすときだけ，回折角 2θ の方向で強い回折が観測される（図 7.2）．

回折図形は入射X線に垂直におかれた平板状X線検出器（図 7.3），または試料を通り入射X線に垂直な線を中心軸とする円筒形検出器に記録される．試料が図 7.1 (a) のように非晶性の場合には回折図形はぼんやりしたハローになる（図 7.4 (a)）．試料が図 7.1 (b) のような無配向のクリスタリットからなる場合や微結晶の

図 7.2 Bragg の反射条件

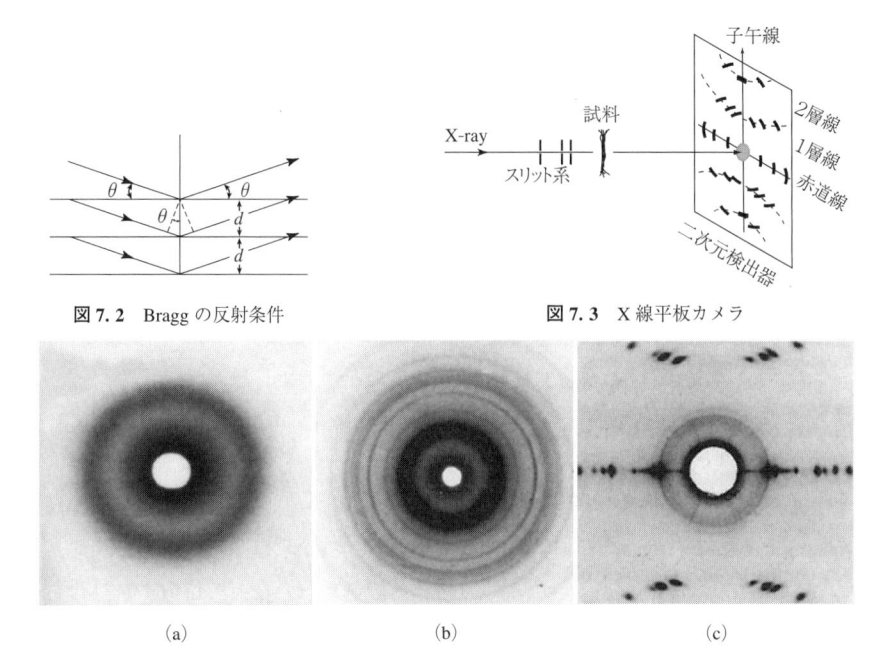

図 7.3 X 線平板カメラ

(a) (b) (c)

図 7.4 平板状検出器に記録した種々の高分子試料．(a) ポリスチレンの非晶性ハロー，(b) ポリエチレンの無配向試料，(c) 一軸延伸したポリエチレンの配向試料

粉末からなる場合には，あらゆる方向に向いた微結晶が存在し，間隔 d の原子網面からは式 (7.1) で与えられる 2θ の方向だけに回折を生ずるので，それぞれのクリスタリットによる回折線は入射 X 線を軸とし，半頂角 2θ の円錐上に乗る．したがって，図 7.3 の平板状検出器には同心円の回折図形が得られる（図 7.4 (b)）．試料と検出器の距離（カメラ長）を R とすると回折角 2θ に相当する円の半径は $R\tan 2\theta$ となり，カメラ長と円の半径を測定すれば式 (7.1) を用いて d の値が求められる．このような回折環を**デバイ–シェラー**（Debye–Scherrer）**環**という．

図 7.1 (c) に示すような一軸配向試料，すなわち結晶軸の 1 つ（分子鎖軸）が延伸方向に平行になるようにクリスタリットが並んでいるが延伸方向に垂直な方向についてはまったく無秩序に配向している試料の場合には，ちょうど 1 個の単結晶をある結晶軸のまわりに回転させて X 線回折図形をとったのと同じ結果になる．回転軸と一致する結晶軸上における繰返し周期（高分子の場合には**繊維周期**，fiber period または fiber identity period）を I とすれば，X 線の光路差が波長の整数倍となる条件（Polanyi の式）

$$I\sin\phi_m = m\lambda, \quad m = 0, 1, 2, \cdots \tag{7.2}$$

を満たす方向（それぞれの m の値について仰角 ϕ_m）に回折を生ずる．ϕ_m の値の等しい回折点は回転軸と $\pi/2-\phi_m$ の角をなす円錐面上にあるので，結晶のまわりに円筒状に置いた検出器には回折斑点が m によって決まる平行線（これを層線と呼ぶ）上に並ぶ．そのうち $m=0$ のものを赤道線という．式（7.2）のほかに式（7.1）が満たされることも必要であるため，層線上の特定の位置にだけ回折斑点が生じる．なお，層線上で写真の中央の上下に現れる反射を子午線反射という．図7.3では平板状検出器に記録された回折図形を示すが，円筒状の検出器と異なり，試料から同一層線上の各反射までの距離が一定でないので，層線上の反射は子午線から遠ざかるにつれ外側に反る（図7.4（c））．試料結晶が単結晶であるなら，X線を試料に垂直入射した場合，子午線反射（$00l$ 反射）は二次元検出器上に記録されない．しかし，繊維状高分子の場合にはX線を垂直入射した場合でも子午線反射が記録される．これは繊維状高分子の結晶性，配向性が単結晶に比べ非常に悪く反射がブロードであるため観測されるのであり，観測された反射の位置や強度は正確ではない．

繊維周期の値 I は分子構造を知る重要な手がかりとなる．円筒カメラの半径を R，赤道線と第 m 層線のフィルム上での間隔を L_m とすれば

$$\phi_m = \tan^{-1}(L_m/R) \tag{7.3}$$

であるので，式（7.2）と式（7.3）を用いての L_m 実測値から I が求められる．

一軸配向試料に適当な条件でローラーをかけると図7.1（d）に示す二重配向試料が得られる．一軸延伸試料からだけでは反射の重なりのため指数付けが難しい場合などには，二重配向試料に互いに異なる3方向からX線を照射して得られる回折像は重要な手がかりとなる．

回折X線を測定する方法としては従来のX線フィルムを用いる写真法よりも，高感度で，しかも測定可能なX線強度の幅（ダイナミックレンジ）が 10^6 以上と非常に広いイメージングプレート（IP）を用いた2次元の回折強度データを短時間で測定する方法が一般的になった（X線フィルムのダイナミックレンジは 10^2 程度）．X線フィルムと同様に平板型や湾曲型があり，回折原理に変わりはない．また，X線源としても放射光の利用が高分子の分野でも普及しており，高輝度の放射光X線とダイナミックレンジの広いIPとの組み合わせにより，従来のX線フィルム法に比べれば格段にデータの精度は向上してきた．

B. 結晶構造の決定

　高分子物質の結晶構造を決定する方法は，本質的には低分子量の有機化合物の単結晶構造解析と同じであるが，解析の各段階で大きな違いがある．そこで，まず単結晶構造解析における解析の流れを述べた後，高分子特有の方法について述べる．

　なるべく 0.1mm 角程度の立方体に近い形（理想的には球形）の単結晶を用い，四軸型自動回折計やイメージングプレート，ディジタルカメラにも使われている CCD（charge-coupled device）検出器などの二次元検出器で回折データを測定する．前者では，予備的な測定により単位格子や空間群を決めた後，強度データ測定を始める．後者の二次元検出器を備えた装置では，結晶を 1°〜2° ほどの小さな角度で振動させ（振動撮影法），その範囲で観測される反射を 1 枚の回折像（フレームと呼ぶ）に記録する．このフレームを連続的に撮っていき，結晶を 0〜180° 回転させて全測定領域をカバーする．これらのフレーム上に記録された反射データを処理し，強度データを得る．通常，反射数は 10^3〜10^4 程度である．分子量が 1,500 程度までの有機化合物ならば直接法プログラムにより自動的に初期構造はもとまる．そこで，非水素原子の座標値と温度因子をパラメータとして構造因子の実測値と計算値の一致がよくなるように最小二乗法により精密化していく．

　一方，高分子化合物の構造解析においては，回折スポットの数が少なく 10^1〜10^2 程度であり，1 つの回折スポットに複数の反射が重なっているため分離しなければいけない．反射数が少ないために空間群の決定は困難な場合が多く，空間群の異なる複数の場合について構造解析を進めることも多い．さらに単位格子ですら複数の可能性が考えられる場合もある．

　単位格子の格子定数（軸の長さ a, b, c と軸の間の角 α, β, γ）が決まると，その体積 V（Å^3）を計算することができる．化学構造単位の分子量を M とし，その Z 個が単位格子に含まれると，結晶領域の密度 ρ_c（g cm^{-3}）は

$$\rho_c = ZM / N_A V = 1.66 ZM / V \tag{7.4}$$

ここで N_A はアボガドロ定数（6.022×10^{23} mol^{-1}）を表す．実測した試料の密度 ρ と比較して Z の値を決める．結晶領域と共存する非晶領域の密度 ρ_a は一般には ρ_c より小さいので ρ は ρ_c より小さい値をとるのが普通である．最近の単結晶構造解析では実測密度から単位格子中の化学構造単位の数を求めなくても，多くの場合，自動的にプログラムが求めてくれる．しかし，結晶相と非晶相が混在し，さらに溶媒分子も含まれている可能性もあり，高分子の構造解析では密度測定は必須である．

結晶性高分子の構造解析では，強度データの数が少なく直接法による初期構造の決定はできないので，繊維状高分子独特の方法を用いる．すなわち，前もって求めた繊維周期と，各層線上の強度分布よりらせんの対称を決定し，これらの束縛条件下で主鎖のコンフォメーションに対するモデル構造を構築する．その際，原子座標をパラメータにするのではなく，分子内座標（結合長，結合角，内部回転角）を用い，化合物が変わっても変化の少ない結合長，結合角は標準の値を使うことでパラメータの数を1/3に減らす．さらに，内部回転角も上記の束縛により2だけ自由度を減らせる．また，温度因子についても原子ごとではなく分子全体として1つの温度因子を考える．このようにして構築した分子を単位格子に入れる際には，新たに分子内座標系と単位格子の座標系を関係づける並進（u, v, w）とEuler角（α, β, γ）の6つのパラメータを決めなければいけない．このような解析法は，Linked-Atom Least-Squares法として知られており，反射データが少なく，一軸配向をした繊維状高分子特有の解析方法である．

原子網面（hkl）からの反射強度 $I(hkl)$ は次式で与えられる．

$$I(hkl) = K|G|^2 mpLA|F(hkl)|^2 \tag{7.5}$$

ここで K はスケール因子，p および L はそれぞれ偏光因子およびローレンツ（Lorentz）因子と呼ばれる補正因子で，A は試料の外形と構成原子の種類によって決まる吸収因子，m は反射の多重度で，1つの回折点を与える結晶学的に等価な原子網面の数を示す．G はラウエ（Laue）関数と呼ばれ，その面に垂直な方向への結晶の大きさ（単位格子の繰り返しの数）と反射の広がりの関係を示し，結晶が十分に大きければきわめて尖鋭な反射を与えるような関数である（7.5節参照）．$F(hkl)$ は単位格子内の原子の種類と位置に関係し，**構造因子**（structure factor）と呼ばれ，次式で表される．

$$F(hkl) = \sum_{j=1}^{N} f_j \exp(-B_j \sin^2\theta/\lambda^2) \exp 2\pi i (hx_j + ky_j + lz_j) \tag{7.6}$$

N は単位格子内の原子の数，f_j は j 番目の原子の**原子散乱因子**（atomic scattering factor）で，これは原子内の各位置にある電子によって散乱されるX線の位相差のために，回折角 θ の増加とともに減衰する（図7.5）．x_j, y_j, z_j はそれぞれ a,

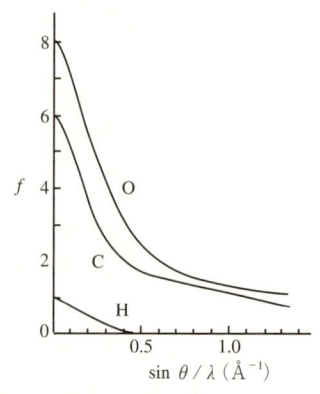

図7.5 水素，炭素，酸素の原子散乱因子

b, c を単位として表した j 番目の原子の分率座標である．$\exp(-B_j \sin^2\theta/\lambda^2)$ は温度因子に関する項で，各原子の平衡位置を中心とする熱振動による効果を意味し，回折角の大きい，すなわち面間隔の小さい反射ほど熱振動による強度の減衰が大きくなることを示している．温度因子 B_j は j 番目の原子の平均二乗振幅 $\overline{u_j^2}$ と

$$B_j = 8\pi^2 \overline{u_j^2} \tag{7.7}$$

という関係がある．通常，高分子の解析では原子によらず共通の値を使う．式 (7.6) の $F(hkl)$ は一般には複素数であるが，単位格子の原点に対称中心がある場合には実数になる．

$$F(hkl) = 2\sum_{j=1}^{N/2} f_j \exp(-B_j \sin^2\theta/\lambda^2) \cos 2\pi(hx_j + ky_j + lz_j) \tag{7.8}$$

一般に上記のような手順を経て結晶構造が決定されるが，ポリエチレンのように比較的単純な化学構造の高分子の場合には繊維周期を実測すれば，分子鎖の立体構造はある程度推定できる．しかし，複雑な化学構造の高分子の場合には，分子構造の推定は困難になる．

ある結晶構造モデルの妥当性は，そのモデルの原子座標を用いて計算した構造因子 $|F_c(hkl)|$ と実測の構造因子 $|F_0(hkl)|$ との一致の度合いで示され，通常 R 因子

$$R = \sum[|F_0(hkl)| - |F_c(hkl)|] / \sum |F_0(hkl)| \tag{7.9}$$

が用いられる．R 因子の値が小さいほど一致がよく，高分子では普通 R 因子が 0.2 以下になれば一応そのモデルは妥当と考えられる．

高分子物質の場合，観測できる独立の反射の数が数十～数百個ときわめて少なくかつ反射に広がりがあって，通常の単結晶のように十分な回折データを得ることは困難である．したがって，上記の R 因子の値のみから構造の妥当性を評価すべきでない．放射光やイメージングプレートを利用して，できる限り質的にも量的にもよりよい回折データの測定に努めるとともに，既知の立体化学的な情報を取り入れて解析精度を高めることが必要である．関連するオリゴマーの単結晶が得られる場合には貴重な情報源となるであろう．また，赤外，ラマン分光，NMR 分光，エネルギー計算などの知見を考慮することも必要である．

7.2.2 電子線回折

鎖状高分子の X 線回折実験は，ほとんどの場合配向した部分結晶化試料について行われているが，精密な構造を得るためにはできれば単結晶試料の回折データを測定することが望まれる．しかし X 線回折に適した大きなサイズの高分子単結晶

をつくるのは一般にはきわめて困難である．一方，数十～数百nmの微小単結晶は比較的容易に得られて電子顕微鏡で観測したり，電子線による回折図形を測定できる．実際，電子線回折は高分子微小単結晶の結晶軸の配置を決めるのによく使われている．このような微小試料でも十分強い回折強度が得られるのは，電子線と物質（電子）との相互作用がX線の場合に比べてきわめて強いことに由来している．電子線回折をX線回折と同様に定量解析して構造決定に利用できれば，微小単結晶しか得られない高分子や，脂質，糖質などの構造研究にとってきわめて有効である．

X線構造解析の基になっているブラッグの条件（式 (7.1)）は，入射波が結晶内の各原子によって1回だけ散乱を受け，それらの散乱波の合成によって回折波を生じ，繰り返しの散乱の影響は無視できると仮定している（運動学的回折理論）．一般にこの近似は小さな結晶の場合には適応できるが，X線に比べて物質との相互作用の強い電子線回折では，厳密には厚さ1nm程度の結晶でも多重散乱を考慮した動力学的回折理論の適用が必要と考えられていて，このことが電子線回折を構造解析に用いる際の重要な問題となっている．この点について，比較的軽い原子でできているポリエチレンのような物質の薄い単結晶では，運動学理論の適用が可能であることが実験・理論両面で確認されている．

微小単結晶試料は電子顕微鏡の試料台に固定されているのでX線回折測定のように回転することができず，1つの試料については特定の方位の回折しか観測できない．たとえばポリエチレン板状単結晶では7.5節で述べるように，板面（ab面）に垂直に電子線を入射するので$hk0$反射しか観測できず，3次元の構造解析はできない．

7.2.3 振動分光法（赤外・ラマン分光）

A. 高分子の振動

二原子分子の振動数νを波数単位で表すと

$$\tilde{\nu} = \nu/c = (1/2\pi c)\sqrt{K/\mu} \tag{7.10}$$

と書ける．ここで，cは真空中の光の速度，Kは結合のばねの強さに相当する力の定数，μは換算質量で，2つの原子の質量m_1およびm_2を用いて次式で与えられる．

$$1/\mu = 1/m_1 + 1/m_2 \tag{7.11}$$

多原子分子の振動は複雑であるが，そのいずれもそれぞれ一定の振動数をもった

有限個数の定常振動（基準振動）の1次結合で表すことができる．N個の原子からなる分子ではこのような基準振動の数は非直線分子で$3N-6$，直線分子では$3N-5$で，それらが赤外吸収またはラマン散乱として観測される．

Nがきわめて大きい高分子では，膨大な数の基準振動があるが，結晶領域においては特定の構造単位が規則正しく繰り返されること（これを並進対称性という）を利用して基準振動を分類することができる．

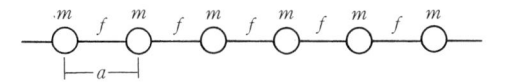

図 7.6 恒等周期aに1原子を含む一次元鎖モデル

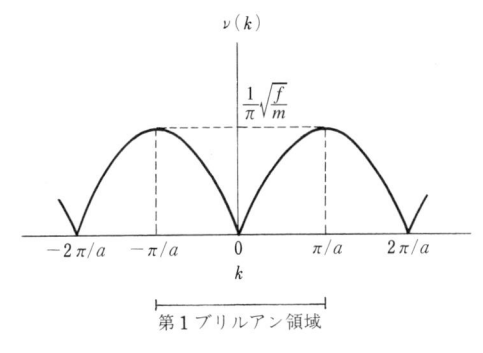

図 7.7 図7.6に示す分子鎖の位相差-振動数関係（分散曲線）

最も簡単な高分子（1次元結晶）モデルとして質量mの原子が$(N+1)$個x軸に沿って等間隔aで1列に並び，両隣の原子と力の定数fをもつバネで結ばれている鎖を考える（図7.6）．ただし，1番目の原子と$(N+1)$番目の原子はまったく同じ運動をするものとする．原子がx方向に動く振動についてs番目の基準振動数は次式で与えられる．

$$\nu_s = \nu(k) = \frac{1}{2\pi}\sqrt{\frac{4f}{m}}\,|\sin(ak/2)| \tag{7.12}$$

$$k = 2\pi s/aN \quad (s = 0, 1, 2, \cdots, N-1) \tag{7.13}$$

$k/2\pi$はx軸方向に伝わる波の波数（単位長当たりに含まれる波の数で，波長の逆数に相当する）を表す．このようにνはkの関数として図7.7のように描くことができる．ここで，$k=0$はすべての原子がx軸方向に沿って同時に同じ変位をする場合で（同位相振動），x方向の並進振動に相当し，その振動数は0となる．$k \neq 0$では$\nu_k = \nu_{-k}$である．aは1次元結晶の恒等周期に当たるので，式(7.13)が示すように$ak = 2\pi s/N$は隣の原子（単位格子）との間の原子変位の位相差を意味する．

次に周期aの中に質量m_1とm_2（$m_1 > m_2$）の2つの原子が含まれるモデル（図7.8）を考える．ここでも原子は軸に沿って動くものとする．この場合，式(7.13)で表される特定の値をもつ波の振動数は2つあってそれぞれ次式で与えられ

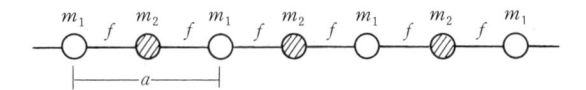

図 7.8 恒等周期 a に 2 原子を含む一次元結晶モデル

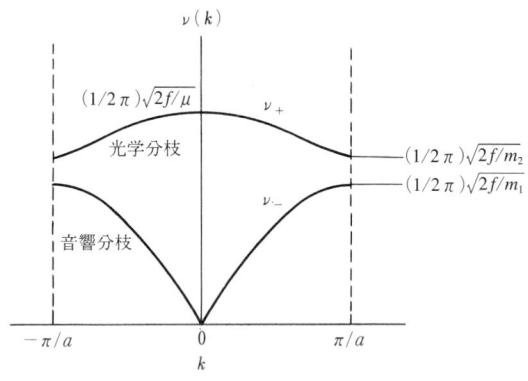

図 7.9 図 7.8 に示す分子鎖の分散曲線

る.

$$\nu_+ = \frac{1}{2\pi}\sqrt{\frac{f}{u}}\left\{1+\left[1-\frac{4m_1m_2}{(m_1+m_2)^2}\sin^2(ak/2)\right]^{1/2}\right\}^{1/2} \qquad (7.14)$$

$$\nu_- = \frac{1}{2\pi}\sqrt{\frac{f}{u}}\left\{1-\left[1-\frac{4m_1m_2}{(m_1+m_2)^2}\sin^2(ak/2)\right]^{1/2}\right\}^{1/2} \qquad (7.15)$$

ν_+ および ν_- はそれぞれ k の関数として図 7.9 のように描ける.$k=0$ で ν_- が 0 になるのに対し,ν_+ は $(1/2\pi)\sqrt{2f/\mu}$ という有限の値をとる.前者は先の例と同様 x 方向の並進運動を,後者はそれぞれの単位格子に含まれる 2 つに原子が互いに逆向きに動く振動を表している(図 7.10).ν と k の関係を示す曲線を**分散曲線**あるいは**振動分枝**と呼び,このうち $k=0$ において $\nu=0$ になるものを**音響分枝**,正の値をとるものを**光学分枝**と呼ぶ.

上の 2 例では,x 方向,すなわち振動の波が伝わる方向と平行に動く原子変位を考えたが,x に垂直な 2 方向(y と z)に動く振動も存在して図 7.7 と図 7.9 に類似の分散曲線を書くことができる.原子が波の伝わる方向と平行に動く振動を縦波振動,垂直に動くものを横波振動という.ここにあげた直線状分子では,y と z はまったく等価であるので 2 つの横波振動は互いに縮重して同じ分散曲線を与える.

1 恒等周期(繊維周期)に m 個の原子を含む高分子鎖の振動は $3m$ 個の振動分枝

$\nu_+(0)$：伸縮振動

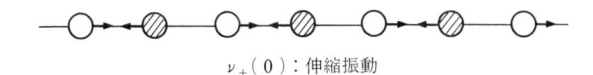

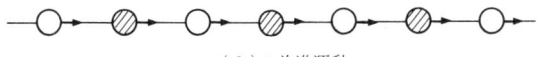

$\nu_-(0)$：並進運動

図 7.10 $k=0$ における音響モードと光学モード

に分けられ，そのうち 4 つが音響分枝，$(3m-4)$ 個が光学分枝である．これらの分子振動の中で $k=0$ の $(3m-4)$ 個の同位相振動だけが赤外吸収あるいはラマンスペクトルに観測され，これらを光学活性振動または因子群振動と呼んでいる．

3 次元結晶の場合は上記の分子鎖軸に沿っての位相に分子鎖の間の位相が加わるので，k 値は 3 成分 (k_a, k_b, k_c) よりなるベクトル $\mathbf{k}$（波数ベクトル）で表示される．$\mathbf{k}$ の方向は波の進む方向と一致している．1 次元の場合と同様に基準振動数は $\mathbf{k}$ の関数として表され，3 次元の分散曲線が得られる．高分子結晶では分子間の相互作用（van der Waals 力，水素結合，静電力）に比べて分子内の相互作用（共有結合）がはるかに強いので，分子鎖に沿った方向の分散が他の 2 方向に比べて格段に大きいのが特徴である．単位格子に m 個の原子を含む結晶では 3 つの音響分枝と $(3m-3)$ 個の光学分枝に分かれ，$k=0$ の振動が光学活性となる．

1 本の高分子鎖または 3 次元結晶の赤外，ラマンスペクトルの選択律や偏光特性はその対称性に基づいた考察（因子群解析）によって説明することができる．光学活性振動（同位相振動）の中で分子（結晶）の双極子モーメントの変化する振動が赤外スペクトルに，分極率の変化する振動がラマンスペクトルに現れ，それぞれ赤外活性振動あるいはラマン活性振動と呼ばれている．それぞれの基準振動の選択律は分子（結晶）の対称によって決まり，赤外，ラマン共に活性なものもあれば，いずれか一方だけに活性，あるいはいずれにも不活性なものもある．特に分子（結晶）中に対称中心が存在するときには赤外に活性な振動はラマンに不活性，逆にラマンに活性な振動は赤外に不活性となる（赤外・ラマン交互禁制律）．

分子または結晶の幾何学構造と分子内や分子間に働くポテンシャル（力の定数）から基準振動数を計算できる．構造が X 線回折法で決定されている場合には計算結果を実測スペクトルと比較して力の定数の値を直接求める方法が開発されている．

厳密にいえば赤外，ラマン分光で観測するバンドには分子を構成するすべての原子の変位が関与しているが，600cm^{-1}以上の振動数領域には特定の原子団に特有な振動数と強度をもつ特性バンドが現れ，それらは化合物の同定，定量分析に広く利用されている．さらに原子団の構造変化に対応して特徴的なスペクトル変化を示すので，分子の局所的な構造の詳細を知るのにきわめて有力で，結晶に限らず液晶，非晶，ミセル，表界面の構造研究にも用いられる．

400cm^{-1}以下の低振動数領域のスペクトルには，単結合のまわりの内部回転振動，結晶格子内で分子が相対的にその配置を変える格子振動，あるいは大きな分子が全体として変形する振動などが観測される．これらは分子構造だけでなく分子の凝集状態や高次組織に強く支配され，また振動数そのものが物質の熱力学的あるいは力学的性質と密接に関係しているので，この領域のスペクトルは固体物性研究の手段としても重要である．

B. 測　　定

赤外吸収スペクトルの測定法は**透過法**と反射法に大別され，他に特殊なものとして光音響法がある．最もよく測定されるのは透過スペクトルで（図7.11），I_0を入射光，Iを透過光の強さとすると

透過率（％）：　$T = (I/I_0) \times 100$　（％）

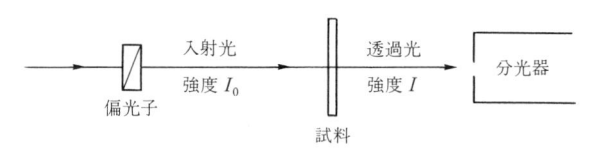

図7.11　赤外透過スペクトルの測定

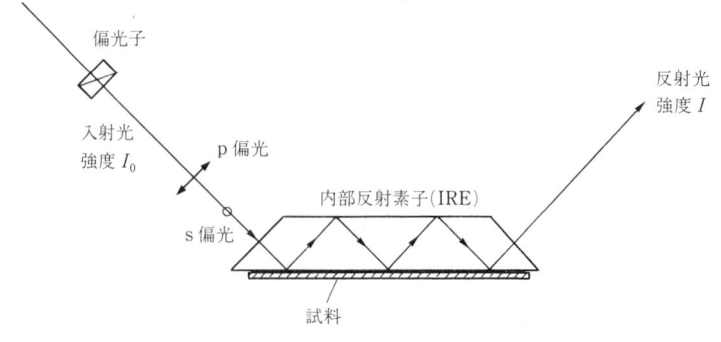

図7.12　赤外反射（ATR）スペクトルの測定

あるいは

$$\text{吸光度} : A = \log(I_0/I)$$

を入射光の周波数（普通は cm^{-1}単位）の関数として表示する．反射法には粉末試料からの乱反射光の反射率を測定する拡散反射法と，赤外線を透過するプリズムの表面にフィルム試料を貼り付け，プリズム/フィルム界面で全反射した赤外光の強度減衰を測る ATR（attenuated total reflection）法（図7.12），そして金属基板上の薄膜の測定に適した高感度反射法がある．スペクトルの表示は透過率が反射率（$R = (I/I_0) \times 100$ （%））に置き換わるだけで，透過法と同様である．

高分子固体の透過スペクトルの測定には厚さ数μm～数十μm のフィルムが最も適している．フーリエ変換赤外（FT-IR）分光器を使えば1mm×1mm 大の試料で十分である．顕微赤外分光器では，一辺10μm 大の領域の情報を得ることができる．配向フィルムのスペクトルを種々の方向に偏光した赤外線を用いて測定して吸収強度の変化を調べると，赤外活性振動の対称性や高分子鎖あるいは特定の官能基の配向を知ることができる．たとえば，三方晶系ポリオキシメチレン（7.4節参照）のようならせん分子の赤外活性振動は，双極子モーメントの変化方向が分子鎖に平行な A_2 対称の振動と垂直な E_1 対称の振動に分けられるので偏光測定によって振動の対称性を知ることができる．

偏光スペクトルを用いてフィルムの配向度を測ることができる．簡単のために一軸配向フィルムを考え，延伸軸に平行および垂直な電気ベクトルをもつ平面偏光赤外線を用いて測定したあるバンドの吸光度をそれぞれ $A_{//}$, $A_\perp$ とする．$R = A_{//}/A_\perp$ を赤外二色比という．このバンドの双極子モーメントの変化方向 μ が分子鎖軸（c 軸）に対して角 α 傾いて，その周りに均等に分布し，また延伸軸（z 軸）に対する c 軸の傾き（頂角）が $\theta + d\theta$ の範囲にある確率を $f(\theta)d\theta$ とする（図7.13）．一軸配向の場合には c 軸は方位角 ϕ に関して均等に分布し，$f(\theta)$ は分子鎖の配向関数である．この場合の赤外二色比は次式で表される．

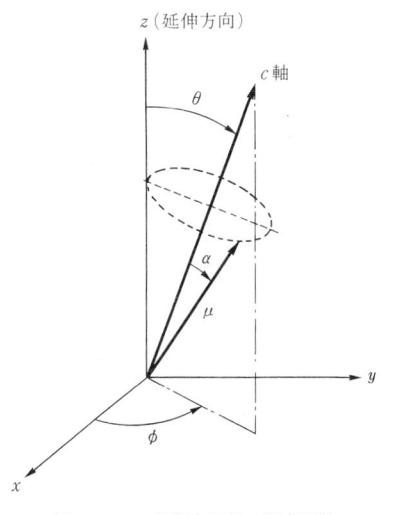

図7.13 一軸配向試料の配向関数

$$R = (2\cos^2 \alpha + S) / (\sin^2 \alpha + S) \qquad (7.16a)$$

$$S = F / [1 - (3/2)F] \qquad (7.16b)$$

$$F = \int_0^{\pi/2} \sin^2 \theta f(\theta) d\theta \qquad (7.16c)$$

延伸軸に対して c 軸が完全に平行に並んだ場合(完全配向)では $S=0$ すなわち R_0 $=2\cot^2\alpha$ となる.

　ラマン分光は C. V. Raman によって発見(1928年)されたラマン効果を利用した分光法で,赤外吸収とともに最もよく使われる振動分光法の1つである.試料に周波数 ν_0 の単色光を入射すると,試料によって散乱される光のなかには ν_0 の他にいろいろな周波数 $\nu_0 \pm \nu_j$ ($j=1, 2, \cdots$) 成分が含まれる.これは試料を構成している分子の振動準位と入射光との間のエネルギーの授受によって起こる現象でラマン散乱と呼ばれている.ν_j はラマンシフトで,j 番目の基準振動数に相当し,赤外吸収で測る振動数と同じものである.

　赤外吸収とラマン散乱では振動準位間の遷移機構がまったく違い,前者では同じ電子準位(一般には基底状態)における振動準位間の遷移であるのに対し,後者では他の電子準位が関与し,そのために入射光の波長によってスペクトルが著しく変化する現象(共鳴ラマン効果)や非線形光学現象がみられ,それらを利用した種々のラマン分光法が開発され赤外吸収よりはるかに幅の広い情報が得られる.たとえば,共鳴ラマン効果の励起波長依存性を測定することで電導性高分子における共役二重結合長の分布を評価できる.

　レーザー光源からの励起光を試料に入射し,特定の方向に散乱した光(散乱角は普通 90° あるいは 180°)を集光して分光器に導いて分光し,散乱光の強度を周波数(ラマンシフト)の関数として測定してスペクトルを得る.

　ラマンスペクトルの測定試料はどのような形状のものでもよいが,高分子の場合微量に含まれる不純物から生ずる連続背景が測定の大きな障害となることが多い.近赤外レーザーを励起光源とする FT-ラマン分光法は,この障害を回避するための有効な手段である.

　偏光測定では,入射光と散乱光について進行方向と偏光方向(電気ベクトルの方向)を実験室座標系 (XYZ) において,たとえば $X(YZ)Y$ のように指定する.この場合,括弧の外側の記号は左側が入射光,右側が散乱光の進行方向を,括弧の内側の記号は左が入射光,右側が散乱光の偏光方向を意味する(図 7.14).このような配置で測定すると,分極率の変化率のテンソル(ラマンテンソル)の YZ(括弧

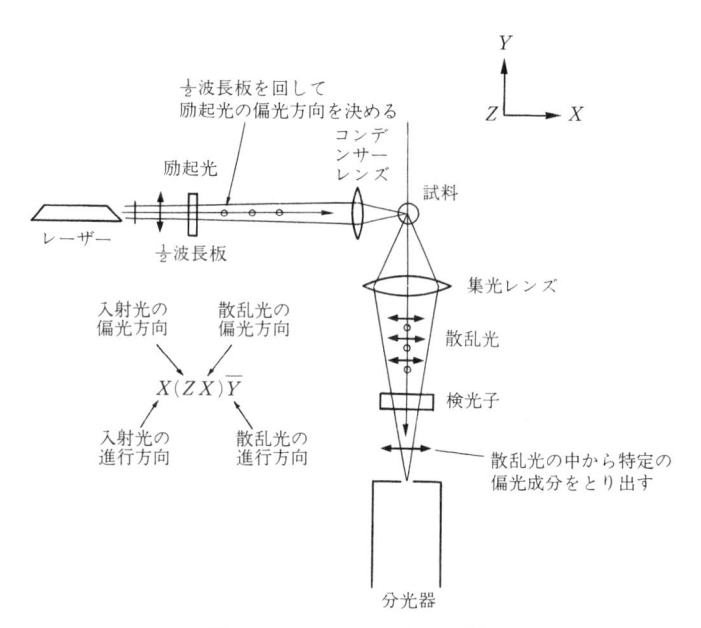

図 7.14 ラマンスペクトルの測定

内の記号に相当)成分だけを選択的に測ることができる．ラマンスペクトルの偏光特性も赤外吸収の場合と同様，振動の対称性や分子の配向を知る上できわめて重要である．

試料は 1mm 角程度の大きさで十分である．また顕微ラマン法を用いると $1\mu m$ 角の領域についても測定できる．

7.2.4 核磁気共鳴吸収（NMR）

A. 原　理

原子核は1つの軸の周りに回転している帯電したコマと見なすことができ，その軸の方向に

$$\mu = (h/2\pi)\gamma\sqrt{I(I+1)} \tag{7.17}$$

の大きさの磁気モーメント μ を生ずる．ここで h はプランク（Plank）定数，γ は磁気回転比で原子核の種類によって決まる．I は核スピン量子数で，高分子に含まれる元素の中，^{1}H，^{13}C，^{19}F，^{31}P は $I=1/2$，^{2}H は $I=1$，一方 ^{12}C，^{16}O は $I=0$ である．NMR は $I \neq 0$ の原子核を対象とする．

スピン I をもつ原子核が外部から加えられた磁場 B_0 の中に置かれると，量子力学の要請により，次の $(2I+1)$ 個のエネルギー準位 W_m に分かれる（Zeeman 分裂）．

$$W_m = -(h/2\pi)\gamma B_0 m, \quad m = I, I-1, \cdots, 0, \cdots, -(I-1), -I \quad (7.18)$$

$I = 1/2$ の陽子の場合，$m = 1/2$ と $-1/2$ の 2 つの準位が存在し，それぞれのスピンの向き（正確には磁場の方向への射影）が磁場の向きと平行（低エネルギー準位）および逆平行（高エネルギー準位）の場合に相当し，そのエネルギー差は $(h/2\pi)\gamma B_0$ である（図 7.15）．

外部磁場（静磁場）B_0 に垂直な方向から周波数

$$\nu_L = (\gamma/2\pi)B_0 \quad (7.19)$$

の高周波磁場を照射すると，低エネルギー準位にある ^{1}H の一部が高エネルギー準位に移り，共鳴吸収として観測される．ν_L はラーモア(Larmor)周波数と呼ばれ，^{1}H の場合 $B_0 = 1.409$T では $\nu_L = 60$MHz となる．

以上は真空中に ^{1}H が単独に存在する場合であるが，試料中の原子核は静磁場との相互作用の他に原子核と電子あるいは原子核同士の電磁気的相互作用を受けてエネルギーは，式（7.18）のゼーマン相互作用以外の項を含む式で書き表され，したがって NMR スペクトルも試料の状態および高周波磁場の加え方によって複雑に変化する．測定法は広幅法と高分解法に大別され，NMR 研究の初期においては前者は固体試料，後者は液体試料について用いられてきたが，最近では固体試料についても高分解能測定によることが多い．

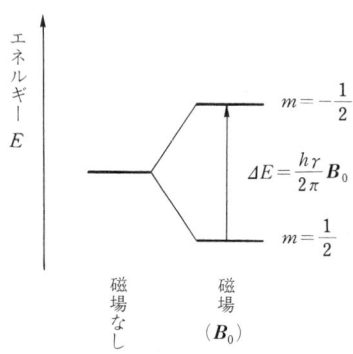

図 7.15 $I = 1/2$ の核スピンの外部磁場による Zeeman 分裂

B. 高分解能 NMR（溶液試料）

外部静磁場 B_0 中に置かれた試料に含まれる特定の原子核が実際に受ける磁場 B はその原子核周辺の電子の反磁性（diamagnetism）効果などによって遮蔽（shield）されるために

$$B = B_0(1-\sigma) \quad (7.20)$$

で与えられる．σ は遮蔽定数と呼ばれ，液体のように分子配向が等方的に平均化されているときにはスカラー量で表される．^{1}H については σ は 10^{-5} 程度の値であ

る.

　化学構造によってそれぞれの ^{1}H 周辺の電子状態が異なるので遮蔽効果も変化し ($\Delta\sigma$), それに応じて共鳴周波数も $(\gamma/2\pi)B_0\Delta\sigma$ だけシフトする (**化学シフト, chemical shift**). 化学シフトは静磁場の強さに比例するので, 適当な標準物質の共鳴吸収ピークからのシフト量として ppm 単位の分率尺度 δ で表す.

$$\delta = [(B_r - B)/B_r] \times 10^6 \qquad (7.21)$$

B_r と B は一定の周波数に対して, それぞれ標準物質および測定試料中の注目している ^{1}H が共鳴を生ずる外部磁場の強さである. δ の値が小さいほど遮蔽効果が大きい. $\delta = 0$ の標準としてはテトラメチルシラン $Si(CH_3)_4$ の ^{1}H シグナルがよく用いられる. 図 7.16 は立体規則性 (7.3 節参照) の異なる 3 種のポリメタクリル酸メチル $[-CH_2C(CH_3)(COOCH_3)-]_n$ の ^{1}H NMR スペクトルで, エステルの CH_3 ($\delta = 3.7$), CH_2 ($\delta = 1.6 \sim 2.4$), $\alpha\text{-}CH_3$ ($\delta = 0.96 \sim 1.27$) の順で δ が小さくなっていることがわかる. これはこの順で電子による遮蔽効果が強くなっていることを示している.

　$\alpha\text{-}CH_3$ および CH_2 の ^{1}H スペクトルは試料の立体規則性によって大きく変化している. このように立体規則性をはじめとする高分子の化学構造の違いは化学シフトに敏感に反映されるので, 高分解能 NMR は高分子の特性解析に広く利用されている. 図 7.16 を見ると CH_2 によるシグナルがイソタクチック試料で 4 本に分裂している. これは, 近くに存在する ^{1}H スピンの間に共有結合電子対を通して相互作用が生ずることに由来するもので, (間接核) スピン-スピン相互作用あるいはスピン結合による分裂と呼ばれている. この分裂の大きさ (^{1}H の場合数 10Hz 程度) は外部磁場の強さにはよらないので, より強い静磁場 (高共鳴周波数) の分光器で測定するほど, 化学シフトに比べて相対的に小さくなってスペクトルの解釈が容易になる. また, 相互作用している相手の ^{1}H の共鳴周波数で振動する強い高周波磁場を照射することによってこの分裂を消すことができる (デカップリング). さらに 2 次元 NMR 法を用いればタンパク質のような複雑な分子についてもスピン結合によるスペクトル分裂の様相を解析してシグナルの帰属を正確に決定することができる.

　^{13}C は ^{1}H に比べて化学シフトが約 10 倍大きい. 天然同位体比が 1.1% と小さく, 大多数を占める ^{12}C は $I = 0$ であるので希釈状態にあって ^{13}C 同士のスピン結合による分裂は生じない. また, ^{1}H との双極子相互作用は上記のデカップリングと同様

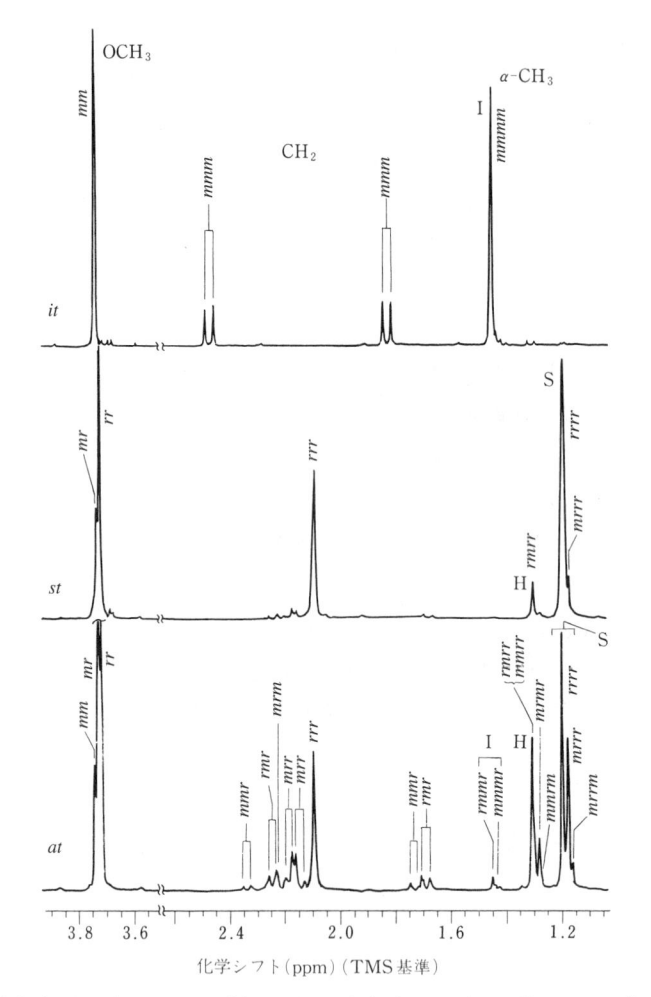

図 7.16 上からイソタクチック,シンジオタクチックおよびアタクチックポリメタクル酸メチルの高分解能 ^{1}H NMR スペクトル（mm, mmr, などの記号は種々の立体規則鎖を表す．ニトロベンゼン-d 55％溶液，110℃で 500MHz の分光計を用いて測定．化学シフトはテトラメチルシランのピークを基準として表示．）

な方法で消去でき，化学シフトだけを反映した ^{13}C NMR スペクトルが得られるので高分子の特性解析には ^{1}H NMR より都合がよい．

C. 高分解能 NMR（固体試料）

固体試料では溶液のように分子配向の平均化が起こらないので種々の相互作用がそのまま NMR スペクトルに反映され，多くのシグナルが重なり合って全体として

幅の広い連続した形状となる．この固体試料のNMRスペクトルを液体試料のように尖鋭化する方法が開発され，固体構造解析の有力な手段となっている．

化学シフトの大きさを決める式（7.20）のσは，液体中のように分子配向がラーモア周波数に比べて十分速い速度で等方的に平均化されている場合にはスカラー量で与えられるが，固体においては2階テンソル量

$$\sigma = \begin{pmatrix} \sigma_{xx} & \sigma_{xy} & \sigma_{xz} \\ \sigma_{yx} & \sigma_{yy} & \sigma_{yz} \\ \sigma_{zx} & \sigma_{zy} & \sigma_{zz} \end{pmatrix} \quad (7.22)$$

で表される．これは実験室固定座標系（xyz）で書いた場合であるが，座標系を主軸変換するとσは対角化され

$$\sigma = \begin{pmatrix} \sigma_{11} & & \\ & \sigma_{22} & \\ & & \sigma_{33} \end{pmatrix} \quad (7.23)$$

のように3つの主値σ_{11}，σ_{22}，σ_{33}が得られる．液体で観測されるσ値（σ_{iso}）は

$$\sigma_{iso} = (1/3)(\sigma_{11} + \sigma_{22} + \sigma_{33}) \quad (7.24)$$

である．粉末状の固体では時間的な配向の平均化は起こらないので，主軸系座標は外部磁場に対してあらゆる方位をとり，そのためにNMRシグナルは図7.17のように広がり，この図形（粉末パターン）から3つの主値が求められる．外部磁場$\boldsymbol{B}_0$

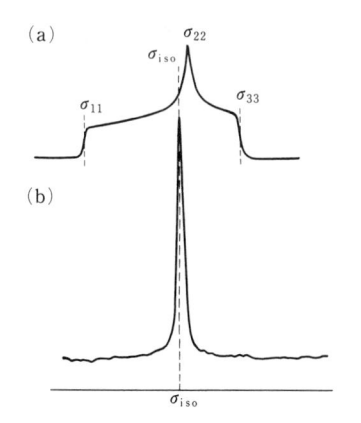

図7.17 (a) 化学シフトの異方性によって生ずる固体粉末試料のNMRスペクトルの広がり（粉末パターン）と (b) MAS法によるスペクトルの先鋭化

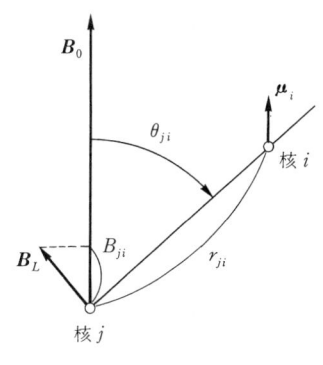

$$B_{ji} = \left(\frac{\mu_0}{4\pi}\right)\left(\frac{\mu_i}{r_{ji}^3}\right)(3\cos^2\theta_{ji} - 1)$$

図7.18 核スピン同士の双極子相互作用：
　μ_0：真空の透磁率
　μ_i：核iの磁気モーメントの大きさ

に対して 54.74°（マジック角）傾いた軸の回りに試料を高速回転すると上記の広がりが消えて σ_{iso} に相当する位置に鋭いシグナル（高分解能スペクトル）に変わる．この手法を **magic angle spinning（MAS）法** という．固体試料のシグナル幅を広げるもう1つの要因に核スピン同士の双極子相互作用がある．これは図7.18 に示すように，観測しようとする核 j の位置の磁場 $\boldsymbol{B}_0$ に別の核 i の磁気モーメントがその位置につくる局所磁場 $\boldsymbol{B}_L$ が加わる．共鳴周波数に影響を与える $\boldsymbol{B}_L$ の成分 B_{ij} は，核間ベクトル $\boldsymbol{r}_{ij}$ の大きさと $\boldsymbol{B}_0$ に対する方向 θ_{ij} に依存する．核の運動が制限されている固体では，r_{ij} の分布に依存して共鳴磁場に広がり $\varDelta B$ が生じる．広がりの程度は共鳴曲線 $f(B)$ の二次モーメント

$$\langle \varDelta B^2 \rangle = \int_0^\infty f(B)(B-B_0)^2 dB \Big/ \int_0^\infty f(B) dB \tag{7.25}$$

で表される．これは固体中の原子核の空間配置とその運動性によって決まり，モデルを仮定すれば計算できるので実測値と比較して分子の運動状態を推定することが可能である．定性的にいえば，分子運動が大きな振幅で速く起こるほど線幅は狭くなる（motional narrowing）．

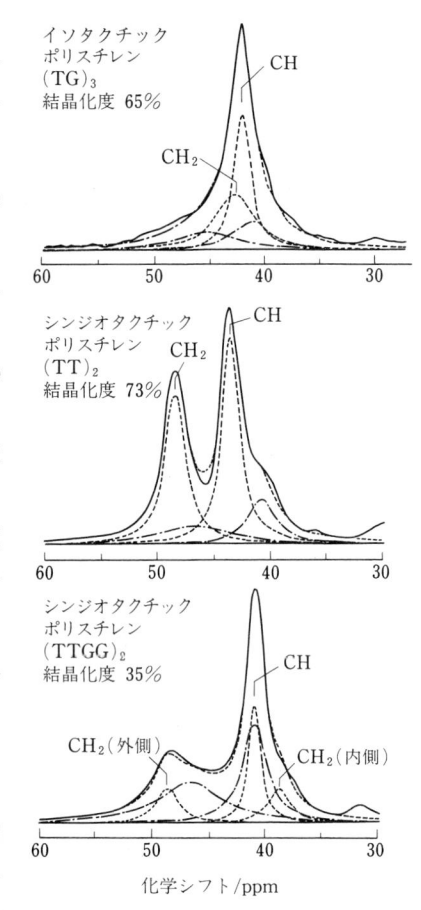

図 7.19 イソタクチックおよびシンジオタクチックポリスチレン固体試料の骨格炭素原子の CP-MAS ^{13}C NMR スペクトル；―：実測スペクトル，- -：結晶領域，- -：非晶領域，⋯：波形分離した成分を足し合わせた曲線（室温で 100.4MHz の分光系を用いて測定．化学シフトはテトラメチルシラン標準．）

固体における磁気双極子相互作用によるシグナルの広がりを消去するには，周辺の核 i との相互作用をその共鳴周波数で振動する強い高周波磁場を照射してデカップルすればよい（高出力デカップリング）．この方法は普通異種の核の間の双極子相互作用を消去するのに用いられ，特に希釈状態にある ^{13}C スペクトルを周辺の ^{1}H との相互作用を消去して測定するのに有効である．固体 ^{13}C NMR の分解能を高め

るために MAS と高出力デカップリングを組み合わせ，さらに ^1H の磁化を ^{13}C に移し換えて測定の効率を高める交差分極法（cross polarization, CP）を併用した手法が用いられている．CP-MAS 法によって測定した，立体規則性の異なるポリスチレン固体の ^{13}C NMR スペクトルを図 7.19 に示す．

NMR では，磁気モーメントの向きを外部磁場により急激に変化させたときに，磁気モーメントが再び平衡状態に達する速さの目安である緩和時間を測定することができる．この磁気緩和は，原子や分子の運動と双極子相互作用等の核スピンに働く相互作用との結合によって生ずる現象であり，固体高分解能 NMR 法では緩和時間測定を通じて各原子の運動性に関する情報が得られる．

7.3 鎖状高分子の立体構造

7.3.1 立体配置と立体配座

鎖状高分子の立体構造を表す用語に**立体配置**（configuration）と**立体配座**（conformation）がある．立体配置はビニル系高分子における側鎖の立体規則配置やジエン系高分子の二重結合部分の幾何異性のように，高分子が重合するときに決まる立体化学構造である．一方，立体配座は分子内の単結合の回りの内部回転によって生ずる各原子（団）の相対的な空間配置で，高分子の形状を決めるものである．たとえば，n-ブタンの場合，中央の C-C 結合の回りの内部回転角 τ（シスの位置から測る）には図 7.20 に示すようにエネルギー的に安定な（ポテンシャルが極小になる）値が 3 種類あって，C-C 結合の両側の 2 つの C 原子が互いに反対側に位置する（$\tau=180°$）トランス型（T）が最も安定，互いに $60°$ あるいは $-60°$ 回った位置につくゴーシュ型（G または $\overline{G}$）が T に次いで安定である．この場合 G と $\overline{G}$ は互いに鏡像関係にあってエネルギー的に等価であり，T と G（$\overline{G}$）とのエネルギー差は約 2.5kJ/mol である．

7.3.2 立体配置とその規則性

ビニル系高分子あるいは 1 置換オレフィン重合体 $[-CH_2-C^*HR-]_n$ には主鎖中に構造単位 1 つ当たり 1 個の不斉中心（＊で示す）を含んでいる．この場合は通常の光学異性のように個々の不斉中心の絶対配置ではなく，分子鎖に沿っての相対的な並びに注目する．3 章に述べたように，不斉中心の回りの立体配置が主鎖に沿って

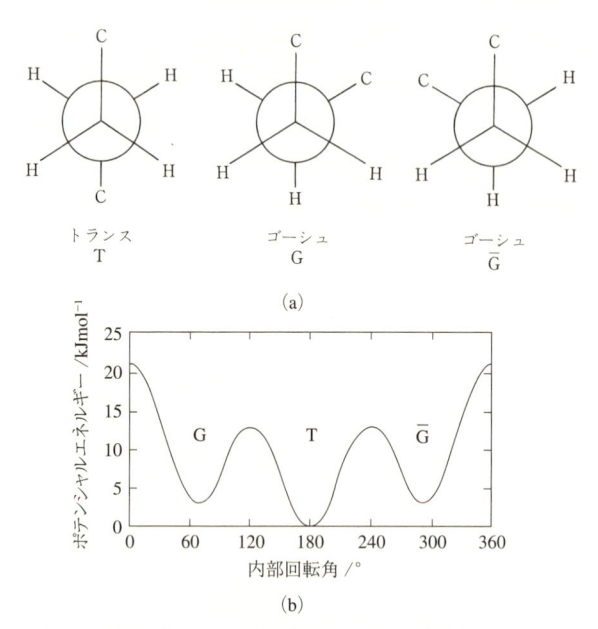

図 7.20 (a) トランスおよびゴーシュ型と (b) n-ブタンの場合のポテンシャルエネルギー

すべて同じものをイソタクチック（isotactic, *it* と略），交互に逆の立体配置をとるものをシンジオタクチック（syndiotactic, *st* と略）という．Fischer 投影で示すと，主鎖を表す直線に対して，側鎖 R が常に同じ側にくるのが *it*，交互に逆にくるのが *st* である．ビニル系高分子のように構造単位中に 2 個の主鎖原子を含む場合の *it* および *st* ポリマーの **Fischer 投影**を，主鎖を平面ジグザグ（全トランス）型に引き伸ばしたと仮定したときの側鎖の配置と比較して図 7.21 に示す．

ポリプロピレンオキシド $[-CH_2C^*H(CH_3)-O-]_n$ のように構造単位の主鎖が 3 個（奇数）の場合には，Fischer 投影では先と同様に *it* では R は同じ側に，*st* では交互に反対側につくが，平面ジグザグ鎖での R の配置は偶数個の場合と逆の関係となっている．また，この例では C^* は真の不斉炭素原子であるので *it* ポリマーには rectus（R）および sinister（S）の鏡像異性体が存在する．図 7.22 に示したのは rectus である．

立体配置の並びが上記のように規則的なものに対して，まったく無秩序なものをアタクチック（atactic, *at* と略）ポリマーという．

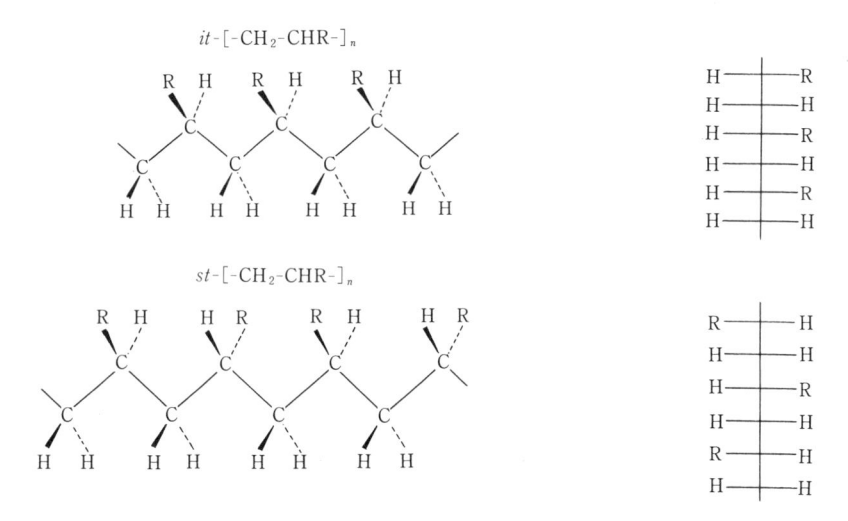

図 7.21　$[-CH_2-CHR-]_n$ ポリマーのイソタクチックおよびシンジオタクチック構造

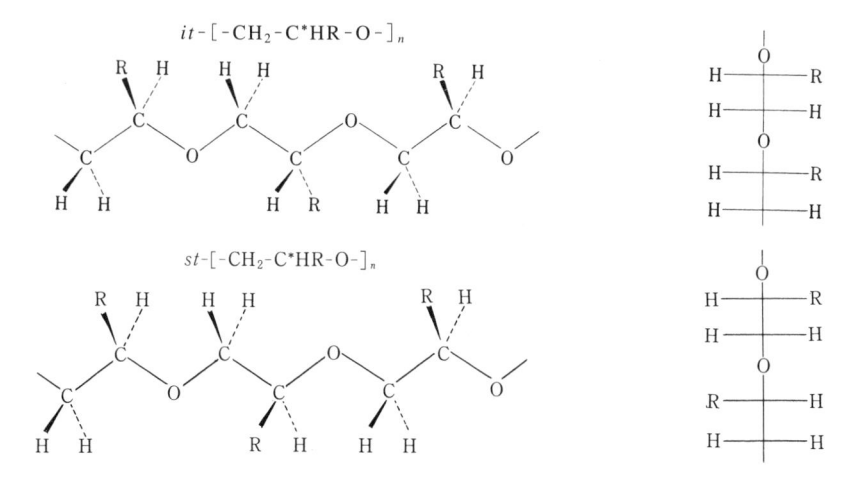

図 7.22　$[-CH_2-CHR-O-]_n$ ポリマーのイソタクチックおよびシンジオタクチック構造

7.3.3　立体配座とその安定性

　高分子の形態は主鎖を構成する化学結合の立体配座の組み合わせで決まるが，主鎖結合がどのような配座をとるかは側鎖の化学構造や立体配置に支配される．結晶領域を構成する規則分子では，分子鎖に沿った周期（繊維周期）で特定の配座の連

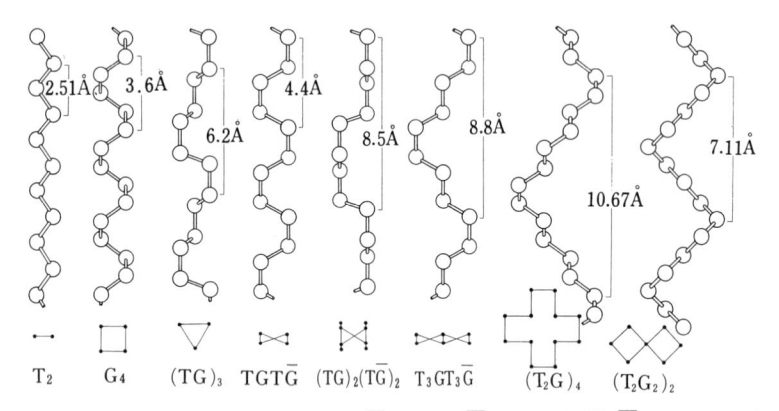

G_4, $(TG)_3$, $(T_2G)_4$ および $(T_2G_2)_2$ はらせん，$TGT\overline{G}$，$(TG)_2(T\overline{G})_2$ および $T_3GT_3\overline{G}$ は映進面型である．

図7.23 単結合炭素鎖の種々の立体配座と繊維周期（左の6個は Bunn による）

なりが繰り返される．同じ高分子でも分子間配列の違いにより，異なった立体配座をとることもあって種々の**結晶変態**（crystal modification）を生ずる．

図7.23 に単結合炭素鎖がとることのできるいろいろな立体配座をその繊維周期とともに示す．T はトランス，G（または $\overline{G}$）はゴーシュ，添字は同じ配座が繊維周期中で繰り返す数を表している．T_2 は T だけの繰り返しからなる平面ジグザグ鎖で，ポリエチレンがその典型で，ほかにもポリビニルアルコール [$-CH_2-CHOH-$]$_n$ やポリ塩化ビニル [$-CH_2-CHCl-$]$_n$ などがこの形をとる．G または $\overline{G}$ だけの繰り返しは右巻きまたは左巻きのらせんになり，G が4個で1周期となる．この例としてはポリオキシメチレン [$-CH_2-O-$]$_n$ がある．TG の繰り返しは3で1周期となり，it ポリマーの3回らせん構造がこれに相当する．$TGT\overline{G}$ と $T_3GT_3\overline{G}$ はともに映進面対称をもつ形でいずれもポリフッ化ビニリデン [$-CH_2-CF_2-$]$_n$ の結晶変態に見出されている．$(T_2G_2)_2$ は st ポリマーに，T_2G の繰り返しはポリエチレンオキシド [$-CH_2-CH_2-O-$]$_n$ に見られる．

このように種々の立体配座を生ずる原因は，分子内と分子間の要因とに分けて考えられる．また温度，圧力，湿度などの外部環境あるいは電場や応力など外部から加わる力にも左右される．分子内の要因としては（1）単結合の回りの内部回転ポテンシャル，（2）非結合原子間の反発力とファンデルワールス引力，（3）静電相互作用[*1]，（4）水素結合などがある．分子間の相互作用としては上記の（2），（3），（4）のほかに結晶格子内でよく充填（packing）する分子形態であることも要因の1

7.3 鎖状高分子の立体構造

つにあげられる．

(1) については先に述べたが，ポテンシャルの極小位置や高さは結合距離や結合角によって変わる．(2) の例としてはポリ四フッ化エチレンがあげられる．ポリエチレンでは主鎖が平面ジグザグ形であるのに対し，ポリ四フッ化エチレンでは少しずつねじれて全体としてらせん構造になっている．これは前者では平面ジグザグ鎖における H$\cdots$H 原子間距離（ポリエチレンの繊維周期 2.534Å）が H$\cdots$H ファンデルワールス半径の和 2.2〜2.4Å より長くそのまま安定なトランス配座をとることができるのに対し，後者では F$\cdots$F ファンデルワールス半径の和が 2.7Å で，その反発を避けるためにトランスから少しずれた配座をとるためである（図 7.24）．ポリ四フッ化エチレンは 19℃ 以下の温度では，繊維周期 16.9Å の中に 13 個の CF_2 を含み 6 回転している構造をとるが，このようならせん構造を (13/6) で表す．19〜30℃ の範囲では (15/7) に変わり，30℃ 以上では配座に乱れを生ずる．また，5×10^5Pa 以上の高圧下では平面ジグザグ構造が出現する．it ポリマーのように側鎖の反発のためにらせん構造をとる例も多い．表 7.3 に主な原子のファンデルワールス半径の値を示す［Pauling : The Nature of the Chemical Bond (1960)］.

表 7.3 ファンデルワールス半径（Å）（Pauling）

原子	半径
H	1.2
N	1.5
O	1.40
F	1.35
P	1.9
S	1.85
Cl	1.80
Br	1.95
I	2.15
CH_2	2.0
CH_3	2.0
芳香族分子の厚さの半分*)	1.75〜1.80

*) ［Bondi : J. Phys. Chem., 68, 441 (1964)］

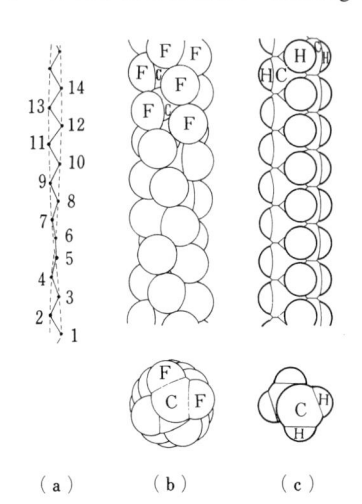

図 7.24 (a) および (b) ポリ四フッ化エチレンの分子構造，(c) ポリエチレンの分子構造（Bunn ら）

---

*1 静電相互作用としては，荷電粒子間のクーロン力のほかに双極子や四極子などの多重極子間相互作用も含まれる

(3) の静電相互作用は近距離では (1), (2) に比べて弱く, 局所的な配座の決定にはあまり大きな寄与はもたないが, その相互作用は長距離に及ぶので分子集合全体の構造, 物性を理解するためには重要な要因となる. (4) の水素結合の例としてはポリペプチドの α-ヘリックスがある. ポリペプチド鎖に沿って4つ離れたアミノ酸残基間に N-H⋯O 水素結合が形成されることで α-らせん構造が安定化されている (9章参照). このような強固ならせんは溶液中においても存在する. また, ポリエチレンイミン [-CH$_2$CH$_2$NH-]$_n$ では, 図7.25 のように N-H⋯N 水素結合によって結ばれた2本よりらせんをつくることによって安定な構造が形成される. ポリアミドでは分子間に水素結合が形成されるが, そのつくり方の違いによってアミド基の配座の異なる2種の結晶変態, α 型と β 型を生ずる (7.4節参照).

ここでは種々の相互作用の役割を別個に考えたが, 実際にはこれらは互いに関係し合い, さらに分子の熱的揺動などの要因も加わって全体の自由エネルギーが最小になる構造が出現する. 電算機を用いて, すべての結合距離, 結合角, 内部回転角を変数とする量子力学計算によって最安定な分子の構造を理論的に予測する研究も進められている.

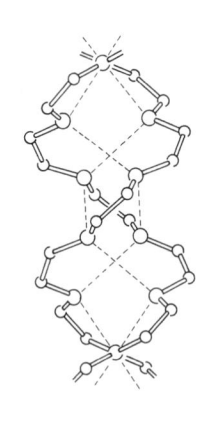

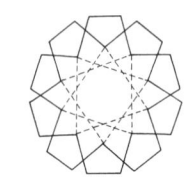

○ NH
○ CH$_2$

図7.25 ポリエチレンイミンの2本よりらせん

7.4 結晶構造

7.4.1 ポリエチレン

ポリエチレンは最も単純な化学構造をもつ高分子である. 常圧下で融体あるいは液体から結晶化すると斜方晶系の結晶が得られ, その構造は表7.4および図7.26

表7.4 ポリエチレンの結晶データ

結 晶 系	斜方晶
空 間 群	D_{2h}^{16}-$Pnam$
格 子 定 数	$a=7.40$Å, $b=4.93$Å, c (繊維軸) $=2.534$Å
単位格子内の CH$_2$ 基の数	$Z=4$
炭素原子の分率座標	$x=0.038$, $y=0.065$, $z=0.250$
結晶密度（計算値）	$d_{cr}=1.01$ g cm^{-3}

7.4 結晶構造

に示すとおりである [Bunn : Trans. Faraday Soc., 35, 482 (1939)]．単位格子当たり 2 本の平面ジグザグ分子鎖が通り，ジグザグ鎖面は bc 面に対し約 41° 傾いている．繊維周期 2.534Å は C-C 結合距離 1.54Å と C-C-C の正四面体角 109°28′ から予測される値 (2.52Å) とよく一致している．便宜のため重要な原子の共有結合半径の標準的な値を表 7.5 に示す．図 7.4 (c) は一軸配向したポリエチレンの X 線繊維図形で，赤道線の上下に見える第一層線と赤道線との間隔が繊維周期 2.534Å に対応する [式 (7.3)]．図 7.27 はポリエチレン延伸フィルムの偏光赤外スペクトルで，実線と破線はそれぞれ延伸方向 (c 軸方向) に垂直および平行方向に偏光し

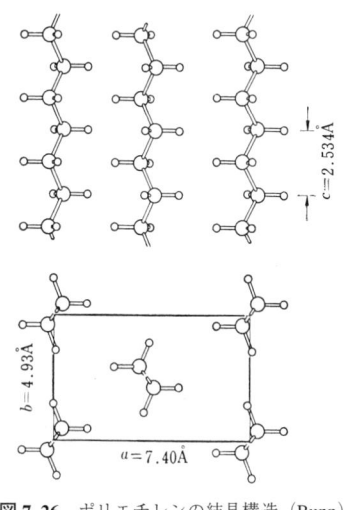

図 7.26 ポリエチレンの結晶構造 (Bunn)

表 7.5 共有結合半径 (Å) (Pauling)

原子	単結合	二重結合	三重結合
H	0.30		
C	0.77	0.67	0.60
N	0.70	0.62	0.55
O	0.66	0.57	
F	0.64		
Si	1.17		
P	1.10		
S	1.04	0.94	
Cl	0.99		
Br	1.14		
I	1.28		

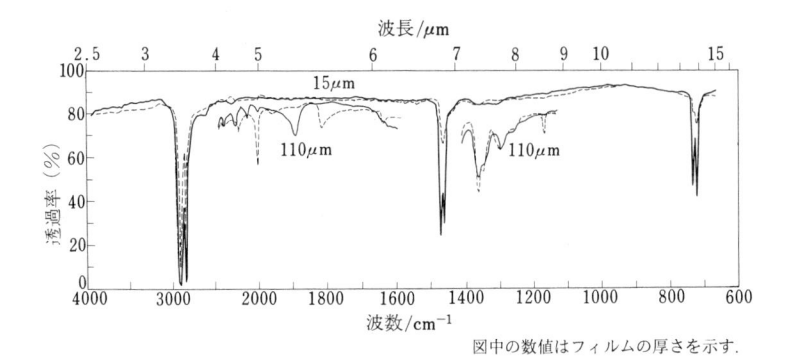

図 7.27 ポリエチレン配向フィルムの偏光赤外吸収スペクトル

図中の数値はフィルムの厚さを示す．

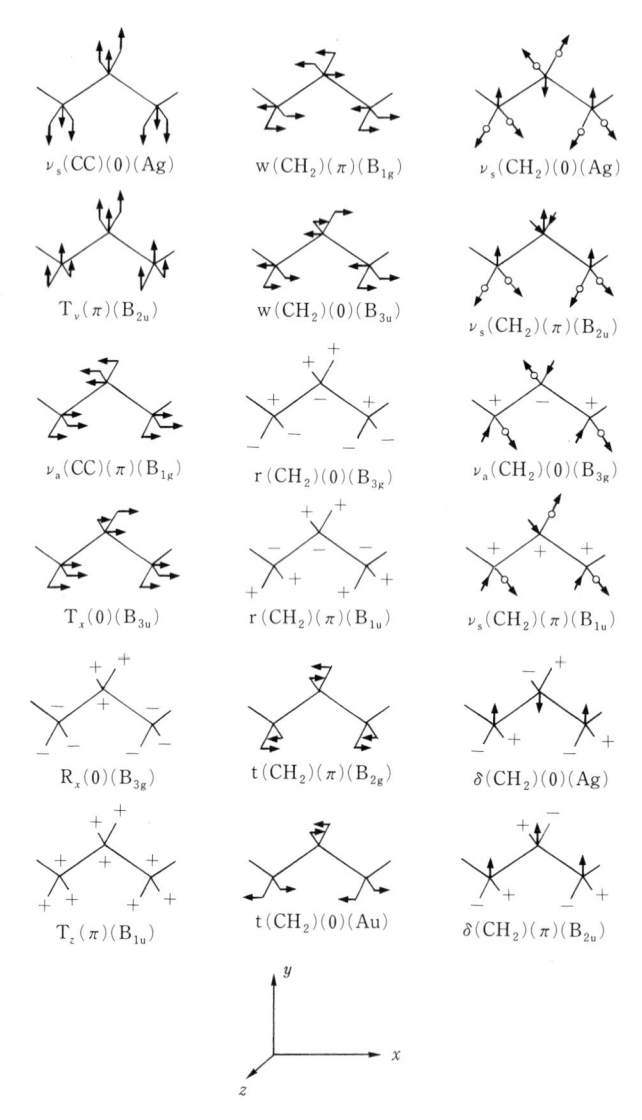

図 7.28 ポリエチレン分子鎖の同位相振動；A_g, B_{1g}, B_{2g}, B_{3g} はラマン活性な振動，B_{1u}, B_{2u}, B_{3u} は赤外活性な振動，A_u は赤外とラマン共に不活性な振動，T_x, T_y, T_z はそれぞれ x, y, z 方向への分子全体としての並進，R_x は分子鎖軸回りの分子全体としての回転

た赤外線で測定したものである．観測される強いバンドはいずれも CH_2 基に特有な振動（図7.28）によるものである．2926，2853，1465，725 cm^{-1} 付近のバンドはすべて垂直偏光でより強い吸収を示すが，これは HCH 面が分子鎖軸に垂直であることを考慮してそれぞれの振動の向きを考えれば理解できる．

1465 cm^{-1} および 725 cm^{-1} 付近のバンドは結晶状態では 2 本に分裂している．斜方晶ポリエチレンと同じ分子配列をとる n-アルカンの単結晶について偏光測定すると，高波数のバンド（1473 cm^{-1} と 731 cm^{-1}）は a 軸に平行，低波数のバンド（1463 cm^{-1} と 720 cm^{-1}）は b 軸に平行な遷移モーメント（振動に伴う双極子モーメントの変化）をもつことがわかる．この分裂は CH_2 はさみ振動および横ゆれ振動が結晶格子中の分子間相互作用によって分裂したものである（図7.29）．単位格子中に 1 本の分子鎖が通っている単斜晶変態や非晶状態の試料ではこのような分裂は起こらず，1465 cm^{-1} と 720 cm^{-1} 付近にそれぞれ 1 本のバンドが出現する．

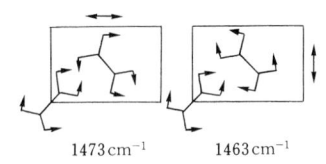

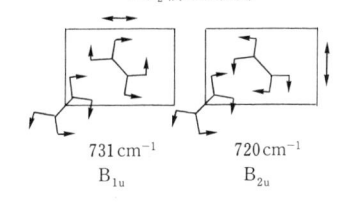

図 7.29 斜方晶ポリエチレン結晶における CH_2 はさみ振動および横ゆれ振動の分子間相互作用による分裂

高度に結晶化したポリエチレン試料のラマンスペクトルには分子鎖の規則正しい平面ジグザグ構造による鋭いバンドが現れ，融解すると幅の広いバンドに変わる（図7.30）．部分結晶化試料のスペクトルはこの 2 つの成分が重なり合ったものになり，その強度比から結晶化度が求められる．

実際のポリエチレンには製法によって種々の程度の枝分かれが含まれている．またエチレンとブテン-1 などのアルケンとの共重合によって短い分岐を含むポリマー（線状低密度ポリエチレン）がつくられている．分岐度は 1000 個の炭素原子当たりの分岐の数で表し，高分解能 NMR あるいは赤外吸収（ともにメチル基による吸収の強度を測定する）で求められる．

7.4.2 ポリオレフィンとビニル系ポリマー

[-CH_2-CHR-]$_n$（R：置換基）型ポリマーの結晶性および結晶構造は分子の立体規則性に大きく依存している．it ポリスチレンや it ポリプロピレンは 1955 年に最

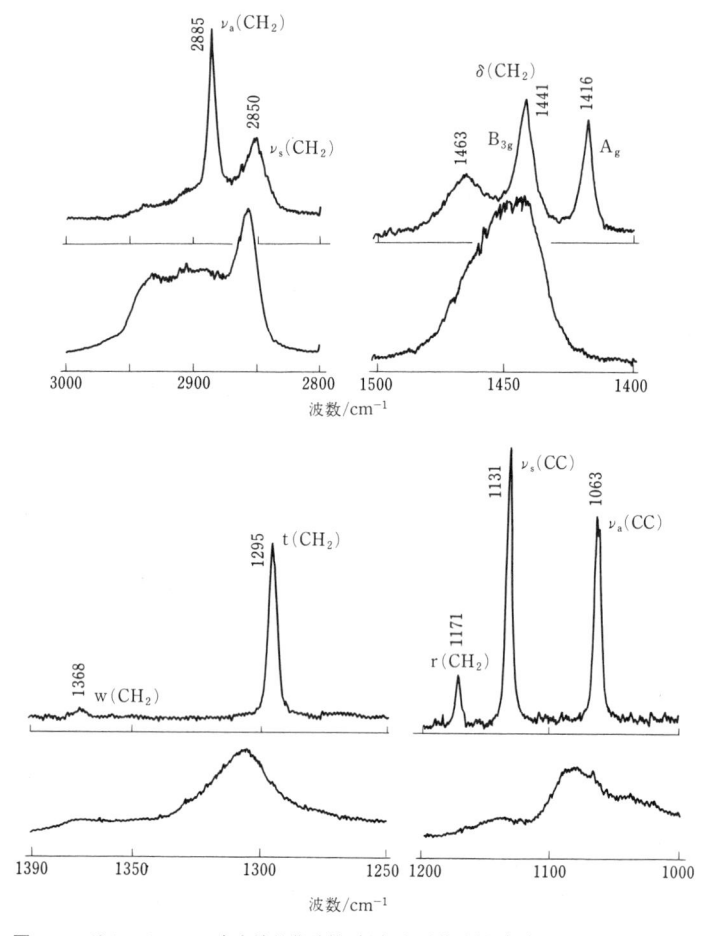

図 7.30 ポリエチレンの高度結晶化試料（上）と融体試料（下）のラマンスペクトル

初に合成された立体規則性ポリマーで，高い結晶性をもち結晶領域で分子は 6.65 Å の繊維周期中に 3 個のモノマー単位が 1 巻する (3/1) らせん構造をとっている．主鎖の立体配座は TG の繰り返しで，これによって側鎖同士の立体障害を避けることができる（図 7.31）．it ポリスチレンの結晶格子は三方晶系で単位胞当たり 6 本の分子鎖が詰まっている（図 7.32）．it ポリプロピレンには (3/1) らせん分子のパッキングが異なる 4 種の結晶変態が見出されている．$[-CH_2-CHR-]_n$ 型 it ポリマーには (3/1) らせんのほかに (4/1) あるいは (7/2) などのらせん構造をとるものがあり（図 7.33），これは側鎖の立体障害の程度の違いによるものと考えられる．

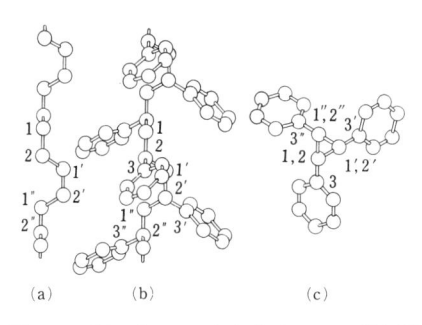

図 7.31 (a) トランスおよびゴーシュの繰り返しからなる 3 回らせんの骨格構造 (b) および (c) イソタクチックポリスチレンの 3 回らせん (Natta ら)

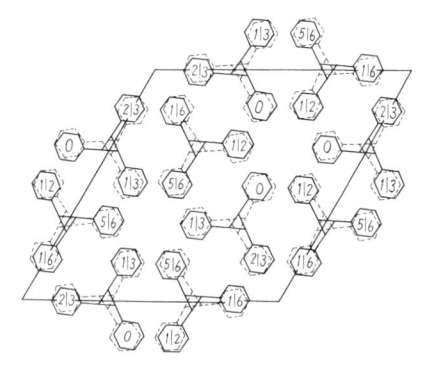

図 7.32 イソタクチックポリスチレンの結晶構造 (Natta ら)

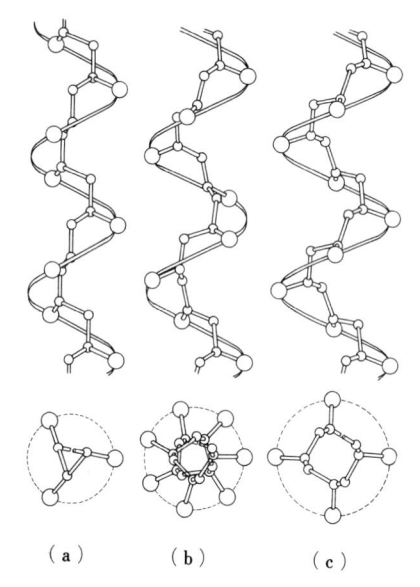

(a) (3/1) R=-CH$_3$, -C$_2$H$_5$, -CH=CH$_2$, -CH$_2$-CH$_2$-CH(CH$_3$)$_2$
-O-CH$_3$, -O-CH$_3$-CH(CH$_3$)$_2$
(b) (7/2) R=-CH$_2$-CH(CH$_3$)-C$_2$H$_5$, -CH$_2$-CH(CH$_3$)$_2$
(c) (4/1) R=-CH(CH$_3$)$_2$, -⟨H⟩

図 7.33 イソタクチックポリマーのらせん構造

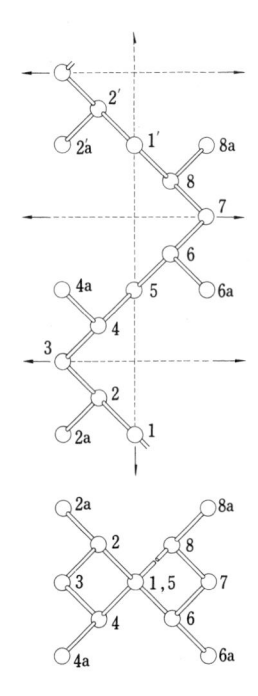

図 7.34 シンジオタクチックポリプロピレンの分子構造 (Natta ら)

st ポリプロピレンの場合，通常の条件で得られる単斜晶変態では分子は T_2G_2 の繰り返しよりなり，繊維周期 7.3 Å 中に 4 個のモノマー単位を含む (2/1) らせん

構造をとっている（図7.34）．このポリマーの融体を氷水中に入れて急冷し，強く引き延ばすと平面ジグザグ（T_2）分子で構成される別の変態（繊維周期5.1Å）になる．これは準安定相で加熱するとT_2G_2型の安定相に転移する．*st* ポリスチレンには多くの結晶変態が存在するが，いずれもT_2G_2型とT_2型に分類される．

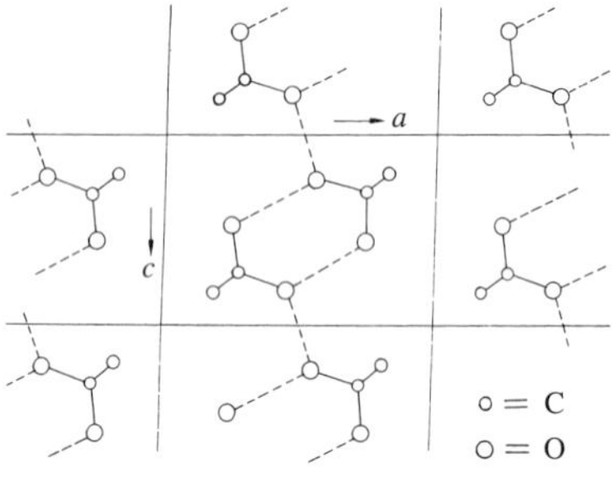

図7.35 ポリビニルアルコールの結晶構造（Bunn）

ポリプロピレンおよびポリスチレンをはじめビニル系ポリマーの *at* 試料は大部分非晶性であるが，市販のポリビニルアルコール $[-CH_2-CHOH-]_n$ は *at* であるにもかかわらず高い結晶性を示す．結晶中では分子鎖は平面ジグザグ構造をとり，OH基は主鎖平面の両側に等確率で配置され，平均構造としては同一の炭素原子の両側に見かけ上（1/2）の確率でOH基が付いている（繊維周期：2.52Å）と見なされる（図7.35）．OH基の立体障害が小さく，さらに上記の統計的な配置によって分子間のOH…O水素結合が過不足なく形成されることが安定な結晶をつくる原因と考えられる．*it* および *st* ポリビニルアルコールもつくられていて，いずれも *at* ポリマーに似たX線回折図を示すが結晶性は *at* より低い．

市販のポリ塩化ビニル $[-CH_2-CHCl-]_n$ は結晶性が低く，あまり先鋭なX線図を示さないが，繊維周期の値5.1Åから *st* 連鎖の部分が平面ジグザグ構造をとるとされている．

7.4.3 ポリビニリデン系ポリマー

ポリイソブチレン $[-CH_2-C(CH_3)_2-]_n$ は室温で未延伸の状態ではゴム状の非晶固体であるが，延伸すると結晶化し，分子鎖は4モノマーを単位とした（2/1）らせん構造をとる．ポリフッ化ビニリデン $[-CH_2-CF_2-]_n$ にはT_2，$TGT\overline{G}$，$T_3GT_3\overline{G}$の立体配座をもつ分子鎖でつくられた結晶変態（それぞれⅠ，Ⅱ，Ⅲ型）が知られている．Ⅰ型結晶はCF_2基の双極子モーメントが b 軸方向に並ぶ極性結晶で，圧電性（力学的な変形によって電位を生ずる物質）や焦電性（温度の変化によって電位を生ずる性質）を示す．ポリ塩化ビニリデン $[-CH_2-CCl_2-]_n$ の分子形態としては$TGT\overline{G}$のみが知られている．

表7.6 ポリオキシメチレンとポリエチレンオキシドの構造と性質

m		1	2
ポリマー		ポリオキシメチレン	ポリエチレンオキシド
構造式		$[-CH_2O-]_n$	$[-CH_2CH_2O-]_n$
融点℃		180	66
密度 $g\,cm^{-3}$	X線	1.506	1.234
	実測	1.40〜1.45	1.20〜1.22
溶解性		$(CF_3)_2CHOH$ に室温で溶解	室温で水および多くの有機溶媒に溶解
硬度		硬	軟
分子構造		らせん (9/5) および (2/1)	らせん (7/2) および平面ジグザグ

7.4.4 ポリエーテル

$[-(CH_2)_m-O-]_n$で表されるポリエーテルの構造と性質を表7.6に示した。$m=1$のポリオキシメチレンは融点,密度,硬さともに高く,室温では$(CF_3)_2$CHOHのような特別な溶媒だけに溶ける。$m=2$のポリエチレンオキシドは融点,密度,硬さともに低く,水にも多くの有機溶媒にもよく溶け,重金属塩,尿素,チオ尿素などとコンプレックスを作る性質がある。図7.36にポリオキシメチレン(三方晶)とポリエチレンオキシド分子の骨格モデルを比較して示した。

7.4.5 ポリエステル

ポリエステルの中で材料として使われているのはポリエチレンテレフタレート(PET)$[-O-(CH_2)_2O-CO-C_6H_4-CO-]_n$やポリブチレンテレフタレート$[-O-(CH_2)_4O-CO-C_6H_4-CO-]_n$などの芳香族ポリエステルである。これらは融点が高く機械的にも強靭であるので合成繊維やフィルムとして広く利用されている。図

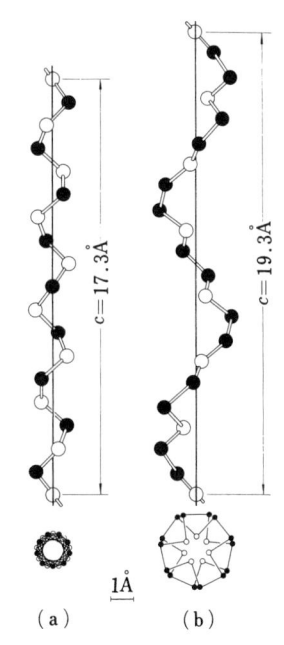

図7.36 (a) ポリオキシメチレンおよび (b) ポリエチレンオキシド分子の骨格モデル

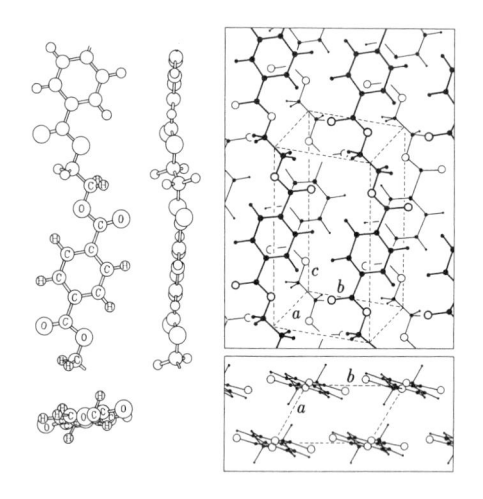

図7.37 ポリエチレンテレフタレートの分子構造および結晶構造（Bunn ら）

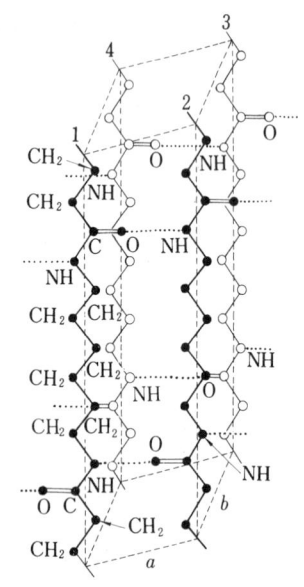

図7.38 ナイロン66の結晶構造（Bunn ら）

7.37にPETの分子構造および結晶構造を示す．ほぼ平面ジグザグ形をした分子が密に充填している．上記の性質はベンゼン環によって分子鎖の屈曲性が束縛されること，およびエステル基の強い静電相互作用によると考えられている．

7.4.6 ポリアミド

脂肪族ポリアミドはナイロンという一般名で呼ばれている．図7.38にナイロン66の結晶構造を示す．平面ジグザグ分子鎖がNH…O水素結合で結ばれたシートをつくり，それが互いにac面に平行に並んでファンデルワールス距離を隔てて重なっている．ナイロン66分子には対称中心があるので分子鎖に上向き，下向きの区別はない．ナイロン6が同様のシート構造をつくる場合には，分子に上向きと下向きの別が生じ，上向きと下向きが交互に並ぶ逆平行配列によって分子間水素結合のネットワークを完成することができる．ナイロン6の通常の結晶（α型）ではこのような構造をとっている（図7.39）．ナイロン11のような奇数ナイロンでは平行配列が安定で，C=O基がすべて同じ方向を向く極性結晶となり圧電性を示す．上記のように分子鎖が伸びきった全トランス構造をとるα型の他に，繊維周期が

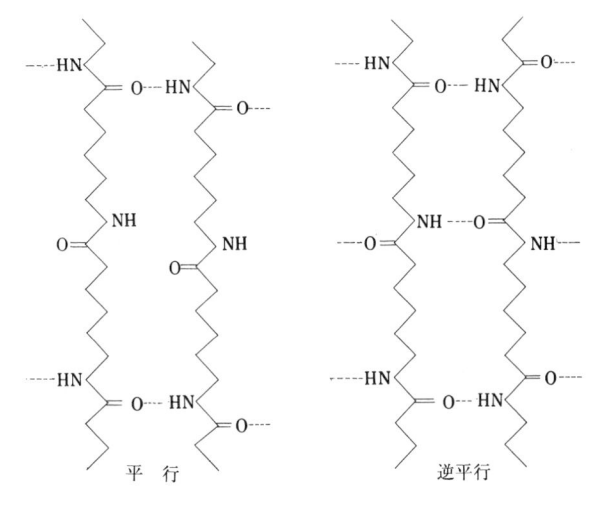

図 7.39 ナイロン 6 の水素結合形成の模型

それよりやや短縮したγ型が存在する．この場合，アミド結合の部分は
$-CH_2-CO-NH-CH_2-$
　　S　T　S̄
　　または
　　S̄　T　S
に近い立体配座をとり，ポリメチレン鎖のジグザグ面と大きな角度をなして傾いている．ナイロン6ではαとγの両型が存在し，γ型では平行に配列した分子鎖の間で水素結合した1つのシートをつくり，その隣にはこれと逆向きの分子鎖でつくられたシートが積み重なった構造を形成している．

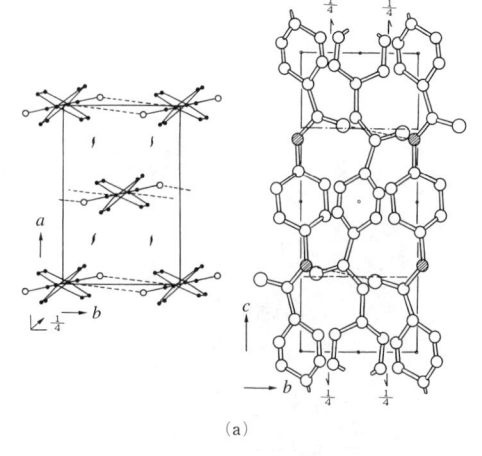

図 7.40 芳香族ポリアミドの結晶構造：ポリ-p-フェニレンテレフタルアミド

　芳香族ポリアミドはポリ-p-フェニレンテレフタルアミドのように耐熱性が高く，強靭で弾性率の高い繊維をつくることができる．分子鎖はきわめて剛直で曲がりにくく，結晶領域はもとより非晶領域でもほぼ伸びきった形態をとっている（図7.40）．

7.5 高次構造

7.5.1 単結晶

　高分子物質は長さの不揃いな分子鎖の集まりであるので通常の分子結晶のような肉眼で見える大きさの単結晶をつくるのは困難であるが，希薄溶液を徐冷することによって電子顕微鏡的大きさ（1μm あるいはそれ以下）の単結晶が得られることが種々のポリマーで確認されている．図 7.41 に代表的な例をあげる．いずれも厚さ十～数十 nm の板状結晶（ラメラ晶）で，ポリマーによって独自の外形（晶癖）をもっている．ポリエチレン単結晶は n-アルカンについてよく知られている菱形の外観に似ているが，中央がすこし高い中空ピラミッド型で，横の大きさは数 μm 以上になる．また，溶媒の種類や過冷却度によって，菱形の角のとれた truncated 晶や側面が丸みを帯びた笹の葉状のものが得られる．

　電子顕微鏡の視野の一部について電子線回折を測定すると，単結晶の単位格子の配向を知ることができる．図 7.42 にポリエチレン単結晶の板面に垂直に電子線を入射して撮影した回折像とその指数付けを示した．この回折図形から，斜方晶単位

図 7.41 種々の高分子単結晶の電子顕微鏡写真
(a) ポリエチレン (Keller)　(b) ポリオキシメチレン（小林ら）

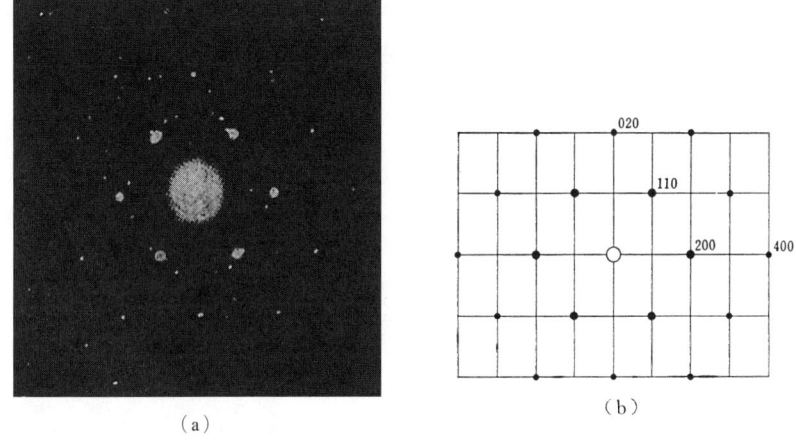

図 7.42 ポリエチレン単結晶の(a)電子線回折像および(b)面指数(菱形の短い対角線が上下方向と一致)

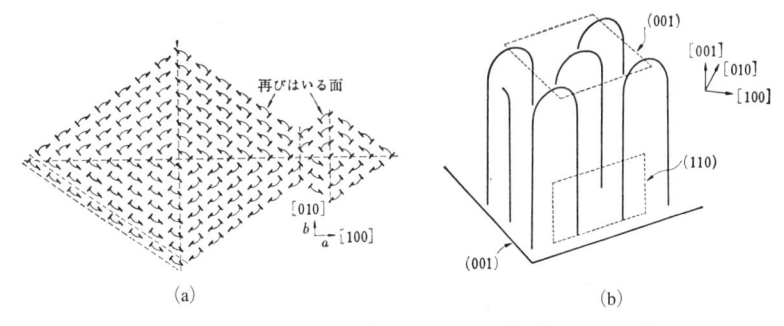

図 7.43 (a) ポリエチレン単結晶中の fold の方向を示す結晶の (001) 面への投影図で，分子鎖の平面ジグザグを／と＼で，結晶の上面における fold を⌒と⌣で表し，結晶の下の面での fold は省略，(b) 分子鎖の折れ曲がりと結晶面との関係 (Reneker ら)．

格子の a 軸が菱形単結晶の長い方の対角線に，b 軸が短い方の対角線に平行であることがわかる．したがって厚さの方向が c 軸すなわち分子鎖軸と平行になる．ポリエチレン分子の長さが数百～数千 nm と単結晶の厚さに比べて 1 桁以上大きいことを考えると，分子鎖は一定の長さで折りたたまれていなければならない (Keller, 1957 年)．このような高分子に特有な結晶組織は折りたたみ鎖結晶と呼ばれている．結晶の厚さ (折りたたみの周期) は分子量に関係なく，結晶化の温度が高いほど増加し，また単結晶を融点以下で熱処理すると厚みを増す (厚化 thickening という)．菱形単結晶の側面，すなわち結晶の成長面は (110) 面に相当し，

分子鎖はこの面に沿って fold する（図7.43）．結晶化の条件によっては別の面，たとえば（200）面に沿った fold も生じる．fold 部分の構造が規則正しいものであるか不規則であるか，また fold が一定の面に沿って規則正しく行われているかどうかについては現在でも研究が進められているが結論を得るに至っていない．また，重なり合った複数個の単結晶を垂直に通り抜ける分子鎖（tie molecule）の存在も結晶の塑性変形などの力学挙動を理解する上で重要である．

7.5.2 球　　晶

融体から結晶化した固体中にみられる規則的組織に球晶がある．これは偏光顕微鏡を用いて交差ニコル状態で観測すると，暗視野の中に明暗の十字線（Maltese cross）をもつ球状の複屈折体として確認され，その直径は数 μm から数 mm に及ぶ（図7.44）．これは前記の単結晶のラメラ組織が球晶の中心から半径方向に垂直に並び，それが放射状に成長した組織で，ラメラとラメラの間には非晶相が存在する．その結果，結晶領域にある分子鎖はすべて球面の接線方向に平行に並んでいる（図7.45（a））．単位体積当たりに発生する球晶の数が多いほど細かい球晶組織が形成され，透明度の高い固体が得られる．

球晶の半径方向の屈折率が接線方向より大きいものを正の球晶，小さいものを負の球晶という（図7.45（b），（c））．ラメラがよじれながら半径方向へ成長する結

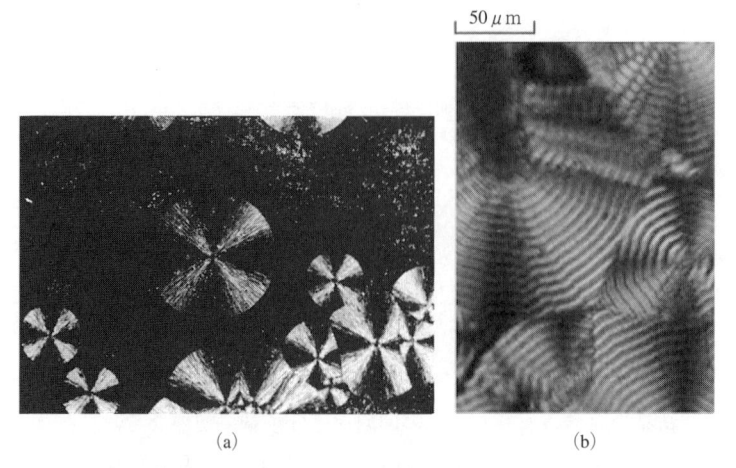

図7.44　交差ニコル偏光顕微鏡による球晶像　(a) ポリテトラメチレンイソテレフタレートの球晶（石橋徹氏の好意による）　(b) ポリジオキサノンの球晶（川口ら）

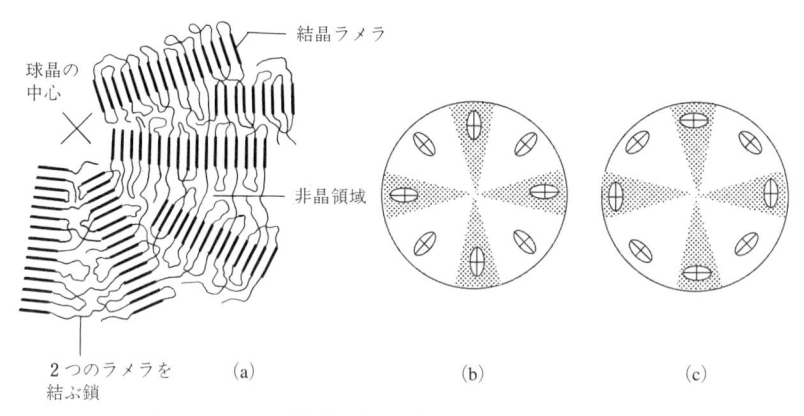

図 7.45　(a) 球晶組織の模型　(b) 正の球晶　(c) 負の球晶

果，十字線に加えて，円環上の明暗を示す球晶も存在する（図 7.44 (b)）．

ポリエチレンでは，a, b, c 軸方向の屈折率は，それぞれ 1.50 弱（最小値），1.50 強，および 1.55（最大値）である．そして積層したラメラは b 軸が半径方向によじれながら伸びている．この結果，c 軸と a 軸は接線方向にあって次第に向きを変えている（図 7.46）．このためポリエチレンの球晶では，半径方向に正負の状態を交互にとることになり円環状の明暗が生じる．

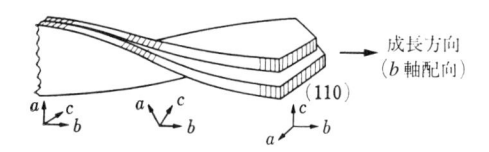

図 7.46　ポリエチレン球晶におけるラメラと結晶軸の配列の模型図（Hoffman ら）

ナイロン 6 などでは結晶化条件によって正および負の両種の球晶ができる．分子鎖面の向きによって屈折率の最大方向が変わり，分極率の大きな C=O…H-N が半径方向に向いた場合に正の球晶となる．

球晶成長の動力学は一般に結晶核が発生する段階と結晶が成長する段階に分けて考えられる．融液をある温度 T に保つと分子の熱運動により液相中に一時的に結晶様の凝集体が形成される．T が融点 T_m より高い場合にはこのような構造は不安定で再び融解するが $T<T_m$ ではその大きさがある臨界値以上になると安定になり，結晶成長の核となる．融液を結晶化温度 T_c に急冷した時点から時間 t 経過後，融液単位体積当たり発生した核の数 $n(t)$ は

$$n(t) = Nt \tag{7.26}$$

で表される．N は核発生の速度定数である．時刻 u から $u+\mathrm{d}u$ の間に発生する核の数は $NW_0\mathrm{d}u/\rho_\mathrm{L}$ で与えられる．ここで W_0 は初期の融体の質量，ρ_L はその密度である．一方，1 つの結晶核から成長する球晶の半径 $r(t)$ は

$$r(t) = Gt \tag{7.27}$$

で表されるものと仮定する．G は成長の線速度である．時刻 u と $u+\mathrm{d}u$ の間に発生した核から成長した球晶（密度 ρ_s）の質量 $\mathrm{d}W_\mathrm{s}$ は

$$\mathrm{d}W_\mathrm{s} = (NW_0\mathrm{d}u/\rho_\mathrm{L})(4/3)\pi G^3(t-u)^3\rho_\mathrm{s} \tag{7.28}$$

と書けるので，結晶化時間 t において得られる球晶の総質量は

$$W_\mathrm{s} = \int \mathrm{d}W_\mathrm{s} = \int_0^t \left(\frac{NW_0}{\rho_\mathrm{L}}\right)\frac{4}{3}\pi G^3(t-u)^3\rho_\mathrm{s}\mathrm{d}u = W_0\pi NG^3t^4(\rho_\mathrm{s}/3\rho_\mathrm{L}) \tag{7.29}$$

で表される．その時点で残存する非晶相の量を

$$W_\mathrm{L} = W_0 - W_\mathrm{s} \tag{7.30}$$

とすると結晶化度（重量分率）の時間変化は

$$\alpha(t) = 1 - W_\mathrm{L}/W_0$$
$$= \pi NG^3\rho_\mathrm{s}t^4/3\rho_\mathrm{L} = zt^4 \tag{7.31}$$

$$z = \pi NG^3\rho_\mathrm{s}/3\rho_\mathrm{L} \tag{7.32}$$

と書ける．すなわち，初期段階では結晶化度は t^4 に比例して増加する．球晶の成長が進むと球晶同士がぶつかり合って結晶成長が阻害されるので，その効果を考慮すると

$$\alpha(t) = 1 - \exp(-zt^4) \tag{7.33}$$

が得られる．式 (7.31) は式 (7.33) の $zt^4 \to 0$ の極限，すなわちごく初期の過程に相当する．式 (7.33) はアブラミ (Avrami) の式として知られている．この式は球晶が 3 次元的に等速度 G で成長する場合を表しているが，2 次元あるいは 1 次元的な成長の場合には t の指数は 3 あるいは 2 となり，一般的に

$$\alpha(t) = 1 - \exp(-zt^n) \tag{7.34}$$

で表される．指数 n の中，$n-1$ は

図 7.47　式 (7.34) による結晶化過程の解析

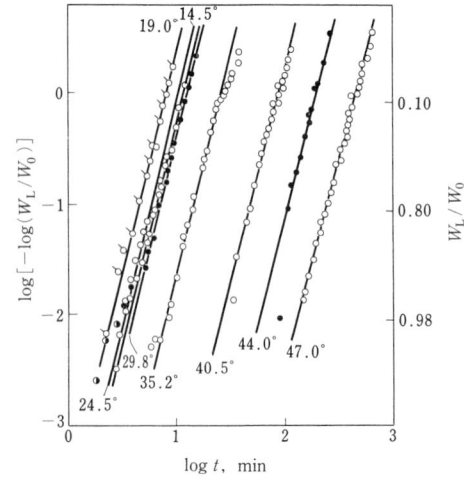

結晶が成長する空間の次元数を，残りの1は発生した核の個数がt^1に比例すること［式 (7.26)］に対応している．核が融体から式 (7.26) に従って発生するのではなく，あらかじめ融体の中に一定濃度混在している微小固体が核となる場合には$n(t)$はtに依存しないので，指数nは先の場合より1だけ小さい値（$n=1〜3$）をとることになる．

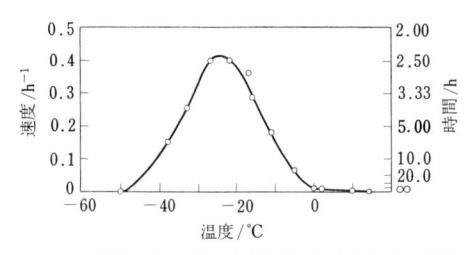

図 7.48 天然ゴムの結晶化速度と結晶化温度の関係（Wood）

実験的には，密度計で$W_L/W_0=1-\alpha(t)$を時間ごとに測定して，$\ln[-\ln(W_L/W_0)]$を$\ln t$に対してプロットすると直線が得られ，その勾配から指数nが求められる（図 7.47）．式 (7.34) は結晶化の初期過程をよく説明することができるが（ただし，n が整数値から外れることが多い），結晶成長がある程度進むと成長可能な空間が強く束縛され，この式は適用できなくなる．結晶化の後期過程の機構は複雑で，現在でも研究が進められている．

結晶化の速度の尺度として容積変化が全体の1/2になるのに必要な時間の逆数を用いることがある．この結晶化速度を温度に対して目盛ると図 7.48 のようになる．温度が下がると速度が増し，極大を示したのちに減少する．式 (7.26) の核発生の速度定数Nの温度依存性は次式で表される．

$$N = N_0[T/\eta(T)]\exp(-\Delta G/RT) \tag{7.35}$$

ここでN_0は比例定数，ηは粘度である．ΔGは核発生の活性化エネルギーで過冷却度（T_m-T）が増すほど小さくなる．温度の低下につれて最初Nが増すのはこの理由による．さらに温度が下がると粘性が増して分子が動きにくくなりNは次第に減少する．結晶化速度が著しく小さくなる温度では，高分子は過冷却状態の非晶のままに保たれる．

7.5.3 延伸試料の高次組織

結晶化する際に応力が加わるとラメラ状の結晶とは異なる別の結晶組織が出現する．加硫した天然ゴムを室温で高度に延伸すると結晶化するが，その電子顕微鏡写真に延伸方向に沿って約 12 nm の微結晶の集まりが見られ，それを−120℃ に保つとその微結晶は延伸軸に垂直方向に成長してシシカバブ（shish-kebab）と呼ばれ

る結晶組織をつくる（図7.49）．この組織の中心部分は延びきった分子鎖で構成され，その上にほぼ等間隔でラメラ状結晶がエピタキシャル成長したものと考えられる．同じような結晶組織はせん断応力をかけた溶液から析出したポリエチレンにも見出される．結晶性高分子を強く引き延ばすと，非晶部分の分子鎖も引き伸ばされて配向し，ラメラ状に折りたたまれていた分子も部分的にほぐれて（unfold）再配向する．これを熱処理すると結晶化が進み，高度に配向結晶化した強い繊維が得られる．

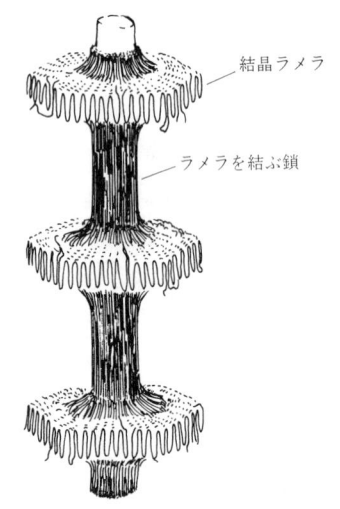

図7.49 シシカバブ構造のモデル
（結晶ラメラ／ラメラを結ぶ鎖）

7.5.4 結晶化度

結晶化度は試料に含まれる結晶領域の分率で，高分子固体（密度 ρ）が結晶（ρ_c）および非晶（ρ_a）の2相で構成されると仮定すると（2相モデル）次の2つの結晶化度を定義できる．

$$\text{重量分率：} \quad \rho_c(\rho-\rho_a)/\rho(\rho_c-\rho_a) \tag{7.36}$$

$$\text{体積分率：} \quad (\rho-\rho_a)/(\rho_c-\rho_a) \tag{7.37}$$

結晶化度の測定法としては下記のように種々の方法があるが，それらの結果がよく一致する場合もあれば，あまり一致しない場合もある．これは測定法によって原理的に測定の対象が異なるためである．たとえばX線法では，明瞭な結晶性回折線を生ずる部分を結晶領域とするが，後述のように小さなクリスタットでは回折像が不明瞭になるので，密度からみれば結晶領域と見なすべきものでも，X線回折では結晶領域に入らないことになる．したがって，結晶化度については，測定法がいかなる原理に基づいているか，また，用いた仮定や近似がどのようなものであるかを常に念頭において解釈する必要がある．

A. X 線 法

X線法は原理的には同一物質につき，同じ質量の結晶と非晶の両部分によるX線の全散乱能が等しいとして，両領域によって回折されたエネルギーの量を比較する方法である．図7.50は結晶化度の異なる3種のポリエチレンの回折強度曲線で，結晶部分によるピークと非晶部分によるものとが部分的に分離しているものの例で

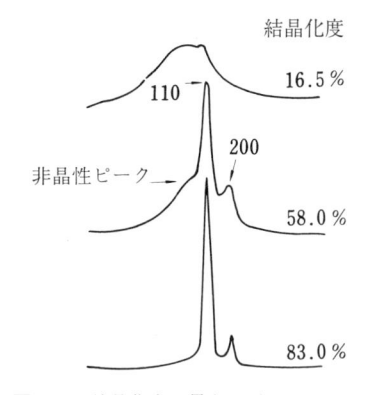

図7.50 結晶化度の異なるポリエチレンのX線回折強度曲線（Bryant）

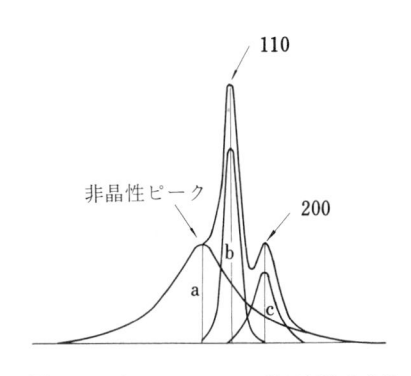

図7.51 ポリエチレンのX線回折強度曲線の分離（Bryant）

ある．図7.51に示すようにこの両者を分離し，それぞれの強度を測定し，かつ種々の補正を行って計算により結晶化度を求めることができる．たとえばI_A，I_{110}，I_{200}を原子散乱因子，吸収，温度因子，散乱角などの補正を行ったあとの各ピークの相対強度とすると，非晶領域の重量分率は次式で求められる．

$$A = I_A / (I_A + I_{110} + I_{200}) \tag{7.38}$$

ポリエチレンの場合には結晶性と非晶性のピークの分離が容易であるが，ほかの物質では一般に困難で，X線法において最も苦心の払われている点である．

なお結晶領域も乱れを含むパラクリスタル（7.5.5項参照）であるとしてX線法により結晶化度を求める方法がある（Ruland, 1961年）．

B. 密　度　法

結晶および非晶領域の密度がわかっているときには式（7.36），（7.37）を用いて試料の密度から結晶化度が求められる．ρ_cの値はX線回折によって決定された単位格子の容積から計算される．ρ_aは室温で完全に非晶状態の試料が得られる場合にはその密度を用いるが，得られない場合には融体の密度を室温に補外するなどいろいろな方法で推定している．

C. 赤外吸収法

高分子物質の赤外スペクトルには結晶化とともに強度を増す結晶性バンド（crystallization-sensitive bands）が見出されている．先に述べたポリエチレンの730cm^{-1}バンドは，分子間の相互作用によって生ずる結晶性バンドの例であり，またポリ塩化ビニルの638cm^{-1}および603cm^{-1}バンド，ポリビニルアルコールの1141cm^{-1}バ

表7.7 各種高分子の結晶相および非晶相の密度と結晶化度

高分子	密度/g cm^{-3}		結晶化度(%)	高分子	密度/g cm^{-3}		結晶化度(%)
	非晶	結晶			非晶	結晶	
ポリエチレン	0.78～0.86	1.00	30～90	セルロース I		1.592	8～70
ポリ四フッ化エチレン	<2.23	2.47	<87	セルロース II		1.583	
ゴム	0.91	1.00	<50	ナイロン66	1.09	1.24	30～70
ポリエチレンテレフタレート	1.30	1.455	<80	ナイロン6	1.11	1.23	17～67
ポリ塩化ビニリデン	1.66	1.95	<75	ポリビニルアルコール	1.27	1.34	15～54

ンド, it ポリプロピレンの1167cm^{-1}, 998cm^{-1}, および835cm^{-1}バンドはそれぞれの高分子が結晶領域でとっている規則的な立体配座に特有なバンドである．これらと逆に結晶化度の減少とともに強度を増す非晶性バンドもある．バンド強度と密度法などで求めた結晶化度との関係をあらかじめ調べておけば，いろいろな試料の結晶化度を赤外吸収法で求めることができる．

D. その他の方法

上記の他に融解熱，NMR，水蒸気などの吸着，重水素交換，加水分解，誘電率などによる方法がある．表7.7に各種高分子について得られたデータを示す．

7.5.5 高次構造の解析

A. X線小角散乱

結晶性高分子の固体は100～10 nm大の結晶および非晶領域が互いに組み合わさった組織からなっている．先に述べたように希薄溶液から析出した固体は厚さ数十nmの結晶がその間に非晶相（あるいは中間相）をはさんで積み重なったラメラ構造をとっている．非晶性高分子の固体においてもミ

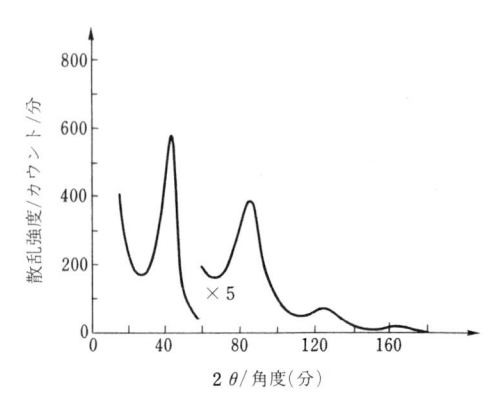

図7.52 希薄溶液から析出したポリエチレン結晶のX線小角散乱

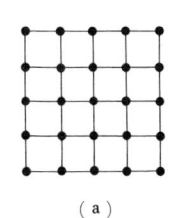

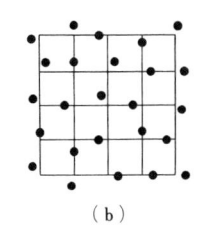

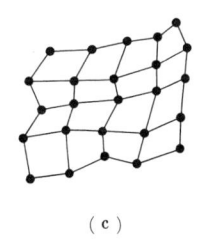

図 7.53 (a) 理想結晶格子, (b) 第1種の乱れ（熱振動凍結構造）, (c) 第2種の乱れ（パラクリスタル格子）(Hosemann)

クロ相分離によって密度の異なる領域が規則的に配列した組織を形成することが知られている．

このような数十 nm 大の構造単位によってつくられる高次組織の構造は回折角の小さな領域の X 線散乱（小角散乱）によって調べられる．図 7.52 に希薄溶液から析出したポリエチレン試料の小角散乱図形を示す．2θ が約 40′, 80′, 120′, 160′の位置に一連の反射が現れ，それぞれほぼ一定の間隔で積み重なった層状組織による 1 次，2 次，3 次および 4 次反射に対応する．ブラッグ式 (7.1) を用いて 2θ の値から隣接するラメラの中心間の距離（長周期という）L が求められる．

上記のような規則性の高い系と異なり，低結晶化度の試料では明瞭なブラック反射は現れなくなる．この場合には散乱 X 線の強度分布全体の情報を利用して解析することで，長周期 L に加えて結晶ラメラやその表面の中間層の厚みなど種々の情報を得ることができる（Strobl, 1980 年）．

B. 結晶構造の不整

高分子の場合，結晶領域そのものも完全に規則正しいものでなく，いろいろな構造の乱れ（不整）を含んでいる．高分子の X 線回折斑点が一般に不鮮明なのはクリスタリットが小さいことと結晶自身の乱れによる．結晶の乱れは第 1 種と第 2 種に大別される（Hosemann, 1962 年）（図 7.53）．**第 1 種の乱れ**では，格子点のそれぞれの位置は理想格子からずれているが，結晶の全格子点について平均の位置を取ると理想格子に対応し，長距離での秩序は保たれている（その原子変位の分布は熱振動がある瞬間止まったものに相当する）．具体的には分子の上向きと下向きの間違いや，分子鎖軸のまわりの方位の乱れなどがこれに相当する．この場合，回折点の反射次数の増加とともに回折強度が減衰するが広がりは生じない．**第 2 種の乱れ**では，各格子点は理想結晶の格子点と一致せず，最近接の格子点の間に系統的なず

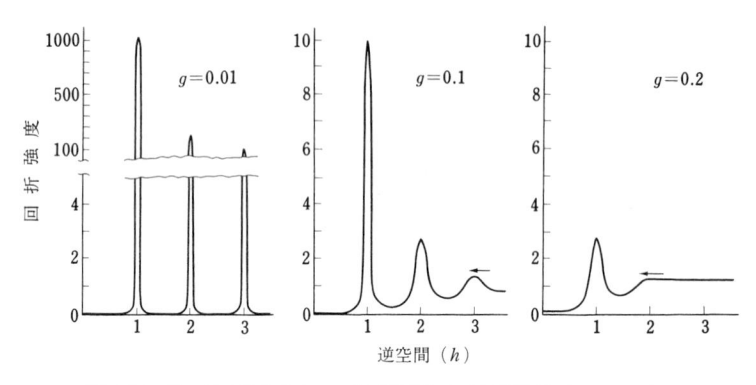

図7.54 第2種の乱れをもつ1次元格子による回折強度（Hosemann）

れがあり，また次の近接格子点との間にも系統的なずれがあって，これを次々と繰り返す結果として長周期の秩序が失われている．これを**パラクリスタル**と呼んでいる．この場合，反射次数が増すにつれて回折強度が減衰すると同時に回折に広がりを生ずる．特定の方向に垂直な格子面の並びを考えると，規則格子では隣接する面の間隔は当然一定の値 d をとるが第2種の乱れでは統計的な平均値 $\bar{d}$ で表される．隣り合う面の間の距離が x と $x+dx$ の間にある確率を $H(x)dx$ とすると

$$\bar{d} = \int x H(x) dx \tag{7.39}$$

で表される．分布関数 $H(x)$ の半値幅，すなわち d の平均的ゆらぎを σ とすると $g = \sigma/\bar{d}$ は乱れの尺度となる値である．$H(x)$ にガウス分布関数を仮定すると

$$H(x) = \frac{1}{\sqrt{2\pi}\sigma} \exp\left[-(x-\bar{d})^2/2\sigma^2\right] \tag{7.40}$$

のように書ける．この性質をもつ面が1次元に並んだ場合には，m 個だけ離れた面との間隔の平均値は $m\bar{d}$ となるが，この位置に実際に面が存在する確率は m とともに小さくなっていく．この傾向は g が大きくなるとよりいっそう顕著である．この面間距離の存在確率をフーリエ変換することにより，図7.54に示す回折強度の散乱角依存性が得られる．ここで横軸は散乱角 2θ の代わりに

$$h = 2d \sin\theta / \lambda \tag{7.41}$$

を用いた．この式で λ はX線の波長である．

この散乱角度依存性はゆらぎの尺度 g によって決定される．ゆらぎがまったく存在しない面間隔 d の規則格子（$g=0$）では h が整数の位置にのみ強い回折点が現れ，その h の値は反射の次数（3次元格子では面指数）に相当する．$g \leq 0.01$ な

ら高次の反射まで鋭さを保つが，$g=0.1$ 程度になると高次の反射ほど広がり，ピーク強度もそれにつれて減少する．$g=0.2$ では 2 次以上の反射は散漫になり，$g>0.3$ では回折点として認められなくなる．このようなガウス型の第 2 種の乱れによる次数 h の回折の広がり（半値幅）は

$$\beta_{\text{II}}(h) = \pi^2 h^2 g^2 \tag{7.42}$$

で表される．

　高分子クリスタリットの大きさは通常の分子結晶に比べて小さく，これも回折点の広がりの原因となる．先に述べたように，ある原子網面の並びからの X 線回折は，その面での原子配列によって決まる構造因子 $F(hkl)$ と，その面に垂直な方向に並ぶ単位格子の数に関係するラウエ (Laue) 関数 G [式 (7.43)] から成り立っている．N 個の等価な面が一定の間隔 d で並ぶ 1 次元格子を考えるとラウエ関数の 2 乗は

$$|G(N)|^2 = \sin^2(N\pi h) / \sin^2(\pi h) \tag{7.43}$$

で表され，N が十分に大きな場合には h が整数のところでのみ N^2 に等しい値をもつが，N が小さくなるにつれて $h=$ 整数値の近傍で広がりを生ずる．この式に基づいて導かれた面の繰り返しの厚さ $D=Nd$ と回折線の広がり β_D との関係は次の Scherrer の式

$$D = \lambda / \beta_D \cos\theta \tag{7.44}$$

で与えられる．この β_D はクリスタリットの大きさに由来する回折線の広がりであり，回折プロフィルの θ に関する積分強度をピーク強度で割った積分幅（$\Delta 2\theta$）で表される．θ の代わりに $h = 2d\sin\theta / \lambda$ を横軸にした場合の回折線の広がり $\beta_D(h)$ は

$$D = \lambda / \beta_D(h) \tag{7.45}$$

あるいは

$$\beta_D(h) = 1/N \tag{7.46}$$

で表される．

　実測した回折点の積分幅 β（装置による広がりを補正した値）がクリスタリットの大きさによる項と第 2 種の乱れによる項 β_D からなるとし，さらに両者の回折強度曲線がともにガウス型であると仮定す

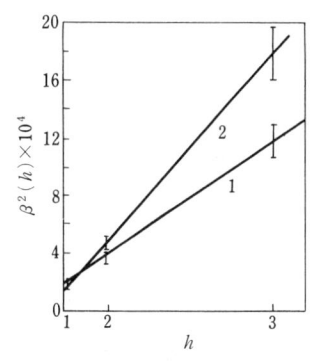

図 7.55 2 種のポリエチレンの (110), (220), (330) 反射についての β^2 vs. h^4 プロット (Hosemann ら)

ると次式が得られる．

$$\beta^2(h) = \beta_D^2(h) + \beta_{II}^2(h) = 1/N^2 + \pi^4 h^4 g^4 \tag{7.47}$$

したがって，たとえば一連の $(hh0)$ 反射について β^2 を h^4 に対してプロットすると直線関係が得られ，その切片から $(hh0)$ 方向の単位格子の並びの数 N が，勾配から g 値が求められる． N の値に (110) 面間隔 d_{110} を掛けると $(hh0)$ 方向のクリスタリットの大きさ L が得られる．図7.55に2種のポリエチレン試料について解析した結果を示す．この結果から，試料1では $N=73$, $L=3.0\times10^2$ Å, $g=1.9\times10^{-2}$ が，試料2では $N=81$, $L=3.3\times10^2$ Å, $g=2.1\times10^{-2}$ が得られる．

7.6 融　　解

7.6.1 融点の測定

高分子物質の融解はかなり広い温度範囲にわたって起こる．融点は結晶領域の消失する温度で示すのが普通で，測定法としては（1）偏光顕微鏡観察（交差ニコルでの消光），（2）dilatometry，（3）熱解析などが用いられる．

7.6.2 融解の熱力学

高分子の平衡融点 $T_m{}^0$ は融解のエンタルピー ΔH_m および融解のエントロピー ΔS_m と次式で関係づけられている．

$$T_m{}^0 = \Delta H_m / \Delta S_m \tag{7.48}$$

高分子の融点はクリスタリットの大きさに依存するので，測定される値 T_m は試料の結晶化温度 T_c によって変化する．実測した融点 $T_m(\text{obs})$ を T_c に対してプロットして得られた直線と $T_m = T_c$ の直線が交差する温度が平衡融点に相当する（図7.56）．

表7.8に代表的な高分子の融点および ΔH_m の値を示す．ポリエチレンについて ΔS_m を求めると 0.67 JK^{-1}g^{-1} でメチレン基1モル当たり 9.46 JK^{-1}mol^{-1} となる．結晶では全トランス構造をとるが，融解

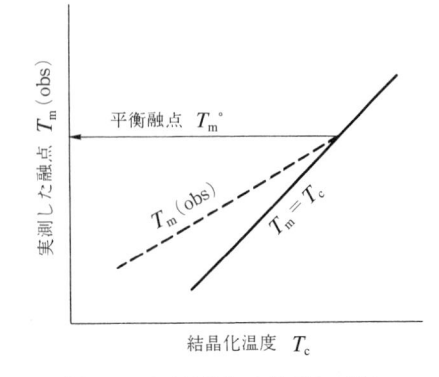

図7.56 高分子結晶の平衡融点の測定

7.6 融解

表 7.8 高分子の熱的データ (Dole)

高 分 子	融点/℃	ΔH_m/Jg^{-1}
ナイロン66	267	188
it ポリプロピレン	176	138
ポリエチレン	136.5	276
ポリエチレンセバケート	52	128

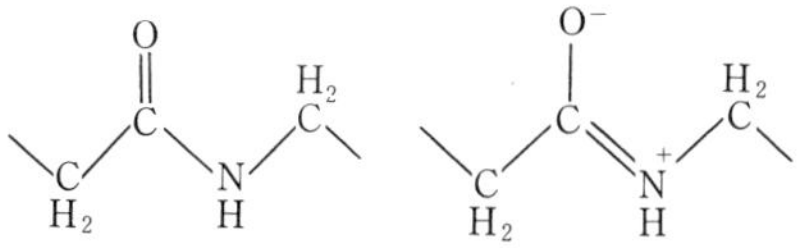

図 7.57 ペプチド結合の共鳴構造

によりこの規則的な立体配座がくずれる．近似として融体においてT, G, $\overline{G}$ の 3 つの立体配座が等確率で存在すると仮定すると，それによるエントロピーの増加は $R\ln 3 = 9.12$ JK^{-1}mol^{-1} となって立体配座の無秩序化が融解エントロピーの大部分を占めることがわかる．

it ポリプロピレンはポリエチレンより融点が40℃高いが，ΔH_mは138 Jg^{-1}低い．したがってポリプロピレンのΔS_mはポリエチレンの値よりかなり低いはずである．これはポリプロピレンのC-C結合まわりの内部回転のエネルギー障壁が高いために融体でも屈曲性が小さいためと考えられる．

ポリアミドの融点が高い原因については，従来ΔH_mが大きいためと考えられてきた．しかし表7.8によればΔH_mの実測値は予想に反してポリエチレンの値より小さい．したがってポリアミドの場合もΔS_mの寄与によることが明らかである．融体においてポリアミドのエントロピーが低い原因としては（1）水素結合が部分的に保存されていること，および（2）ペプチド結合が図7.57に示すような共鳴構造によって硬くなっているためと考えられている．

〈参考文献〉

(1) 田所宏行：高分子の構造，化学同人（1976）
(2) G.R.ストローブル：高分子の物理，シュプリンガー・フェアラーク東京（1998）

8 物理的性質

8.1 はじめに

　本書の6章では分子特性決定のための希薄溶液の性質と溶液中に分散している個々の高分子鎖やそれらの集団としての性質が議論されている．また，7章では高分子鎖が規則的に配列して形成する高分子結晶の構造と物理的性質の関係を中心に議論が展開されているので，この章では，ゴム弾性を含めて，長い高分子鎖の無定形凝集状態に見られる特徴的な物理的性質に議論の焦点をおくことにする．

　一般的に物理的性質の測定は系にある刺激を加えてその応答を調べるという形で行われる．力学測定では刺激は力または変形であり，応答は変形または力である．熱膨張測定では刺激は熱であり，応答は体積変化である．さらに誘電測定では刺激は電場であり，応答は電気変位である．刺激応答の関係は，物質構造によって異なるほか，刺激を加える時間の長さ（刺激のタイムスケール）によっても左右され，その程度は物質固有の**特性時間**（characteristic time）との関係で決まる．金属やセラミックスなどの中で原子が配列を変えるのに必要な特性時間はほとんど無限大であり，単純な液体ではほとんどゼロ（たとえば，水では10^{-11}～10^{-12}秒程度）と見なしてよいから，これらは通常のタイムスケールの測定に対して，それぞれ固体および液体の挙動を示す．高分子物質の特性時間は，液体状態でも数ミリ秒から数秒，ガラス転移温度に近づくと数分から数時間のオーダーとなり，ガラス状固体ではほぼ無限大にまで変化する．高分子物質は短いタイムスケールの刺激に対して固体として振舞い，十分長いタイムスケールの刺激に対しては液体のように挙動する．力学的刺激応答関係におけるこのような性質を**粘弾性**（viscoelasticity）とい

う．粘弾性は高分子物質のみに特有なものではないが，その度合が金属やセラミックスなどに比べて著しい．このために高分子物質の粘弾性を理解することは材料科学的にも非常に重要である．

そこで本章の8.2，8.3節では弾性体，粘性体，粘弾性体を表現するための基礎概念について述べる．さらに，8.4～8.6節では粘弾性挙動，非線形現象，ゴム弾性など，高分子物質でなければ見られない力学的性質を紹介し，8.7節ではそれらを分子論的概念でどのように説明するかを述べる．

高分子物質の特徴の1つは，特性時間が温度に対応して幅広く変化することである．一定のタイムスケールの刺激を加えて応答を観察する実験を，ガラス転移温度をまたいで低温から高温へと温度を変えながら行うと，高分子の性質はガラス状態からゴム状態，さらに液体へと変化する．このとき，熱膨張係数や比熱も温度変化に伴い急激に変化する．これらの現象は高分子物質の材料特性に関わるため実用上からも重要である．8.8節ではこのガラス転移現象について述べる．

高分子物質の多くは電気を伝えない**絶縁体**（insulator）あるいは**誘電体**（dielectrics）に分類され，電気絶縁材料として用いられている．誘電的性質の周波数および温度依存性の研究は，電気材料としての性能を評価する上で重要であるばかりでなく，それが双極子モーメントを有するセグメントあるいは高分子全体の分子運動を直接反映するため，粘弾性測定から得られる情報と類似の情報を与える．電気伝導性あるいは半導性を示す高分子物質もいくつか発見されている．白川秀樹博士が伝導性ポリアセチンの発見で2000年にノーベル化学賞を受賞したのは記憶に新しい．それらの高分子は同様の性質を示す有機化合物結晶とともに，**合成金属**（synthetic metal）あるいは**低次元伝導体**（low dimensional conductor）などと呼ばれている．また，静電気，エレクトレット，圧電性など高分子物質の示す電気現象が学術的にも実用面でも興味を集めている．最後の8.9節で高分子物質の電気的性質について概略を述べる．

8.2　弾性体と粘性体

物質の"変形と流動の科学"を広範囲に扱う学問は**レオロジー**（rheology）と呼ばれる．これから述べる弾性体や粘性体，線形粘弾性体などの議論はすべてこのレオロジーの範疇に含まれる．

ある物体が外力によって変形し，外力を除くと元の形に戻ったとしよう．この場

合，物体に対して与えた変形という仕事はエネルギーとしていったん物体内部に貯えられ，力を除くと同じ大きさの仕事を外部に与え変形が回復されたことになる．このように変形という仕事をエネルギーとして完全に保存するものを弾性変形といい，そのような挙動を示す物体を**弾性体**（elastic body）という．

一方，他の物体に外力を加えるとすぐに変形し，外力を除いた瞬間に変形を停止して元の形には戻らなかった場合を考えよう．そのとき外力による変形という仕事はエネルギーとして貯えられることなく外部へ熱としてすべて散逸されている．このようにエネルギーをまったく保存しない変形を粘性流動といい，その挙動を示す物体を**粘性体**（viscous fluid）と呼ぶ．

8.2.1 ひずみと応力

力学的な測定に用いられる変形の種類として**一軸伸張**（uniaxial あるいは simple elongation）と**単純ずり**（simple shear）がよく用いられるが，等方的な圧力を加えて体積変化を調べる一様圧縮（uniform compression）もある．

図 8.1 のように注目する試料の上面を固定して，下面に張力 F（単位：N＝kgms^{-2}）を与えることによって生じる変形を一軸伸張という．この伸張変形によって試料が微小距離 Δc 伸びたとき，伸張後の試料の全長 $c+\Delta c$ を元の長さ c で除したものを**伸張比**（elongation ratio）λ，さらに，伸び Δc を元の長さで除したものを**伸張ひずみ**（tensile strain）ε（$=\Delta c/c=\lambda-1$）と定義する*1．一方，張力 F を作用する面積で除した単位面積当たりに作用する力を**伸張応力**（tensile stress）σ と定義する．なお，λ や ε などのひずみは無次元量であり，応力 σ の単位は SI 単位系で Nm^{-2}（＝Pa）である．このようなひずみと応力の定義を導入することで，試料の大きさに無関係にひずみと

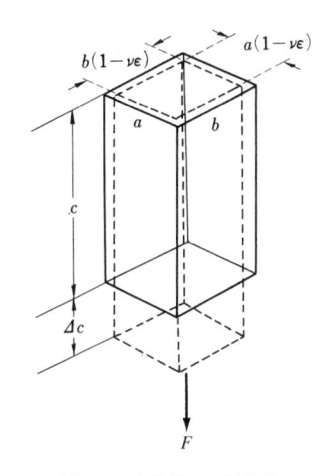

図 8.1 直方体の一軸伸張

---

*1 伸張ひずみ ε の微小変化を $d\varepsilon=\dfrac{dc}{c}$ と定義し，この微分方程式を解いて得られるヘンキー（Hencky）ひずみ，$\varepsilon=\ln\lambda$ がより一般的な表現である．λ が 1 に近いときに限って，本文中と同じ関係，$\varepsilon=\lambda-1$ が得られる．

応力の関係として力学変形を取り扱えるようになる．

等方的な物体では $\varepsilon \ll 1$ の場合，伸張方向と垂直な方向の辺が伸張ひずみ ε に比例してそれぞれ $a\nu\varepsilon$ と $b\nu\varepsilon$ 縮むことが予想される．この比例係数 ν は **Poisson比** (Poisson's ratio) と呼ばれ，一軸伸張による断面積の収縮と体積の膨張の程度を表すパラメータである[*1]．この一軸伸張は実際につかむことができる固体状試料に有効な変形である．

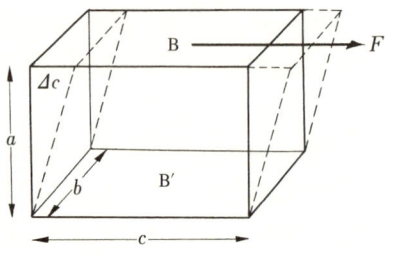

図8.2 直方体のずり変形

図8.2に示すような直方体試料の下面 B′を固定し，上面 B に平行で大きさ F の力を加えたとき点線で示すよう変形が起ったとする．このような変形を**単純ずり**（simple shear）という．このとき上面 B の移動距離 Δc を上面 B と下面 B′の間隔 a で除した無次元量 $\gamma (=\Delta c/a)$ を**ずりひずみ**（shear strain）と定義する．また，上面 B の単面積当たりに働く力 $\sigma(=F/(bc))$ を**ずり応力**（shear stress）と定義する．このずり変形はつかむことが困難な液状試料にも有効な変形である．

静的な圧力の上に等方的な付加圧力 ΔP を試料全体にかけて，その体積が収縮して ΔV 変化したとする．このような変形を一様圧縮と呼び，元の体積 V に対する体積変化の度合い $\varepsilon_V (=\Delta V/V)$ を体積ひずみ（bulk strain）と定義する．なお，伸張応力は伸長する方向を正，また圧力の場合は押す方向を正とする習慣がある．

8.2.2 弾 性 体

固体試料の一軸伸張において，力 F と伸び Δc が比例することを指摘したのが Hooke（1676年）であり，この関係を Hooke の関係という．ただし，この関係から得られる比例定数は試料の長さに依存し，試料物質に固有の物性値は与えない．そこで，Hooke の関係式を書き替え，一軸伸張における弾性体の性質を表す次式を得る（Euler, 1727年）．

$$\sigma = E\varepsilon, \quad \varepsilon = D\sigma \tag{8.1}$$

[*1] 一軸伸張による体積変化は $\Delta V = V(1-\nu\varepsilon)^2(1+\varepsilon) - V$ で表される．ε^2 以上の微小量を無視すると $\Delta V = V(1-2\nu)\varepsilon$ であるから，$\nu = 0.5$ なら $\Delta V = 0$ となる．伸張により断面積も変化するので，厳密に応力を定義するには力を変形後の断面積で割らねばならない．変形前の断面積で計算された応力を工学的応力（engineering stress）と呼んで代用することも多い．

ここで，E を**一軸伸張弾性率**（tensile modulus）あるいは **Young 率**（Young's modulus），またその逆数 $D(=1/E)$ を**一軸伸張コンプライアンス**（tensile compliance）と呼ぶ．このような関係式は単純ずり変形や一様圧縮についても成り立つ．単純ずりにおける弾性挙動を

$$\sigma = G\gamma, \quad \gamma = J\sigma \tag{8.2}$$

と表し，G を**ずり弾性率**（shear modulus）あるいは**剛性率**（rigidity）と呼び，その逆数 $J(=1/G)$ は**ずりコンプライアンス**（shear compliance）と呼ぶ．

さらに，一様圧縮での弾性挙動は

$$\Delta P = -K\varepsilon_V, \quad \varepsilon_V = -B\,\Delta P \tag{8.3}$$

と表し，K を体積弾性率（bulk modulus），その逆数 $B(=1/K)$ を圧縮率（compressibility）あるいは体積コンプライアンス（bulk compliance）と呼ぶ．

実際問題として，ひずみや応力の大きさにかかわらず常に弾性挙動を示す物体は存在しない．しかし，いずれの変形の場合でも外力が十分小さければ，E，G，さらに K が外力の大きさや試料の形状・体積に依らない試料固有の値，すなわち物性値になる．現在では (8.1)，(8.2)，さらに式 (8.3) の比例関係を Hooke の法則といい，この法則が成立する物体を完全弾性体または **Hooke 弾性体**（Hookean body）[*1]と呼ぶ．

一般に等方的な弾性体は形の変化と体積の変化に関する独立な弾性率を 2 つもつので，上に示したいくつかの弾性率は全部が独立ではなく，次式のように互いに関係づけることができる[*2]．

$$E = 3K(1-2\nu) = 2G(1+\nu) = 3G\frac{1}{1+\dfrac{G}{3K}} \tag{8.4}$$

Poisson 比は $0 \leq \nu \leq 0.5$（非圧縮性）の値をとることが可能であり，したがって，剛性率と Young 率の間には $2G \leq E \leq 3G$（非圧縮性）の関係が成立する．

弾性率の測定には応力とひずみの関係を精密に決める必要がある．そのとき，あ

[*1] Hooke の弾性体に単位体積当たり貯えられるひずみ自由エネルギーは一軸伸長：$\frac{1}{2}E\varepsilon^2$；ずり変形：$\frac{1}{2}G\gamma^2$ などと表される．

[*2] 結晶性高分子のように分子鎖が一定の方向に配向して凝集する異方性の結晶では，弾性率は方向・変形のモードによって異なり，2 つのパラメータでは表せない．最も対称の悪い結晶を表すには 21 個の弾性率が必要である．

る時刻から一定の応力またはひずみを刺激として加え，発生するひずみまたは応力を応答として測定する方法（静的測定）と，一定周波数の正弦ひずみを刺激として加え，発生する応力を応答として測定する方法（動的測定）がある．

硬い物質の場合，円柱状に成型した試料にねじり（torsion）を与えることでずりひずみを与えることができ，ずり弾性率 G を決定できる．半径 R，長さ L の円柱試料の一端に加えたトルク M（単位は Nm）と，測定されたねじり角 ϕ から，$M=\kappa\phi=\dfrac{\pi R^4 G}{2L}\phi$ によって円柱試料のねじり定数（torsion constant）κ を求め，それから試料の剛性率 G が求められる．

実際には試料柱の片端を固定し自由振動または強制振動によってねじり振動を与える．ねじり振子（torsion pendulum）の自由振動実験では，試料柱のねじり定数と振子の慣性モーメントによって自由振動の周期が自然に決まってしまう（Galileoの振子の等時性）．また，一定振幅，一定周波数の正弦ねじり振動（$\phi=\phi_0\sin(\omega t)$）を強制的に加え，発生するトルクの正弦応答を解析して κ を求め，G を決定することもできる（強制振動法）．

Galileo が研究したといわれる片持ち梁（cantilever）のたわみ，あるいは，両端支持梁（beam）のたわみは一軸伸張（と圧縮）を発生させることができ，Young 率 E が決定できる．この場合にも一定加重に対するたわみを測定する静的方法と，強制振動を加える振動リード法（動的測定）がある．

金属やセラミックス，ダイヤモンドなどの E, G, K はすべて $10\sim100$ GPa の値をとり，ν は 0.3 程度の値をとる．ひずみと応力の間に比例関係，すなわち線形性の成立する範囲はひずみにして $0.1\sim1.0\%$ 程度で，Hooke の法則を十分満足する．一方，高分子物質で Hooke の法則が適用できるのはガラス転移温度

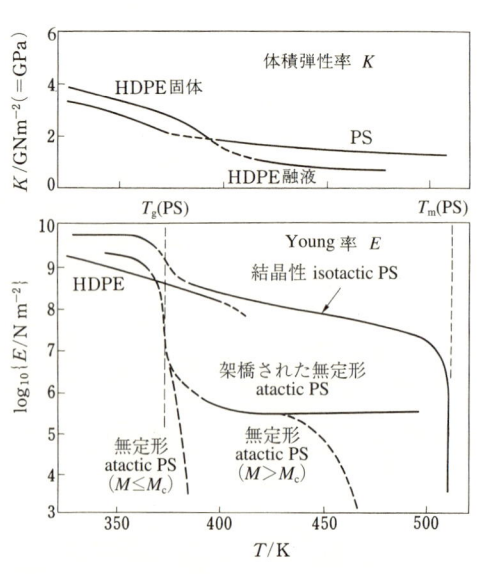

図 8.3 高密度ポリエチレン（HDPE）および種々のポリスチレン（PS）の体積弾性率 K と Young 率 E の温度依存性

T_g(8.8節参照)より十分低温の場合,結晶の融点以下の高分子結晶,ゴムの微小変形,高度に架橋された熱硬化性樹脂などに限られる.図8.3に高分子固体の体積弾性率 K, Young 率 E の温度依存性を比較した.結晶性,無定形,液体を問わず体積弾性率 K は1〜10GPaのオーダーでほとんど温度に依存しない(<0.5%/K程度).ガラス転移温度(あるいは融点)以下の高分子固体は E, G ともに1〜10 GPa のオーダーの値をもち,ν は0.3程度である.一方,分子量が特性分子量 M_c (8.4.2項参照)よりも高い無定形高分子の E および G は,ガラス転移温度以上で温度の上昇とともに0.1〜1MPaのオーダーまで低下してゴム状態に到達する.このガラス状態からゴム状態への遷移領域では弾性だけでは説明できない粘弾性挙動(8.3節参照)が観察される.また,ゴム状態では大変形の効果が現れるので,これらの領域で Hooke の法則を適用するには注意が必要である.ただし,その温度域では K は温度にほとんど依存しないので,$\nu=0.5$ および $E=3G \ll K$ なる関係が成立し,高分子物質は非圧縮性であると考えられる.

8.2.3 粘 性 体

図8.2のように直方体の物体を保持し,その下面B'を固定し上面Bを一定の速度 v_x で右へ移動させると,**ずり速度**(rate of shear)$\dot{\gamma}=\dfrac{d\gamma}{dt}=\dfrac{v_x}{a}$ をもつ定常的な**ずり流動**(shear flow)が生じ,物体中には一定の速度勾配(velocity gradient)$\dfrac{dv_x}{dy}=\dot{\gamma}$ ができる(図8.4).$\dot{\gamma}$ は**ひずみ速度**(strain rate)とも呼ばれ,物体中の2点間の相対速度を

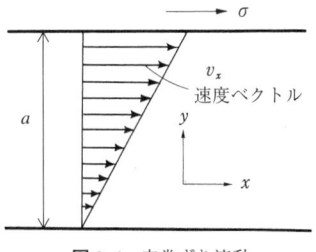

図8.4 定常ずり流動

与える.Newton(1686年)は「液体内の2点が遠ざかる相対速度は2点間に作用する力に比例する」と仮定した.それをずり流動について書き下すと次式のようになる(Navier,1821年;Stokes,1843年).

$$\dot{\gamma}=\frac{\sigma}{\eta} \quad \text{あるは} \quad \sigma=\eta\dot{\gamma} \tag{8.5}$$

ここで,η は定常ずり粘性率または**定常ずり粘度**(steady shear viscosity),あるいは単に粘度と呼ばれる.$\dot{\gamma}$ と η の単位はSI単位系ではそれぞれ,s^{-1} と Pa s である.粘度 η が σ または $\dot{\gamma}$ に依存しない定数であり,Newton の法則式(8.5)を満たす流体を(完全)**粘性体**((ideal) viscous fluid)あるいは **Newton 流体**(Newtonian fluid）と呼ぶ*1．式（8.5）を積分し，$t=0$ のとき $\gamma=0$ の初期条件を用いると

$$\gamma = \frac{t\sigma}{\eta} \tag{8.6}$$

が得られる．この式に従うずり流動を **Newton 流動**（Newtonian flow）と呼ぶ．しかし，多くの高分子液体において Newton の法則は $\dot{\gamma}$ が十分低い場合に成立し，高い $\dot{\gamma}$ では η の値が $\dot{\gamma}$ に依存する非 Newton 流動性を示す．したがって，$\dot{\gamma}$ が十分に低い極限（$\dot{\gamma} \to 0$）で得られる一定値の粘度を特に**ゼロずり粘度**（zero-shear viscosity）η_0 と呼んで，$\dot{\gamma}$ に依存する $\eta(\dot{\gamma})$ と区別する．

ずり流動とは別の流れとして，一軸伸張から生じる**伸張流動**（elongational flow）が定義できる．この流れは繊維の紡糸などの過程で重要である．伸張流動におけるひずみ速度は $\dot{\varepsilon} = (dc/dt)/c$ と与えられるので（図 8.1 参照），一定値の $\dot{\varepsilon}$ をもつ伸張流動を発生させるためには $c(t) = c_0 e^{\dot{\varepsilon} t}$ のように初期長 c_0 から時間とともに指数関数的に試料を引き伸ばす特殊な装置が必要である．伸張ひずみ速度 $\dot{\varepsilon}$ に対する伸張応力 σ の関係は

$$\sigma = \eta_e \dot{\varepsilon} \tag{8.7}$$

と表される．比例係数 η_e を**伸張粘度**（elongational viscosity）と呼ぶ．高分子液体では η_e もやはり $\dot{\varepsilon}$ 依存性を示し，一定値の η_e を与えるのは低い $\dot{\varepsilon}$ に限られることが多い．液晶を除くたいていの液体は等方的で非圧縮性（$\nu = 0.5$）と考えてよい．したがって，式（8.4）における Young 率 E とずり弾性率 G の関係式から類推して，液体試料が一定の伸張粘度 η_e とゼロずり粘度 η_0 を示す条件下では $\eta_e = 3\eta_0$ なる関係が成立すると期待される．この関係式を満たす伸張粘度を Trouton 粘度という．

高分子物質の粘度についての具体的な特徴，たとえば，温度や分子量依存性などは粘弾性を基本にすると理解しやすいことが多いので 8.4 節で改めて取り上げる．Hooke 弾性体と Newton 流体は物質の典型的な力学挙動を表す重要な構成要素（constitutive elements）である．8.3 節では，これらの構成要素を組み合わせて粘弾性体を議論する．

8.2.4 測定法

望みの形状に保持できない液体，特に，顕著な非 Newton 流動を示す高分子液体

---

*1 粘性液体がずり速度 $\dot{\gamma}$ の定常流動状態において，単位時間・単位体積当たりに散逸する熱エネルギーは $\eta \dot{\gamma}^2$ である．

(a) 毛管型　　(b) 同心円筒型　　(c) 円錐-円板型　　(d) 平行円板型

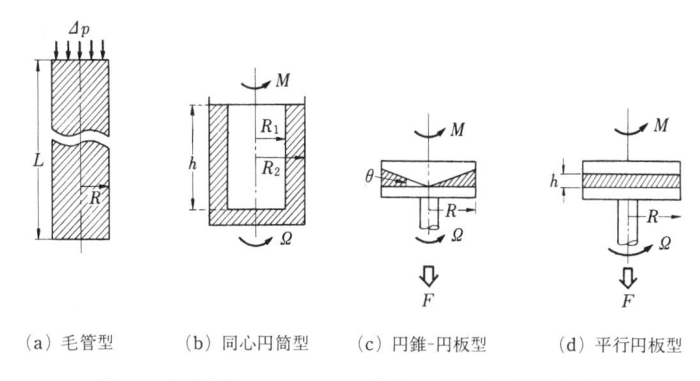

図 8.5 代表的なレオメーターの模式図（斜線部が液体試料）

の流動特性の解析には，応力とひずみ速度の関係を定量的に評価できるレオメトリー流（rheometric flow）をつくり出す必要がある．それを可能にするために設計された機器がレオメーターである．代表的なレオメーターの模式図を図 8.5 に示す．以下では特に（ゼロ）ずり粘度を決定する測定手法（viscometry）を概説する．

図 8.5 (a) に示す管中の液体の流れを Poiseuille 流れという．寸法のわかった円筒の両端に圧力差 ΔP を加えて応力 σ を制御し，筒の下端から流れ出る液体の単位時間当たりの流量 Q（流束：flux）を測定して $\dot{\gamma}$ を求め，σ と $\dot{\gamma}$ の関係を決定する．図 8.5 に示した他の 3 つはいずれも回転によって生じる定常流を利用するもので，(b) 同心円筒型（Couette 型），(c) 円錐-円板型（cone-plate 型），(d) 平行円板型（parallel plate 型）レオメーターと呼ばれる．いずれも片方（図 8.5 では下方）を一定角速度 Ω で回転させることで $\dot{\gamma}$ を制御し，他方（上方）に働くトルク M を測定して σ を求め，$\dot{\gamma}$ と σ の関係を決定する．最近はトルクを制御して $\dot{\gamma}$ を測定する方法を採用したレオメーターも多い．

レオメトリーの原理を理解するため半径 R，長さ L の筒の中での液体の流れを考える．いま管内では定常状態が成立し，流速は筒の中心軸からの距離 r のみの関数 $v(r)$ で表せると仮定する．このとき r でのずり速度は $\dot{\gamma} = -\dfrac{dv}{dr}$ と書ける．次に，半径 r の液体の柱に関する力のつり合いを考えると，筒の両端面に働く圧力差 ΔP による力（$\pi r^2 \Delta P$）と円筒面に働くずり応力 σ による力（$2\pi r L \sigma$）が釣り合っているので，式（8.5）から次式を得る．

表 8.1 代表的なレオメーターによるずり速度と応力成分の関係[*]（図 8.5 参照）

	(a) 毛管型	(b) 同心円筒型	(c) 円錐-円板型	(d) 平行円板型
ずり速度 $\dot{\gamma}$[**]	―	―		$r\Omega/h$
見かけのずり速度 $\dot{\gamma}_a$	$4Q/\pi R^3$（壁面）	$2R_1R_2\Omega/(R_2^2-R_1^2)$	Ω/θ	$R\Omega/h$（円板の外周）
ずり応力 σ[**]	$r\Delta p/2L$	$M/2\pi r^2 h$		―
見かけのずり応力 σ_a	$R\Delta p/2L$（壁面）	$M/2\pi R_1R_2 h$（幾何平均）	$3M/2\pi R^3$	$2M/\pi R^3$
見かけの粘度 $\eta_a=\sigma_a/\dot{\gamma}_a$	Hagen-Poiseuille の式 $\pi R^4\Delta p/8LQ$	$(R_2^2-R_1^2)M/4\pi R_1^2 R_2^2 h\Omega$	$3M\theta/2\pi R^3\Omega$	$2Mh/\pi R^4\Omega$
見かけの法線応力	―		$N_1=2F/\pi R^2$	$N_1-N_2=4F/\pi R^2$

[*] 粘度 η, 法線応力係数 Ψ_1 と Ψ_2 を定数と仮定したときの値. 一般にそれらは $\dot{\gamma}_a$ または σ の関数と考えられる. ただし, 円錐-円板型レオメーターは非 Newton 流体でも真の値を与える.
[**] いずれも中心から r の距離における真の値.

$$\dot{\gamma}=-\frac{dv}{dr}=\frac{\sigma}{\eta} \quad \text{ただし,} \quad \sigma=\frac{r\Delta P}{2L} \tag{8.8}$$

境界条件として $v(R)=0$（壁面で液体は滑らない）を用い, 式 (8.8) を積分すると $v(r)=\Delta P(R^2-r^2)/(4L\eta)$ を得る. この結果を流束 Q の定義式に代入して積分すると Hagen-Poiseuille の式（1840 年）を得る.

$$Q=\int_0^R 2\pi r v(r)dr=\frac{\pi R^4\Delta P}{8L\eta} \tag{8.9}$$

Newton 流体の Poiseuille 流れでは壁面におけるずり応力は $\sigma_R=R\Delta P/2L$ であるから, 壁面でのずり速度は式 (8.8) と (8.9) から $\dot{\gamma}_a=4Q/\pi R^3$ と表される. ただし η が $\dot{\gamma}$ に依存する非 Newton 流体では $\dot{\gamma}_a$ は見かけのずり速度になる.

　回転型レオメーターの測定原理も, Poiseuille 流れの場合と同様, 対象とする液体の性質のいかんにかかわらず, 質量保存の法則（連続の方程式）と運動量保存の法則（運動方程式）を基礎として流体内の体積要素に働く力の釣り合いの関係から一般的に導くことができる. しかしここでは詳細には立ち入らず結果のみを表 8.1 にまとめて示す. なお, この表には 8.5 節で述べる法線応力の解析法も示す.

8.3 粘弾性体

先に述べた基本的な構成要素である弾性体と粘性体はその特性値である G や η

に時間依存性をもたない．つまり，力学刺激を与えると瞬時に定常的な応答を示す．ところが多くの高分子物質の力学特性は刺激を受けた時刻から徐々にその性質を変化させることが多く，弾性体や粘性体単独ではその挙動を説明することができない．たとえば，刺激後の時間経過とともに弾性的な挙動から粘性的な挙動へ変化することもあるし，その逆の場合も観察される．このように時間に依存して弾性挙動から粘性挙動へ変遷する性質や，弾性挙動と粘性挙動が混じり合って現れる性質を**粘弾性**（viscoelasticity）といい，そのような性質をもつ物体を**粘弾性体**（viscoelastic body）という．

この節ではひずみと応力の値が小さく，それらに比例（線形）関係が成立する範囲で成立する**線形粘弾性**（linear viscoelasticity）について解説する．

8.3.1　力学応答の時間依存性：静的粘弾性挙動

ある物体に時刻ゼロでずりひずみ γ_0 を与え，ずり応力の応答を時間の関数 $\sigma(t)$ として測定したとする．この物体が弾性体あるいは粘性体であるときの応答を最初に考え，次に粘弾性体の応答を考える．まず，弾性体である場合は式（8.2）で与えられているように時刻ゼロで $G\gamma_0$ の応力を示し，以後変化しない．粘性体の場合は式（8.5）に示されるようにずり速度 $\dot{\gamma}$ に比例した応力を発生するが，時間 $t > 0$ では γ が一定なので $\dot{\gamma}=0$ となり，応力はゼロのままである（図8.6(a)参照）．それでは粘弾性体の場合はどう振る舞うのであろう．最初に弾性的な挙動を示して有限のずり応力を示し，時間経過とともに粘性的に性質を変えることで応力がゼロにまで減少する挙動がまず想像される．この場合，物体がどの程度の時間弾性的であるかを議論することが可能であろう（図8.6(b)）．このような粘弾性体の挙動は最終的に粘性液体になるので**粘弾性液体**（viscoelastic liquid）に分類される．逆に，最初は粘性的で応力を発生せず，後に弾性的に振舞うために応力をある値まで増加させる物体も概念的には考えられるが，そのような粘弾性体は今までのところ見つかっていない．

図8.6(b)に示す粘弾性体の挙動に類似した別の挙動も知られている．それは最初の高い応力値から時間経過とともにゼロではない一定のずり応力 σ_e に到達する挙動である（図8.6(c)）．この場合は弾性挙動から別の弾性挙動へと時間経過とともに性質を変えると考えられ，最終的に弾性的な固体になるので**粘弾性固体**（viscoelastic solid）に分類される．これらのように，一定のひずみを与えた後に時

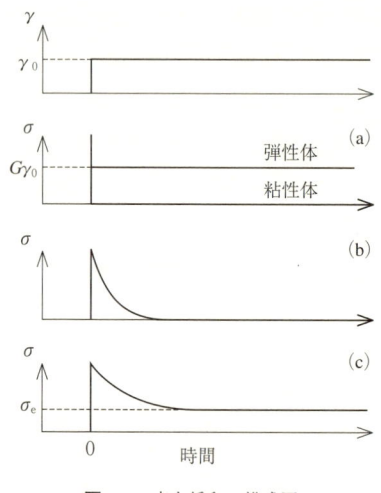

図 8.6 応力緩和の模式図

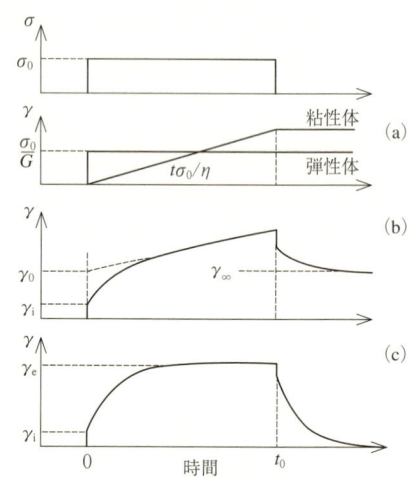

図 8.7 クリープとクリープ回復の模式図

間経過とともに応力が平衡値まで減少する現象を**応力緩和**（stress relaxation）という．また，応力緩和においては，観測された応力の値を与えたひずみで除した値を**緩和弾性率**（relaxation modulus）$G(t)$ と呼び

$$G(t) = \frac{\sigma(t)}{\gamma_0} = \Phi(t) + G_e \tag{8.10}$$

によって定義する．ここで，$\Phi(t)$ は無限に長い時間後にゼロに収束する減少関数で応力緩和関数と呼ばれる．一方，G_e は上記の例（図 8.6(c)）での σ_e/γ_0 に対応する粘弾性固体の緩和しない弾性成分である．図 8.6(b) の粘弾性液体では G_e がゼロである．緩和弾性率 $G(t)$ は粘弾性体の性質の時間変化を弾性体の特性値である弾性率の変化として表現したもので，その単位は当然 Pa である．

次に刺激と応答を逆にして，時刻ゼロでずり応力 σ_0 を与えその後一定に保つ場合のずりひずみの時間変化 $\gamma(t)$ を観測することを考える．まず，弾性体の応答は式（8.2）で与えられているように時刻ゼロで $\gamma = \sigma_0/G$ のひずみを示し，以後変化しない．一方，粘性体では式（8.5）に示されるように応力に比例した一定のずり速度 $\dot{\gamma} = \sigma_0/\eta$ を生じるので，時間 $t>0$ では $\gamma = t\sigma_0/\eta$ に従って時間に比例して増加する（図 8.7(a) 参照）．次に粘弾性液体と粘弾性固体についての応答を考える．粘弾性液体では時刻ゼロに近い時間域では弾性的に振舞うであろうから瞬時にいくらかのひずみ増加 γ_i を示し，その後は時間に比例的なひずみ増加に転じるで

あろう(図8.7(b)参照).粘性挙動に移行するのにどの程度の時間が必要かをこの場合も議論できそうである.また,粘弾性固体では弾性的な挙動から別の弾性挙動への変化であるから,いったん γ_i を示した後に次の平衡値 γ_e に向かって徐々にひずみを増加させるであろう(図8.7(c)参照).類似の挙動で,γ_i がゼロの場合は時間に比例してひずみが増加する粘性挙動から弾性挙動へと変遷する.このように応力を与えたときにひずみが時間とともに増大する現象を**クリープ**(creep)と呼ぶ習慣がある.式(8.11)に定義するように,ずりのクリープにおいて観測されたひずみの値 $\gamma(t)$ を与えた応力 σ_0 で除した値 $J(t)$ をずりの**クリープコンプライアンス**(creep compliance)と呼ぶ.線形粘弾性の範囲では $J(t)$ は σ_0 の値に依らない.

$$J(t) = \gamma(t)/\sigma_0 = J_g + \varphi(t) + At \qquad (8.11)$$

ここで,J_g は瞬間的に生じるひずみの成分 γ_i/σ_0 に対応し,瞬間コンプライアンスあるいはガラスコンプライアンスなどと呼ばれる量である.また,A は時間に依存しない一定値でその粘弾性体の粘性成分の寄与を表すことが予想される(8.3.4項参照).さらに $\varphi(t)$ はクリープ関数と呼ばれ,クリープコンプライアンスの増大が(At 成分が存在する粘弾性液体の場合はそれを除いた)平衡値に至るまでの遅延成分を表す.

十分な時間が経過した後の $J(t)$ の挙動はその粘弾性体が定常(あるいは平衡)状態でどの程度弾性的であるかを評価するのに重要である.粘弾性固体の場合は考えやすく,平衡コンプライアンス $J_e = \gamma_e/\sigma_0$ を有する弾性体になる(図8.7(c)参照).一方,粘弾性液体は粘性的に振舞っているので,その粘性成分 At を $J(t)$ から取り除いて残ったものが定常状態での弾性成分の寄与である.その値 J_e^0,すなわち $J(t) - At$ は**定常状態コンプライアンス**(steady state compliance)と呼ばれ,$J(t)$ の直線部分を時刻ゼロまで外挿して得られる切片の値である(図8.7(b)参照).結局,クリープコンプライアンス $J(t)$ は粘弾性体の性質の時間変化を弾性体の特性値であるコンプライアンスの変化として表現したもので,その単位は Pa^{-1} である.

クリープ測定をある時間続け,時刻 t_0 でずり応力を除いた場合にも物体の粘弾性を反映した挙動が観察される.粘弾性体は時刻 t_0 の時点で(弾性体として)貯えているエネルギーを使って,応力除去後に時間とともにずりひずみをいくぶん回復することができる.このようなひずみの回復を**クリープ回復**(creep recovery)といい,その際に観測されるクリープコンプライアンス変化 $J_R(t)$ を**回復コンプライ**

アンス (recoverable compliance) と呼ぶ．時刻 t ($>t_0$) における $J_R(t)$ は式 (8.12) のように，クリープ関数 $\varphi(t)$ を用いて表現される．

$$J_R(t) = J(t_0) - J_g - \varphi(t-t_0) \tag{8.12}$$

粘弾性固体はひずみを生じるためになされた力学的仕事の一部が弾性エネルギーとして貯えられているので，長時間待つとひずみはゼロあるいは $J_R(\infty)=0$ まで完全に回復する（図 8.7(c) 参照）．一方，粘弾性液体では時刻 t_0 までに粘性成分として散逸したエネルギー分の回復ができず，ひずみとして $\gamma_\infty = At_0$ あるいは $J_R(\infty) = At_0/\sigma_0$ だけは回復できずに残る（図 8.7(b) 参照）．

応力緩和とクリープでは刺激を与えた後はその値を時間的に変化させずに静かに応答を待つので，静的 (static) 粘弾性測定と呼ばれる．ここではずり変形を考えたが，同じような静的粘弾性測定を一軸伸張や等方圧縮の場合にも行うことができる．その際，$G(t)$ に対応するものは一軸伸張緩和弾性率 (tensile relaxation modulus) あるいは緩和 Young 率 (relaxation Young's modulus) $E(t)$ および体積緩和弾性率 (bulk relaxation modulus) $K(t)$ であり，$J(t)$ に対応するものは一軸伸張クリープコンプライアンス (tensile creep compliance) $D(t)$ および体積クリープコンプライアンス (bulk creep compliance) $B(t)$ である．

8.3.2　力学応答の周波数依存性：動的粘弾性挙動

次式で与えられる振幅 γ_0，角周波数 ω ($=2\pi f$：f は振動数，ω の単位は s^{-1}，f の単位は Hz) の正弦ずりひずみをある物体に長時間与え，ずり応力の応答 $\sigma(\omega)$ を十分定常に達した状況で測定したとする．

$$\gamma(t) = \gamma_0 \cos \omega t \tag{8.13}$$

図 8.2 における直方体試料の上面 B を一定の振幅と周波数で左右に揺り動かし，そのとき B 上に発生する応力を測ることを連想すればよい．この物体が弾性体あるいは粘性体であるときの応答を初めに考え，次に粘弾性体であるときの応答を考えよう．このように振動的な刺激を与え，周波数 ω の関数として粘弾性を測定する手法を動的 (dynamic) 粘弾性測定という．

弾性体の示す応力の応答は式 (8.2) から，式 (8.14) のように求められ，ひずみの波形との間に位相差を生じない．一方，粘性体の応力は式 (8.5) に与えられるようにひずみの時間微分である $\dot{\gamma}$ に比例することから，式 (8.15) に示されるようにひずみの波形よりも 90 度 ($\pi/2$ rad) 位相が進む．

8.3 粘弾性体

$$\sigma(t) = G\gamma_0 \cos\omega t \tag{8.14}$$

$$\sigma(t) = -\eta\omega\gamma_0 \sin\omega t = \eta\omega\gamma_0 \cos\left(\omega t + \frac{\pi}{2}\right) \tag{8.15}$$

すなわち，弾性体と粘生体とでは応力応答における位相差に決定的な差異が存在する．

先に述べたように，粘弾性体は弾性と粘性の挙動が混ざり合った中間の挙動を示すので，正弦ひずみに対する応力の位相差が $0 < \delta < 90$ 度の範囲にある物体を粘弾性体と定義するのは妥当であろう．弾性体，粘性体さらに粘弾性体のそれぞれにおける応力の応答を模式的に図 8.8 に示す．式（8.16）は粘弾性体の応力応答の振幅を σ_0 として，ひずみに対して位相差がゼロの弾性成分と 90 度の粘性成分に分解して示す．確かに粘弾性体の応答は両成分の混合であることがわかる．

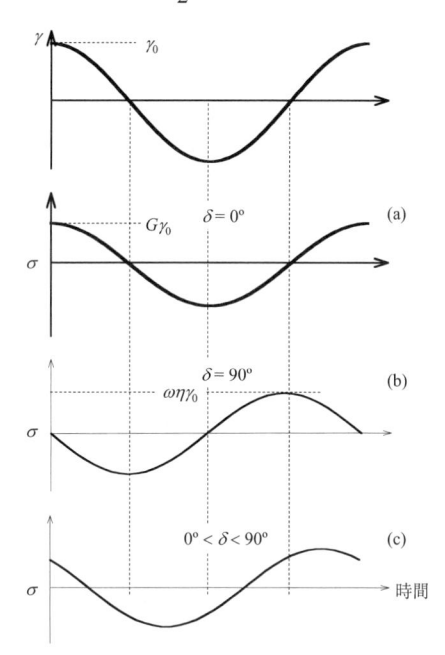

図 8.8 正弦ずりひずみに対する応力の応答
(a) 弾性体, (b) 粘性体, (c) 粘弾性体

$$\sigma(t) = \sigma_0 \cos(\omega t + \delta) = \sigma_0 \cos\delta \cos\omega t + \sigma_0 \sin\delta \cos\left(\omega t + \frac{\pi}{2}\right) \tag{8.16}$$

ここで正弦ひずみ下における新たな弾性率を以下のように定義する．まず，粘弾性体が示す応力波形の振幅 σ_0 をひずみのそれで除した値 G_0（$=\sigma_0/\gamma_0$）は一種の弾性率で**動的弾性率**（dynamic modulus）と呼ばれる．しかし，動的弾性率からは弾性成分と粘性成分の組成がわからない．そこで，式（8.16）を（8.17）のごとく γ_0 で除して弾性率の意味合いに書き換え，その第 1 項であるエネルギーの貯蔵を意味する弾性成分の係数を**貯蔵弾性率**（storage modulus）$G'(=G_0\cos\delta)$，第 2 項の粘性成分の係数を**損失弾性率**（loss modulus）$G''(=G_0\sin\delta)$ と定義する．

$$\frac{\sigma(t)}{\gamma_0} = G_0 \cos\delta \cos\omega t + G_0 \sin\delta \cos\left(\omega t + \frac{\pi}{2}\right) \tag{8.17}$$

そもそも損失と弾性は相容れない概念であるが，エネルギーの損失を意味する粘性成分の寄与を無理やり弾性率の次元で表現した結果の命名である（8.3.6 項参照）. G''とG'の比G''/G'（$=\tan\delta$）は粘性成分の弾性成分に対する相対値を意味し，**損失係数**（loss factor）と呼ばれる．

動的粘弾性の議論には，ひずみや応力の複素数表示式（8.18）が便利である．$\sigma^*(i\omega)$を$\gamma^*(i\omega)$で除したものを**複素ずり弾性率**（complex shear modulus）あるいは**複素剛性率**（complex rigidity）$G^*(i\omega)$と定義すると，G'とG''はその実部と虚部に相当することがわかる．

$$\gamma^*(i\omega)=\gamma_0 e^{i\omega t}, \quad \sigma^*(i\omega)=\sigma_0 e^{i(\omega t+\delta)}, \quad i=\sqrt{-1} \quad (8.18)$$

$$G^*(i\omega)=G_0 e^{i\delta}=G_0\cos\delta+iG_0\sin\delta=G'+iG'' \quad (8.19)$$

複素ずり速度$\dot{\gamma}^*(i\omega)(=i\omega\gamma_0 e^{i\omega t})$を導入すれば，粘性の特性値である粘度を基本にした議論も可能である．式(8.5)に従い**複素ずり粘性率**（complex shear viscosity）$\eta^*(i\omega)(=\sigma^*(i\omega)/\dot{\gamma}^*(i\omega))$が

$$\eta^*(i\omega)=\frac{G''}{\omega}-i\frac{G'}{\omega}=\eta'-i\eta'' \quad (8.20)$$

のように計算できる．この場合，位相の基準がずり速度に変わっているので，実部に粘性成分である**動的ずり粘性率**（dynamic shear viscosity）$\eta'(=G''/\omega)$が，虚部には弾性成分を粘性率の次元で表した$\eta''(=G'/\omega)$が現れる．

動的測定においても刺激と応答を逆にして，応力を正弦的に与えひずみを観察することでコンプライアンスが測定できる．この場合も同様の計算が実行でき，式(8.21)のように**複素ずりコンプライアンス**（complex shear compliance）$J^*(i\omega)$を得ることができる．

$$J^*(i\omega)=\frac{\gamma^*(i\omega)}{\sigma^*(i\omega)}=\frac{1}{G_0}e^{-i\delta}=J'-iJ'' \quad (8.21)$$

ただし，$J'=(1/G_0)\cos\delta$および$J''=(1/G_0)\sin\delta$であり，もちろん，$G^*(i\omega)J^*(i\omega)=1$なる関係を満たす．

ずり変形以外の一軸伸張や一様圧縮などにおいても同様に複素一軸伸張弾性率（complex tensile modulus）あるいは複素Young率（complex Young's modulus）$E^*(i\omega)$，さらに複素体積弾性率（complex bulk modulus）$K^*(i\omega)$を定義できる．

8.3.3 力学模型

粘弾性体は時間とともにその力学的性質を変化させる物体であり，正弦的なひずみに対する応力応答の位相差がゼロ度よりも大きく90度よりも小さい物体である．このような性質を示す単純な力学模型があると粘弾性体の理解に便利である．最も基本的な構成要素である弾性体と粘性体を，それぞれ弾性率 G のバネと粘度 η のダッシュポット（dashpot：液体が入った器の中の抵抗板を引き上げる装置）で表し，それらを直列につないだ **Maxwell 模型** (Maxwell model) と並列につないだ **Voigt**（フォークト）**模型**（Voigt model）は見た目にも粘弾性を示しそうで，優れた力学模型になる可能性が高い（図 8.9）．

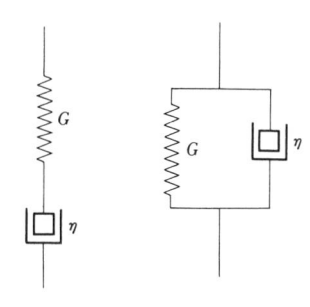

図 8.9 Maxwell 模型（左）と Voigt 模型（右）

まず，Maxwell 模型の挙動を検討する．この要素全体のひずみ γ はバネのひずみ γ_s とダッシュポットのひずみ γ_d の和であり，また，両端に生じる応力 σ はバネの応力 σ_s ともダッシュポットの応力 σ_d とも等しい．すなわち

$$\gamma = \gamma_s + \gamma_d, \quad \sigma = \sigma_s \,(= G\gamma_s) = \sigma_d \,(= \eta \dot{\gamma}_d) \tag{8.22}$$

最初の式を時間で1回微分した $\dot{\gamma} = \dot{\gamma}_s + \dot{\gamma}_d$ に，$\sigma = G\gamma_s$ の時間に関する1回微分 $\dot{\sigma} = G\dot{\gamma}_s$ と $\sigma = \eta \dot{\gamma}_d$ を代入すると，次式を得る．

$$\dot{\gamma} = \frac{\dot{\sigma}}{G} + \frac{\sigma}{\eta} \tag{8.23}$$

この式は Maxwell 模型の**構成方程式**（constitutive equation）と呼ばれ，あらゆる力学応答を計算する基本式である．

最初に応力緩和挙動を計算してみよう．時刻ゼロでずりひずみ γ_0 を与え，以後一定値に保つと $\dot{\gamma} = 0$ $(t>0)$ であることから，式（8.23）は $\dot{\sigma}/G = -\sigma/\eta$ を与える．時刻ゼロでの応力が $G\gamma_0$ で与えられという初期条件を用いて，この微分方程式を解くと，緩和弾性率 $G(t)(=\sigma(t)/\gamma_0)$ が

$$G(t) = G e^{-t/\tau} \tag{8.24}$$

と求まる．ここで，$\tau\,(=\eta/G)$ は緩和時間と呼ばれる時間の次元をもった模型固有の特性値である．時間とともに指数関数的に弾性率が緩和する挙動は図 8.6(b) の粘弾性液体の挙動によく対応する．緩和時間 τ はその模型がどの程度の時間

弾性体として振舞うかの目安で,短ければすぐに粘性体に変わる.粘性体は $\tau=0$,弾性体は $\tau=\infty$ の特別な場合に相当する.

動的粘弾性挙動の G' と G'' の周波数 ω 依存性は $\dot{\gamma}^*(i\omega)=i\omega\gamma^*(i\omega)$ と $\dot{\sigma}^*(i\omega)=i\omega\sigma^*(i\omega)$ を式 (8.23) に代入して $G^*(i\omega)[=\sigma^*(i\omega)/\gamma^*(i\omega)]$ を計算すれば,その実部と虚部から次式のように求まる.

$$G^*(i\omega)=\frac{iG\omega\tau}{1+i\tau\omega}=G'+iG'' \qquad (8.25)$$

$$G'=\frac{G\tau^2\omega^2}{1+\tau^2\omega^2}, \qquad G''=\frac{G\tau\omega}{1+\tau^2\omega^2} \qquad (8.26)$$

図 8.10 は,式 (8.26) から得られた G' と G'' の ω 依存性ならびに,$G''/G'=\tan\delta$ の関係から計算した位相差 δ の ω 依存性を示す.ここで特徴的な挙動をいくつかまとめておく.まず,緩和時間 τ の逆数に当たる周波数 ω_M ($=1/\tau$) で G'' が $G/2$ の極大を示し,ω_M を境に高周波側では $G'>G''$,低周波側では $G''>G'$ である.これは ω_M よりも速い振動に対しては弾性体のように振舞い(特に,$\omega \gg \omega_M$ では $G'=G$,$G''\sim 0$),遅い振動に対しては粘性体のように振舞うことを意味し(特に,$\omega \ll \omega_M$ では $G'=0$,$G''=\eta\omega$ あるいは $\eta'=\eta$),Maxwell 模型における τ の重要性が認識される.$\omega\to 0$ における極限挙動,$G'=G\tau^2\omega^2(=\eta^2J\omega^2)$ と $G''=G\tau\omega(=\eta\omega)$ も重要である.位相差 δ の周波数依存性も弾性体($\delta=0$)から粘性体($\delta=90$ 度)への変遷を明瞭に示す.特に ω_M では $\delta=45$ 度なので,弾性と粘性の寄与がちょうど釣り合う.以上の特徴から Maxwell 模型が粘弾性液体の優秀な力学模型であることがわかる.しかし,長時間後(低周波側)で粘性的に振舞う Maxwell 模型は粘弾性固体の記述には適さない.

Voigt 模型の構成方程式は以下のように求められる.両端に生じるひずみ γ はバネとダッシュポットに生じる γ_s と γ_d と同じであり,応力 σ はバネとダッシュポットに生じる σ_s と σ_d の和になる.その結果,構成方程式として

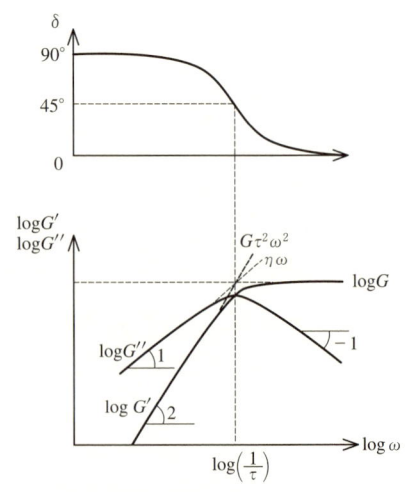

図 8.10 Maxwell 模型の G' と G'',および位相差 δ の周波数 ω 依存性

$$\sigma = G\gamma + \eta\dot{\gamma} \tag{8.27}$$

が得られる．時刻ゼロでずりひずみ γ_0 を与え，以後一定値に保つと，$\dot{\gamma}=0$ ($t>0$) であることから，式 (8.27) は単に弾性体の挙動を示す $\sigma = G\gamma_0$ になる．ところが，この式はクリープに対して重要な結果を与える．時刻ゼロでずり応力 σ_0 を与え，以後一定値に保つと，$d\gamma(t)/(\gamma(t)-\sigma_0/G) = -dt/\lambda$ なる変数分離形を経て，$t=0$ で $\gamma(0)=0$ なる初期条件からクリープコンプライアンス $J(t)$ が

$$J(t) = J(1-e^{-t/\lambda}) \tag{8.28}$$

のように求まる．式中の J はバネのコンプライアンス（$1/G$）で，λ（$=\eta/G$）は遅延時間（retardation time）と呼ばれる時間の次元をもった模型の特性値である．式 (8.28) は図 8.7 (c) の γ_i がゼロの場合に対応し，粘性体から弾性体への変遷を示す粘弾性固体の特性をよく表す．遅延時間 λ は弾性体に変わるのにどの程度時間待てばよいのかの目安である．以上のように，Voigt 模型は粘弾性固体を表現するのに優れている．

8.3.4　一般化力学模型と緩和スペクトル

粘弾性体の挙動を表現するのに便利で単純な Maxwell 模型と Voigt 模型を導入したが，それらを用いても現実の粘弾性体の挙動を定量的に再現するのは適わないことが多い．たとえば，図 8.10 に示されるような明瞭な G'' の極大を与える測定結果

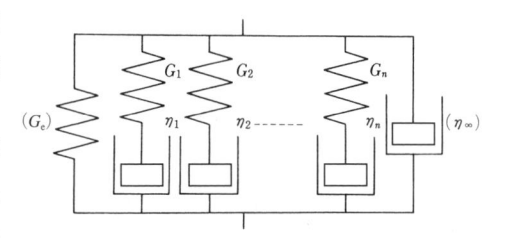

図 8.11　一般化 Maxwell 模型

は高分子物質では得られない．その理由は Maxwell 模型や Voigt 模型には特性時間と弾性率が一対しかないのに対し，実在の粘弾性物質にはそれらが複数対存在するからである．したがって，力学模型を用いて任意の粘弾性体の挙動を表現するには異なる特性時間と弾性率の対をもった力学模型を必要な数だけつなぎ合わせることが必要である．この考えに基づいて，τ_j と G_j なる緩和時間と弾性率をもつ Maxwell 模型を要るだけ並列につないだ**一般化 Maxwell 模型**（generalized Maxwell model）（図 8.11)，あるいは λ_i と G_j なる遅延時間と弾性率をもつ Voigt 模型を必要なだけ直列につないだ**一般化 Voigt 模型**（generalized Voigt model）（図 8.12）を導入すればどんな粘弾性挙動も表現することができる．Maxwell 模型は粘弾性液体を表現す

るのに有効であるが，一般化 Maxwell 模型では粘弾性固体も表現できるように，緩和を示さない G_e なる弾性率のバネや粘度 η_∞ のダッシュポットを必要に応じて導入する．同じことが一般化 Voigt 模型にいえ，粘弾性液体の挙動や瞬間コンプライアンスを表現するために，G_g なる弾性率のバネや粘度 η_0 のダッシュポットを必要に応じて導入する．どちらの一般化模型を用いるかは研究者の好みであるが，弾性率（$G(t)$ あるいは G' と G''）を議論するには一般化 Maxwell 模型が，コンプライアンス（$J(t)$ あるいは J' と J''）を議論するには一般化 Voigt 模型が使いやすい．

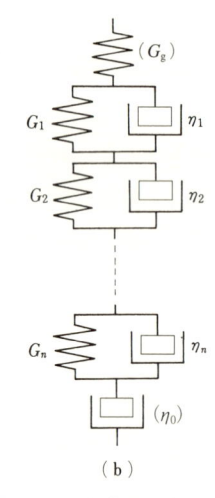

図 8.12　一般化 Voigt 模型

一般化 Maxell 模型の応力緩和挙動は，時刻ゼロで加えたひずみ γ_0 がすべての成分 Maxwell 模型に加わり，両端に発生する応力はすべての成分 Maxwell 模型に発生する値 σ_j の総和であることから

$$G(t) = \sum_j G_j e^{-t/\tau_j} + G_e \tag{8.29}$$

のように計算される．この式を実在の粘弾性体に適応し，各成分 Maxwell 模型の τ_j に対して G_j をプロットすると何らかの棒グラフが得られるが，それはいくらの緩和時間にどの程度の緩和強度（弾性率）が存在するかを表し，**緩和スペクトル**（relaxation spectrum）と呼ばれる．これは注目する粘弾性体の力学特性の個性を定量的に表すものである．成分 Maxwell 模型の数が多数になり，離散的な棒グラフで緩和スペクトルを表現するよりも連続関数で表現する方が現実的になると，式 (8.29) を次式のように積分に書き換えることもできる．

$$G(t) = \int_0^\infty g(\tau) e^{-t/\tau} d\tau + G_e \tag{8.30}$$

ここで $g(\tau)d\tau$ は τ と $\tau+d\tau$ の間に存在する成分 Maxwell 模型の弾性率の和である．一般に高分子物質の $g(\tau)$ は非常に幅広い時間域に値をもつので，積分変数として τ ではなく $\ln \tau$（あるいは $\log \tau$）を用いる方が現実的なことが多い．この場合，$d\tau = \tau d\ln \tau$ なので $\tau g(\tau) = H(\ln \tau)$ とおくと，$G(t)$ は

$$G(t) = \int_{-\infty}^{\infty} H(\ln\tau) e^{-t/\tau} d\ln\tau + G_e \quad (8.31)$$

のように書き換えられる．$H(\ln\tau)$ は緩和時間の分布関数（distribution of relaxation times）あるいはこれも緩和スペクトルと呼ばれることがある．

動的粘弾性の場合，各成分マクスウェル模型に生じる複素応力 $\sigma_j^*(i\omega)$ の総和を複素ひずみ $\gamma^*(i\omega)$ で除することによって，G' と G'' が

$$G^*(i\omega) = G' + iG'' = \sum_j \frac{iG_j\tau_j\omega}{1+i\tau_j\omega} + G_e + i\omega\eta_\infty \quad (8.32)$$

$$G' = \sum_j \frac{G_j\tau_j^2\omega^2}{1+\tau_j^2\omega^2} + G_e, \quad G'' = \sum_j \frac{G_j\tau_j\omega}{1+\tau_j^2\omega^2} + \omega\eta_\infty \quad (8.33)$$

のように求まる．G' と G'' も $H(\ln\tau)$ を用いて積分形で書くこともできる．

クリープ挙動については一般化 Voigt 模型を用いてクリープコンプライアンス $J(t)$，複素コンプライアンス $J^*(i\omega)$ を書き表すことが多い．このとき各成分 Voigt 模型の λ_j に対する J_j（$=1/G_j$）の棒グラフを遅延スペクトル（retardation spectrum）と呼ぶ．もちろん，クリープ挙動を一般化 Maxwell 模型で表現することも可能である．

8.3.5 重要な粘弾性定数

線形粘弾性体の挙動を理解するには，静的粘弾性関数あるいは動的粘弾性関数のいずれかをすべてのタイムスケールにおいて知ることができれば緩和スペクトルを通してすべてを原理上完全に記述できる．しかし，その作業は多くの粘弾性体において不可能である．そこで，実験的に比較的容易に決められるいくつかの重要な**粘弾性定数**（viscoelastic constants）を導入すると便利である．

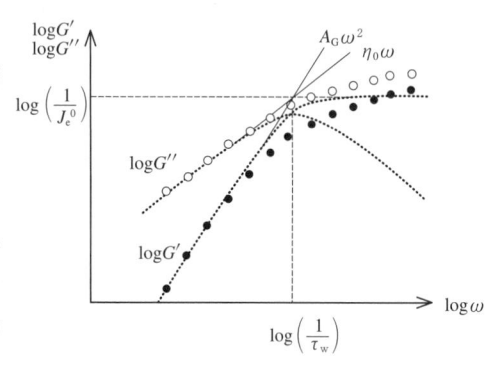

図 8.13 流動領域が観察される場合に決定できる粘弾性定数 η_0，τ_w および J_e^0 （模式図）

ここでは特に粘弾性液体について用いられる，ゼロずり粘度 η_0，定常状態コンプライアンス J_e^0，さらに平均緩和時間 τ_w を議論する．

一般化 Maxwell 模型の G' および G'' の表式（8.33）を用い，G_e をゼロ，さらに単純化のために η_∞ もゼロとおいて，粘弾性液体を表現する．実験結果として低周波側で G'' が ω に比例する部分が得られれば（図 8.13 参照）

$$\eta_0 = \lim_{\omega \to 0} \frac{G''}{\omega} = \lim_{\omega \to 0} \eta' = \sum_j G_j \tau_j = \sum_j \eta_j \quad \left[= \int_{-\infty}^{\infty} \tau H(\ln \tau) \,\mathrm{d} \ln \tau = \int_{-\infty}^{\infty} t\, G(\ln t) \,\mathrm{d} \ln t \right] \quad (8.34)$$

のようにゼロずり粘度 η_0 が定義される．この値は系中に存在する粘性成分の寄与をすべて合計したもので最も基本的な物性値の 1 つである．単に粘度というとこのゼロずり粘度を意味することが多い．動的粘弾性測定以外でもずり速度 $\dot{\gamma}$ の関数として粘度を測定した場合に，試料が Newton 性を示す低い $\dot{\gamma}$ で得られる一定値としても決定できる．あるいは，図 8.7（b）に示したようなクリープコンプライアンス $J(t)$ の長時間側での傾き A の逆数も η_0 を与える（各自証明せよ）．

G' が ω^2 に比例して増加する部分が低周波側で得られれば（図 8.13 参照），弾性係数 A_G が

$$A_G = \lim_{\omega \to 0} \frac{G'}{\omega^2} = \sum_j G_j \tau_j^2 \quad \left[= \int_{-\infty}^{\infty} \tau^2 H(\ln \tau) \,\mathrm{d} \ln \tau = \int_{-\infty}^{\infty} t^2 G(\ln t) \,\mathrm{d} \ln t \right] \quad (8.35)$$

のごとく決定される．さらに，A_G と η_0 から重要な物性値である定常状態コンプライアンス J_e^0 が

$$J_e^0 = \frac{A_G}{\eta_0^2} = \frac{\sum_j G_j \tau_j^2}{(\sum_j G_j \tau_j)^2} \quad (8.36)$$

のように定まる．J_e^0 は動的コンプライアンス測定における J' の低周波側の一定値や，クリープコンプライアンスにみられる長時間側の一定勾配部分を時刻ゼロまで外挿して得られる切片の値とも一致する（図 8.7(b) 参照）．η_0 と J_e^0 の積は時間の次元をもつもう 1 つの物性値である平均緩和時間 τ_w を与える．

$$\tau_w = \eta_0 J_e^0 = \frac{\sum_j G_j \tau_j^2}{\sum_j G_j \tau_j} \quad (8.37)$$

τ_w はときどき重量平均緩和時間と呼ばれるが，その定義である式（8.37）が高分子物質の重量平均分子量の定義と形式的に一致することがその理由である．定常状態コンプライアンス J_e^0，さらに平均緩和時間 τ_w の物理的意味は図 8.13 を用いると直感的に理解しやすい．$G' \propto \omega^2$ と $G'' \propto \omega$ の直線部分を延長して，それらの交点

を求めると周波数軸は $\log(1/\tau_w)$, 弾性率軸は $\log(1/J_e^0)$ を与えることが証明される (各自試みよ). ところで, 図8.10に示される一対の緩和時間と弾性率を有するMaxwell模型の G' と G'' の周波数依存性をみると, $G' \propto \omega^2$ と $G'' \propto \omega$ の直線部分の交点は $\log(1/\tau)$ と $\log G$ を与える. これらの比較から, 注目する物体が示す粘弾性の高周波側には注意を払わず流動がみられる低周波側だけに注目し, その挙動を1つのMaxwell模型 (図8.13の点線) で置き換えることで, 平均的な緩和時間 (τ_w) と弾性率 ($1/J_e^0$) を決めたのである.

8.3.6 エネルギー損失

粘弾性体に振幅 γ_0 の正弦ずりひずみを与えているとき, その1周期 $2\pi/\omega$ になされる単位体積当たりの力学仕事 W は次式で計算できる.

$$W = \int_0^{\frac{\omega}{2\pi}} \sigma(t)\dot{\gamma}\,dt \tag{8.38}$$

ひずみ $\gamma(t)$ と応力 $\sigma(t)$ として式 (8.13) および (8.16) を上式に代入して積分すると, $W = \pi\gamma_0^2 G''$ が得られる. 1周期の後に粘弾性試料は再び元の状況に戻るので, 内部エネルギーの変化は起こらない. したがって, 熱力学第1法則 (エネルギー保存) によって W は1周期間に外部に熱として放出されるエネルギーに等しい. もし, 粘弾性体が断熱された状況であればこの放出熱が蓄積され, 長時間の振動の後には試料温度の上昇を招くであろう. このように G'' はエネルギーの損失に関わるパラメータであり, 損失弾性率と呼ばれる理由が再認識できる (8.3.2項参照). まったく同じ議論が J'' についても行え, $W = \pi\sigma_0^2 J''$ が得られる.

8.3.7 Boltzmannの重畳則

線形粘弾性の体系では物性値である, $G(t)$, G' と G'', あるいは $J(t)$, J' と J'' などは刺激の大きさ γ_0 や σ_0 に依存しない. これは刺激と応答の大きさに線形関係が成立しているためである. ここでは刺激と応答の因果関係に立ち戻り, 線形粘弾性の構築原理を述べる. 別々に与えられた2つの刺激に対する応答がそれぞれの刺激に対する応答の和で表されるとき, 刺激と応答には線形関係がある. 論理的な理解のために, ある粘弾性体に時刻 t_1 で階段的なずりひずみ γ_1 を与え, 別の時刻 t_2 で階段的なずりひずみ γ_2 を与えたとしよう (図8.14). 時刻 t ($>t_1$, t_2) で観察されるそれぞれの応力応答は時間差 $t-t_1$ と $t-t_2$ の関数になり, 緩和弾性率にそれぞ

れの時間差を代入して，$\sigma_1(t)=\gamma_1 G(t-t_1)$ と $\sigma_2(t)=\gamma_2 G(t-t_2)$ と求まるが，実際にはこれら2つが合計された応力 $\sigma(t)=\sigma_1(t)+\sigma_2(t)$ が観測される．この考え方を一般化して，任意のずりひずみに対するずり応力の応答を時間についての積分で一般的に表現する．

観測時刻 t よりも過去の時刻 s で与えられた微小ひずみ $d\gamma(s)$ はその時刻におけるずり速度 $\dot{\gamma}(s)$ を知っていれば，$d\gamma(s)=\dot{\gamma}(s)ds$ と表現できる．一方，t で観測されるその微小ひずみ $d\gamma(s)$ に対するずり応力の微小応答は $d\sigma(t-s)=G(t-s)d\gamma(s)=G(t-s)\dot{\gamma}(s)ds$ と表せる．ひずみを与えた時間 s について過去（$-\infty$）から t まで積分することで，観測時刻 t におけるずり応力の応答が

$$\sigma(t)=\int_{-\infty}^{t}G(t-s)\dot{\gamma}(s)ds \tag{8.39}$$

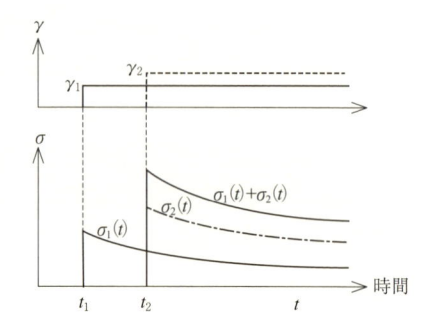

図 8.14 Boltzmann の重畳則の模式図を用いた説明

のように計算できる．この関係はひずみと応力を結び付ける線形関係の一般式で，他の物理現象の刺激と応答の因果関係（8.9.3項参照）としても成立するが，粘弾性の分野では **Boltzmann の構成方程式**あるいは**重畳則**（Boltzmann superposition principle）と呼ばれる．まったく同様の関係式が応力を刺激，ひずみを応答とした場合にも当然成り立つ．

緩和弾性率 $G(t-s)$ は，ステップ幅 1 の階段状ずりひずみに対して粘弾性体がもつ応力応答の記憶関数（memory function）と考えることができ，時間差 $t-s$ の増大とともに式（8.10）のように単調にある一定値（ゼロあるいは G_e）に減衰する関数である．$G(t)$ がわかれば，任意のずりひずみに対する応力応答が計算され，すべての粘弾性関数が決定される．たとえば動的粘弾性関数 G' と G'' は複素ずりひずみを $\gamma^*(i\omega)=\gamma_0 e^{i\omega t}$ とすると，以下のように計算される．

$$\sigma^*(t)=i\omega\gamma_0\int_{-\infty}^{t}G(t-s)e^{i\omega s}ds=i\omega\gamma_0 e^{i\omega t}\int_{0}^{\infty}G(u)e^{-i\omega u}du=i\omega\gamma^*(i\omega)\int_{0}^{\infty}G(u)e^{-i\omega u}du \tag{8.40}$$

$$G'=\omega\int_{0}^{\infty}G(u)\sin\omega u\,du, \quad G''=\omega\int_{0}^{\infty}G(u)\cos\omega u\,du \tag{8.41}$$

ただし，式 (8.40) で与えられる $\sigma^*(t)/\gamma^*(i\omega)$ の実数と虚数部から式 (8.41) を得た．

以上の一般的な議論においては，緩和弾性率が具体的にどんな関数であるかは要求されないが，先に導入した粘弾性液体の力学模型である Maxwell 模型について Boltzmann の重畳則の立場から検討することは重要である．同模型の構成方程式 (8.23) の一般解は式 (8.39) の記憶関数を $G(t) = G\mathrm{e}^{-t/\tau}$ とした場合に一致し，その記憶関数を式 (8.41) に代入することで式 (8.26) に一致する G' と G'' が得られる．また，式 (8.40) は数学的には Fourier 変換であり，静的粘弾性測定で得られる緩和弾性率と動的測定で得られる複素弾性率は互いに Fourier 変換で関係づけられている．同じ議論が Voigt 模型にも成立する．このように Maxwell 模型や Voigt 模型は線形粘弾性の構築原理である Boltzmann の重畳則を満足し，数学的一般性をもった力学模型である．

8.4　高分子物質の粘弾性挙動

8.4.1　時間-温度換算則

物質の粘弾性特性を理解するには，原理的にはいずれかの粘弾性関数をすべてのタイムスケール（$0 < t < \infty$，または $0 < \omega < \infty$）について求めればよい．しかし，それは事実上不可能であり，どの粘弾性関数にしろ通常 4～5 桁の限られたタイムスケールの範囲内でしかその形が求められないのが現状である．ところが，ガラス転移温度 T_g（8.8 節参照）より高温の無定形高分子物質については時間-温度換算則（time-temperature superposition principle）を適用すると，限られたタイムスケールで得られた実験結果からより広いタイムスケールの粘弾性関数の形を推測できることが知られている（Leaderman, 1941 年）．

図 8.15 にポリイソブチレンの一軸伸張緩和弾性率 $E(t)$ の測定結果を一例として示す．$-80°\mathrm{C}$ から $+50°\mathrm{C}$ の範囲で実測された $E(t)$ 曲線の 1 つ，たとえば $25°\mathrm{C}$ のものを固定し，他の曲線を $\log t$ 軸に沿って平行に移動させると，互いに一部ずつを重ね合わせることができ，結局 1 本の滑らかな曲線 $E(ta_\mathrm{T}^{-1})$ を得る．この曲線を緩和弾性率の合成曲線（master curve）と呼ぶ．合成曲線をつくるときに固定する $E(t)$ 曲線の温度を**基準温度**（reference temperature）T_0 と呼ぶ．平行に移動させる量を $-\log a_\mathrm{T}$ で表し，a_T を**移動因子**（shift factor）と名づける．図 8.15 には $T_0 =$

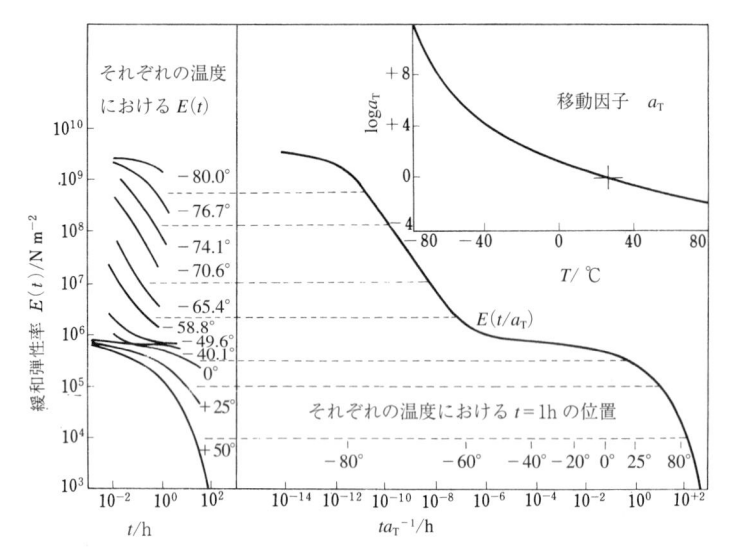

図 8.15 時間-温度換算則による一軸伸張緩和弾性率の合成曲線 $E(ta_T^{-1})$ と，移動因子 a_T の温度依存性．試料はポリイソブチレンで基準温度 $T_0=25℃$ (Nielsen, 1962 年)．

25℃ として得られた 16 桁にもわたるポリイソブチレンの $E(t)$ の合成曲線 $E(ta_T^{-1})$ の ta_T^{-1} 依存性と $\log a_T$ の温度 T 依存性も併せて示す．同じ移動による重ね合わせはもうひとつの静的粘弾性関数クリープコンプライアンス $J(t)$ についても成り立ち，さらに動的粘弾性関数の G' と G'' あるいは J' と J'' についても成り立つ[*1]．

同じ高分子物質については，T_0 が同一ならどの粘弾性関数の $\log a_T$ と T の関係も同じになる．この性質を時間（周波数）-温度換算則が成立するといい，それが成立する物質を熱レオロジー的に単純（thermorheologically simple）であるという．すべての粘弾性関数において測定の時間（周波数）尺度は注目する緩和時間 τ を基準として，t/τ または $\omega\tau$ の関数として表すことができる．したがって，この時間-温度換算則は T_g 以上の高分子物質においてすべての緩和時間が同一の温度依存性をもつことを意味する．ただし，$\log a_T$ と T の関係を表す関数形は物質によって異なる．

[*1] a_T は無次元数であり，時間軸と周波数軸では移動方向を逆転させる．その結果，得られる合成曲線は $E(ta_T^{-1})$，$J(ta_T^{-1})$，$G'(\omega a_T)$ と $G''(\omega a_T)$ などと表される．厳密には縦方向のわずかな移動が必要な場合もあり，縦方向の移動因子は b_T と書く．ゴム弾性理論（8.6 節参照）によると高分子液体の弾性率は絶対温度と試料の密度の積に比例するので，b_T はその積に比例すると考えられる．

8.4 高分子物質の粘弾性挙動

ところが，Williams，Landel，さらに Ferry はそれぞれの高分子物質に特有の温度 T_S（$=T_g+50℃$ が適当だとされている）を基準温度に選ぶと，$\log a_T$ の $T-T_S$ に対する曲線が T_S の上下 $50℃$ 程度の範囲にわたって物質の種類によらず同一の関係式 (8.42) で表されることを見出した（図 8.16）．

$$\log a_T = \frac{-C_1(T-T_S)}{C_2+(T-T_S)} \tag{8.42}$$

定数 C_1 と C_2 は近似的に物質の種類によらない普遍定数である．たとえば，$T_S=T_g+50℃$ の場合，$C_1=8.86$，$C_2=101.6\,\mathrm{K}$ であり，$T_S=T_g$ とすれば，$C_1=17.44$，$C_2=51.6\,\mathrm{K}$ と書き換えられる．この式 (8.42) を3人の発見者に因んで WLF 式という．

低分子液体の粘度 η_0 の温度依存性は Andrade の式 $\eta_0 \propto e^{E^*/RT}$ によって表され，$\log \eta_0$ の T^{-1} に対するプロットは直線を与える．その勾配から求まる流動の活性化エネルギー E^* は十数 $\mathrm{kJmol^{-1}}$ 程度である．一方，高分子液体のゼロずり粘度 η_0 は十分高温（$\geqq T_g+200$）でなければ Andrade の式には従わない．しかし，高分子液体のゼロずり粘度 η_0 と a_T の関係は $a_T=\eta_0(T)/\eta_0(T_S)$ の形で表されるので，η_0 の温度依存性も WLF 式で書き表せる[*1]．

低分子物質を含むガラス転移を示す物質の η_0 がもつ温度依存性を表現する式として，Fogel-Fulcher の式 $\eta_0 \propto e^{E^*/R(T-T_V)}$ が知られている．ここで，T_V は Fogel 温度と呼ばれる物質固有の基準温度で，T_V を $0\,\mathrm{K}$ に設定すると Andrade の式が導かれる．Fogel-Fulcher の式からも WLF 式を導くことができるので，両者は等価な式である（各自証明を試みよ）．

以上のことから WLF 式はすべての高分

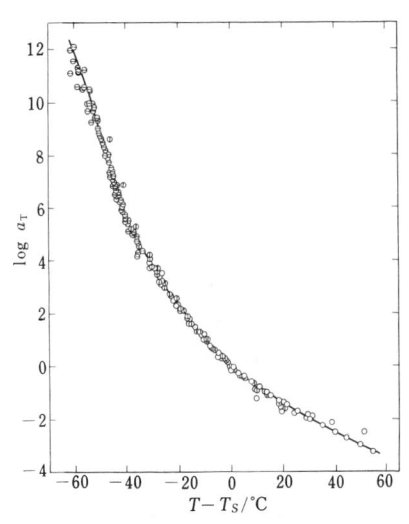

図 8.16 $\log a_T$ は高分子種に依らず $T-T_S$ のみの関数になる．種々のシンボルは異なった高分子物質に対応する（Ferry ら，1955 年）．

[*1] G'' についての時間－温度換算則は，$G''(\omega a_T, T_S) = G''(\omega, T)$ と表される．十分に低周波域でゼロずり粘度が得られる場合は $G''(\omega a_T, T_S) = \eta_0(T_S)\omega a_T = \eta_0(T)\omega$ なる関係があり，$a_T = \eta_0(T)/\eta_0(T_S)$ が得られる．

子液体における緩和時間の温度依存性に当てはまる普遍的な関係式であることがわかる．物質の違いは基準温度 T_S（すなわち T_g）の違いに反映される．WLF式は Doolittle（1951年）が液体の粘性率 η の温度依存性を説明するために提案した経験式 $\eta = Ae^{b/f}$ からも導出できる．ここで A と b は物質によって定まる定数，また f は**自由体積分率**（free volume fraction）と呼ばれる量で，液体中に存在する空隙の体積分率を表すが，その詳細は 8.8.2 項で述べる．

8.4.2 無定形高分子の粘弾性挙動

A. 粘弾性関数の特徴

前項の議論から，基準温度 T_S を適当に選ぶとすべての無定形高分子の応力緩和曲線が1本の合成曲線で表せる．事実，図 8.15 の合成曲線 $E(ta_T^{-1})$ は典型的な無定型高分子の緩和弾性率の特徴を表す．短時間側に弾性率が $\sim 10^9 \mathrm{Nm^{-2}}$（=GPa）と非常に高い**ガラス領域**（glassy region）が現れる．ガラス領域は，低分子物質を含むすべてのガラス状物質で共通に観測され，構造単位の化学構造の差異が弾性率の値に顕著に反映される．それに続いて，弾性率が $t^{-1/2}$ に比例して減少する**遷移領域**（transition region）が現れる．遷移領域における弾性率の時間依存性は構造単位の化学構造に影響されないし，分子量・分子量分布あるいは枝別れの有無など高分子鎖の骨格構造の違いにもほとんど影響されない．しかし，それに続いて現れるゴム状平坦部領域から終端領域で弾性率の時間依存性は，高分子の分子量・分子量分布，枝別れの有無などに強く影響される．

後にC項で定義される特性分子量 M_c より分子量が低い試料については遷移領域が終わるとそのまま緩和弾性率がゼロに減衰する．一方，分子量が M_c 以上の試料では遷移領域が終わっても応力緩和が一旦停止し，ゴム弾性を呈する**ゴム状平坦領域**（rubbery plateau region）が現れる．そこでの弾性率は $10^6 \mathrm{Nm^{-2}}$（=MPa）のオーダーであり，ゴム状**平坦弾性率**（plateau modulus）G_N^0 と呼ばれる．M_c 以上である高分子量の試料でもゴム状平坦領域を過ぎると，弾性率が急速にゼロに緩和する**終端領域**（terminal region）または**流動領域**（flow region）に至る．ゴム状平坦領域の現れる時間幅は分子量の増加とともに広がる．終端領域の平均緩和時間 τ_w は，後のD項で述べるが，J_e^0 がこのゴム状平坦領域で分子量によらないので，式(8.37)から明らかなようにゼロずり粘度 η_0 の分子量依存性（C項参照）に支配される．その結果，分子量が10倍高くなると，終端領域が現れる時間は $10^{2.4} \sim 10^{3.6}$

倍程度も長くなる．これらの挙動は高分子物質のからみ合い効果を反映している．

B. 分子量と分子量分布

ここではゴム状平坦領域および終端領域に対する分子量と分子量分布の影響を述べる．図 8.17 は基準温度 T_S を 160℃ としたときの一連の分子量を有する単分散ポリスチレン融液における貯蔵弾性率と損失弾性率の合成曲線 $G'(\omega a_T)$ と $G''(\omega a_T)$ の遷移領域のすそからゴム状平坦領域，終端領域へかけての周波数 ωa_T 依存性を示す（この測定の温度・周波数範囲ではガラス領域は現れない）．

$G'(\omega a_T)$ 曲線から，分子量が M_c （=36000）以上である高分子量試料のゴム状平坦領域の高さ G_N^0 は分子量に依らないことがわかる．この事実は高分子のからみ合いによって生じた網目構造が分子量に依らないか

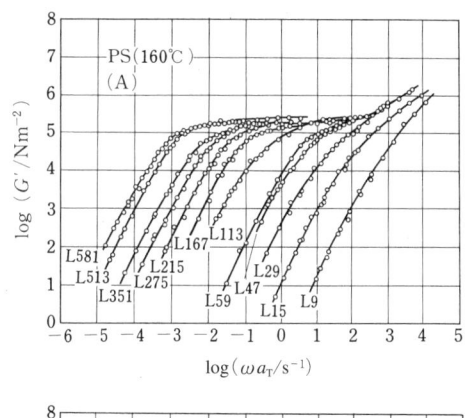

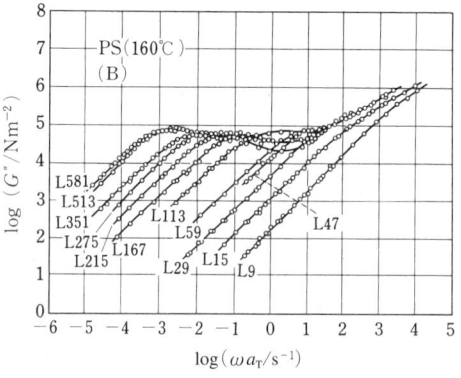

図 8.17 単分散ポリスチレンの G' および G'' の合成曲線（升田ら，1970 年）．基準温度 T_S は 160℃ で，各試料コードの数字は 10^3 単位で表した重量平均分子量．

らみ合い密度を有することを示唆する（8.7.2 および 8.7.3 項参照）．一方，終端あるいは流動領域の始まる周波数は分子量に強く依存する．$G''(\omega a_T)$ 曲線にはゴム状平坦領域から終端傾域にかけて明らかな極大が現れる．終端領域のすそ部分では，式 (8.34) と (8.35) が予言するように $G''(\omega a_T) \propto \omega a_T$ と $G'(\omega a_T) \propto (\omega a_T)^2$ の関係が成立し，この低周波数領域では緩和がすべて終了し，試料は流動している．終端領域の $G''(\omega a_T)$ と $G'(\omega a_T)$ の ωa_T 依存性からゼロずり粘度 η_0 と定常コンプライアンス J_e^0 が決定できる（図 8.20 参照）．

図 8.18 は粘弾性関数に対する分子量分布の影響をみるために，重量平均分子量 M_w が同じで分子量分布（重量平均と数平均分子量の比 M_w/M_n が 1.1 と 1.6）の異

なる2種のポリスチレンのG'およびG''の周波数ωa_T依存性を比較する．両試料のG''曲線の形（周波数依存性）は異なっているが低周波側のすそは一致しており，これら2試料のゼロずり粘度η_0は等しい．しかし，G'曲線の低周波側のすそでは，単分散試料がω^2に比例して低下するのに対して，分子量分布の広い試料は極限挙動（$G'\propto\omega^2$）に到達せず，緩和がまだ終了していない．この事実は，定常コンプライアンスJ_e^0が分子量分布に敏感であり，分布の広い試料のJ_e^0の値が単分散試料に比べてはるかに高いことを意味する．

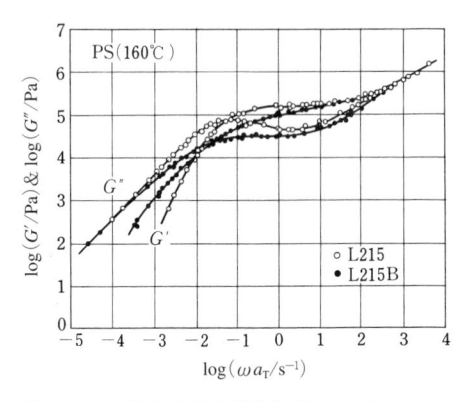

図 8.18 160℃における単分散ポリスチレンL215と多分散性ポリスチレンL215BのG'とG''の合成曲線の比較（升田ら，1970年）

C. 高分子液体のゼロずり粘度

ゼロずり粘度η_0は流体における最も基本的な物性の1つである．高分子液体のη_0を支配する因子の中で特に重要なものは分子量と温度である．多くの高分子物質について一定温度におけるη_0は重量平均分子量M_wとともに次の式（8.43）の関係に従って変化することが知られている．

$$\eta_0 \propto M_w^a \quad (a=1\sim2) \quad M_w<M_c$$
$$\eta_0 \propto M_w^{3.4} \quad\quad\quad\quad\quad M_w>M_c$$
(8.43)

図8.19はポリスチレン融液（217℃）の示すη_0とM_wの関係である．高分子量側で得られる関係をFox-Loshaekの3.4乗則という．**特性分子量**（characteristic molecular weight）M_cの値は高分子物質によって定まり，温度にはほとんど依存しない（8.7節参照）．すでにA項で述べたが，M_cを境に高分子どうしがからみ合いを生じゴム状平坦部を出現するので，$M_w>M_c$での急激なη_0増加はからみ合い効果を反映す

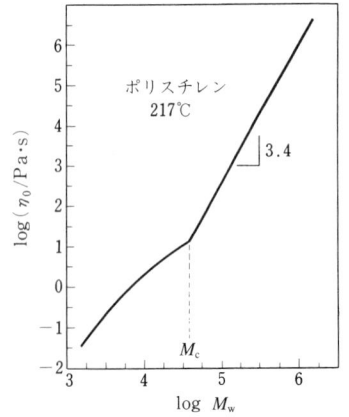

図 8.19 一定温度（217℃）におけるポリスチレンのゼロずり粘度η_0と重量平均分子量M_wの関係

る.

　溶媒を高分子試料に加えると特性分子量が増大し，流動性が高まると予想されるが，実際，高分子濃度を体積分率 ϕ で表し特性分子量を $M_c\phi^{-1}$ と書き換えると式 (8.43) がほぼそのまま成立する．

D. 枝別れ高分子鎖

　高分子鎖が枝別れをもつ場合，特に，枝の分子量がそれ自身でからみ合うほどに高いとき粘弾性挙動に対して非常に強い影響が現れることが予想される．枝別れ高分子鎖のモデル系として，腕の分子量と数の揃った星型高分子鎖 (star polymer) が合成されその粘弾性が詳しく調べられている．

　腕の分子量が低い場合，星型高分子の粘弾性挙動は回転半径の等しい直鎖状高分子のそれとほぼ同じである．しかし，星型高分子の腕の分子量が M_c より十分高く，それぞれの腕どうしがからみ合うようになると，顕著な影響が現れる．図 8.20(a) は星型ポリブタジエンの η_0 の M_w 依存性を直鎖ポリブタジエンの場合と比較する．一方，図 8.20 (b) は星型ポリスチレンの定常コンプライアンス J_e^0 の M_w 依存性を直鎖ポリスチレンの場合と比較している．直鎖高分子のゼロずり粘度 η_0 は式 (8.43) に示したように，特性分子量 M_c を境に分子量の 3.4 乗の依存性を示す． $M_w \leq 5M_c$ までは，回転半径の違いを反映して星型高分子の粘度 η_0 が直鎖高分子のそれより低い．しかし，$M_w > 5M_c$ では星型高分子の粘度は指数関数的に増大

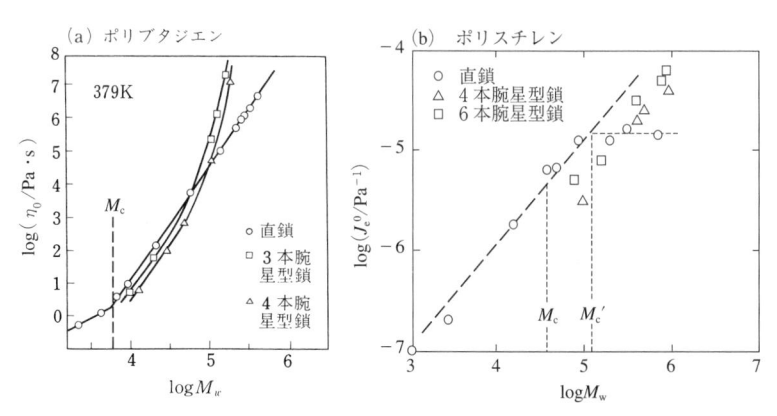

図 8.20 (a) 一定温度における星型ポリブタジエンと直鎖ポリブタジエンのゼロずり粘度 η_0 と分子量 M_w の関係 (Kraus ら, 1965)，および (b) 星型ポリスチレンと直鎖ポリスチレンの定常状態コンプライアンス J_e^0 と分子量 M_w の関係 (Graessley ら, 1965, 1979 年). 図中の破線は Rouse 理論による予測 (8.7.2 項参照).

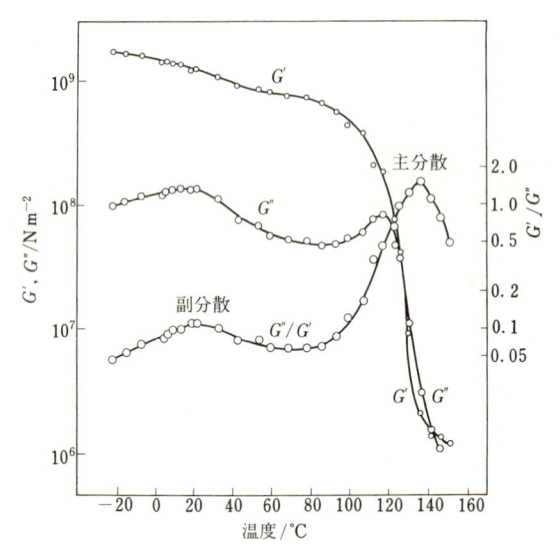

図 8.21 ポリメタクリル酸メチルの動的粘弾性の温度依存性（岩柳ら）

して直鎖高分子の粘度を上回る．

一方，直鎖高分子の定常コンプライアンス J_e^0 は，M_c より少し高い分子量 M_c' を境に，$J_e^0 \propto M_w$ から $J_e^0 \propto M_w^0$ へと分子量依存性が変わるのに対して，星型高分子の J_e^0 は腕の分子量が高くなっても M_w に比例して増加し続ける．この事実は，高い分子量の枝をもった枝別れ高分子は高い定常状態コンプライアンス J_e^0 をもち，非常に長い緩和時間をもつこと意味する（式（8.37）参照）．

E. 温度分散

すでに述べたように測定温度を変えると試料の緩和時間を変えることになるので，温度を変えながら一定周波数の粘弾性関数を測定すると，試料が有する緩和時間の変化に応じて測定値が変化する．この現象を温度分散という．

この方法はガラス状態にある無定形高分子の粘弾性評価に有効である．図 8.21 はポリメタクリル酸メチルの測定例である．一定周波数で微小振幅のひずみを加え，G' と G'' を温度の関数として測定すると，T_g 付近にガラス状態からゴム状態への変化に対応した G' の急激な減少と，G'' および $\tan \delta$（$= G''/G'$）に明瞭な極大が観察される．これを**主分散**（primary dispersion）という．この系ではさらに低温の領域で，G' になだらかな肩が現れ，G'' および $\tan \delta$ に小さな極大がみられる．このような変化を**副分散**（secondary dispersion）と呼ぶ．通常，これらの分散には高温

側から主分散（α分散），副分散に対応してβ分散，さらにγ分散…とギリシャ文字を対応させて呼ぶのが習慣である．この副分散には個々の高分子によって活性化エネルギーの異なる局所的な高分子主鎖の運動や側鎖の運動が対応しており，周波数（時間）-温度換算則は一般に成立しない．

8.4.3 結晶性高分子の粘弾性

結晶性高分子の粘弾性関数を広いタイムスケールにわたって求めることは容易でない．その原因は以下の点にある．一般に結晶性高分子固体は（ⅰ）温度とともに結晶化度・結晶サイズやその分布などの凝集構造が変化する．すなわち，熱レオロジー的に単純ではないので時間-温度換算則が成立しない．（ⅱ）線形域が狭く，実験が困難である．また，7章で学んだとおり，（ⅲ）試料調製の方法によって凝集構造が鋭敏に異なるので，同一の構造と物理的性質をもった試料が得にくい．したがって，仮に見かけ上広いタイムスケールにわたって粘弾性関数を求めることができたとしても，物性値として意味をもつ情報を得難い．

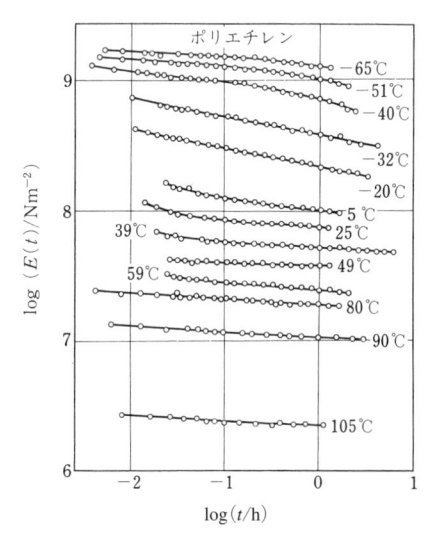

図 8.22 低密度ポリエチレンのさまざまな温度における一軸伸張緩和弾性率 $E(t)$（Tobolsky ら，1956 年）

しかし，結晶性高分子の力学特性は実用上非常に重要であり，その評価法を確立することは大切である．そこで丁寧に温度を変えながら限られた"実験の窓"からその姿をかいま見ることになる．その場合，温度変化による結晶化度・結晶モルフォロジーなどの変化を別の測定で追跡しておかねばならない．

図 8.22 に温度を変えて測定した低密度ポリエチレンの一軸伸張緩和弾性率 $E(t)$ を示す．無定形高分子と比べて，ガラス転移温度近傍（～20℃）でも緩和弾性率の時間変化が緩やかで，微結晶が架橋点と充填剤の役割を果たすためゴム弾性に類似した挙動がみられる．50℃ を過ぎると微結晶の融解が始まり結晶化度とともに弾性率も低下する．それぞれの温度で得られた $E(t)$ 曲線を横軸方向に移動しても合

成曲線が得られないことは明白である．縦軸方向の変化は結晶化度の変化を含んでいると解釈できる．

結晶性高分子では，無定形領域に由来する周波数分散（主分散）は結晶の存在に影響されてT_g以上で弱いことが多い．その意味で一定周波数での温度分散を調べる実験が有効である．結晶性の高いポリエチレンやポリオキシメチレンなどでは無定形領域に由来する主分散はほとんど消失し，高分子主鎖の局所運動に基づく副分散のみが現れる[*1]．さらに高温側には微結晶（crystallite）そのものの運動に由来するいわゆる結晶分散が現れる．結晶分散には微結晶の配向や変形が関与しており，その解析のために力学測定と複屈折，光散乱などの光学的測定を組み合わせた流動光学的方法（rheo-optics）が開発されている．

8.5 高分子液体の非線形粘弾性

この節では高分子液体の非Newton流動や法線応力効果，大変形応力緩和などの非線形粘弾性挙動を含んだレオロジーについて述べる．これらの現象は，高分子物質でなければ現れないいくつかの特徴を含み，高分子液体の流動機構の研究に関連して重要であるばかりでなく，高分子材料の成型加工などの実用的な面でも重要な意味をもつ．

8.5.1 レオメトリー

高分子液体は大きな弾性効果を示すので，その流動状態をより詳しく表すためにはNewton流体の場合のようにずり速度$\dot{\gamma}$に対してずり応力σを規定するだけでは完全とはいえず，流体中の任意の点に作用する応力の独立な成分すべてを議論する必要が出てくる．図8.23に模式的に示すように，ずり流動についての流れの方向に軸1，速度勾配の方向に軸2をとって直交座標を導入すると，面1および面2の接線方向の成分すなわちずり応力σ_{12}（$=\sigma_{21}$），および各面の法線方向の成分すなわち**法線応力**（normal stress）σ_{11}，σ_{22}，σ_{33}がゼロでない応力成分となる[*2]．Newton流体では法線応力成分はすべて静水圧$-P$に等しい．さらに一般的な場合でも，

[*1] 結晶性高分子の分散も高温側からα，β，γ分散…などと呼ばれていたが，この呼び方では無定形高分子のα分散（主分散）が結晶性高分子ではβ分散と呼ばれることになる．この混乱を避けるために結晶分散をα_c分散，無定形領域に由来する主分散はα_a分散と呼んで区別するのが習慣である．

8.5 高分子液体の非線形粘弾性

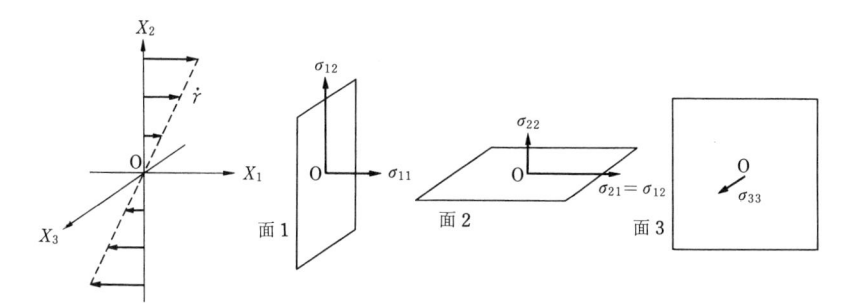

図 8.23 定常ずり流動における応力成分

法線応力成分の1つは静水圧で規定できるので、弾性液体の定常ずり流動では、ずり応力 σ_{12} と法線応力の差 $N_1=\sigma_{11}-\sigma_{22}$, $N_2=\sigma_{22}-\sigma_{33}$ の3つが独立な成分となる。なお N_1 は第一法線応力差、N_2 は第二法線応力差と呼ばれる。もちろん、$\eta(=\sigma_{12}/\dot{\gamma})$ は定常ずり粘度であり、式(8.44)で定義される Ψ_1 と Ψ_2 をそれぞれ第一、第二法線応力係数と呼ぶ。

$$N_1 \equiv \sigma_{11}-\sigma_{22}=\Psi_1\dot{\gamma}^2, \qquad N_2 \equiv \sigma_{22}-\sigma_{33}=\Psi_2\dot{\gamma}^2 \tag{8.44}$$

Newton 流体では定常ずり粘度 η は定数であり、法線応力係数は $\Psi_1=\Psi_2=0$ である。一方、高分子液体では η や Ψ_1, Ψ_2 は定数ではなくずり速度 $\dot{\gamma}$ またはずり応力 σ_{12} の関数である。このような流体は非 Newton 流体 (non-Newtonian fluid) と呼ばれる。非 Newton 流体のずり応力 σ_{12} の $\dot{\gamma}$ 依存性（流動曲線）の解析にも図 8.5 に示したレオメーター流れが用いられる。ずり速度 $\dot{\gamma}$ が至るところで一定である円錐-円板型レオメーターでは表 8.1 に示した関係は真の応力とずり速度 $\dot{\gamma}$ の関係を与えるが、それ以外のレオメーターでは見かけのずり応力 σ_a と見かけのずり速度 $\dot{\gamma}_a$ の関係を与えるに過ぎない。たとえば Poiseuille 流れについて真の関係を求めるためには、式(8.8)の η を σ の関数と見なして式(8.9)を解かなければならない。詳細を省略して結果のみを記すが、管の壁面におけるずり応力 σ_R と見かけのずり速度 $\dot{\gamma}_a$ をそれぞれ

$$\sigma_R=\frac{R\Delta p}{2L}, \qquad \dot{\gamma}_a=\frac{4Q}{\pi R^3} \tag{8.45}$$

---

*2 応力は一般にテンソル量であり、応力の作用する面と方向を添字にして σ_{11}, σ_{12}, …のように表す。したがって応力は3行3列のテンソルであるが、力とトルクの釣り合いの条件から非対角成分が $\sigma_{ij}=\sigma_{ji}$ ($i, j=1, 2, 3$) となり6個の成分のみが独立な対称テンソルとなる。これまで使ってきたずり応力 σ は σ_{12} ($=\sigma_{21}$)、伸張応力は σ_{11}、圧縮応力は $-\sigma_{11}$ などと表せる。

と定義すると（表 8.1 参照），真の粘度 $\eta(\dot{\gamma}_R)$ は，式(8.46)で見かけのずり速度 $\dot{\gamma}_a$ を補正して壁面におけるずり速度 $\dot{\gamma}_R$ を求めることにより得られる（Rabinowitsch の補正式）．

$$\eta(\dot{\gamma}_R) = \frac{\sigma_R}{\dot{\gamma}_R} \quad , \quad \dot{\gamma}_R = \dot{\gamma}_a \left[\frac{3}{4} + \frac{1}{4} \frac{d\ln\dot{\gamma}_a}{d\ln\sigma_R} \right] \tag{8.46}$$

法線応力差 N_1, N_2 の測定にも図 8.5 に示したレオメトリー流れを利用する．ただし，Poiseuille 流れは法線応力測定には容易に利用できないし，Couette 型回転粘度計も検出できる圧力差が小さく，法線応力測定には適さない．円錐-円板型および平行円板型レオメーターの場合には，円板（または円錐面）を押し上げる力 F を測定する必要がある．円錐-円板型レオメーターの場合には表 8.1 の式を用いて N_1 が決定できる．詳しい説明は省略するが，平行円板型レオメーターではずり速度が円板の中心からの距離 r に比例して変化するため，Ψ_1 と Ψ_2 が定数である場合のみ，表 8.1 の式を使って $N_1 - N_2$ が決定できる．Ψ_1 と Ψ_2 が $\dot{\gamma}$ に依存する場合には補正が必要である．

8.5.2 高分子液体の非 Newton 流動挙動

一般に，高分子液体は非 Newton 流動挙動と顕著な法線応力効果を示す．図 8.24 にずり応力 σ_{12} と第一法線応力差 N_1 に対する $\dot{\gamma}$ 変化の例を示す．ここで非 Newton 定常流粘度 $\eta(\dot{\gamma})$ と非線形定常状態コンプライアンス $J_e(\dot{\gamma})$ をそれぞれ次のように定義する．

$$\eta(\dot{\gamma}) = \frac{\sigma_{12}}{\dot{\gamma}}, \qquad J_e(\dot{\gamma}) = \frac{N_1}{2\sigma_{12}^2} \tag{8.47}$$

$\dot{\gamma}$ が低い範囲では σ_{12} は $\dot{\gamma}$ に比例し，N_1 は $\dot{\gamma}^2$ に比例する．したがって，$\dot{\gamma} \to 0$ における $\eta(\dot{\gamma})$ の極限値はゼロずり粘度 η_0 に一致する．一方，$J_e(\dot{\gamma})$ は J_e^0 と等しくなる．この関係から第一法線応力差 N_1 は動的測定から得られる貯蔵剛性率 G' に対応し，第一法線応力係数 Ψ_1 は弾性係数 A_G の 2 倍に相当する．すなわち，法線応力効果は高分子液体がもつ弾性エネルギーの貯蔵機構に由来することがわかる．第二法線応力差 N_2 はエネルギー散逸過程が関与していると思われるがまだよくわかっていない．

あらゆる $\dot{\gamma}$ の範囲で η, Ψ_1 および Ψ_2 が定数である液体を 2 次流体（second-order fluid）あるいは記憶流体（memory fluid）と呼ぶ．高分子液体の非線形性のメカニ

8.5 高分子液体の非線形粘弾性

ズムには，法線応力効果のような大変形に由来する幾何学的非線形性と，η, Ψ_1 あるいは Ψ_2 が定数ではなく $\dot{\gamma}$ の関数であることに由来する物理的非線形性とが含まれる．

図 8.25 は分子量の異なるポリスチレン試料における $\eta(\dot{\gamma})$ の $\dot{\gamma}$ 依存性を両対数プロットで示す．定常ずり粘度 $\eta(\dot{\gamma})$ は $\dot{\gamma}$ が十分低いときには一定であるが，$\dot{\gamma}$ を高くすると急速に低下する（shear thinning）．高分子液体において $\eta(\dot{\gamma})$ と複素粘性率 $\eta^*(\omega)$ を関係づける経験式として次の Cox-Merz の式（1958 年）が最もよく知られている．

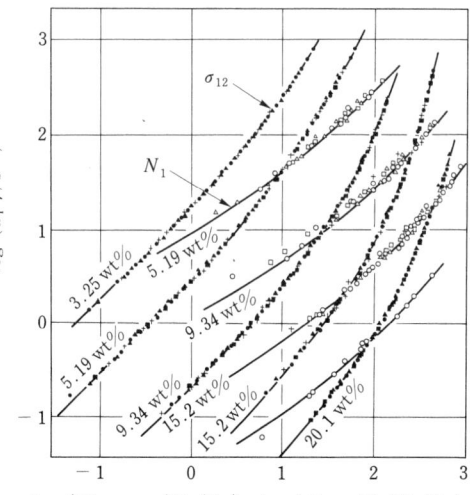

図 8.24 ポリスチレンのトルエン溶液の換算ずり応力（$T_S \rho_0/T\rho$）σ_{12} と換算法線応力（$T_S\rho_0/T\rho$）N_1 の換算ずり速度 $\dot{\gamma}a_T$ 依存性（小高ら，1962 年）．基準温度 T_S は 30℃，ρ と ρ_0 は測定温度 T と基準温度 T_S における試料密度．

$$\eta(\dot{\gamma}) = |\eta^*(i\omega)| = \sqrt{\left(\frac{G''}{\omega}\right)^2 + \left(\frac{G'}{\omega}\right)^2} \tag{8.48}$$

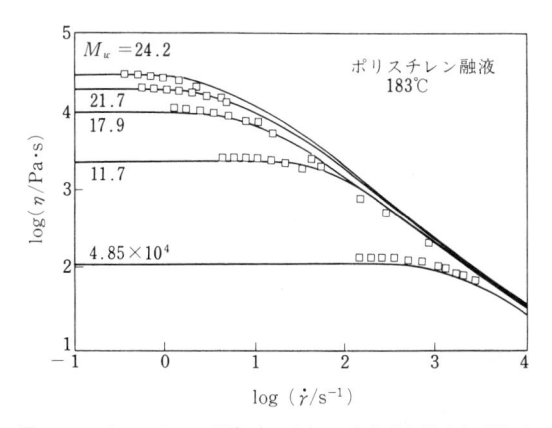

図 8.25 ポリスチレン融液（183℃）の定常ずり粘度とずり速度の関係．実線は Cox-Merz 則と WLF 式により線形粘弾性関数から計算した曲線（Graessley ら）

これらの関係が成立することは σ_{12}, N_1 さらに N_2 の $\dot{\gamma}$ 依存性についても WLF 式が成り立ち，移動因子 a_T を用いて合成曲線が書けることを意味する．

分子量や技別れの度合などが異なる高分子を含む高分子液体の非 Newton 定常流粘度 $\eta(\dot{\gamma})$ をゼロずり粘度 η_0 で規格化した $\eta(\dot{\gamma})/\eta_0$ は，換算ずり速度 $\eta_0 J_e^0 \dot{\gamma}$ の関数として表されることが確認されている．

8.5.3 非線形応力緩和

高分子液体においてずりひずみを与えて応力緩和実験を行うとき，ひずみ γ が小さい範囲では緩和弾性率 $G(t)$ は時間だけの関数であるが（線形挙動），γ を大きくすると緩和弾性率に γ 依存性が現れ，同時に法線応力効果が観測される．図 8.26 は低密度ポリエチレンの線形域での緩和弾性率 $G(t)$ および非線形緩和弾性率 $G(t, \gamma)$，さらに第一法線応力差を γ^2 で割った $N_1(t, \gamma)\gamma^{-2}$ の時間依存性を両対数で示す．γ を大きくすると $G(t, \gamma)$, $N_1(t, \gamma)\gamma^{-2}$

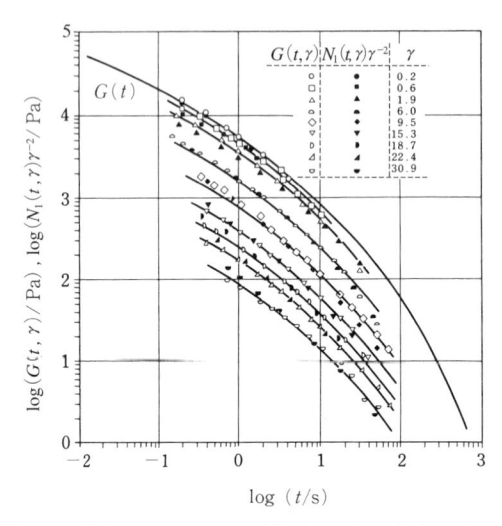

図 8.26 低密度ポリエチレン融液（150℃）の非線形ずり応力および法線応力緩和（Laun, 1978 年）

ともに減小する．興味ある事実はいずれの曲線も形が類似しており，縦方向に移動することによってうまく重ね合わせることができることである．この現象の意味するところは，非線形域での粘弾性関数が

$$G(t, \gamma) = N_1(t, \gamma)\gamma^{-2} = h(\gamma)G(t) \tag{8.49}$$

のように，ひずみ γ の関数 $h(\gamma)$ と線形緩和弾性率 $G(t)$ の積で表せるということである．もちろん $h(0)=1$ であり，一般に $h(\gamma)<1$ となることが知られている．この事実は高分子物質の成型加工など実用の面からも重要な非線形粘弾性挙動を解析する上で非常に有用である．

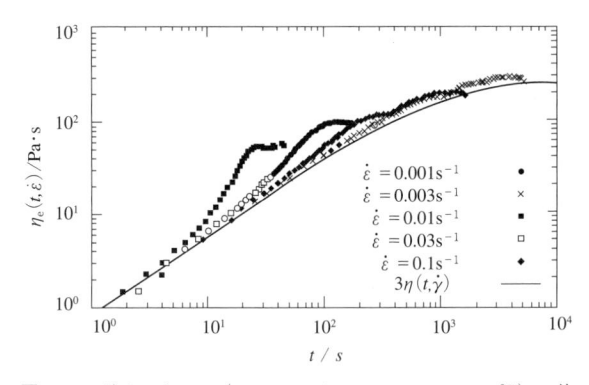

図 8.27 ポリスチレン（$M_w=20\times10^4$, $M_w/M_n=1.04$, 130℃）の伸長粘度 $\eta_e(t, \dot{\varepsilon})$ の時間 t 依存性．実線は線形域でのずり粘度の時間変化 $\eta(t, \dot{\gamma})$ を 3 倍した値（Bach ら，2003 年）．

8.5.4 高分子液体の伸長流動

伸長流動は繊維の紡糸工程やプラスチックの成形過程などで生じる実用的に非常に重要な流動であり，測定法の進歩に伴って系統的な実験結果が蓄積されるようになってきた．図 8.27 に分子量分布の狭いポリスチレンの一軸伸長粘度 $\eta_e(t, \dot{\varepsilon})$（$=\sigma_{11}/\dot{\varepsilon}$）の時間 t 依存性をいくつかの $\dot{\varepsilon}$ について示す．図中の実線は，$\dot{\varepsilon}=\dot{\gamma}$ として線形域で得られたずり粘度の時間変化 $\eta(t, \dot{\gamma})$ を 3 倍したものである．低い $\dot{\varepsilon}$ で伸長流動させると，$\eta_e(t, \dot{\varepsilon})=3\eta(t, \dot{\gamma})$ の関係（Trouton 則）を保ちながら伸張粘度が徐々に増加して Trouton 粘度（$3\eta_0$，図中実線の平坦値）に達する．$\dot{\varepsilon}$ を高くすると，$\eta_e(t, \dot{\varepsilon})$ は時間とともに急速に増加し，やがて試料液体は破断する．この現象と線形粘弾性挙動の関係は明らかではないが，$\eta_e(t, \dot{\varepsilon})$ の Trouton 則からの上方へのずれは与えられたひずみが $\varepsilon(=t\dot{\varepsilon})=1$ に達する付近から起こるように見える．伸長流動挙動の研究は，高分子液体の流動性を記述する構成方程式の検証など学問的にも非常に重要な課題である．

8.5.5 その他の非線形粘弾性現象

高分子液体のように弾性をもつ液体の示す興味ある挙動に，管なしサイフォン現象や，ダイスウェル（die swell），Weissenberg 効果などがある．図 8.28 はポリエチレンオキシド水溶液の管なしサイフォン現象を模式的に示す．この水溶液を最初

ビーカー A に入れ，A を傾けて少量の溶液を別のビーカー B に注いで流し始める．その後 A は実験台の上においたままでビーカー B を注意深く床まで下ろす．溶液は A が空になるまでかなり速い速度で流れ続ける．この現象はポリエチレンオキシド水溶液が粘性のみならず弾性をもち自分自身をたぐり上げることができるために起こる．流速が遅いとたぐり上げる途中で応力緩和が起こってサイフォンが途切れてしまう．

ダイスエル現象は細いノズルから高分子液体を押し出すとき液体の直径がノズル口径よりも膨れ上がる現象で，ノズル断面積から 2〜3 倍程度の膨張を容易に見ることができる（図 8.29 参照）．この現象は，細いノズル中を流動するときに生じる法線応力がノズルの出口で開放されるために起こる．

Weissenberg 効果は，粘弾性液体が回転する棒のまわりに巻き上がる現象である（図 8.30 参照）．棒の回転によって棒と容器壁面にはさまれた液体中には，ずり応力のほかに流線に沿った法線応力が発生する．この法線応力はあたかも棒のまわりに輪ゴムをはめ込んだように中の液体を締め付け，行き場を失った液体は棒を巻き上がるように上昇する．法線応力の存在が原因で生じる現象なので，**法線応力効果**（normal stress effect）とも呼ばれる．通常の弾性をもたない Newton 流体ならば棒の回転によって生じた遠心力のために，波面は容器の壁面に向かって高くなる．初めにも述べたようにこのような非線形現象を定量的に解析して，高分子液体の定常流における弾性効果を評価することができる．

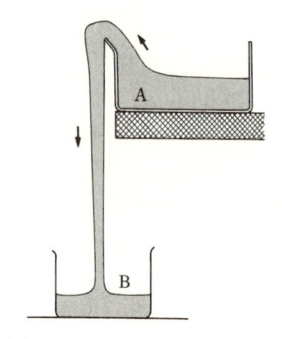

図 8.28 ポリエチレンオキシド水溶液の管なしサイフォン現象の模式図（Treloar）

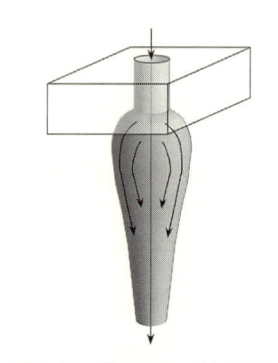

図 8.29 ダイスウェル現象の模式図

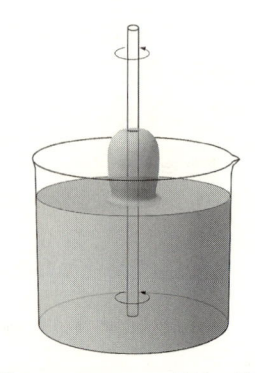

図 8.30 Weissenberg 効果の模式図

8.6 ゴム弾性

8.6.1 加硫ゴムの弾性的特徴

適度に加硫された天然ゴムは特異な弾性挙動を呈することが古くから知られていた。主な特徴は，（ⅰ）弾性率が $10^5\,\mathrm{Nm^{-2}}$ 程度であって，金属やガラスなどの千分の一ないし一万分の一程度にすぎない；（ⅱ）原長の数倍も伸ばすことができ，しかも外力を除くと伸びはほとんど瞬間的に消失する（金属などでは弾性変形の限界は原長のたかだか 1% 程度である）；（ⅲ）弾性率が絶対温度に比例して増大する（金属などでは温度が上がると弾性率はわずかに減る）；（ⅳ）急激（断熱的）に伸長すると暖まり，急激に圧縮すれば冷える。これを **Gough-Joule 効果** という。

加硫ゴムの伸張変形における応力 σ と伸張比 λ の関係も特徴的である。図 8.31 に実例を示す。変形は S 字型の曲線に沿ってほとんど可逆的に起こる。ゴム弾性の理論は上に述べた 4 つの特徴およびこの S 字型の応力-伸張曲線を説明するものでなければならない。

8.6.2 弾性変形の熱力学

圧力 P，温度 T のもとで，長さ l_0，断面積 S_0 の短冊状試料の一端を固定し，他端に張力 f を加えたとき試料の長さが l になったとする。試料をさらに準静的に微小長 $\mathrm{d}l$ だけ引き伸ばすときこれに伴う内部エネルギーの増加を $\mathrm{d}U$ とすると，熱力学第 1 法則および第 2 法則によって次式が成立する。

$$\mathrm{d}U = T\mathrm{d}S - p\mathrm{d}V + f\mathrm{d}l \tag{8.50}$$

ここで $\mathrm{d}V$ は試料の体積変化，$\mathrm{d}S$ はエントロピー変化である。エンタルピーを $H\,(=U+PV)$，Gibbs エネルギーを $G\,(=H-TS)$ とし，それぞれの全微分を求めると

$$\mathrm{d}H = \mathrm{d}U + p\mathrm{d}V + V\mathrm{d}p \tag{8.51}$$

$$\mathrm{d}G = \mathrm{d}H - T\mathrm{d}S - S\mathrm{d}T \tag{8.52}$$

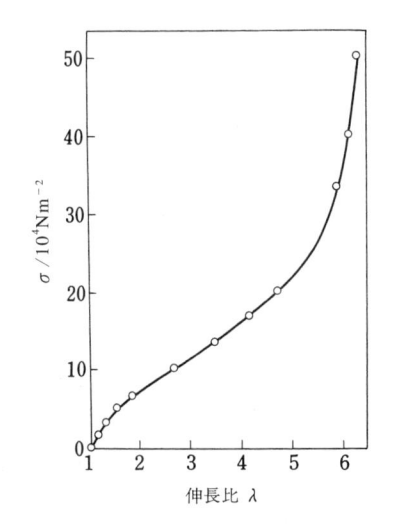

図 8.31 加硫ゴムの一軸伸張応力 σ と伸長比 λ との関係を示す典型的な例

が得られ，3つの式から dG は

$$dG = -SdT + Vdp + fdl \tag{8.53}$$

となる．したがって，T と P 一定下の f が

$$f = \left(\frac{\partial G}{\partial l}\right)_{T,p} = \left(\frac{\partial H}{\partial l}\right)_{T,p} - T\left(\frac{\partial S}{\partial l}\right)_{T,p} \tag{8.54}$$

と求まる．ただし，最後の関係は G を H と S の寄与に分けた結果である．Maxwell の関係式

$$-\left(\frac{\partial S}{\partial l}\right)_{T,p} = \left[\frac{\partial}{\partial l}\left(\frac{\partial G}{\partial T}\right)_{l,p}\right]_{T,p} = \left[\frac{\partial}{\partial T}\left(\frac{\partial G}{\partial l}\right)_{T,p}\right]_{l,p} = \left(\frac{\partial f}{\partial T}\right)_{l,p} \tag{8.55}$$

からエントロピー変化に由来する力 $f_s \equiv -T(\partial S/\partial l)_{T,p}$ は $T(\partial f/\partial T)_{l,p}$ と等しいので，f_s は l と P を一定に保って測定される f の T 依存性から求められる．また，f_s を式 (8.54) に代入すれば

$$f_h \equiv \left(\frac{\partial H}{\partial l}\right)_{T,p} = f - f_s \tag{8.56}$$

が得られ，この式から f を構成するエンタルピー的な $f_h = (\partial H/\partial l)_{T,p}$ を知ることができる．測定に用いられる短冊状試料の断面積 S_0 でそれぞれの力の成分を除し，応力に変換した $\sigma = f/S_0$，$\sigma_s = f_s/S_0$ さらに $\sigma_h = f_h/S_0$ は試料の大きさや形状によらず，$\sigma = \sigma_s + \sigma_h$ を満足する．

図 8.32 (a) は，加硫ゴムの一軸伸張応力 σ と伸張ひずみ ε ($=\lambda - 1$) の関係から，全応力 σ をエンタルピー的応力 σ_h とエントロピー的応力 σ_s に分解した例を示す．σ_s の寄与が大きいことが明らかである．

一方，T と V 一定下の伸張応力とひずみの関係から伸張による内部エネルギー U の変化を調べるにはもっと立ち入った熱力学的解析が必要である．式 (8.50) に Helmholtz エネルギー A ($=U - TS$) を組み合わせて得られる関係式

$$f = \left(\frac{\partial A}{\partial l}\right)_{T,V} = \left(\frac{\partial U}{\partial l}\right)_{T,V} - T\left(\frac{\partial S}{\partial l}\right)_{T,V} \tag{8.57}$$

に，Maxwell の関係 $-(\partial S/\partial l)_{T,V} = T(\partial f/\partial T)_{V,l}$ を使うと

$$f_e \equiv \left(\frac{\partial U}{\partial l}\right)_{T,V} = f - T\left(\frac{\partial f}{\partial T}\right)_{V,l} = f - f_{sv} \tag{8.58}$$

が得られる．ここでは，体積一定下でのエントロピー的な力 $-T(\partial S/\partial l)_{T,V}$ を f_{sv} と置いた．加硫ゴムの Poisson 比は $\nu \sim 0.5$ で伸長に伴う体積変化が無視できるの

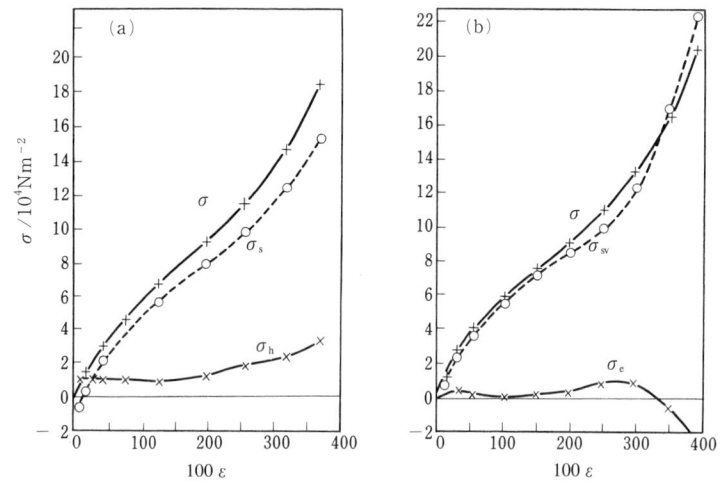

図 8.32 加硫ゴムの一軸伸張応力 σ と伸張ひずみ ε の関係と，(a) そのエンタルピー的応力 σ_h とエントロピー的応力 σ_s の分離，および (b) 内部エネルギー的応力 σ_e とエントロピー的応力 σ_{sv} の分離 (Anthony, Caston, Guth, 1942 年)

で，おおざっぱには $(\partial U/\partial l)_{T,V} \cong (\partial H/\partial l)_{T,p}$ と近似でき，f_e はほぼ f_h に等しい．しかし，f_e のより正確な値を得るためには，式 (8.58) の $(\partial f/\partial T)_{V,l}$ 項が要求するように，熱膨張による体積変化をおさえて張力 f の温度変化を測定しなければならない．そのような実験はきわめて困難である．詳細は省くが，等方的な試料では近似的に

$$\left(\frac{\partial f}{\partial T}\right)_{V,l} \cong \left(\frac{\partial f}{\partial T}\right)_{l,p} + \alpha_T \lambda \left(\frac{\partial f}{\partial \lambda}\right)_{T,p} \tag{8.59}$$

が成立する．ここで，α_T は線膨張係数で，ゴム状物質では $2.2 \times 10^{-4} \text{K}^{-1}$ 程度の値である．式 (8.59) に従えば，T，P 一定下で f の λ 依存性の測定より，$f_{sv} = T(\partial f/\partial T)_{V,l}$ が近似的に求められる．図 8.32 (b) に図 8.32 (a) からこの方法で求めたエネルギー的応力 $\sigma_e (= f_e/S_0)$ とエントロピー的応力 $\sigma_{sv} (= f_{sv}/S_0)$ の関係を示す．σ_e はほとんど σ に寄与しないことがわかる．

Meyer と Ferri (1935) の実験以後，多くの研究者によって加硫ゴムの σ_e と σ_{sv} を求める研究が行われた．その結果はおおむね $\sigma_e \sim 0$ および $\sigma_{sv} = CT (T > T_g)$ とまとめられる．ここで C は加硫の度合や試料の伸長比 λ に関係する係数であり，T_g は試料のガラス転移温度を表す．図 8.33 は一定伸張比 λ における応力 σ と温度 T の典型的な実験結果の例を示す．

以上の実験事実から次のことが結論できる．（i）$T>T_g$ において，$(\partial S/\partial l)_{T,V}=-(\partial f/\partial T)_{V,l}<0$ であり，加硫ゴムの弾性力は伸長に伴って系のエントロピーが減少することによって生じる．（ii）しかも $(\partial S/\partial l)_{T,V}$，したがって C は温度に関係しない．（iii）$(\partial U/\partial l)_{T,V}\approx 0$ であって，内部エネルギーは伸長によって

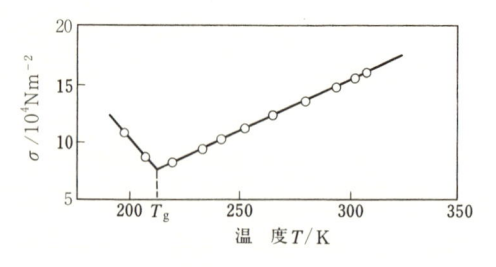

図 8.33 加硫ゴムの試料長一定（$\lambda=3.5$ に相当）における一軸伸張応力 σ と温度 T との関係（Meyer, Ferri, 1935 年）

ほとんど変わらない．しかし，これはゴムの内部エネルギーがゼロであるということは意味しない．ゴムを構成する高分子はそのセグメントのミクロブラウン運動のエネルギーをもち，分子内および分子間の引力，斥力が釣り合ってゴムは外力の加わらない自然状態でゼロでない体積を保持し，固体としての形態を保っている．

上述のようにゴムの弾性力の原因は主としてエントロピー変化である．これに対して，金属や低分子結晶においては主にエネルギー変化が弾性力の原因である．変形による原子間，分子間の距離の変化がポテンシャルエネルギーの変化を生じ，それが変形に対抗する力の源となるのである．

証明は省略するが，$(\partial S/\partial l)_{T,p}<0$ であるような物体は Gough-Joule 効果を呈することが熱力学解析から導かれる（各自確かめよ）．加硫ゴムの弾性力が絶対温度に比例する事実と Gough-Joule 効果を呈する事実は本質的に等価なことである．

8.6.3　ゴム弾性の分子理論

加硫ゴムがなぜ上で述べたような特異な弾性挙動を示すのかという問に分子のレベルで答えるのがゴム弾性の分子論であるが，ここではそのあらましを述べる．

ゴム弾性の分子論をつくるには，加硫ゴムを理論的考察に適したしかも本質を見失わない程度に抽象化した分子模型で置き換える必要がある．加硫ゴムの密度は，加硫の度合いにもよるが，通常の液体と同じおよそ 0.95gcm^{-3} 程度である．したがってゴムの内部には微視的なすきまが十分にあり，ゴムを構成する高分子のセグメントはミクロブラウン運動によって回転したり変位したりすることができる．分子間にはところどころ**架橋**（cross linkage）がかかっており 3 次元の**網目構造**（network structure）を形成している．熱平衡状態では網目を構成するおのおのの高分子

鎖はその両端が固定されているという条件の下に，可能なあらゆる形態を取る．実は架橋点も平均的な位置のまわりに揺れ動くが，この種の熱揺動は無視してもよい．われわれの目標は，与えられた網目構造のゴムを変形させて新しい平衡状態にもたらしたとき，その内部エネルギーおよびエントロピーが自然状態に比べてどれだけ変化するかを計算し，式 (8.57) によってその変形を支えるのに必要な力，すなわち，式 (8.10) の G_e に相当する平衡弾性率を知ることである．

統計力学的計算によると，1 本の高分子鎖の両端が距離ベクトル $\boldsymbol{R}$ で表される位置に固定されて熱平衡状態にあるとき，セグメントのミクロブラウン運動によって高分子鎖がとりうる形態の数 $w(|\boldsymbol{R}|)$ は，(i) 高分子鎖に含まれるセグメントの数が十分大きく，(ii) 排除体積効果が無視できるほど小さく，(iii) $\boldsymbol{R}$ の大きさ $|\boldsymbol{R}|$ が鎖の全長 L の $1/3$ 以下であれば，良い近似で次式によって表される（6.3 節参照）．

$$w(|\boldsymbol{R}|) = c e^{-\beta^2 |R|^2} \tag{8.60}$$

ここで，c は定数で，β は $\beta^2 = 3/(2\langle R^2 \rangle_0)$ によって定義される．ただし $\langle R^2 \rangle_0$ は，同じ高分子鎖が両端を束縛されない自由状態にあるときの平均二乗両端間距離を表す（この鎖を Gauss 鎖という）．Boltzmann の法則によると，エントロピーは $S(|\boldsymbol{R}|) = k_B \ln w(|\boldsymbol{R}|)$ によって与えられるので，両端間ベクトルが $\boldsymbol{R}$ である Gauss 鎖 1 本のエントロピーは次式で表される．

$$S(|\boldsymbol{R}|) = c' - k_B \beta^2 |R|^2 \tag{8.61}$$

ここで c' は $|\boldsymbol{R}|$ に関係しない定数，k_B は Boltzmann 定数である．式 (8.61) は鎖のエントロピーが高分子鎖の両端間距離 $|\boldsymbol{R}|$ を大きくするほど減少することを示す．注目する網目構造のもつエントロピーはおのおのの高分子鎖にこの式を適用し，すべての鎖について総和をとれば求められる．

図 8.34 (a) に示す自然状態における 1 辺 l_0 の立方体の高分子網目モデルを考えよう．この網目構造の中には N 本の Gauss 鎖が存在し，自然状態では架橋点と網目鎖ベクトルの分布は均一かつ等方的であると仮定する．そうすると自然状態における N 本の高分子鎖が有する末端間ベクトル $\boldsymbol{R}_i$ の x, y, z-軸方向の成分の平均二乗距離はそれぞれ等しくなければならない．

$$\frac{1}{3}\langle R_i^2 \rangle = \langle R_{ix}^2 \rangle = \langle R_{iy}^2 \rangle = \langle R_{iz}^2 \rangle \tag{8.62}$$

いまこの網目を z-軸方向に λ_z 倍（>1）だけ伸張すると，x と y 軸方向にはそれぞ

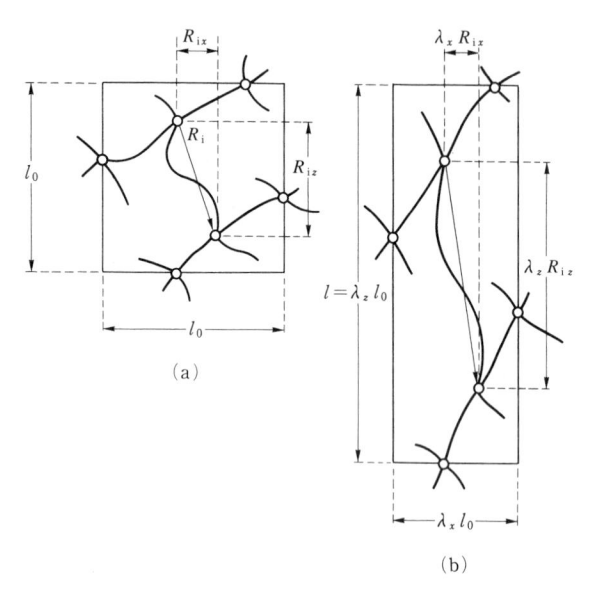

図 8.34 網目の伸長に伴う高分子鎖の affine 変形

れ λ_x と λ_y (<1) 倍縮む. この高分子網目の体積は伸張によって変わらないので (Poisson 比 $\nu=0.5$ を仮定), $\lambda_x\lambda_y\lambda_z=1$ であり, さらに, 試料は等方的でなので, $\lambda_x=\lambda_y$ である. 結局, $\lambda_z=\lambda_x^{-2}=\lambda_y^{-2}(\equiv \lambda)$ が成り立つ. この高分子網目が伸長によって図 8.34 (b) に示すように変形したとき, 内部の架橋点は試料全休の変形に比例して位置を変えると仮定する. これを affine 変形の仮定という. 自然状態で長さが R_i であった高分子鎖は試料全休の変形に比例して変化しそれぞれ, z-方向は $\lambda_z R_{iz}$, x と y-方向は $\lambda_x R_{ix}$ と $\lambda_y R_{iy}$ になる.

伸長された高分子網目のもつエントロピー S は, 式(8.60)〜(8.62)から次式のように求められる.

$$S = N\left[c' - k_B \beta^2 \frac{\langle R_i^2 \rangle}{3} (\lambda_x^2 + \lambda_y^2 + \lambda_z^2) \right] \tag{8.63}$$

定数 c' は基準である自然状態 ($\lambda_x=\lambda_y=\lambda_z=1$) でのエントロピーがゼロになるように決めれば都合がよい. その結果, 伸長によるエントロピー変化は

$$S = -\frac{Nk_B \langle R_i^2 \rangle}{2\langle R_i^2 \rangle_0} (\lambda^2 + 2\lambda^{-1} - 3) \tag{8.64}$$

と求まる. 伸びによる内部エネルギーの変化はないものと仮定してこの式を式

(8.57) に代入し，$dl = l_0 d\lambda$ であることを考慮すると，張力 f について

$$f = \frac{Nk_BT}{l_0} \frac{\langle R_i^2 \rangle}{\langle R_i^2 \rangle_0} \left(\lambda - \frac{1}{\lambda^2} \right) \tag{8.65}$$

が得られる．試料の初期断面積 l_0^2 当たりの張力，$\sigma \equiv f/l_0^2$，は工学的応力（engineering stress）と呼ばれる．また，試料断面積が伸長によって $\lambda_x \lambda_y (= \lambda^{-1})$ だけ収縮しているので，真の一軸伸張応力 σ_{11} は $\lambda \sigma (= \lambda f/l_0^2)$ で与えられる．これらの関係式からひずみが小さく線形域での一軸伸張弾性率（Young 率）E が次式のように求まる．

$$E = \lim_{\varepsilon \to 0} \left(\frac{\partial \sigma_{11}}{\partial \varepsilon} \right) = \lim_{\lambda \to 1} \left(\frac{\partial \sigma_{11}}{\partial \lambda} \right) = 3nk_BT \frac{\langle R_i^2 \rangle}{\langle R_i^2 \rangle_0} \tag{8.66}$$

ただし，$n (= N/l_0^3)$ は単位体積中の高分子鎖の数を表す．ゴムの弾性率は n と絶対温度 T に比例することがわかる．また，試料密度を ρ，高分子鎖の架橋点間分子量を M_x，Avogadro 定数を N_A とすると，$\rho = M_x n / N_A$ であるから，Young 率 E とずり弾性率（剛性率）G の関係が次式のように書ける．

$$E = 3G = \frac{3\rho k_B N_A T}{M_x} \frac{\langle R_i^2 \rangle}{\langle R_i^2 \rangle_0} \tag{8.67}$$

ここで，Poisson 比 $\nu = 0.5$ を考慮した．なお，式（8.65）を（8.58）に代入してエネルギー的張力 f_e とエントロピー的張力 f_s の比を見積ると

$$\frac{f_e}{f_s} = T \left(\frac{\partial \ln \langle R_i^2 \rangle_0}{\partial T} \right)_V \tag{8.68}$$

が得られる．この模型では f_e の f への寄与は高分子鎖の内部回転ポテンシャルを通じてのみ現れる．

式（8.67）中の係数 $\langle R_i^2 \rangle / \langle R_i^2 \rangle_0$ は，自然状態における高分子鎖の平均二乗末端間距離と架橋を切り放したとき生じる自由鎖の平均二乗末端間距離との比を表し，架橋条件によって定まる．一般にこの比は 1 にはならないが，特に応力などをかけないで架橋すれば 1 から大幅にはずれることはないであろう．仮にこれを 1 と仮定し，$\rho = 0.95$ gcm^{-3}，$T = 300$ K，$E \sim 5 \times 10^5$ Pa とすると，式（8.67）から $M_x \sim 1.4 \times 10^4$ が求まる．天然ゴムの単量体であるイソプレンのモル質量は 68 であるから，典型的な加硫天然ゴムの架橋点間には約 200 個のイソプレンが含まれていることになる．

式（8.65）はゴム弾性の特徴をよく説明するが，応力 σ とひずみ ε あるいは伸

張比 λ の関係については $\varepsilon \sim 0$ ($\lambda \sim 1$) の近傍でしか実験結果と合わない．また，実験でみられる S 字型の σ-λ 曲線（図 8.31）を与えないし，エネルギー的張力の寄与をゼロと予想する．何よりもこの模型の最大の欠点は外力が働かないとき自然に体積 V がゼロに収縮してしまう点である．これは網目を構築する高分子鎖を Gauss 鎖と仮定したことが原因である．もう 1 つの問題は affine 変形の仮定である．ゴム試料に含まれるすべての高分子鎖が，試料の巨視的な変形に比例して変形するとは考えられない．

また，この網目模型の理論では高分子鎖が熱運動によって形態を変えるとき，鎖どうしのからみ合い効果を無視してお互いに自由に横切ることができると仮定されている．このような網目を幽霊網目（phantom network）と呼ぶ．架橋点の間にトラップされたからみ合い点は架橋点と同様に応力に寄与するであろうが，幽霊網目模型ではこの効果を取り入れていない．からみ合い効果を網目模型の統計力学理論に組み込むのは容易ではない．このからみ合いの問題を位相幾何学の立場から取り扱うアプローチが試みられている．

8.6.4 ゴムの粘弾性挙動

ゴム弾性の分子理論は熱力学的平衡状態において試料の呈する弾性挙動，すなわち，平衡弾性力 G_e や平衡コンプライアンス J_e を対象にする（8.3.1 項参照）．しかし，実際にはゴムの試料を変形させるときに試料の形態変化には時間が必要である．したがって試料が変形した状態で熱平衡に達するにはかなりの時間を要することがある．

一例として，図 8.35 に軽く架橋されたポリウレタンゴム（$M_x=2000$, $T_g=-52$ ℃）のずりのクリープコンプライアンス $J(t)$ を示す．T_g より低温の -80 ℃ ではずり弾性率 $G \sim 1.5 \times 10^9$ Pa のガラス状固体として振舞う一方，T_g より十分高温の 15 ℃ では $G \sim 10^6$ Pa のゴム状弾性体と見なすことができる．その中間の T_g 近傍では顕著なクリープ挙動が観察される．この一連のクリープ曲線から WLF 式に従う移動因子 a_T を用いて $J(t)$ の合成曲線をつくることができる．

ゴム弾性の実験ではしばしば一定のひずみ速度で試料片を伸長し，また，同じひずみ速度で試料を収縮させることで，応力 σ-ひずみ ε 曲線を作成する．その場合，ひずみ速度に依存して，伸張過程と収縮過程では σ-ε 曲線が一致せずにヒステリシス曲線が得られることがある．この原因はゴム試料の粘弾性に因ることが多い．

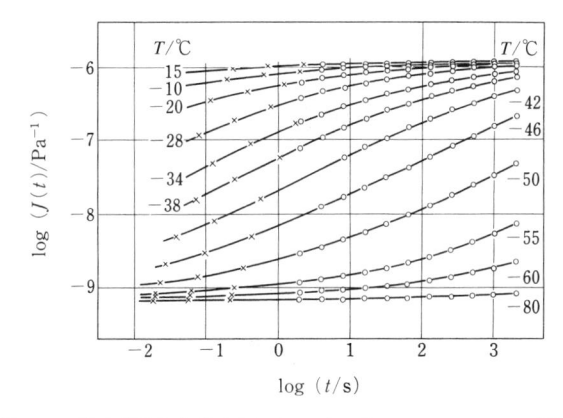

図 8.35 軽く架橋したポリウレタンゴム ($M_x=2000$, $T_g=-52℃$) のクリープコンプライアンス $J(t)$ (Schwarzl, 1973 年)

ゴム弾性理論を定量的に検証する際にはこのような粘弾性効果を無視することはできない．

8.7 粘弾性の分子論

8.7.1 高分子の緩和の概略

　高分子試料を変形させると，試料中の高分子鎖は自然状態から変形を受けた状態での形態へと変化するが，その過程には大ざっぱにいって2つの段階がある．1つは高分子の分子構造の結合距離（たとえばC-C結合長）と結合角（原子価角，たとえばC-C-Cの角度）を変化させる過程である．この過程では，共有結合の伸縮や結合角の変化を伴う原子間のポテンシャルエネルギーの変化を生じ，エネルギー的な復元力が発生する．その力は金属や低分子結晶の変形に現れるものと本質的に同じで，試料は弾性率としてガラス状態の値 1～10 GPa を与える．結合距離や結合角の変化は力が加わるとほとんど瞬間的に起こる．

　もう1つの過程は，主鎖結合回りの内部回転によって高分子鎖の形態変化が起こ過程である．変形を与えてからの時間経過とともに先に述べた結合距離や結合角の変化は急速に減少し，やがて与えたひずみに対する高分子の形態変化は内部回転によって実現される．この過程はまわりの分子からの抵抗を受けながら進行するのでより時間がかかる．過程の進行につれてエントロピー的な復元力を生じ，試料の弾

性率はガラス状態の値からゴム状態の値 0.1〜1MPa へと低下する（遷移領域）．この過程は1本の高分子の形態変化に伴う緩和過程として説明できる．

　高分子鎖の分子量が，分子どうしのからみ合いの有無を規定する特性分子量 M_c 以下の場合，上述の形態変化を伴う緩和は遷移領域（8.4.2項参照）とともに終了する．しかし，分子量が M_c 以上の高分子では，遷移領域の後，ゴム状平坦領域が出現し，それが終わると終端の流動領域に至る．これら挙動の説明には多数の高分子間のからみ合い効果を考慮に入れた理論の構築が必要である．

8.7.2　孤立した高分子の緩和：Rouse 理論

　主鎖結合回りの内部回転に伴う分子形態の変化で進行する緩和過程は Rouse 理論（1953年）によって巧妙に説明される．この理論では図8.36に模式的に描くように，重合度 n の1本の高分子鎖（a）を，二乗平均長 b^2 のバネ（Gauss 鎖）と媒体に対する摩擦係数 ζ のビードをからなる部分鎖（sub chain）が N 連なった Rouse 模型（b）で置き換える．ビードに作用する媒体からの摩擦力，バネの力，浸透圧による拡散力が釣り合うと仮定して運動方程式を立て，それを解くと，Rouse 鎖の運動が一連の基準振動（normal mode：図8.36(c)）の和で表される．その結果，重要な粘弾性関数は式（8.69）〜（8.71）のように表される．

$$G(t) = \frac{\rho RT}{M} \sum_{p=1}^{N} e^{-t/\tau_p} \tag{8.69}$$

$$G' = \frac{\rho RT}{M} \sum_{p=1}^{N} \frac{\tau_p^2 \omega^2}{1+\tau_p^2 \omega^2}, \quad G'' = \frac{\rho RT}{M} \sum_{p=1}^{N} \frac{\tau_p \omega}{1+\tau_p^2 \omega^2} \tag{8.70}$$

$$\tau_p = \frac{\tau_R}{p^2} = \frac{b^2 N^2 \zeta}{6\pi^2 p^2 k_B T} \tag{8.71}$$

ここで，ρ は高分子の密度（溶液の場合は質量濃度 c），M は分子量，τ_p は p 番目の基準振動モードの緩和時間，R は気体定数，τ_R は Rouse 模型の最長緩和時間を表す．この模型から計算される粘弾性定数は以下の式のようにまとめられる．

$$\eta_0 = \frac{\zeta_0 N_A \rho \langle S^2 \rangle_0}{6 m_0} \propto M \tag{8.72}$$

$$J_e^0 = \frac{2}{5} \frac{M}{\rho RT} \tag{8.73}$$

8.7 粘弾性の分子論

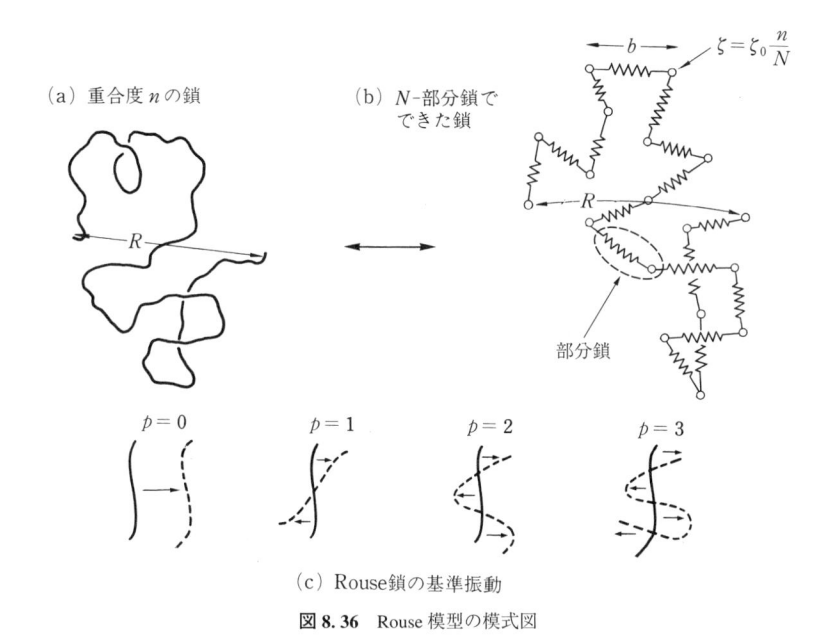

(a) 重合度 n の鎖

(b) N-部分鎖でできた鎖

$\zeta = \zeta_0 \dfrac{n}{N}$

部分鎖

(c) Rouse鎖の基準振動

図 8.36　Rouse 模型の模式図

$$\tau_R = \frac{6\eta_0 M}{\pi^2 \rho RT} = \frac{15}{\pi^2} \eta_0 J_e^0 \propto M^2 \tag{8.74}$$

ただし，n を重合度，m_0 をモノマー単位のモル質量として，$\zeta_0 \,(=\zeta N/n)$ はモノマー当たりの摩擦係数，さらに $\langle S^2 \rangle_0$ は平均二乗回転半径である．長い屈曲性直鎖高分子の場合は $\langle S^2 \rangle_0 = Nb^2/6\,(\propto M)$ なる関係が知られる（6.3節参照）．Rouse 理論が与える $\eta_0 \propto M$，$J_e^0 \propto M$，さらに $\tau_w = \tau_R \propto M^2$ などの関係は，からみ合いがない高分子液体で得られている実験事実をよく説明する．

　Rouse 理論によると一連の緩和時間の温度依存性はモノマー当たりの摩擦係数 ζ_0 に温度依存性をもたせることで表せ，時間-温度換算則が成立する．しかし，この理論ではそれぞれの部分鎖は瞬間的に平衡状態の形態をとると仮定しているので，部分鎖内部の分子形態変化が問題になる短い時間域の挙動を説明できない．一方，高分子鎖間のからみ合い効果や相互の流動が問題となる長い時間域に現れる，ゴム状平坦領域や終端領域の挙動も説明できない．

　それでは，どの程度の分子量を境にからみ合い効果が支配的になり，ゴム状平坦領域が現れるのであろう．無定形高分子物質の遷移領域からゴム状領域，さらに流動領域に至るデータを眺めると高分子物質の種類に依らない一連の普遍性に気づく

(8.4.1 項参照)．まず，粘弾性関数の合成曲線を得るための移動因子 a_T は分子量 M にかかわりなく，（からみ合いの有無にもかかわりなく）WLF 式（8.42）に従う．さらに，ゼロずり粘度 η_0 の分子量依存性は温度によらず，特性分子量 M_c を境に変化する．これらの事実は，η_0 が式（8.75）のように，温度 T と密度 ρ（濃度 c）の関数である摩擦因子(friction factor)$\zeta(T, \rho)$ と，M と ρ の関数であり（からみ合いなどの）分子間相互作用の特徴を反映する構造因子（structural factor）$F(M, \rho)$ の積で書けることを示唆する[*1]．

$$\eta_0 = \zeta(T, \rho) F(M, \rho) \tag{8.75}$$

式（8.72）を換算分子量 $X = n\rho \langle S^2 \rangle_0 / M$ を用いて書き換えると

$$\eta_0 = \zeta_0 \frac{N_A}{6} X \tag{8.76}$$

となる．これと式（8.75）を比較すると，からみ合いがない場合は $\zeta(T, \rho) = \zeta_0$ と $F(T, \rho) = (N_A/6)X$ が得られる．

ゼロずり粘度 η_0 の分子量依存性（式（8.43）参照）から類推して，$F(X, \rho)$ の X 依存性を次のように表す．

$$F(X, \rho) = \frac{N_A}{6} X, \quad X < X_c$$

$$F(X, \rho) = \frac{N_A}{6} X \left(\frac{X}{X_c} \right)^{2.4}, \quad X > X_c \tag{8.77}$$

M_c に相当する換算特性分子量 X_c は，高分子物質の種類によらずほぼ 4×10^{-15} mol cm^{-1} 程度の値となることが見出されている．

一方，図 8.20（b）の J_e^0 を見ると，M_c より少し高い分子量 M_c' を境に $J_e^0 \propto M$ から $J_e^0 \propto M^0$ へと変化する．また，緩和剛性率 $G(t)$，あるいは貯蔵剛性率 $G'(\omega)$ が示すゴム状平坦剛性率 G_N^0 にゴム弾性の式（8.67）を当てはめ，からみ合い点が架橋点として機能すると仮定すると，$M_e = \rho RT / G_N^0$ によって**からみ合い点間分子量**（entanglement molecular weight）M_e が定義できる．ただし，溶液の場合には密度 ρ を質量濃度 c に置き換える必要がある．表 8.2 には代表的な無定形高分子について，M_e，M_c，M_c' の値をまとめた．高分子物質の種類によらず，ほぼ $M_e : M_c : M_c' = 1 : 2 : 6$ の関係が成立することがわかる．この事実はからみ合い効果が高分子鎖

[*1] 分子量が低い場合，ガラス転移温度 T_g に分子量依存性が現れ（8.8.1 項参照），摩擦係数にも補正が必要になる．

表 8.2 種々の高分子物質の特性分子量

	M_e	M_c	M_c'
ポリスチレン	19,000	36,000	130,000
ポリ（α-メチルスチレン）	13,500	28,000	104,000
1,4-ポリブタジエン	1,700	5,000	11,900
ポリ酢酸ビニル	6,900	24,500	86,000
ポリジメチルシロキサン	8,100	24,400	56,000
ポリエチレン	1,250	3,800	14,400
cis-ポリイソプレン	6,300	10,800	28,000
ポリメタクリル酸メチル	5,900 (10,000)	27,500	>150,000
ポリイソブチレン	8,900	15,200	—

長に支配される普遍的な現象であることを示唆する．

8.7.3 無定形高分子のゴム状および終端領域のダイナミックス：管模型

ゴム弾性の分子論によると，高分子物質の化学構造にはかかわりなく，それらが3次元網目構造をつくり，個々の高分子鎖が自由にミクロブラウン運動をすることができればエントロピー弾性を示す（8.6節参照）．一方，分子量が高い無定形高分子はゴム状平坦領域と呼ばれる周波数（時間）域でゴム弾性的応答を示すことをすでに述べた．この挙動は無定形高分子液体中にも3次元網目構造が存在することを示唆する．それがからみ合い網目（entanglement network）である．事実，前節で述べたように，ゴム状平坦弾性率 G_N^0 の値から高分子物質に固有のからみ合い点間分子量を評価できた．

高分子液体中における高分子鎖の運動に対するトポロジカルな制約の原因は"分子が相互に横切ることができないこと（uncrossability）"にある．その事実を基礎に置いたからみ合を有する高分子の分子運動についての理論が de Gennes (1971) によって提案された．図 8.37 (a) は高分子液体中の状況を模式的に表す．高分子鎖は多くのからみ合い網目を形成しているが，1本の高分子鎖（図中の太い線）に注目すると，それはあたかも他の高分子鎖がつくる網目でできた管の中に横たわっているように見える（図 8.37(b)）．注目する高分子鎖（test chain）は管がほころびない限り壁を横切って動くことはできないが，管の軸（primitive path）に沿って自由に拡散することができる．これを蛇の運動になぞらえて**レプ**

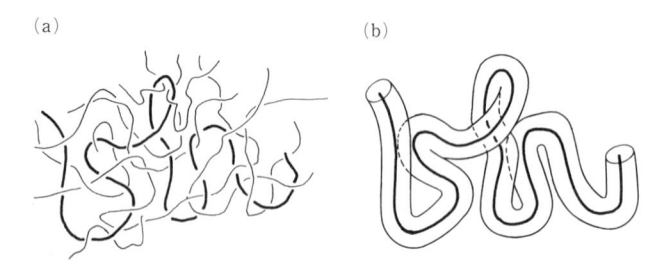

図 8.37 (a) 高分子液体中における高分子鎖のからみ合いの模式図と，
(b) 注目する高分子鎖の管模型での表現（de Gennes，土井-Edwards）

テーション（reptation）運動と呼ぶ．

この考えを基礎にして，土井と Edwards（1978 年）は**管模型**（tube model）**理論**を展開した．管の直径はからみ合い網目の網目幅，つまりからみ合い点間分子量 M_e をもつ部分鎖の平均両端間距離 b に等しく，管の軸長 L（primitive path length）は Rouse 模型で粗視化した高分子鎖の経路長（contour length）に等しいとする．注目する高分子鎖が分子量 M_e，平均長さ b の部分鎖 N 本（$=M/M_e$）の連結でできているとすると，$L=Nb$ である．また，注目する高分子鎖の平均二乗両端間距離は $\langle R^2 \rangle_0 = Nb^2$ で与えられる．

試料を瞬時にひずませると，管は試料の変形に比例して affine に変形し，注目する高分子鎖は変形した管の中で Rouse 模型の運動モードに従って，一旦，自然長まで収縮（遷移領域の緩和）した後，管の軸に沿って拡散する．最終的な応力緩和はこの高分子鎖が長さ L の管から完全に脱出することによって完了する．この過程の緩和時間 τ_d を知れば，線形域の応力緩和関数 $G(t)$ が計算できる．τ_d は**管脱出の緩和時間**（tube disengagement time）または**レプテーション時間**（reptation time）と呼ばれるが，それは長さ $L(\propto N)$ の管の中を Rouse 鎖が軸に沿って（1 次元）拡散係数 $D_c(=k_B T/(N\zeta))$ で拡散し，脱出する過程であり式（8.78）のように表せる．

$$\tau_d = \frac{L^2}{\pi^2 D_c} = \frac{N^3 b^2 \zeta}{\pi^2 k_B T} \tag{8.78}$$

τ_d は N^3，したがって，M^3 に比例する．この管模型を使うと，いくつかの粘弾性定数が以下の式ように計算される．

$$\eta_0 = \frac{\pi^2 G_N^0 \tau_d}{12} \propto M^3 \tag{8.79}$$

$$G_\mathrm{N}^0 = \frac{\rho RT}{M_\mathrm{e}}, \qquad J_\mathrm{e}^0 G_\mathrm{N}^0 = \frac{6}{5} \tag{8.80}$$

$$D_\mathrm{G} = \frac{D_\mathrm{c}}{3N} = \frac{k_\mathrm{B} T}{3N^2 \zeta} \propto M^{-2} \tag{8.81}$$

高分子鎖の自己拡散係数 D_G（これは高分子鎖重心の3次元的拡散係数で前述の D_c とは異なる）は，高分子鎖が自分の広がりである $\sqrt{\langle R^2 \rangle_0}$ 程度の距離を3次元的に τ_d の間に拡散する際の拡散定数と考えられるので，式（8.81）のように求められる．

十分からみ合った高分子液体についての実験結果は，$D_\mathrm{G} = M^{-2} \sim M^{-2.3}$，$J_\mathrm{e}^0 \propto M^0$ であり，管模型の予言とかなり正確に一致する．ところが，緩和時間 τ_w（$= \tau_\mathrm{d}$）とゼロずり粘度 η_0 の実験結果は，$\tau_\mathrm{w} \propto M^{3.4}$ および $\eta_0 \propto M^{3.4}$ あり，式（8.78）と（8.79）における M の指数にずれが認められる．また，実験では $J_\mathrm{e}^0 G_\mathrm{N}^0 = 3$ 程度なので，これも式（8.80）と値が異なる．これらの不一致を巡って，管の中にいる高分子鎖の伸縮効果を取り入れたり，管の変形・管の更新（tube renewal）の効果を取り入れたりする改良が試みられ，かなりの成功が収められている．

すでに項8.5.3で述べたように，からみ合った高分子液体の非線形応力緩和関数 $G(\gamma, t)$ には短い緩和時間（$\sim \tau_\mathrm{R}$）と長い緩和時間（$\sim \tau_\mathrm{d}$）をもつ2つの緩和過程が現れる．また，後者の緩和過程はひずみの関数 $h(\gamma)$ と線形応力緩和関数 $G(t)$ の積で表すことができる．管模型によると，この2つの緩和過程は，大きな段階状ひずみ γ を加えた瞬間に引き延ばされて配向した管の長さが管中の高分子鎖とともに平衡の長さに戻る過程と，続いて高分子鎖が配向した管からレプテーションによって脱出する過程に対応する．管の配向度合いはひずみの非線形関数 $h(\gamma)$ で表せる．それに続く遅い緩和過程はRouse模型の管の軸に沿った1次元拡散過程であるので，前述の線形応力緩和関数 $G(t)$ で表現できる．

管模型は，ゼロずり粘度 η_0 の分子量依存性における実験との不一致といった問題点があるにもかかわらず，非線形応力緩和現象を分子論的に説明することができるので，高分子液体の線形・非線形粘弾性，高分子鎖の拡散挙動などを分子レベルで理解する上で有力な手段である．

8.8 ガラス転移現象

8.8.1 ガラス転移温度

溶融状態の無定形高分子を冷却すると、粘度が上昇し、ある温度を境に硬いガラス状の物質に変わる。その変化に伴って体積、エントロピー、エンタルピー、さらに内部エネルギーなどの熱力学的量の温度依存性も急激に変化するが、結晶の成長はまったく認められない場合がある。たとえば熱膨張計（dilatometer）に高分子物質を詰め、その比容（specific volume）を温度の関数として測定すると、図8.38のような温度依存性が得られる。点線で延長した2本の曲線が交わるように見える温度でガラス状の硬い物質に変化する。この温度を**ガラス転移温度**（glass transition temperature）と呼び T_g を用いて表す。このように T_g を境に硬化を伴いながら急激に物理量が変化する現象を**ガラス転移**（glass transition）という。T_g を境に比容のほかエンタルピーの温度依存性も急激に変化するので、熱膨張係数 $\alpha=(1/V)(\partial V/\partial T)$ や定圧熱容量 $C_P=(\partial H/\partial T)_P$ もこの温度で階段的に変化する。したがって、定圧熱容量を測定することができる示差走差熱量計（DSC）を用いると容易に T_g を検出できる。

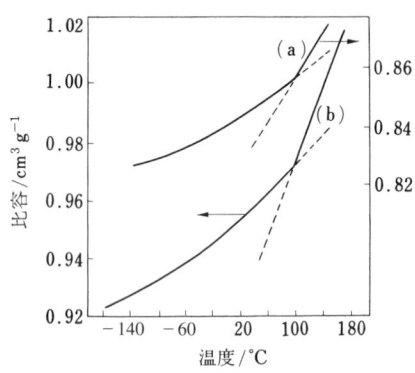

図8.38 ポリメタクリル酸メチル（$M=61,500$）(a)とポリスチレン（$M=117,000$）(b)の比容と温度の関係（Martinら）

T_g を支配する因子はいくつかあるが、まず分子量の効果について述べる。分子量がさほど高くない高分子の T_g は分子量に強く依存するが、通常数万を超える程度の分子量からは依存しなくなる。次式はポリスチレンが示す T_g の数平均分子量 M_n 依存性を絶対温度で定式化したものである。

$$T_g = 373 - \frac{1.0 \times 10^5}{M_n} \tag{8.82}$$

この事実は T_g が分子全体ではなく、局所的な特性を反映していることを示唆する。また、高分子を溶解させる溶媒を加えると T_g は一般的に低下する。このように添加によって T_g を下げることができる物質を**可塑剤**（plasticizer）と呼ぶことが

表 8.3 代表的な高分子物質のガラス転移温度

物質名	融点 / ℃	ガラス転移温度 / ℃
ポリエチレン	110〜115	(−68)
ポリプロピレン	176	−20
ポリブテン-1	126	−20
ポリスチレン		100
天然ゴム (1,4-シスポリイソプレン)	25	−73
グッタペルカ (1,4-トランスポリイソプレン)	65	−53
ポリイソブチレン	44	−65
ポリフッ化ビニル	197	8
ポリ塩酸ビニル	212	70
ポリ塩化ビニリデン	190	−18
ポリ三フッ化塩化エチレン	205〜210	−20
ポリ酢酸ビニル		30
ポリビニルアルコール		85
ポリアクリル酸メチル		0〜8
ポリアクリル酸エチル		−23〜−29
ポリメタクリル酸メチル		105
ポリメタクリル酸エチル		60
ポリオキシメチレン	181	20
ポリジメチルシロキサン		−123
ナイロン 6-10	206	45
ポリエチレンアジペート		−50
ポリエチレンテレフタレート	256	67〜81

ある．

　T_g に影響を与える他の因子として高分子間の架橋があり，架橋密度の増加とともに T_g が高くなる．また，T_g を調整するための合成上の手法として，異なる T_g を有するモノマーのランダム共重合体をつくる方法がある．さらに，電解質を含む高分子（アイオノマー）では対イオンの価数を増加させると T_g が高くなることが経験的に知られている．

　表 8.3 に代表的な高分子物質の T_g を集録する．結晶性高分子については融点 T_m

も示す．天然ゴムをはじめ室温でゴム状であるゴム状高分子のT_gは室温よりもはるかに低い．一方，ポリスチレンやポリメタクリル酸メチル等のガラス状物質と呼ばれる無定形高分子物質のT_gは室温よりも高い．結晶性高分子はT_gが室温より低くても，T_mが室温よりも高く結晶化度が高い場合は結晶部分の固さのために，室温においても固い状態を保つ．なお，結晶化度がきわめて高いものにおいてはT_gの検出が困難となり，たとえばポリエチレンの場合ではT_gとして，いくつかの値（－125℃，－68℃，－20℃ など）が報告されている．

8.8.2　ガラス転移の機構

高分子物質にガラス転移が生じる原因を考える上で，比容の温度依存性がT_gで大きく変わる事実は重要な指針を与える．そこで，T_gにおいてなぜその温度依存性が変化するのかをまず考える．高分子の溶融状態のような液体の比容は，分子自体が占める占有体積v_0と分子間の間隙が有する自由体積v_fに分けることができる．つまり，$v=v_0+v_f$であり，$f=v_f/v$なる量を**自由体積分率**（free volume fraction）と定義できる．温度が上昇しても，v_0はさほど変化しないであろうが，分子運動の激化に因って，分子間距離が広がるのでv_fは増加し，その結果fも増大する．結局，構造的な因子であるfの増加と分子運動の激しさの目安であるミクロブラウン運動の摩擦係数ζ_0の減少が対応する．Doolittle によれば，ζ_0の値は試料中のfと$\zeta_0=A\exp(b/f)$なる関係で結ばれる．Aとbはモノマー単位の形や大きさに依存する定数である．また，高分子の示す（ゼロずり）粘度η_0はζ_0の値に比例すると考えられるので，fの温度依存性がわかれば，粘度の温度依存性$\eta_0(T)$と関係づけられる．

ガラス転移点近くでのfの温度依存性は，熱膨張係数α_fを用いると，$f=f_g+\alpha_f(T-T_g)$でよく表される．ここで，f_gはガラス転移点における自由体積分率である．$\eta_0(T)$を粘度の移動因子$a_T=\eta_0(T)/\eta_0(T_S)$に代入し，基準温度を$T_S=T_g$とすると，WLF式（8.42）と等価な式が得られる（8.4.1，8.4.2項参照）．WLF式において，基準温度$T_S=T_g$を採用すると高分子の種類や分子量に依存せず，$C_1=17.44$と$C_2=51.6$ K が得られ，また，多くの高分子の熱膨張係数α_fが5×10^{-4} K^{-1}程度であることを用いると，ほとんどの無定形高分子のf_gに対して 0.025 程度の値が得られる．この事実に基づいて Fox と Flory は，無定形高分子はガラス転移点で等しい自由体積$f_g=0.025$を有すると唱えた．この考えは高分子のガラス転移に

おける「等自由体積理論（iso-free volume theory）」と呼ばれる．

一方，GibbsとDiMarzio（1958）は配位エントロピー（configurational entropy）がゼロとなる温度T_2を無定形高分子の熱力学的二次転移点と定義した．さらにAdamとGibbs（1965）はこの立場から，緩和時間についてWLF式と同形の式を導き，T_g～1.3T_2であり，主分散の緩和時間が無限大になる温度を外挿により求めると，それがT_2を与えることを示した．

これらの説を承認すると，分子的空隙の生じやすい高分子物質は低いT_2をもち，$f=0.025$なる臨界状態に比較的低温で到達するためT_2は低いことになる．対称性が悪く，分子間力の弱い高分子はその一例である．Boyerや河合は単位体積当たりの凝集エネルギー（分子間力の目安になる）とT_gとの間にほぼ比例関係のあることを実験で示した．T_gが高分子物質の分子構造および分子鎖間の相互作用に関係した性質であることは明らかである．たとえば表8.3中のポリエチレンアジペートとポリエチレンテレフタレートとの比較からわかるように，ベンゼン環の導入は鎖の屈曲性を減少させT_gを上げる．逆に長い屈曲性側鎖の導入は分子間相互作用を弱めT_gを下げると予想されるが，その例はポリメタクリル酸エステルの系列においてみられる．また極性基の導入は分子鎖間の相互作用を増しT_gを上げる効果がある．これらの説明は類似の化学構造をもつ高分子間でT_gを比較する場合には有効である．また立体規則性の効果はポリメタクリル酸アルキルに認められ，シンジオ型の方がアイソ型よりT_gが高いことがわかっている．

結晶性高分子については，結晶の融点T_mもガラス転移温度T_gと同様に，分子の形態変化のしやすさなど高分子物質の分子構造や分子鎖間の相互作用に影響される．したがって，一般に融点の高い高分子はガラス転移点も高い．この事実と関連して，絶対温度で表した結晶性高分子のT_m/T_gは置換基の位置に関して分子鎖が非対称性のビニル型高分子で約1.5，対称性のビニリデン型高分子で約2.0とほぼ一定であるという経験則が知られている．

8.9 高分子の電気的性質

8.9.1 物質の電気伝導度

種々の物質の中で，金属のように電気伝導率の高い物質は導体（conductor）と呼ばれ，通常の高分子物質のように電気伝導率の低い物質は絶縁体（insulator）また

は誘電体（dielectrics），その中間の電気伝導率をもつシリコンとかゲルマニウムは半導体（semi-conductor）と呼ばれる．図 8.39 に代表的な物質の電気伝導率（または電導度）σ の値を示す．その値は金属の $10^7\,\mathrm{Sm^{-1}}$ からポリエチレンの $10^{-18}\,\mathrm{Sm^{-1}}$ まで物質に応じて非常に広い範囲にわたる．

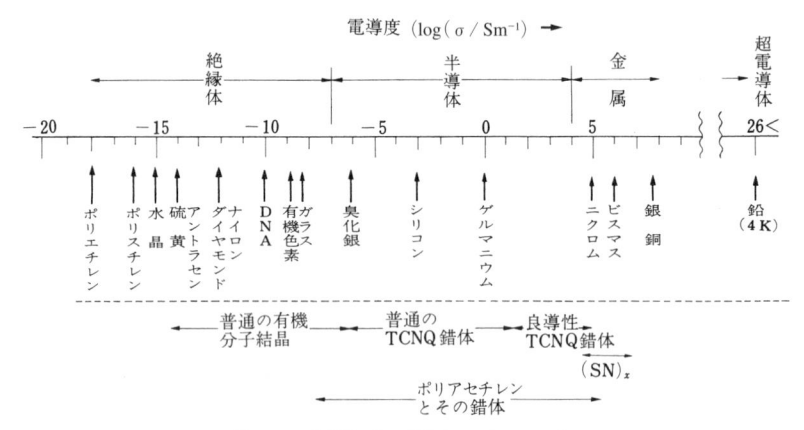

図 8.39 各種物質の電導度 $\log(\sigma/\mathrm{Sm^{-1}})$

物質の電気伝導率 σ は以下のように定義される．図 8.40 に示すように面積 S_0，間隔 d である 2 枚の平行極板の間に試料をはさみ電位差（電圧）Φ を印加すると，一部の電流 I_v は試料内部を流れ，残りの電流 I_s は表面を流れる．全電流 $I=I_\mathrm{v}+I_\mathrm{s}$ が電位差 Φ に比例するとき，その比例係数 $R=\Phi/I$ を試料の絶縁抵抗あるいは単に抵抗という．この比例関係が有名な Ohm の法則である．電流の単位を A (ampere)，電位差のそれを V (volt=JA^{-1}s^{-1}) とすると，抵抗の単位は Ω (ohm=VA^{-1}) で表される．先に用いた単位 S (seimens) は Ω^{-1} である．

試料内部を流れる体積電流は電位差のほかに S_0 にも比例し，d に逆比例するので

$$I_\mathrm{v}=\sigma(S_0/d)\Phi \tag{8.83}$$

が成立する．比例係数 σ（単位：$\mathrm{Sm^{-1}}$）は物質固有の電気伝導性を表す量であり，（体積）電気伝導率または電導度（(volume)conductivity）と呼ぶ．また，その逆数を（体積）抵抗率（単位：$\Omega\mathrm{m}$）と呼ぶ．

一方，極板に接触する試料の周囲長を L とすると，試料表面を流れる電流は L に比例し，d に反比例することから，次式が成立する．

$$I_s = \sigma_s (L/d) \Phi \tag{8.84}$$

比例係数 σ_s（単位：S）は表面電気伝導率（surface conductivity）と呼ばれる．金属などの導体は通常表面電流が体積電流に比べて無視できるほどに低いので，特に断わらない限り，単に電導度，抵抗といえば体積電流に関するものをいう．しかし，高分子物質などの誘電体では体積電流よりも試料表面の湿気，汚れなどにより表面電流が多く流れることもある．

いま，表面電流は無視して，単位断面積当たりの試料内部を流れる電流を電流密度（flux）$J(=I/S_0)$ と定義する．式（8.83）に電場強度 $E(=\Phi/d)$（単位：Vm^{-1}）を代入すると，$J=\sigma E$ と表すことができる．一方，この試料中に含まれる電荷を運ぶ担体の数密度を n（単位：m^{-3}），担体1個が運ぶ電荷を q（単位：coulomb＝C＝As），その移動速度を v（単位：ms^{-1}）とすると，電流密度は $J=nqv$ と書ける．ここで，単位電場強度当たりの担体の移動度（mobility）$\mu = v/E$ を用いると，電導度 σ は

$$\sigma = nq\mu \tag{8.85}$$

と表せる．この関係は電気伝導の分子論（電子論）的機構を考える上で重要である．

電荷の担体としては（i）正負のイオンおよび（ii）電子と正孔（positive hole：電子の欠けた孔で電子と等価の正電荷を運ぶ）がある．主として前者によって電荷が運ばれる場合を**イオン伝導**（ionic conduction）といい，後者によって運ばれる場合を**電子伝導**（electronic conduction）という．

A. イオン伝導

通常の高分子物質は絶縁体であるから電気伝導は主として重合開始剤断片や水分などの解離によって生じる微量の不純物イオンに由来する．ガラス転移温度 T_g 以上では自由体積の増加によってイオンの易動度が増すので，電導度は温度上昇とともに増大する．結晶性高分子中の結晶領域はイオンを移動させないので電導性をもたない．したがって，結晶化度が上がるに伴って電導度は低下する．

イオン伝導はイオン対の解離が原因となるが，イオン対を結び付ける Coulomb 力は誘電率 ε に逆比例する．したがって，誘電率が高いほどイオンに解離しやすく，イオン（担体）の数密度 n が増すため電導度が上がる．たとえば，ポリオキシエチレンのように高誘電率で吸湿性の高分子では，高温・低周波域で高い直流伝導が観察される．イオンの移動は電場強度に依存するポテンシャル障壁を跳び越え

ることによって起こるので，イオン伝導による電気伝導は Ohm の法則に従わないことが多い．

B. 電子伝導

高分子物質でも電子伝導性を示すものがいくつか発見されている．代表的な例としてハロゲンのような電子受容性試薬をドープされたポリアセチレン，ポリチオフェン，ポリピロールなどがよく知られている．これらの系では共役二重結合性の骨格鎖に沿って広がる π 電子軌道中を電子（または正孔）が移動するために電子伝導性を示すと思われる．量子力学の"1次元における箱の中の粒子模型"を用いて電子を伝導性の軌道に励起するのに必要なエネルギーを計算すると，高分子主鎖中の原子数 N に逆比例して低下し，$N \sim 1000$ 程度で室温における熱エネルギー程度（~ 0.025 eV）になると予想される．しかし，実際には，鎖長が有限であるため分子鎖間の電子の移動が容易でない．さらに，長い鎖状分子では分子鎖が完全な平面構造を保てないので共役性がくずれ，π 電子の移動が自由でなくなるなどの原因で必ずしも高い電導度は得られない．最も高い電導度が得られた例は $(SN)_x$ ポリマーで，ほとんど金属に匹敵する 10^5 Sm^{-1} の電導度が報告されている．また，この無機高分子は 0.3 K で超電導性を示す．

8.9.2 電気分極と静的誘電率

図 8.40 に示す面積 S_0 の 2 枚の平行極板間を真空に保ち電位差 Φ を印加すると，わずかの間電流（充電電流）が流れ，正負の極板にそれぞれ $+Q_0S_0$，$-Q_0S_0$ の電荷が貯えられる．Q_0 は単位面積当たりの電荷量すなわち電荷密度（単位：Cm^{-2}）である．一方，電場強度 E（field strength）は Coulomb の法則によって単位電荷に働く力（ベクトル量）で定義されるので，極板の間隔が十分狭いときには平行極板間の電場の強さは

$$E = \frac{Q_0}{\varepsilon_0} \tag{8.86}$$

で与えられ，極板間のいたるところで一様である（証明を試みよ）．ここで ε_0 は真空の誘電率（permittivity）で 8.85419×10^{-12} Fm^{-1}（単位：farad＝F＝CV^{-1}）なる値をもつ．電位差 Φ は単位電荷を一方の極板から他方に運ぶのに必要な仕事であるから，$\Phi = Ed$ で与えられる．

一方，この極板の電気容量（capacitance）C_0（単位：F）は単位電位差当たりに

貯えた電荷量 $C_0=S_0Q_0/\Phi$ と定義されるから，式（8.86）から

$$C_0=\frac{\varepsilon_0 S_0}{d} \qquad (8.87)$$

が得られる．このような2枚の平行極板を平行板コンデンサという．

いま，このコンテンサに誘電体を挿入すると，時間に依存して電流がしばらく流れ極板に $+QS_0$，$-QS_0$ の電荷が貯えられる．このとき流れる電流を吸収電流という．その後も時間に依らない直流電流が流れ続けることもあるが，誘電体ではこの寄与は吸収電流に比べて無視できるほど小さい．

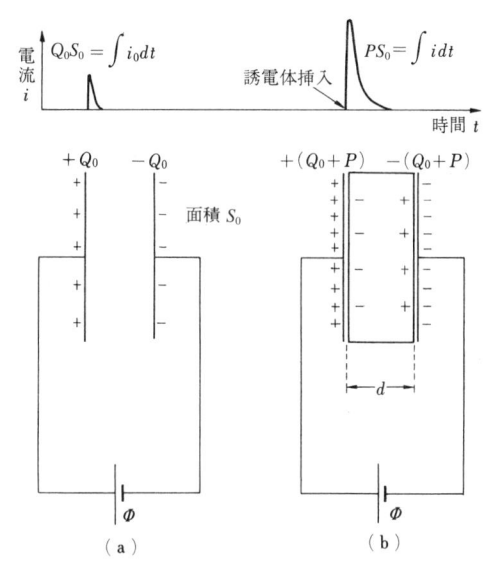

図 8.40 （a）極板間が真空および （b）誘電体を挿入した平行板コンデンサの電荷分布と回路を流れる電流の模式図

誘電体の挿入による吸収電流によって極板の単位面積当たりに吸収された電荷は

$$Q=Q_0+P=\varepsilon Q_0 \qquad (8.88)$$

と表される．新たに貯えられた電荷密度 P を分極電荷（密度）と呼び，Q と Q_0 の比例係数 ε を相対誘電率（relative permittivity）または単に**誘電率**（dielectric constant）という．特に，長時間経過後 P の値が変化しない状況で得られる ε の値を静的誘電率という．誘電体を挿入した後も，極板間の電位差に変化はなく $\Phi=Ed$ である．したがって，新たに生じた分極電荷密度 P の原因は電場の寄与でなく，誘電体内部の電荷が正と負に分極して極板との界面に $-PS_0$ と $+PS_0$ の電荷を生じ，極板上の真電荷 Q を相殺しているためである．この現象を**電気分極**（electric polarization）という．誘電率 ε の誘電体の入った平行板コンデンサの電気容量 $C=S_0Q/\Phi$ と式（8.86）～（8.88）から

$$\varepsilon=\frac{C}{C_0}=\frac{Q_0+P}{Q_0} \qquad (8.89)$$

が得られ，コンデンサの貯え得る電荷量は真空のものに比べると ε 倍になることがわかる．

いま，電荷密度 Q $(=Q_0+P)$ を電気変位（electric displacement）D と定義し直して E と関係づけると

$$D=\varepsilon\varepsilon_0 E=\varepsilon_0 E+P \tag{8.90}$$

が得られる．力学系と比較すると D がひずみ，E は応力，さらに $\varepsilon\varepsilon_0$ はコンプライアンスに対応する．

ここまでは分極電荷（密度）P を電場中に置かれた物質表面に生じる電荷密度と定義した．この値を物質内部の微視的現象と関連させるために，電気分極による電荷量 (PS_0) と極板間距離の積を**電気双極子能率**（electric dipole moment）M と定義する（巨視的電気双極子）．$M=PS_0d=PV$ であるから，式 (8.90) から

$$\varepsilon-1=\frac{P}{\varepsilon_0 E}=\frac{M}{\varepsilon_0 EV} \tag{8.91}$$

が得られ，分極電荷 P は誘電体の単位体積当たりの双極子能率 (M/V) と考えることができる．

一般に分子は正負電荷の集まりであるが，正負の電気量は等しく全体としては電気的に中性である．各電荷 e_j の位置ベクトルを r_j と定義すると，次式のベクトル量で分子の双極子能率が与えられる．

$$m=\sum_j e_j r_j \tag{8.92}$$

分子が電気的に中性 ($\sum_j e_j=0$) ならば，m は位置ベクトル r_j の原点の選び方にはよらない（各自確かめよ）．電場を印加しなくても双極子能率をもつ分子を**極性分子**（polar molecule），そうでないものを**無極性分子**（non-polar molecule）という．極性分子の双極子能率を**永久双極子能率**といい，電場によって誘起される双極子能率を**誘起双極子能率**という．双極子能率の単位は Cm であるが（式 (8.92) 参照），典型的な極性分子の場合，電子の電荷（1.602×10^{-19} C）と共有結合の長さ（$\sim10^{-10}$ m）から約 10^{-29} Cm となる．双極子能率の慣用単位である D（Debye）は 3.336×10^{-30} Cm に等しい．

一方，単位体積当たりに存在する分子数を N とし，双極子能率 m の平均値の絶対値を $\langle m\rangle$ とすると，式 (8.91) で定義した単位体積当たりの双極子能率は

$$P=N\langle m\rangle \tag{8.93}$$

で与えられ，巨視的な量である誘電率 ε と微視的な量である分子の双極子能率 m が関係づけられる．

電場をかけないときには誘起双極子はゼロ，永久双極子能率の寄与も特別な分子

配向がない場合はゼロとなり，結局 $P=0$ となる．電場を印加すると，E が低い線形域では，E に比例した分極電荷 P を生ずる．このうち誘起双極子の寄与を $\langle m_\alpha \rangle = \alpha E_\mathrm{L}$ とすると，α は分子の分極率（polarizeability），E_L は分子に直接作用している電場で局所電場（local field）*1 と呼ばれる．この局所電場は，外部電場 E に双極子間の電気的相互作用を平均電場に置き換えたものを加えた実際に作用する有効電場である．m_α が生じる原因は分子を構成する原子中の電子雲のひずみによる電子分極と，（たとえばイオン結晶で見られるような）正に帯電した原子と負に帯電した原子の相対的変位による**原子分極**があげられる．前者の寄与は屈折率 n の二乗にほぼ等しい．原子分極の寄与は通常電子分極に比べて小さい．極性分子の場合にはこれらのほかに永久双極子の配向による**配向分極**（orientation polarization）P_r の寄与が加わる．この寄与は分子の永久双極子能率を μ とし，双極子間の相互作用を無視すると，$P_\mathrm{r} = \dfrac{N\mu^2 E_\mathrm{L}}{3k_\mathrm{B}T}$ で与えられる（Debye, 1929）*2．

8.9.3 誘電分散

誘電体を極板の間にはさみ，電池を極板につなぎ静電場を加えたときの分極電荷 P の時間変化は力学測定におけるクリープと似ている．原子分極からの寄与は少ないのでここでは電子分極と配向分極だけ考慮することにする．このとき，電子雲のひずみによる電子分極は瞬間的に起こるが，永久双極子の配向はまわりの分子から抵抗が働くためにゆるやかに起こり，やがて平衡状態に到達する．電池を取り除いて極板を短絡しても，永久双極子の配向が無秩序な状態に戻るには時間がかかる．このとき配向分極が平衡値の $1/e$ にまで減少するのに要する時間 τ を**誘電的緩和時間**（dielectric relaxation time）*3 と呼ぶ．この量を支配するのは力学の場合と同様，周囲の分子からの抵抗であり，τ は高温ほど短くなる．

次に静電場の代わりに電場強度が正弦的に変化する交番電場 $E_0 e^{i\omega t}$ を印加した場合について述べる．配向分極は電場の変化にただちに追従することができないので，電気変位 D の位相 δ は印加された交番電場を基準にするとある値だけ遅れる．複素数表示した電場と電気変位をそれぞれ E^* と D^* とすると，次式が成立する．

---

*1 隣接分子がつくる電場のために外部から印加された電場 E とは異なる．
*2 希薄な気体では $E = E_\mathrm{L}$ としてよい．一般に $E \neq E_\mathrm{L}$ であるが，$E = F E_\mathrm{L}$ と書くことができ，F は媒体の誘電率の関数になる．永久双極子間の電気的相互作用以外の相互作用をさらに考慮する必要のある場合には，μ^2 は双極子相互の配向を考慮に入れた平均値 $\langle \mu^2 \rangle$ で置き換える必要がある．
*3 力学緩和の遅延時間と同じ意味をもつ．

$$E^* = E_0 e^{i\omega t}, \qquad D^* = D_0 e^{i(\omega t - \delta)} \tag{8.94}$$

式 (8.90) と同様に複素数表示においても $D^* = \varepsilon^* \varepsilon_0 E^*$ とおくと

$$\varepsilon^* = \frac{D_0}{\varepsilon_0 E_0} e^{-i\delta} = \frac{D_0}{\varepsilon_0 E_0} (\cos\delta - i\sin\delta) \tag{8.95}$$

が成立する．これは実数部と虚数部に分けて $\varepsilon^* = \varepsilon' - i\varepsilon''$ と表すことができる．ここで ε^* は**複素誘電率**（complex permittivity あるいは complex dielectric constant），ε' は**誘電率**（real part of permittivity, 低周波数極限での値は dielectric constant），ε'' は**誘電損失率**（dielectric loss factor）と呼ばれる．また，$\tan\delta (= \varepsilon''/\varepsilon')$ は**誘電損失正接**（dielectric loss tangent）と呼ばれ，損失の大きさの目安を与える．力学挙動におけるコンプライアンス（J' と J''）と同様，ε' は静電エネルギーの蓄積の度合を与え，ε'' は熱として外部に散逸する損失電力の尺度を与える．

永久双極子をもたない無極性分子では ε' は周波数に依らないほぼ一定値を示し，ε'' は非常に小さい．一方，極性物質では図 8.41 に示すようにある周波数で ε' と ε'' が急変する．この現象を**誘電分散**（dielectric dispersion）あるいは**誘電緩和**（dielectric relaxation）という．

上の議論では原子分極や電子分極は瞬間応答成分と見なした．しかし赤外吸収の原因となるような分子振動，たとえばC-H基の伸縮振動数より高い周波数の交番電場（すなわち赤外線）を照射すると，C-Hの原子変位は電場に追随できなくなり，原子分極への寄与はなくなる．電場の振動数がC-H振動数に等しいとき図8.41 に示すように原子分極による共鳴分散が起こる．電子分極についても紫外域で起こることを除けば同様である．共鳴分散は永久双極子の配向に見られる緩和型の分散と周波数依存性の関数形が異なる．

動的粘弾性の表式と比べると，E^* は応力 σ^*，D^* はひずみ γ^* に対応するので，$\varepsilon^* \varepsilon_0$ は J^* に対応していることをすでに述べた．実際，線形粘弾性の議論はそのまま線形誘電緩和に当てはめることができる．たとえば，フォークト模型の式に対応して単一の誘電緩和時間 τ をもつデバイ（Debye）型の誘電分散の式

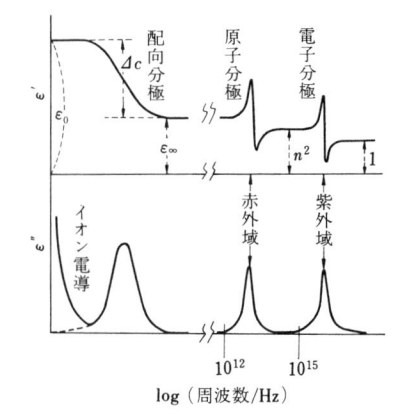

図 8.41 イオン電導，赤外および紫外吸収がある場合の誘電率 ε' と誘電損失 ε'' の周波数依存性（模式図）

が角周波数（$\omega=2\pi f$）の関数として得られる.

$$\varepsilon'=\frac{\varepsilon_0-\varepsilon_\infty}{1+\omega^2\tau^2}+\varepsilon_\infty, \quad \varepsilon''=\frac{(\varepsilon_0-\varepsilon_\infty)\,\omega\tau}{1+\omega^2\tau^2} \qquad (8.96)$$

ここで，ε_0 および ε_∞ は $\omega=0$ での ε'（静的誘電率）と $\omega=\infty$ での ε'（高周波誘電率あるいは未緩和誘電率）を表す．式中の $\varepsilon_0-\varepsilon_\infty$ は誘電緩和強度と呼ばれ，その緩和過程に関与する双極子の種類と配向の様式によって定まる量である．ε'' が極大を与える周波数の逆数が緩和時間 τ と一致する．一般的に表記すると $\varepsilon_0-\varepsilon_\infty=N\langle\mu\rangle/(\varepsilon_0 E_L)$ であるが，Debye のモデルでは $\varepsilon_0-\varepsilon_\infty=N\mu^2/(3k_B T\varepsilon_0)$ と与えられる．また，力学緩和に導入された一般化フォークト模型（8.3.3 項参照）に対応するものとして，測定試料が多くの緩和時間をもつ場合には次式が導かれる.

$$\varepsilon'=\int_{-\infty}^{\infty}\frac{L_\varepsilon(\ln\tau)}{1+\omega^2\tau^2}\,\mathrm{d}\ln\tau+\varepsilon_\infty, \quad \varepsilon''=\int_{-\infty}^{\infty}\frac{\omega\tau L_\varepsilon(\ln\tau)}{1+\omega^2\tau^2}\,\mathrm{d}\ln\tau \qquad (8.97)$$

ここで，$L_\varepsilon(\ln\tau)$ は誘電的緩和時間の分布関数であり，$\varepsilon_0-\varepsilon_\infty=\int_{-\infty}^{\infty}L_\varepsilon(\ln\tau)\mathrm{d}\ln\tau$ を満たす.

8.9.4 高分子物質の誘電的挙動

高分子物質の誘電的性質に関する系統的研究は Fuoss と Kirkwood（1941 年）によって始められ，その後多くの人々の研究でその一般的特徴が明らかになってきた．高分子物質において広い周波数と温度範囲にわたって誘電測定を行うと，分子運動の多様性のため一般に 2 種類以上の誘電分散が観測される．

高分子物質の誘電緩和は，高分子鎖の上に双極子がどのように付いているかを考えると理解しやすい．Stockmayer は高分子を図 8.42 のように A，B，および C 型の 3 種類に分類した．A 型では主鎖に沿って同一方向に双極子が配列し，B 型では主鎖に直角に双極子が配列する．また，C 型高分子では側鎖に双極子が付く．ここで注意すべきことは，多くの高分子がただ 1 つの双極子成分のみもつとは限らないことである．むしろ，複数の型の双極子をもつ場合の方が多い．たとえば，ポリメチルメタクリレートのように屈曲性の側鎖をもつ

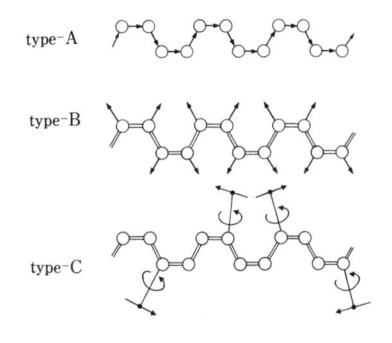

図 8.42 双極子の付き方による高分子の分類（Stockmayer, 1962 年）

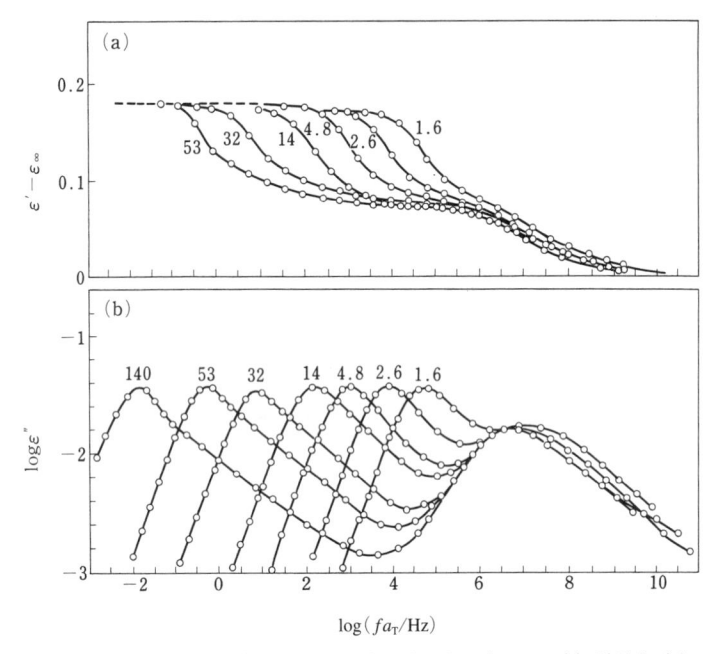

図 8.43 典型的な A-B 混合型ポリマーであるポリイソプレンの (a) 誘電率 ($\varepsilon' - \varepsilon_\infty$) と，(b) 誘電損失率 ε'' の換算周波数 fa_T 依存性．図中の実線は基準温度を 273K として，重ね合わせによって得られた合成曲線．また，数字は kg/mol で表した分子量（足立ら，1989 年）．

C 型高分子では，側鎖上に双極子をもち側鎖回転による誘電緩和を示すが，一般に側鎖は主鎖に対して直角に出ているので，C 型高分子は B 型双極子成分をも併せもつことが多い．

A 型高分子の分子鎖全体にわたる双極子ベクトルの和 p は図 8.42 に示すように，分子がどのように運動しても，常に末端間ベクトル R に比例する．その比例係数を μ とすれば，$P = \mu R$ が成り立つ．この μ は単位長さ当たりの伸びきり鎖の双極子能率という物理的意味をもつ．図 8.43 は A-B 混合型高分子であるポリイソプレンの誘電緩和挙動の周波数 f 依存性を示す．低周波側の誘電損失の極大が A 型双極子，さらに 10MHz 付近の極大が B 型双極子の寄与を表す．A 型双極子の運動に由来した（緩和時間の逆数に相当する）損失極大周波数は分子量の増加とともに低周波数側へ移動する．この挙動は A 型双極子による誘電緩和が高分子鎖の大規模な運動を反映することを意味する．8.7.2 項で述べた Rouse 理論や 8.7.3 項の土井

-Edwards理論は,図8.43(b)の損失極大周波数の分子量依存性を定量的に説明する.A型双極子の誘電緩和はノーマルモード過程とも呼ばれ,力学緩和の終端領域に対応する.

一方,B型双極子による誘電緩和は分子量にほとんど依存せず,A型高分子の緩和に比べて比較的小規模な運動を反映する.ポリ塩化ビニルのようなビニル高分子やポリエーテル等,ほとんどの極性高分子はこのB型に属する.このようなB型双極子の緩和は,力学緩和と同様に主分散や副分散を示し,これまで最もよく研究されてきた.B型高分子の主分散領域において,ε''に極大を与える緩和周波数は温度上昇とともに高周波側へ移動する.また,ε''の周波数依存性の形はガラス転移温度T_gよりも十分高温になると温度にほとんど依らない.この領域でのε''の周波数依存性を多くの無定形高分子について比べると,ε''の値が極大値の半分になる周波数軸上の幅(半値幅)が対数目盛で2〜2.5の範囲に収まる.なお分子量が数万以上であればB型高分子の主分散の挙動は分子量に依存しない.また,誘電緩和の主分散域は力学緩和における遷移領域を観察していることに相当する.

A型およびB型高分子のT_g以上で得られるε''あるいは$\varepsilon'-\varepsilon_\infty$を$\Delta\varepsilon=\varepsilon_0-\varepsilon_\infty$で規格化した$\varepsilon''/\Delta\varepsilon$と$(\varepsilon'-\varepsilon_\infty)/\Delta\varepsilon$は周波数軸に沿って移動させることで重ね合わせが可能である.このとき時間-温度換算則が成立し,その移動因子a_Tは粘弾性の移動因子と一致してWLF式を満足する.

ポリ塩化ビニルのように極性基が主鎖に直接結合していたり,ポリエステルのように主鎖中に双極子を含むB型高分子の副分散は,凍結された主鎖の平衡位置近傍での局所的な捩れ運動に由来するものであり,ローカルモード緩和(local mode relaxation)と呼ばれる.その緩和時間の温度依存性はWLF式ではなく,Arrhenius式に従い活性化エネルギーは40〜80 kJmol^{-1}程度である.

C型高分子では側鎖基の束縛回転に基づく副分散がB型高分子の副分散と同程度の活性化エネルギーを与える.しかしながら,側鎖基の動きは主鎖から必ずしも独立ではないと推定される.たとえばガラス転移温度に近づくと緩和強度が急激に増すことはこの推論を支持する.副分散における結晶化の影響は主分散に比べると小さいことや,高い圧力をかけた場合の影響が主分散に比べて小さいことも副分散が局所的運動によることを示唆する.

結晶性高分子でも一般に無定形領域中の主分散および副分散がみられる.結晶化度が上昇すると,主分散によるε''のピークはわずかに低周波側に移動し,ε''の半

値幅が対数目盛で6～7と広くなり，緩和強度は減少する．この緩和強度の低下は無定形領域の減少に伴い主分散に寄与する双極子濃度が減少するためである．半値幅の拡大は無定形領域の分子鎖の運動が，結晶領域の増大によって束縛され緩和時間の分布が広がるためである．

結晶領域の分子鎖は運動の自由度をもたない場合が多い．しかしポリエチレン等の数種類の高分子では結晶中でも分子鎖が捩じれ運動をすることがわかっている．ポリエチレンは無極性なので基本的に誘電緩和を示さないが，ポリエチレンをわずかに酸化して極性基（>C=O 基：B 型双極子）を導入すると，このような結晶中の分子運動が誘電的にも観測されるようになる．これを結晶分散という．その ε'' の周波数依存性は鋭く，緩和時間の温度依存性は WLF 式でなく Arrhenius 式に従うことが知られている．

周波数を固定して，ε' と ε'' の温度依存性を測定すると，種々の分子運動の起こり始める温度領域で，ε' の階段的な増加あるいは ε'' や $\tan\delta$ の極大が観測される．これらの誘電緩和は観測された温度が高い順に $\alpha,\ \beta,\ \gamma,\ \cdots$ というギリシャ文字をあてがって区別する．種々の誘電分散の相互関係は分散地図（transition map）によって示すことができる．分散地図とは各分散について ε'' が極大となる周波数の対数を $1/T$ に対してプロットしたものである．なお同一の高分子の力学分散は誘電分散とほぼ同一線上に乗ることが多くの高分子物質について見出されている．

8.9.5　その他の電気現象

A．静電気（static charges）

誘電体表面には放電や，他の物質との接触，摩擦などによって静電荷が発生しやすい．一般に帯電した表面の静電荷 Q は次式に従って指数関数的に放電する．

$$Q = Q_0 e^{-t/\tau} \qquad (8.98)$$

その緩和時間 τ はおおむね電導度 σ に反比例し，誘電率 ε に比例することが知られているので，$\tau \propto \varepsilon/\sigma$ と表される．電導性の高い金属たとえば銅では $\tau = 10^{-18}$s 程度であり，静電気の発生は問題にならない．電導度の低い高分子物質では τ がきわめて長く，静電荷が数年以上保持されることもある．これは高分子物質を材料として使用する際に大きな障害をもたらす．この問題を避けるためには電導性の物質を高分子材料中にブレンドするか，表面処理によって表面抵抗を下げるなどの方法が使われている．

B. エレクトレット (electret)

時間に依存しない永久分極電荷をもつ誘電体はエレクトレットと呼ばれ，磁性体と比較すると，永久分極した磁性体すなわち磁石 (magnet) に対応する．極性の高分子を高温で軟化させ，強い静電場を印加して分極電荷を誘起し，電場を加えたままで冷却すると分極電荷を保持したエレクトレットができる．この操作をポーリング (poling) と呼ぶ．

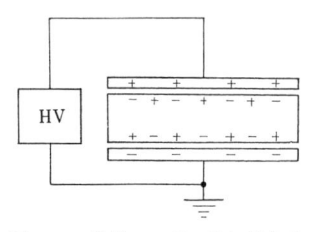

図 8.44 平行コンデンサにはさんだエレクトレット

C. 熱刺激電流 (thermally stimulated current)

高分子物質にポーリングを施した後，図 8.44 の高圧電源 HV を高感度の電流計と取り替え徐々に昇温すると，α, β, γ などと命名された誘電緩和が起こる温度で，凍結されていた分極電荷の放電電流が観測される．この電流を温度の関数として記録すると，誘電的温度分散とよく似た図が得られる．この方法は，誘電緩和法では測定が困難なイオン分極についても種々の知見を与える．

D. 圧電緩和 (piezoelectricity)

試料に変形あるいはひずみを加えたとき試料の電気分極が変化することがある．これを圧電性という．ポリフッ化ビニリデン (PVDF) は種々の結晶変態を示すが，そのうちロール延伸によって得られる β 型は結晶全体が自発永久分極をもつ．このような結晶を一般に極性結晶という．PVDF の β 型に電場を印加し極性結晶のクリスタリットを配向させると，強い圧電性を示す．また，フッ化ビニリデンとトリフルオロエチレンの共重合体は強い電場の印加によって永久分極電荷を反転させることが可能な強誘電体であり，PVDF と同様の性質をもつ．ポリ-γ-メチル-L-グルタメートやポリプロピレンオキシドの固体フィルムも圧電性を示すことが知られている．いくつかの高分子フィルムは双極子の配向やイオン分極によって永久分極電荷を生じやすく，弱い圧電性を示すことがある．

〈参考文献〉

(1) 金丸競：高分子電気物性，共立出版 (1981)
(2) 高分子学会編：緩和現象の科学-高分子を中心として，共立出版 (1982)
(3) J.D.Ferry:Viscoelastic Properties of Polymers,John Willey & Sons (New York) 3rd,edition (1980)〈第 1 版の邦訳〉祖父江寛監訳：高分子の粘弾性，東京化学同人

(4) P.-G.de Gennes：Scaling Concepts in Polymer Physics, Cornell Univ. Press（lthaca,N.Y.）1979；久保亮五監訳：高分子の物理学，吉岡書店（1984）
(5) 日本レオロジー学会編：講座・レオロジー，高分子刊行会（1992）
(6) 尾崎邦弘：レオロジーの世界　基本概念から特性・構造・観測法まで，工業調査会（2004）

9 天然高分子と生体高分子

9.1 はじめに

　自然界には多くの高機能高分子化合物が存在しているが，それらのうち生命現象に直接関係しているものを**生体高分子**（biopolymer）とし，その他のものを**天然高分子**（natural high polymer）と分類している．前者には，タンパク質（分子量が低いものをペプチドという），糖類と核酸が代表例としてあげられる．一方後者では無機高分子として，雲母，石墨，ダイヤモンドなど，有機高分子として生体が生産する天然ゴムのほか，地下より得られる石炭や石油などが実例となる．石油やオイルシェールの成因については，有機と無機の両方の説があり，メタンが高温高圧下金属触媒によって，脱水素重合したものとも考えられている．
　合成高分子に比べて，これらの高分子はその構造がきわめて複雑で，しかも一般に混合した状態で地球上に存在し，精製も高度の技術を必要とするため，それらの研究は著しく遅れていたが高分子化学の発展とともに着実に進歩し，今後の重要性が期待されているため，現在各方面から新しい技術，特に溶液高分解能 NMR や固体 NMR を駆使して盛んに行われている．

9.2 ゴムおよび天然炭化水素ポリマー

　植物が生産する数多くのポリイソプレン化合物のうち，最も高分子量で実用的にも重要なのは，天然ゴムとグッタペルカである．**天然ゴム**（natural rubber）は，熱帯地域に生育するゴムの木（Hevea brasiliensis）の樹皮内より分泌される乳液（latex）より解膠させて得られる．乳液中では，ゴム分子は少量のタンパク質と脂肪

酸によって荷電したコロイド粒子（0.1〜0.2mmの直径をもつ卵型のもの）となって樹液中に浮かんでいる．表面にあるこれらのコロイド安定化剤を酢酸によって取り除くと，生ゴムが水から分離してくる．これを$NaHSO_3$で処理し，ロールにかけて伸ばしたものをクレープゴム（crepe rubber）といい，黄褐色であるが，さらに漂白を完全に行うと淡黄色のもの（pale crepe）が得られる．タンパク質などがまだ少量混入しているため，生ゴムにはカビが生えることがあるので，シート状にしてからくん煙室中でいぶし，コハク色のスモークド・シート・ゴム（smoked sheet rubber）がつくられている．生ゴムは，半固体状なので，ロールにかけて流動性を失わせ可塑性を与える．このとき高分子主鎖の切断が起こり分子量が著しく低下するが，このプロセスは**素練り**（mastication）と呼ばれ，促進剤としてラジカル補足剤のβ-ナフチルメルカプタンなどが加えられる．タイヤやチューブの製造には，**加硫**（vulcanization）して架橋した三次元高分子とするが，このとき，イオウを少量加えて加熱するGoodyearの方法（1839年に発見）は，生ゴムの欠点を補う実際的にはきわめて重要な過程である．現在では，加硫剤や酸化防止剤，増量剤，着色剤など数多くの添加剤を生ゴムに加え（配合という），加熱加硫し，成型加工して製品としている．加硫剤としては，古くからのイオウのほか，有機過酸化物，加硫促進剤には酸化亜鉛，酸化防止剤としてフェニル-α-ナフチルアミン（劣化防止剤，ラジカル補足剤ともいう）などが用いられている．

　加硫した天然ゴムは，弾性材料として広く用いられるが，石油化学から得られ加硫したポリイソプレンとその化学構造はほとんど同一であるのに，物性面で天然ゴムが勝る場合があり，まだ合成品によって完全には代替されていない．

　生ゴムは，イソプレン単位が頭-尾型に1,4-高重合したものであり，分子量は5〜40万で，二重結合の立体化学は99％以上 *cis* 型である．生体としてこのような炭化水素高分子がどうして必要なのか，まだ明らかではないが，500〜2,000種の植物が類似の高分子を生産している．その生体内合成過程は次式で表される．

$$CH_3-C(OH)CH_2CH_2OH \longrightarrow CH_2-C(OH)CH_2CH_2O-\overset{\overset{O}{\|}}{P}-O-\overset{\overset{O}{\|}}{P}-OH \longrightarrow$$
$$\underset{CH_2CO_2H}{|} \qquad\qquad \underset{CH_2CO_2H}{|} \qquad \underset{OH}{} \quad \underset{OH}{}$$
メバロン酸　　　　　　　　メバロン酸-5-ピロリン酸

$$CH_3-\overset{\overset{CH_2}{\|}}{C}-CH_2CH_2-O-\overset{\overset{O}{\|}}{P}-O-\overset{\overset{O}{\|}}{P}-OH \rightleftarrows \underset{CH_3}{\overset{CH_3}{\underset{|}{C}}}=CHCH_2-O-\overset{\overset{O}{\|}}{P}-O-\overset{\overset{O}{\|}}{P}-OH$$

イソペンテニルピロリン酸　　　　3,3-ジメチルアリルピロリン酸

$$\underset{CH_3}{\overset{CH_3}{\underset{|}{C}}}=CH\underset{CH_2}{\overset{|}{\underset{}{}}}\overset{\curvearrowleft}{O}-PO-O-PO(OH)_2$$
$$\underset{CH_3}{\overset{H}{\underset{|}{C}}}H_2=C\overset{|}{C}H-CH_2O-PO-O-PO(OH)_2$$

$$\longrightarrow \begin{array}{c} CH_3\\ CH_3 \end{array}\!\!>\!\!C=CH \\ CH_2-C=CH-CH_2 \\ CH_3 \quad O-P_2O_3(OH)_3$$

$$+ \; (HO)_2PO-O-PO(OH)_2$$
ピロリン酸

　これらの反応は一種の縮合反応であり，一連の酵素の作用によって進行する．段階的な重合は，高度に立体選択的に進行する生体内高重合反応の実例となる．天然ゴムでは *cis*-1,4 型，グッタペルカ (gutta-percha) とバラタ (balata) では *trans*-1,4 型の重合が実現されている．*trans*-1,4 型では，ゴム弾性は見られず高温ではじめて弾性を示すので，このような特徴を生かした使い方が行われている．

　ゴム以外の生体系炭化水素ポリマーは，最近石油の代替品として注目され，熱帯で生育の早い植物（たとえばグワユールや青サンゴ）から得られる油状のものが太陽光エネルギー利用効率が高く，将来性が期待されている．

9.3　天然無機高分子

　岩石は，Si−O や Al−O 結合を主鎖にもつ無機高分子で，水晶のように純粋なシリカ (SiO_2) のほか，$Mg(II)$ や $Ca(II)$ をカチオンとする複雑な組成と構造をもつものが数多く知られている．$[(SiO_2)-O-]^{2-}$ 単位が鎖状に長く伸びたポリアニオンをもつものは，ピロキセン (pyroxene) 型と呼ばれ，頑火輝石 (enstatite) $MgSiO_3$ や透輝石 (diopside) $CaMg(SiO_3)_2$ がその実例となる．カチオンとして Na^+ をもつ水ガラス (Na_2SiO_3) は，SiO_2 と NaOH の反応で合成され，$[SiO_3]^{2-}$ 単位が

つながったポリアニオンの混合物であり，硬水の軟化剤として用いられている．−Si−O−鎖が酸素原子で結合した2本鎖ハシゴ型のポリアニオンをもつ鉱物としてアンフィボール(amphibole)型がある．アンフィボール型の繰返し単位は$(Si_4O_{11})^{6-}$であり，アモサイト(褐石綿, amosite：$(Mg,Fe)_7Si_8O_{22}(OH)_2$)，クロシドライト(青石綿, crocidolite：$Na_2Fe^{II}_3Fe^{III}_2Si_8O_{22}(OH)_2$)，アンソフィライト(直閃石, anthophylite：$Mg_7Si_8O_{22}(OH)_2$)，トレモライト(透閃石, tremolite：$Ca_2Mg_5Si_8O_{22}(OH)_2$)，アクチノライト(陽起石, actinolite：$Ca_2(Mg,Fe)_5Si_8O_{22}(OH)_2$)の5種類がある．これらに蛇紋石族(serpentines)のクリソタイル(白石綿, chrisotile：$Mg_3Si_2O_5(OH)_4$)を加えたものはアスベスト(石綿, asbestos)と総称され，無機繊維の代表例である．

水ガラスの$[SiO_3]_n^{2n-}$ポリアニオン

透閃石の$(Si_4O_{11})_n^{6n-}$の構造

アスベストは，耐熱性，絶縁性，耐久性に非常に優れ，また安価であったために建設材料や電気製品，ブレーキなどの自動車部品等，さまざまな用途に広く使用されてきた．しかし，空中に飛散したアスベスト繊維を吸入すると，約20年から40年の潜伏期間の後に悪性中皮腫や肺がんを引き起こす可能性が高いことがわかり，社会的な問題となっている．日本では1970年代以降の高度成長期にビルの断熱材料として大量に使用されており，その潜伏期が終了すると思われる今世紀に入り，アスベストが原因と考えられる中皮腫や肺がんが増加傾向にある．特に毒性が強いとされるアモサイトとクロシドライトは1995年以降製造も使用も禁止されている．これらの毒性は，両者に共通する鉄2価イオンが，繊維が折れるごとに表面に露出し，酸化される過程で発生するラジカルが原因であるとする説があるが，詳細は解明されておらず，今後の研究が期待されている．

アスベストのような1次元鎖が2次元に広がった層状ポリアニオン(最小繰返し単位：$(Si_2O_5)^{2-}$)は，雲母(mica)：$K(Mg,Fe)(OH)_2(AlSi_3O_{10})$，滑石(talc)：$Mg_3(OH)_2Si_4O_{10}$，カオリン(kaolin)：$Al_2(OH)_4Si_2O_5$にあって，雲母などの特徴となる著しい劈開(cleavage)の原因になっている．Siの代わりにAlが入るとアニオン部分の荷電がAlの数ごとに1単位ずつ増加するので，カチオンの数がその分だけ増えることになる．この型のものは一般にアルミノ・ケイ酸塩(aluminosilicate)

と呼ばれている.

　水晶（crystal），石英（quartz），リン珪石（tridymite）は SiO_2 単位が3次元に連なったもので，Si の一部を Al で置き換えたものは3次元アニオンとなり，カチオンをつかまえるようになる．岩石として $[(metal\ cation)^{x+}\{(Al_xSi_{1-x})_4O_8\}^{x-}]$ 型の組成のものは数多く知られている．花こう岩（granite）は石英，長石（feldspar），雲母の混合したものであり，このうち長石には正長石（orthoclase）：$KAlSi_3O_8$，灰長石（anorthite）：$CaAl_2Si_2O_8$，曹長石（albite）：$NaAlSi_3O_8$ のような種類がある．ふっ石（zeolite）には天然産のほか，合成品も各種あり，3次元のアルミノ・ケイ酸アニオンの中の空洞に金属カチオンのほか，水や有機分子などが選択的にもぐり込むので，分子ふるい（molecular sieve）の作用をし，触媒，脱水剤など多くの用途がある．

　炭素の高重合体にはグラファイト（石墨，黒鉛）やダイヤモンドがある．グラファイトは2次元的に縮環したベンゼノイド化合物であり，層状構造の特徴を生かして，固体潤滑剤や層間化合物（intercalation compound），たとえばグラファイトカリウム（KC_8）やリチウムイオン2次電池の負極材料として使われている．グラファイトを高温高圧下で3次元化したものがダイヤモンドで，最近は合成品が工業用研磨剤として用いられ，天然品は装飾用になっている．

9.4　セルロース，デンプン，その他の多糖

　セルロース，デンプンを含む**多糖**は，地球上に広く認められる有機物である．人類は，その誕生以来，衣食住に広く多糖を利用してきた．セルロースは木材，あるいは木綿，麻などの繊維の形で用いられ，デンプンは重要な栄養素であり，寒天，こんにゃくなども食料として用いられてきた．また，生体内において，多糖は，単独もしくは糖脂質，糖タンパクという形で，種々の生理活性を示し，生命現象の一翼を担っている．

　多糖を構成する単量体である**単糖**は，溶液中で α，β のピラノース構造以外にも少量ではあるが，α，β のフラノース構造と開環したアルデヒド型で存在しており，これら5種の平衡状態にある．

　鎖状単糖は，アルデヒド基を一端にもち，そのために還元性を示す．単糖の炭素原子は鎖状構造をもとに，アルデヒドの炭素原子を1として順に番号をつける．環状構造の D-グルコースの場合，酸素原子が第1炭素原子と第5炭素原子を結んだ

```
       H
       |
       C=O
     1 |
  H ─ C ─ OH
     2 |
 HO ─ C ─ H
     3 |
  H ─ C ─ OH
     4 |
  H ─ C ─ OH
     5 |
    ₆CH₂OH
```

       β-D-グルコース   α-D-グルコース

(I)

(II)

(e)=equatorial　　　　　　(a)=axial
β-D-グルコース　　　　　　α-D-グルコース

形となる．6員環構造（pyranose ring）は，慣用的に（I）のように書くことが多いが，シクロヘキサンと同様に椅子型と舟型の2種の立体配座が可能で，椅子型の方が舟型より安定である．（II）は椅子型のαおよびβ-D-グルコースの立体配座を示す．この第1炭素原子に結合したOH基の水素をRで置換すると，鎖状，α，βの3種の構造間の相互転換は起こらなくなる．多糖は，この第1炭素原子がエーテル結合すなわちグルコシド結合することにより得られる重合体であり，α-β間の転換を起こさない．図9.1に，多糖を構成する代表的な単糖を示す．それぞれ，多糖中ではαとβの2種の構造をとる．多糖類の名称は一般に構成単糖の-oseという語尾の代わりに-anという語尾をつけて呼ばれる．たとえば，グルコース(glucose)→グルカン(glucan)，マンノース(mannose)→マンナン(mannan)．しかし，古く命名された多糖の中には-inという語尾のつくものがある（キチンchitin，ペクチンpectinなど）．

多糖には，動物起源，植物起源，さらに微生物起源のものがあり，大きくは中性多糖と，ウロン酸や硫酸化単糖を含む酸性多糖とに分類される．機能的には，デンプン，グリコーゲンなどの貯蔵多糖，セルロース，キチンなどの構造多糖，ヒアル

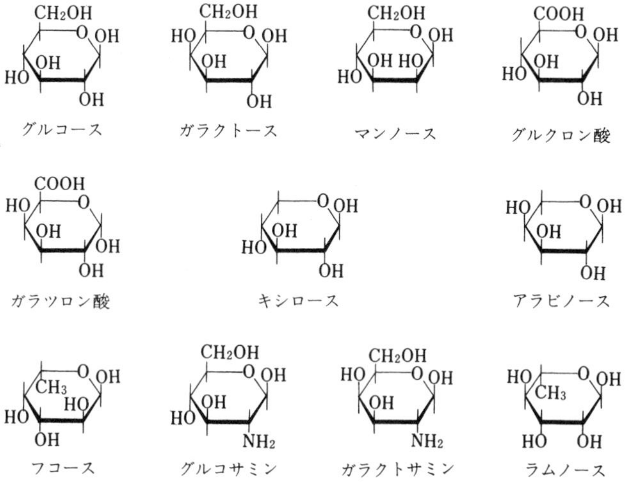

図 9.1 多糖を構成する主な単糖

ロン酸，アガロースなどのゲル化多糖に分類される．セルロース，マンナンなど細胞壁を構成する多糖を細胞壁関連多糖と呼び，また微生物が細胞外に排出する多糖を細胞外多糖（extracellular polysaccharide）と呼ぶ．特に，D-グルコサミンやD-ガラクトサミンなどのアミノ糖を含む多糖はムコ多糖（muco-）と呼ばれ，生体内での機能と関連して，注目をあびている．

セルロースは β-1,4-D-グルカンで，アミロースは α-1,4-D-グルカンである．ともに D-グルコースが 1,4 結合した線状の重合体であるにもかかわらず，きわめて対照的な性質を示す．たとえば，セルロースには単独の溶媒はないが，アミロースは水に溶け，また各種の低分子化合物との間で種々の分子間付加化合物をつくる．これら性質の差は，グリコシド結合が α であるか β であるかによる分子構造と結晶構造の差によると考えられる．

9.4.1　セルロース（cellulose）

セルロースは，植物細胞の細胞壁（cell wall）に広く認められる物質で，地球上に最も多量に存在する有機物である．天然セルロース（セルロースⅠ）の結晶構造を明らかにしようという試みは，Laue による X 線回折発見の翌年 1913 年に西川と小野によって竹の繊維の X 線繊維図形が撮影されたことに始まるといってよい．その後，1937 年に Meyer と Misch による結晶構造モデルの提案以降，数多くの研

究がなされてきた．セルロース分子には向きがあり，分子の両端は第1炭素原子がグルコシド結合に関与していない還元性末端と，第4炭素原子が結合に関与していない非還元性末端とから成る．この方向性をもつ鎖の結晶中の配置をめぐってさまざまな結晶構造モデルが提案された．従来の天然セルロース（セルロースⅠ型）モデルでは，単位格子中を2本の分子が貫いているため，2本がパラレルか，アンチパラレルか見解の異なるモデルが提案されていた．また，X線回折からの結果とNMRスペクトルの不一致という問題，生合成機構との関連などの点からも注目されていたが，1980年代に固体^{13}C NMRによる研究からⅠ型にはⅠαとⅠβという2つの結晶系があり，これまでの試料では2形態が混在していることが明らかにされた．その後の電子線回折，最近の放射光を利用したX線回折や中性子線回折の研究から，Ⅰαは一本鎖の三斜晶（$a=5.93$，$b=6.74$，$c=10.36$Å，$\alpha=67$，$\beta=117$，$\gamma=99°$）であり，Ⅰβは二本鎖の単斜晶（$a=8.01$，$b=8.17$，$c=10.36$Å，$\gamma=97.3°$）であることがわかった．両形態は図9.2の投影図ではほぼ同じであるが，分子間水素結合によりできたシートがvan der Waals力により会合する際の仕方が異なる．Ⅰαでは分子鎖軸に$c/4$だけ一方向にずれてスタッキングしているが，Ⅰβでは互い違いに$c/4$だけずれてスタッキングしている．ⅠαからⅠβへの転移も調べられており，後者が安定構造である．したがって，分子はすべてパラレルであり，NMRスペクトルとも矛盾のない構造が得られている．

植物の細胞壁は，数百から数千の分子がより集まってできた径70〜250Åのミクロフィブリル（microfibril）から成る．さらに，このミクロフィブリルが，植物の種類，場所によって異なるらせん状，管状などのさまざまな高次構造をつくる．図

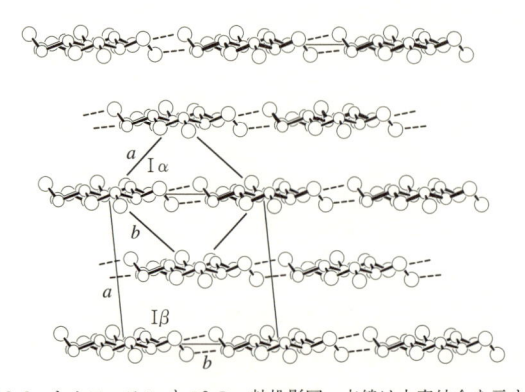

図9.2 セルロースⅠαとⅠβのc軸投影図．点線は水素結合を示す．

9.3に綿繊維の構造を示す．天然繊維と再生繊維，合成繊維との間の大きな違いは，このような高次構造の有無にある．この高次構造の多様性ゆえに，化学的には同じセルロースであっても，さまざまな性質を示す．

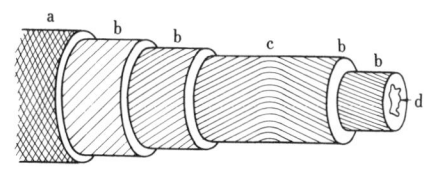

図9.3 綿繊維の高次構造．a) 1次細胞壁，b) 2次細胞壁，c) 反転，d) ルーメン．

9.4.2 デンプン (starch)

セルロースと同じく D-グルコースの重合体であるデンプンは，穀類，果実，根茎に $3\sim100\mu m$ の顆粒状で含まれ，栄養源として，最も重要なものの1つで，アミロース (amylose) と分岐構造をもつアミロペクチン (amylopectin) の混合物である．各種デンプンの性質の差は，主として，アミロース (III) とアミロペクチン (IV) の含有量の差による．たとえば，もち米はほとんどアミロースを含まずアミロペクチンのみから成るのに対し，普通のうるち米は約20%のアミロースを含んでいる．

アミロペクチンは，一般に非晶性であるが，アミロースは結晶性で，A, B, V型の3種の結晶型が存在する．A, B型は，2本の分子鎖がより合わさった二重らせん構造をとるが（図9.4）二重らせんのパッキング形態が異な

アミロース (III)

アミロペクチン (IV)

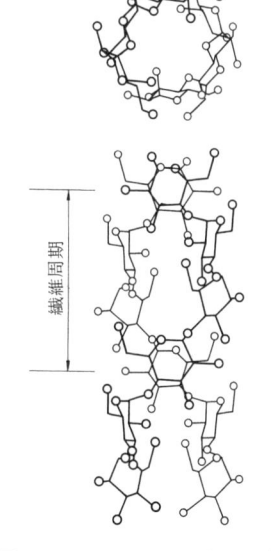

図9.4 アミロースの二重らせん構造

る．V型には水和型のV_hと無水型のV_aがあるが，いずれも分子は1本鎖の6/1-らせん構造をとっている．V型には，らせん分子の中心に大きな空間があり，V_h型ではこの空間に水分子が存在する（図9.5(a)）．この空間が，アミロースが種々の低分子化合物と付加化合物をつくる要因となっている．

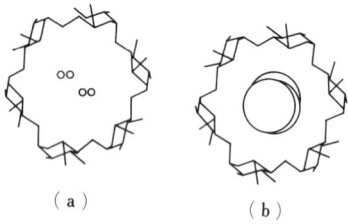

図9.5 (a)V_h-アミロースと(b)V_h-アミロース・ヨウ素付加化合物における分子構造（Zugenmair ら）

デンプンはヨウ素-ヨウ化カリ溶液で，いわゆるヨウ素呈色反応を示し，古くよりデンプンの存在を調べるために用いられてきた．これはデンプンがヨウ素との間に結晶性の付加化合物（包接化合物）をつくることを利用したものである．

9.4.3 その他の多糖

A. キチン（chitin）とキトサン（chitosan）

キチンは地球上でセルロースについで多量に産生される有機物で，N-アセチル-D-グルコサミンが$β$-1,4結合したホモ多糖である．カニ，エビの外皮，昆虫のキチン質の主要成分で，菌類や無脊椎動物にキチン・タンパク質複合体として存在する．$α$-キチン，$β$-キチンの2種の結晶型が知られている．多くの点でキチンは，高等動物におけるコラーゲン，植物におけるセルロースに似た役割を担っている．

溶媒に不溶なキチンは工業的な利用が困難であるが，脱アセチル化したキトサンは凝集剤，繊維，金属イオンの除去・回収剤，食品素材，化粧品基材，免疫賦活剤などとして利用されている．キトサンには水和型と無水型があり，水和型は無機酸や有機酸と塩をつくり，遷移金属塩と複合体をつくる．主鎖構造は$β$-1,4構造でセルロースと同じであり，多くの構造ではセルロースと同じグルコースアミン1残基を繰返し単位とした extended 2/1-らせん構造（繊維周期10Å）をとる．しかし，塩の中にはグルコースアミン2残基を単位とした4/1-らせん，4残基を単位とした2/1-らせん構造なども知られている．これら多様なコンフォメーションは水和型キトサン（extended 2/1-らせん）を出発構造としており，塩の形成により多様なコンフォメーションをとるようになる．図9.6に水和型の結晶構造を示す．N…O間の水素結合でできたシート間にカラム状に入り込んだ水分子がこの構造の特徴である．

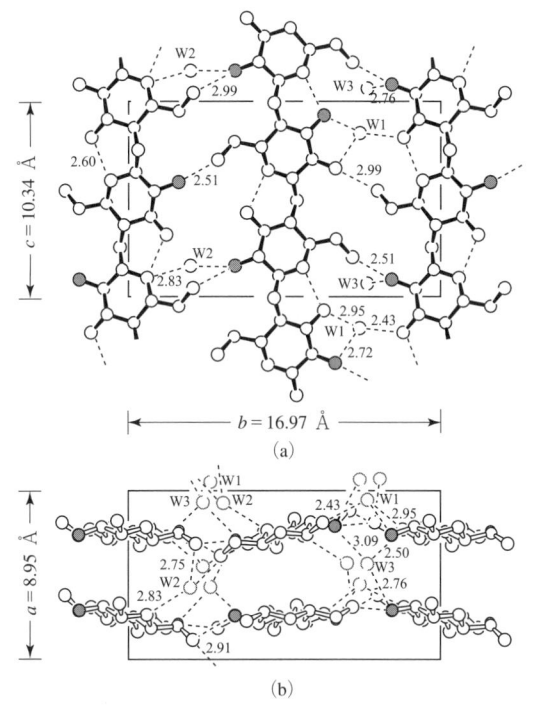

図9.6 キトサン水和型の結晶構造. (a) a-軸投影図, (b) c-軸投影図. 灰色は窒素原子を示し, 破線は水素結合を示す.

B. ヒアルロン酸 (hyaluronic acid)

N-アセチル-D-グルコサミンとグルクロン酸の交互共重合体である. 眼のガラス体など, 動物の各組織にゼリー状で存在し, 細胞の保持, 滑剤としての働きをする. カリウム塩, ナトリウム塩などは結晶性で, いくつかの結晶形をとる. 分子のコンフォメーションとしては左巻きの3/1-らせん, 4/1-らせんおよび4/1-らせん2本からなる二重らせん構造が知られている.

C. カードラン (curdlan) とシゾフィラン (schizophyllan)

いずれも β-1,3-D-グルカンを基本とする細胞外多糖で, それぞれ, 図9.7に示す化学構造をもつ. カードランは X 線結晶構造解析により, シゾフィランは溶液論的研究および X 線結晶構造解析により, 三重らせん構造をとっていることが明らかにされている.

D. ザンサン (xanthan)

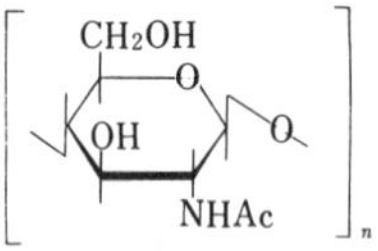

キチン

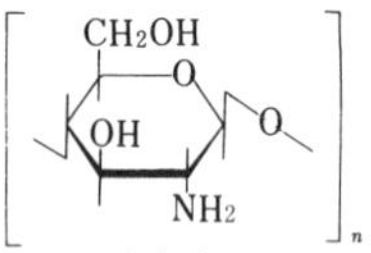

キトサン

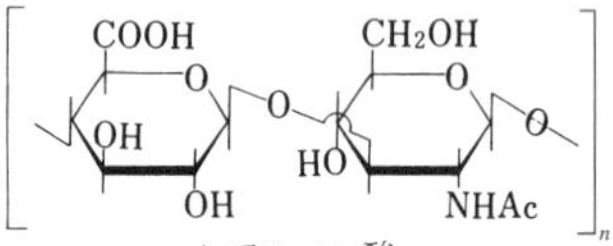

ヒアルロン酸

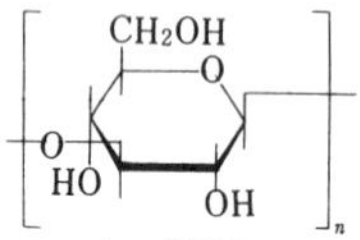

カードラン

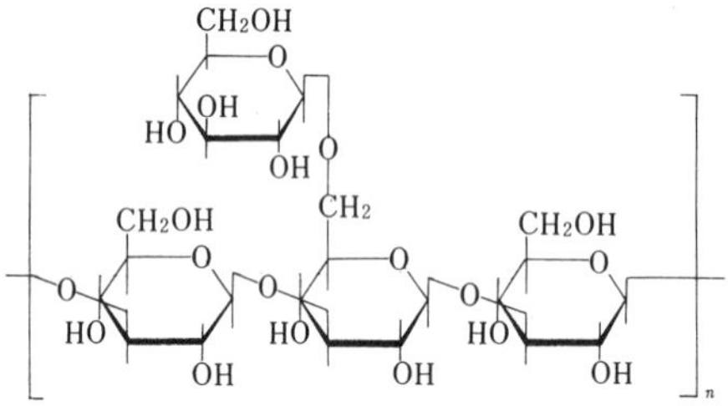

シゾフィラン

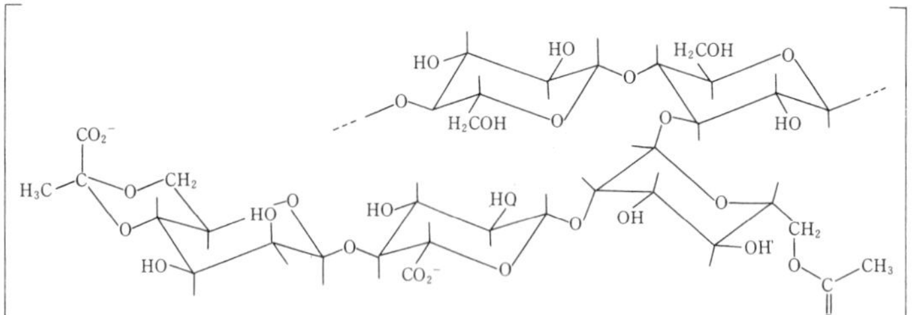

ザンサン

図 9.7　代表的な多糖の単量体構造

ザンサンも細胞外多糖で，培養により工業的に生産されている．主鎖はβ-1,4-D-グルコースから成り，2つのマンノースと1つのグルクロン酸を構成糖とする側鎖が1つおきの主鎖グルコースに結合している．ただし，側鎖末端のマンノースについたピルビン酸の置換度は培養条件によって異なる．ザンサンは結晶状態でピッチが47Åの5/1-らせんからなる二重らせん構造をとり，塩水溶液中でもその構造を保持する．

以上6種類の多糖の単量体の構造を図9.7に示す．

その他，マンノースのホモ多糖であるマンナン，D-グルクロン酸とN-アセチル-D-ガラクトサミンのヘテロ多糖であるコンドロイチン，ウロン酸とN-スルホ-D-グルコサミンのヘテロ多糖であるヘパリン，さらに，ペクチン，アルギン酸など，構成単糖の種類，分岐，結合様式の異なる多種多様な多糖が天然に見出される．

9.5 タンパク質

タンパクとは卵の白身の意味で，独語のEiweiβ Körperよりタンパク質と和訳されたが，英語のproteinはギリシャ語のproteios（最も重要）よりくる．卵は生命の発生に必要なすべてのものを含んでいることから考えてもタンパク質が，生命や生体活動に必須であることが実感される．タンパク質は，遺伝子（つまりDNA）の情報どおりにつくられた定序性高分子であり，多くの機能をもつ高機能高分子の代表となる．DNAにより指定されるのは20種類のα-アミノ酸であり，グリシン以外はすべて光学活性でL体である．

表9.1にタンパク質を構成するアミノ酸残基（amino acid residue，一般式－NH－CH(R)－CO－）の化学構造，記号，および特徴をまとめた．酸性または塩基性の側鎖が結合しているアミノ酸残基については，プロトンの付加と解離の状態を定量的に示すためpK値をあげた．これらは，プロトン以外に金属イオンも結合する能力がある．20種類以外にも多種類のアミノ酸が生体から取り出されているが，これらは，表の20種から化学変化によって生じたものである．グリシンは，置換基がなく光学不活性である．また，立体的な効果はアミノ酸の中では最も小さいためグリシンを含むペプチド鎖の配座の自由度は大きくなり，柔軟性は高い．逆にプロリンは5員環をもっているため自由度が制限される．－OHや－$CONH_2$基をもつアミノ酸残基は，水素結合をつくり，水などの水素結合溶媒に親和性が強いが，フェニル基やインドール基をもつものは，疎水性が強くなる．置換基の立体効果とまわりのアミノ酸残基の複雑な相互作用によって，ある特定の立体配座が好まれる．その傾向を表9.1には，αヘリックス，βシート，βターンのように示した．これらの詳細は後に述べる．

9.5.1 1次構造

タンパク質のアミノ酸配列（amino acid sequence）は1次構造と呼ばれ，現在高

表 9.1 天然タンパク質中の L-アミノ酸 $\begin{pmatrix} \text{RCH}-\text{CO}_2\text{H} \\ | \\ \text{NH}_2 \end{pmatrix}$ の種類とペプチド結合 $\begin{pmatrix} \text{R} \\ | \\ -\text{NH}-\text{CH}-\text{CO}- \end{pmatrix}$ したときの特徴

名称	側鎖 (R)	略号	一文字記号	特徴
グリシン (Glycine)	-H	Gly	G	主鎖の柔軟性を増加, β ターン
アラニン (Alanine)	-CH$_3$	Ala	A	自然存在比最大, 疎水性, α ヘリックス
バリン (Valine)	-CH(CH$_3$)$_2$	Val	V	疎水性, β シート
ロイシン (Leucine)	-CH$_2$CH(CH$_3$)$_2$	Leu	L	疎水性, α ヘリックス
イソロイシン (Isoleucine)	-CH(CH$_2$CH$_3$)(CH$_3$)	Ile	I	疎水性, β シート
セリン (Serine)	-CH$_2$-OH	Ser	S	水素結合, 親水性, β シート
トレオニン (Threonine)	-CH(OH)(CH$_3$)	Thr	T	水素結合, 親水性, β 位の炭素は不斉で(S)構造
プロリン (Proline)	-CH$_2$-CH$_2$-CH$_2$-(N)	Pro	P	疎水性, 主鎖の自由度制限, β ターン, コラーゲンに多く存在
アスパラギン酸 (Aspartate)	-CH$_2$COOH	Asp	D	pK 3.86, 金属配位子, 親水性
アスパラギン (Asparagine)	-CH$_2$CONH$_2$	Asn	N	水素結合, 親水性, β ターン
グルタミン酸 (Glutamate)	-CH$_2$CH$_2$COOH	Glu	E	pK 4.25, α ヘリックス, 金属配位子, 親水性
グルタミン (Glutamine)	-CH$_2$CH$_2$CONH$_2$	Gln	Q	水素結合, 親水性
リシン (Lysine)	-CH$_2$CH$_2$CH$_2$CH$_2$NH$_2$	Lys	K	pK 10.53, タンパク質の表面に多く存在, 親水性
アルギニン (Arginine)	-CH$_2$CH$_2$CHNHC(NH$_2$)$_2^{\oplus}$	Arg	R	pK 12.48, タンパク質の表面に多く存在, 親水性
システイン (Cysteine)	-CH$_2$-SH	Cys	C	-S-S-架橋形成, 酵素の活性中心, 金属配位子
メチオニン (Methionine)	-CH$_2$CH$_2$-S-CH$_3$	Met	M	α ヘリックス, 金属配位子, 疎水性
ヒスチジン (Histidine)	-CH$_2$-C(imidazole)	His	H	pK 6.00, 酵素の活性中心, 金属配位子

トリプトファン (Tryptophan)	(structure)	Trp	W	疎水性, 酵素の活性中心, 芳香環相互作用
フェニルアラニン (Phenylalanine)	(structure)	Phe	F	疎水性, α-ヘリックス, 芳香環相互作用
チロシン (Tyrosine)	(structure)	Tyr	Y	pK 10.07, 水素結合, 芳香環相互作用, 金属配位子

等動物で見られるものは，数十億年かかって環境への適応と生物進化によって最適状態まできたものである．配列によって，タンパク質の機能は複雑に変化するが，大別すると，繊維状の構造タンパク質（structural protein または fibrous protein）と粒状または球状タンパク質（globular protein）に分類される．

生体のタンパク質の 1/3 は，コラーゲン（collagen）であり，皮膚や骨の重要な成分となっている．ケラチン（keratin）は毛髪，爪など，エラスチン（elastin）は靱帯，動脈にあって，生体の構造を保つ重要な役割をもっている．生体作用の鍵をにぎるのは，生体反応の触媒となる酵素である．酵素は代表的な球状タンパク質であり，水溶性や脂溶性で，分子量は $10^4 \sim 10^5$ 程度である．最も分子量の小さいものは，ポリペプチドと呼ばれ，水溶性のホルモン（脳内のペプチドホルモン）や毒素（たとえばヘビ毒に含まれるブンガロトキシンやコブラトキシン）がこれに当たる．

タンパク質の高次構造は，アミノ酸配列（1 次構造）により決まる．そのため，タンパク質の 1 次構造の決定は非常に重要である．ヒトゲノムが完全決定された現在では，タンパク質のアミノ酸配列もゲノム情報から決められるものが非常に多い．しかし，実際に機能しているタンパク質では，生合成された後，酵素による水酸化（Pro→Hyp, Lys→Hyl）や，リン酸化，アセチル化，メチル化，グリコシル化もあり注意が必要である（翻訳語修飾という）．タンパク質そのものから配列を決定する方法も自動化が進み，エドマン分解（Edman degradation）を用いて，加水分解したフラグメントを N-末端からアミノ酸を 1 個ずつ決定していくプロテインシークエンサーや，質量分析装置を使う方法等が利用されている．

9.5.2 2 次 構 造

ポリペプチド鎖の繰返し単位 $C_\alpha HR-C'O-NH$ 中，$C'O-NH$ の結合は 30～40%

の二重結合性をもち，そのまわりの回転は著しく束縛されている．プロリンを除いてほとんどのアミノ酸残基でC′，Nに連なるC_αは *trans* 配座にある．したがってN–C_α，C_α–C′の2つの結合だけが回転できることになる．これらの結合のまわりの内部回転角をϕ，ψで表す（図9.8）．グリシンを除くアミノ酸では主に側鎖との立体障害によりϕ，ψの取り得る範囲は限られる．この範囲を図示したものをラマチャンドランプロット（Ramachandran plot）または，(ϕ, ψ)プロットと呼ぶ（図9.9）．

すべてのϕ，ψがそれぞれ一定値をとるとポリペプチド鎖は全体として規則構造（ordered structure）となる．また，特定のアミノ酸残基のϕ，ψが一定であっても，アミノ酸ごとに異なる値をとるときには，不規則構造（unordered structure）となる．タンパク質においてはすべてのϕ，ψが互いに等しい値をとることはない．しかし部分的に何個かの連続したアミノ酸残基から成るセグメントにおいてϕ，ψがそれぞれ一定値をとる場合，このセグメントはホモポリペプチドと同じ規則構造をとる．これをタンパク質の2次構造（secondary structure）と称する．種々の2次構造のセグメントが3次構造（tertiary structure）を形成する．

2次構造はタンパク質の構造の基礎で，モデル物質として種々のアミノ酸，ペプチド，ポリペプチドを用いた研究がある．1951年PaulingとCoreyはそれまでのアミノ酸，ペプチドなどの構造に関するデータを解析し，ポリペプチド鎖の安定な規則構造を提唱した．これはすなわち，タンパク質の2

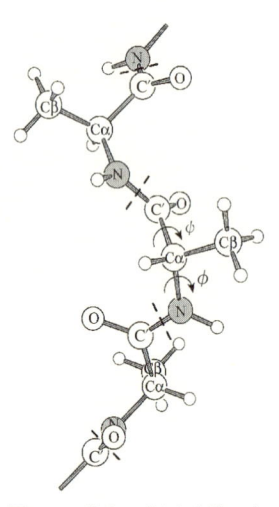

図9.8 ポリペプチド主鎖の立体図と内部回転角．破線ではさまれた部分がペプチド単位．アミノ末端側（手前）を固定してカルボキシル末端側を矢印の方向に回転させたとき回転角ϕ，ψを+とする．完全に伸びた鎖ではC′-N-$C\alpha$-C′などはトランス型となり，$\phi=\psi=180°$.

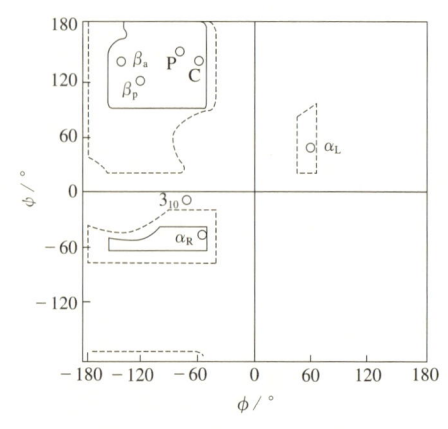

図9.9 ラマチャンドランプロット

次構造に当たるもので，主なものは α ヘリックス（α-helix）と β 構造（β-structure）である．

A. α ヘリックス

2 次構造中最も有名でよく研究されており，天然のタンパク質にも多く見出されているものである．$\phi=-57°$，$\psi=-48°$ にとれば，図 9.10 に示すような右巻き α ヘリックスになる．L-アミノ酸のポリマーは普通右巻き α ヘリックスを形成する（図 9.9 の α_R）．α ヘリックスでは，ある C=O のほぼ真下にそれから 4 番目のアミノ酸残基の NH がきて，CO⋯HN の 4 原子がらせん軸に平行な直線上に並び水素結合ができる．水素結合はすべて分子内で形成され，側鎖 R はヘリックスの外側へ向いている．このため 13 原子が水素結合を含む環状構造を形成することになる．これが α ヘリックスが安定に存在し得る 1 つの理由となっている．α ヘリックスは 3.6 残基で 1 回転し，1 アミノ酸残基当たりのヘリックス軸方向の進みは 1.5Å である．実際 α ケラチンなどすべての α 型のポリペプチドの X 線回折において，強い 1.5Å に相当する子午線反射が見られることから α ヘ

図 9.10 ポリ L-アミノ酸の α ヘリックス

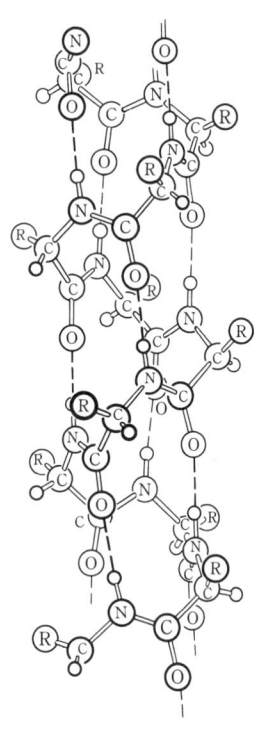

リックスの存在が確認された．Pauling と Corey は α ヘリックスに近いヘリックス構造をいくつか提案したが，そのうちの 1 つ 3_{10} ヘリックス（図 9.9 の 3_{10}）は多くのタンパク質中で発見されている．生体膜中でイオンチャネルを形成するポリペプチド中に存在する α アミノイソ酪酸（Aib）は，Cα 炭素に 2 つのメチル基がついており，(ϕ, ψ) の値は α ヘリックスおよび 3_{10} ヘリックスの狭い領域だけに限られる．そのため，このアミノ酸はらせん形成の核として利用される．3_{10} ヘリックスは 3 残基で 1 回転する 3/1-ヘリックスであるが，水素結合により 3 残基中の 10 原子で閉じたリングを形成するところからこのような名前がついている．

B. β 構 造

図 9.11 に示すように，ジグザグ形に伸びたポリペプチド鎖が平行に並び，互いに水素結合で結ばれている構造を一般に β 構造という．これには逆平行 β シート構造（pleated sheet structure），平行 β シート構造，cross-β 構造がある．逆平行 β シー

(a) 逆平行βシート構造　　　　　(b) 平行βシート構造

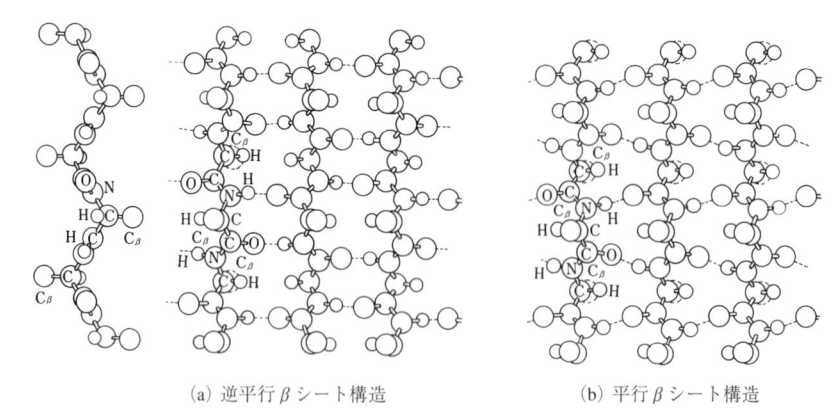

図 9.11 β構造．左端の図では分子鎖が 90° 回転しており，プリーツシートのひだの様子がわかる
(L.Pauling, R. B. Corey, H. R. Branson: Proc. Natl. Acad. Sci., 37, 727 (1956) より転載)

ト構造（図 9.9 の β_a）では相隣るポリペプチド鎖は逆平行で，それぞれのポリペプチド鎖は同一平面上になく，ひだのあるシートを形成している．ひだの山と山との間隔（ポリペプチド鎖に平行な方向）は 6.9Å，鎖間距離は 4.7Å となっている．この構造は絹フィブロインのような繊維状タンパク質に見られ，X 線回折像には相当する反射が観測される．平行βシート構造（図 9.9 の β_p）ではすべてのポリペプチド鎖が平行で，ひだの山と山との間隔がやや狭く 6.6Å である．これも球状タンパク質でその存在が証明されている．cross-β 構造は 1 本のポリペプチド鎖がそれ自体折りたたまれて逆平行βシートを形成したものである．球状タンパク質に見られるβ構造はほとんどこれである．

タンパク質のセグメントがどんな 2 次構造をとりやすいかは構成している個々のアミノ酸の性質で決まる．表 9.1 には構造既知の数多くのタンパク質のデータから導いた各アミノ酸の最もとりやすい 2 次構造を示した．Chou と Fasman は各アミノ酸残基が α ヘリックス，β構造をとる確率を求め，これから与えられたセグメントに可能な 2 次構造を推定する方法を提案した．2 次構造予測の精度は 50% 程度であるが，これは α ヘリックスや β 構造の末端での誤差が大きいためで，中央の領域ではかなり正しく予測することができる．

C. コラーゲンの構造

ケラチン，フィブロイン，コラーゲンなどの構造タンパク質の大部分は，いわゆる繊維状タンパク質である．ケラチン，フィブロインなどは，1 本のポリペプチド

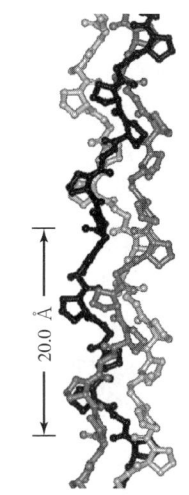

鎖が長く伸びて繊維状になっているのに対し，コラーゲン分子（トロポコラーゲン）では図 9.12 に示すように，3 本の鎖がねじれ合ってゆるやかな三重らせんを形成している．また，ペプチド鎖のそれぞれは，アミノ酸 3 残基で 1 回転する 3/1-らせんのらせん軸がさらにらせんを巻き coiled-coil 構造をしている．これは，コラーゲンのアミノ酸配列中で 3 残基ごとにグリシンが存在すること，プロリンやヒドロキシプロリンといった (ϕ, ψ) の値が制限された特殊なアミノ酸の含有量が高いことに基づいている．実際，1 次構造の似た $(Pro-Pro-Gly)_n$ や $(Pro-Hyp-Gly)_n$ (n=9〜20) は溶液中でも，結晶中でも同様の三重らせんを形成している．これまで述べてきた 2 次構造では，繰返し単位はアミノ酸 1 残基であった．コラーゲンらせんでは繰返し単位はアミノ酸 3 残基，Gly-X-Y (X, Y には任意のアミノ酸がくるが，それぞれ Pro と Hyp の頻度が高い) であり，3 残基の (ϕ, ψ) の値は

図 9.12 コラーゲンの三重らせん構造

似てはいるが（図 9.9 の C）厳密には異なる．コラーゲンの三重らせんは鎖間の水素結合で強化されており，安定な棒状の形をしている．コラーゲンを熱変性させると，3 本のランダムコイル状の鎖に分かれる．これをゼラチンと呼んでいる．

固体試料における 2 次構造の研究には結晶性のよい試料なら X 線回折が最も豊富な情報を与える．アミド結合に付随して種々の赤外吸収帯があり，その位置や，二色性が 2 次構造を敏感に反映する．したがってオリゴペプチド，ポリペプチドの固体における 2 次構造は，適当な配向試料を用いて赤外吸収法によって研究されてきた．

これに対しタンパク質が実際に活性を発揮する溶液状態においては，円偏光二色性，旋光分散などが用いられる．低分子化合物の場合，光学活性の主な原因は分子における不斉炭素であるが，高分子ではそれに加え分子の 2 次構造が重要な役割を果たすからである．高分解能 NMR も有力な手段である．

円偏光二色性（circular dichroism）とは左右円偏光に対する吸光係数 ε_l, ε_r が異なる現象である．これを定量的に表現するために次式で定義される分子楕円率 $[\theta]$ を用いる．

$$[\theta] = 3300(\varepsilon_l - \varepsilon_r)$$

$[\theta]$ は波長 λ の関数であり，$[\theta]$ 対 λ 曲線を CD パターンと呼ぶ．CD パターンは

2次構造に特徴的であるから，逆に未知のタンパク質のCDパターンの解析から，2次構造の定性，定量が可能である．

　光学活性物質の溶液中に直線偏光を通過させたとき，偏光面が回転する．この現象を旋光（optical rotation），その波長依存性を旋光分散（optical rotatory dispersion）という．旋光分散も円偏光二色性と同様，分子の不斉構造に帰因し，ポリペプチド鎖の2次構造に特徴的な形をもっている．原理的には両者は同じ情報を与えるが，タンパク質では円偏光二色性を用いる方が有利である．分子のコンホメーションについてより詳細な情報を得るには高分解能 NMR を用いることができる．特に最近2次元 NMR 法など技術，理論，解析法の進歩によって，分子量1万程度までのタンパク質の主鎖構造が決められるし，また局所の動的構造やオリゴペプチドの構造についても情報が得られるようになった．

　天然のタンパク質は，加熱したり尿素や塩酸グアニジンなどの試薬を加えると，その3次構造が壊れランダムコイルになる．この過程を変性（denaturation）という．多くの場合変性したタンパク質は適当な条件下でまたもとの3次構造と活性を取り戻す．すなわちこの過程は可逆である．合成ポリペプチドにあっても2次構造変化は可逆的で，そのうち最もよく研究されたのが α ヘリックスとランダムコイル間の変化，すなわちヘリックスコイル転移である．

9.5.3　酵素と金属タンパク質

　球状タンパク質には，生化学反応で優れた機能をもつものが多い．機能としては，a）生体反応での触媒作用（酵素作用），b）化学物質の運搬，およびc）電子の運搬（electron carrier，電子伝達）があげられる．

　酵素は，一般に水溶性の球状タンパク質で分子量数万～数十万であり，加水分解，酸化還元，リン酸基転位などの反応をきわめて選択的に，しかも効率よく促進する高分子触媒である．このように高い触媒活性（たとえばカルボニックアンヒドラーゼは，1モルの酵素で1秒間に3,000分子の H_2CO_3 を CO_2 に変える）は，酵素が基質（substrate）とまず結合（binding）し，次いで立体的に最適な位置にある官能基や補助因子（co-factor）の協同作用によって，基質の反応を促進するからである．基質の結合は，van der Waals 力，疎水力，静電力や水素結合力によって高分子が基質を取り囲むように行われ，反応では，高分子が多官能触媒（multifunctional catalyst）として働いている．

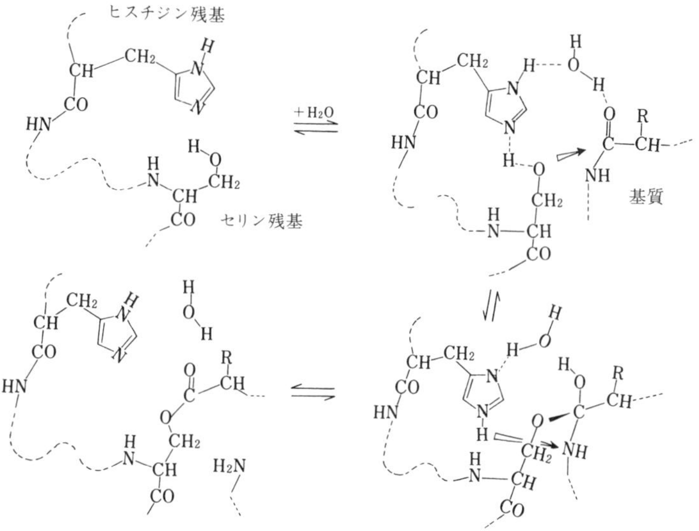

図 9.13 セリンプロテアーゼによる基質のペプチド結合切断とアシル化酵素の生成

タンパク質をアミノ酸に加水分解する反応は，生体反応の中でも特に重要であるが，図 9.13 に示したように，アミド結合へのプロトン付加（一種の求電子付加）とカルボニル基の炭素への求核付加が協同して起こり，アシル化酵素になる反応がまず起こる．この段階で止まってしまうときは，酵素作用が阻害されたというが，通常はアシル化酵素が加水分解されて，結局アミド結合が開裂される．アシル化は，セリンプロテアーゼ類ではセリン残基の−OH 基に，チオールプロテアーゼ類ではシステイン残基の−SH 基に起こる．このとき，ヒスチジン残基のイミダゾール基が近傍にあって，アシル化を助ける．その様子は図 9.14 の α-キモトリプシンの構造から推定されている．

酵素は，それを構成するアミノ酸残基の官能基のほか，補助因子を必要とする場合もあるが，これには，金属イオンや金属クラスター（cluster），補欠分子団（prosthetic group），さらには補酵素（coenzyme）と呼ばれる機能性化学物質が含まれる．金属としては，Na^+，K^+，Ca^{2+}，Mg^{2+} のような典型金属イオンのほか，Fe，Mn，Co，Cu，Zn，Mo が酵素と結合した金属酵素（metalloenzyme）が数多く知られ，役割がまだわかっていないものもあるので，まとめて金属タンパク質（metalloprotein）と総称されている．補欠分子団は，酵素に共有結合で結ばれているもので，ヘム（heme）やコリン（corrin）がその例となる．高分子化学の言葉では，ペ

ンダントグループ（pendant group）をつけて機能化したものであるといえる．補酵素は酵素とゆるく結合している独立の有機分子で，NAD（nicotinamide adenine dinucleotide），FAD（flavin adenine dinucleotide），ピリドキサールなど触媒作用を酵素とともに行っている助触媒のようなものである．

生体内酸化還元は生体エネルギー源としてきわめて重要であるが，酵素本体のもつ官能基の組み合わせのみでは十分に行えず，上述の金属イオンやクラスター，さらにはヘム，NAD，FADなどと高分子を利用したシステム化酵素系（enzyme system）を組み立て，電子を円滑に流して反応を目的の方向へ進めている．一例として鉄イオウタンパク質（iron sulfur protein）の一種であるフェレドキシン（ferredoxin），分子量5,000～10,000，について述べる．フェレドキシンは，鉄を含みredox反応を行うことから命名された（L. E. Mortenson, 1962）のだが，1分子中に1～8個のFe原子を含み，これらのFe原子にはタンパク質中のシステイン残基のチオール基が，チオラート基（アニオン型に解離したもの）となって結合している．その役割は主に電子運搬であるが，酸化反応を行っている場合も見られる．細菌から動植物に至るまで広く分布し，きわめて種類も多いが，ここでは植物の光合成システムに関与している2-Feフェレドキシンについて述べる．藻類のSpirulina platensisから得られたフェレドキシン結晶のX線回折による分子構造を図9.15に示した．

Fe_2S_2部分は図の上端にあって，4つのシステイン残基のチオラート部分でタンパク質に結合している．これらのシステインはアミノ末端より数えて41，46，49，79番目にあって，2つの鉄イオンと配位結合しやすい立体構造をつくっている．分子の

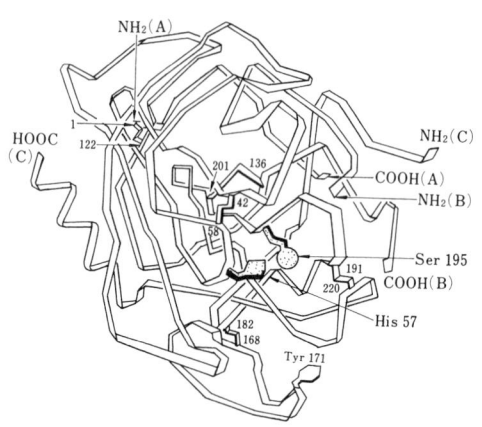

図9.14 α-キモトリプシンの分子構造．加水分解での触媒活性発現の原因となるSer 195とHis 57の側鎖の官能基を特に示してある．1と122，182と168，191と220の間は-S-S-架橋でつながっている．

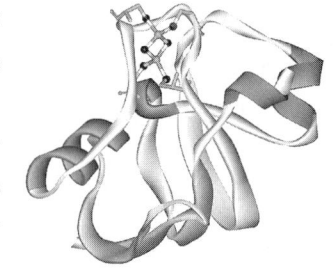

図9.15 Spirulina platensisの2-Fe-フェレドキシンの構造

下半分は4つの β-strand と1つの短い α-helix によって独特の形をつくり, 分子全体をまとめている.

Fe_2S_2 部分の近くには疎水性のアミノ酸側鎖が集まり, Fe-S 結合の加水分解を防ぐ一方, タンパク質の表面には親水性の側鎖が出ていて水溶性をもたらし, 水溶液での電子伝達を容易にしている.

Spirulina platensis フェレドキシンの最も重要な部分のアミノ酸配列（38番から50番まで）を下に示した.

38	39	40	41	42	43	44	45	46	47	48	49	50
ⓟPro	Tyr	Ⓢer	Ⓒys	Arg	Ⓐla	Ⓖly	Ala	Ⓒys	Ⓢer	Thr	Ⓒys	Ala

多くの種類の 2Fe フェレドキシンすべてに共通したアミノ酸配列（invariant という）を丸で囲み, Fe に結合しているシステインを二重下線で示してある.

空中窒素をアンモニアへ還元する酵素であるニトロゲナーゼは活性部位の FeMo タンパク（$\alpha_2\beta_2$ サブユニットをもち分子量22万）と電子伝達を行う Fe タンパク（分子量5.5万）よりなるが, FeMo タンパクには2つの鉄・モリブデン・コファクター（FeMo-co；組成 $MoFe_7S_8$）と4つの P-クラスター, "Fe_4S_4" 核が含まれている. その構造を図9.16に示す. Fe や Mo がイオウでつながった各種のクラスター錯体は, 人工的に合成されているが, タンパク質なしでは窒素分子の還元触媒活性はなく, 特定の高次構造をもつニトロゲナーゼタンパク質が必要である. 地球上の窒素資源の循環に生物的窒素固定は大きな役割を演じており, 各種の嫌気性および好気性細菌や藍藻類がこれを行っているが, 円滑に窒素の還元を行うために, かなりよく組織化された高分子システムが巧みに働いている. 植物の光合成でも, 各種の機能性分子を配列した高分子の集団が協同して作業していることが H. Michel, R.

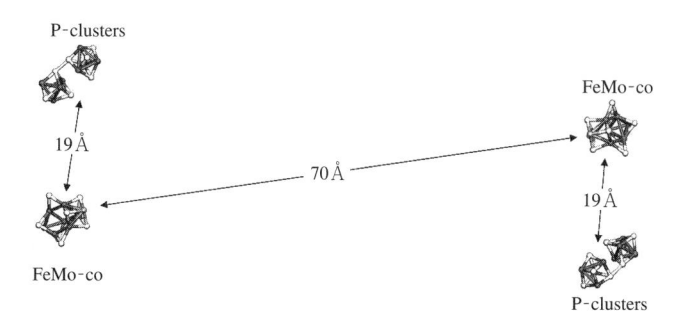

図 9.16 ニトロゲナーゼ活性部位の構造（*Clostridium pasteurianum* FeMo 蛋白の X 線研究による）

Huber ら（1988 年ノーベル賞）の X 線解析で明らかになった．

　生体組織への空中酸素を運搬するタンパク質（たとえばヘモグロビン，ミオグロビン，ヘモシアニン）は，Fe または Cu イオンがタンパク質の補欠団または側鎖の官能基によって化学的に改質され，O_2 錯体を可逆的に生成する機能をもつようになったものである．ヘモグロビンの構造に似せて各種のモデル化合物が合成されているが，水溶液中である程度の酸素付加脱離を可逆的に行うためには親水性の高分子鎖中に適当な疎水性空間をもつ高分子化ヘムが必要となる．

　タンパク質が生命機能の根源であることは，最も簡単な生物と思われるバクテリオファージ（bacteriophage，単にファージともいう）のもつタンパク質の作用をみれば理解できる．R17 というファージは，わずか3種類のタンパク質と1本の RNA（後述するようにこれはタンパク質合成の情報源である）をもっているにすぎない．この RNA を被うタンパク質（分子量 1.5 万），細菌にとりつくのに必要なタンパク質（分子量 3.5 万）と新たに RNA を合成するための酵素（分子量 6 万）の3つがこのファージの機能を行っている．

9.6　核　　　酸

　細胞中にあって生体遺伝情報を担っているのが核酸である．核から取り出されたデオキシリボ核酸（deoxyribonucleic acid, DNA）は，きわめて高分子量のもので，核酸塩基（guanine G, cytosine C, adenine A, thymine T）が1つ 1′位に結合した 2′-デオキシリボースの 3′ および 5′ 位がホスホジエステル結合

$$\left(\begin{array}{c} \mathrm{O} \\ \| \\ -\mathrm{O}-\mathrm{P}-\mathrm{O}- \\ | \\ \mathrm{OH} \end{array}\right)$$

で鎖状につながっている（図 9.17 参照）．

　バクテリオファージの DNA は電子顕微鏡で見えるほど巨大な分子で全長 56μm，分子量 1.3×10^8 である．大腸菌の DNA は，伸ばすと長さ 1.2 mm となり分子量は 2.8×10^9 に達する．人間の DNA は染色体として折りたたまれているが，伸ばすと 5 cm もあるほど巨大なものである．遺伝情報は，高分子主鎖に沿った4種の核酸塩基（G，C，A，T）の順序の形で暗号化され，複製と読み取りには，よく知られた G-C，A-T という2種類の相補的塩基対（complementary base pair，図 9.18 参照）の生成による新しい高分子の生成反応を利用している．情報伝達と貯蔵の面からみて，極度に高密度であり，しかも複製と読取りでの精度と効率はきわめて高い．定序性の共重合体は，将来の情報伝達の手段として注目されるが，DNA は天然の情

1) 主鎖が $\left(\text{O-P-O-C-C-C}\overset{\overset{\displaystyle C}{|}}{\underset{\underset{\displaystyle C}{|}}{\overset{O}{|}}}\right)$ 単位の繰り返しであり，かなり flexible で，しかも加水分解や空気酸化に安定である．

2) 糖の部分が 2′-デオキシリボースであり 5 員環で，−OH 基がない．

3) この 5 員環の中央炭素（1′位）に核酸塩基が N 原子で結合している．

4) これらの塩基は平面状のヘテロ環（この場合は，nitrogen heterocycles）であり平面内には 2〜3 個の水素結合をつくるが，平面の上下にはπ電子雲があって，これらの間のファンデルワールス力によって塩基の積み重なり（base stacking）を引き起こす．

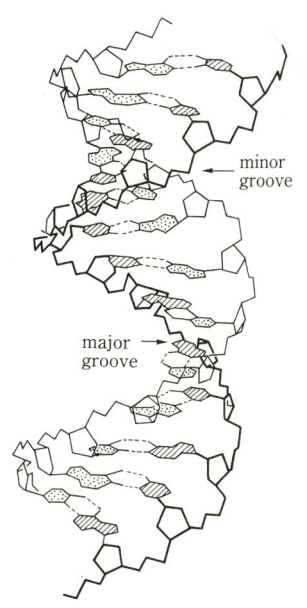

図 9.19 DNA の二重らせん（F. A. Bovey, F. H. Winslow: Macromolecules, Academic Press (1979), p. 503 より）

これらのため，塩基部分を中心にし，次に糖部分をもち外側に親水性の $\diagup\text{P}\diagdown\overset{\displaystyle O}{\text{OH}}$ 部分をもった二重らせん構造をとるようになり，生体内の水溶媒系では，疎水性の core の上に親水基をばらまいたスタイルが実現すると思われる．

DNA がもつ情報は，伝令 RNA（mRNA）に転写され，リボソーム内でリボソーム RNA（rRNA）と転位 RNA（tRNA）の助けでタンパク質合成，つまり定序性共重合体をつくることになる．

mRNA の化学構造は，DNA とよく似ているが，1) 分子量がはるかに小さいこと，2) 糖の部分が D-リボースであり，2′位に−OH があること，3) 核酸塩基のうち thymine が uracil（U）に置換しているため，5 位に CH_3 がないこと，の点で異なっている．これらの違いは，一般に RNA では，二重らせん生成能力が DNA に比べ減少する傾向となって現れる．らせん内部に OH 基があるため，水などとの相互作用で疎水性の核酸塩基群とまとまりが悪くなり，CH_3 基が少ないことは塩基の疎水性を減少させ stacking する傾向を少なくしているからである．RNA が DNA の情報読取りとタンパク質合成の鋳型となっているのは，上のような分子構造上の特

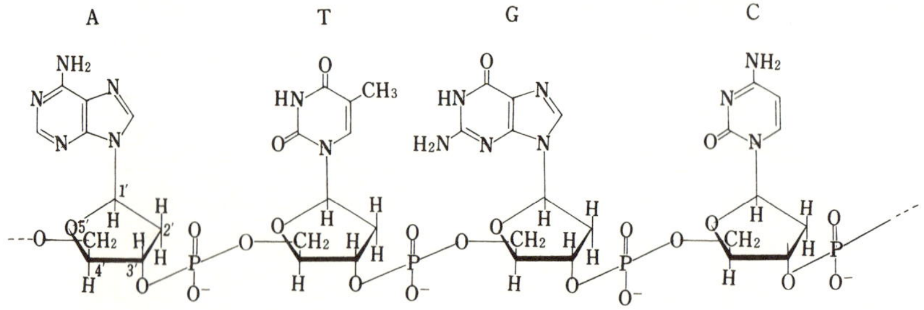

9.6 核酸

図 9.17 DNA の部分化学構造（ポリアニオン型）

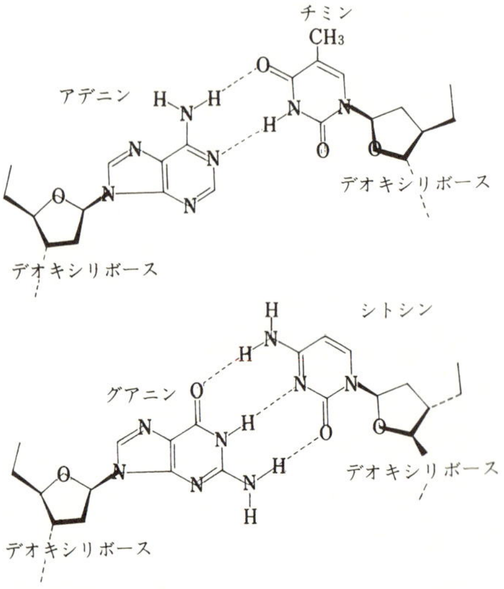

報伝達高分子として，その構造と機能の解明が重要な課題となっている．

DNA の構造は 1950 年初期の X 線研究によって繊維周期が 34Å であることがわかっていた．L. Pauling が 1951 年にペプチドの α-ヘリックス構造を提案したのと同じような方法で，X 線回折像を説明しようと試みられた．1953 年 J. D. Watson と F. Crick は，分子モデルによる考察から，G-C, A-T の 2 種の塩基対生成とこれらの積み重ねによる二重らせん（double helix）構造により，X 線回折像の説明に成功した．この二重らせん構造の提案は，遺伝情報複製の化学的基礎を築いた．

図 9.18 相補的塩基対 A-T, G-C の化学構造

図 9.19 に示したように DNA の 2 つの主鎖は直径 20Å の右巻きらせんとなって，互いに逆方向に進んでいる．ホスホジエステル部分 10 個でらせんが 1 回転し，軸方向から見ると，10 回対称になっている．この点ペプチドの 1 本鎖の α ヘリックスと比べ，DNA では，ゆるく巻いているといえる．塩基対の部分は 2 本鎖ヘリックスの中央部に互いに 36°ずつずれ，3.4Å 離れて軸方向に積み重ねられており，デオキシリボースの 5 員環は塩基の平面にだいたい垂直つまり軸に平行になっている．

DNA の化学構造の特徴となるのは

9.6 核　酸

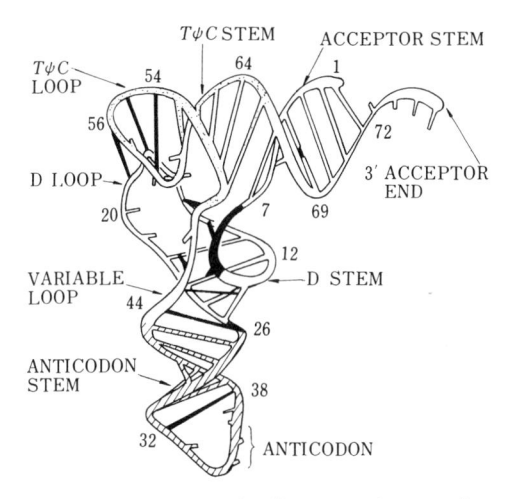

図9.20 転移RNAの3次元構造の一例（イースト菌より得られたフェニルアラニンtRNA）

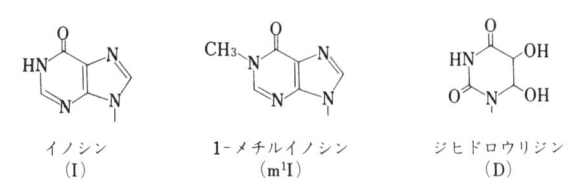

図9.21 tRNAに依存する異常塩基の例（カッコ内は略号）

イノシン (I)　　1-メチルイノシン (m^1I)　　ジヒドロウリジン (D)

徴が原因となっていると思われる．特定のアミノ酸を合成途中のタンパク質のC末端に運んでペプチド結合させる段階は，化学的に大変興味のあるところであるが，このとき主役を演ずるtRNAの構造は，図9.20のようになっている．mRNAと比べ，数種の異常塩基（図9.21参照）をもっている点が注目される．たとえばアラニンをタンパク質に運んでくるtRNA^{ala}では77個の塩基のうち10個が異常塩基である．これら異常塩基の構造をみると余分のCH$_3$基のあるもの，正常な水素結合ができないもの，また逆に余分な水素結合をつくるものなどであり，いずれもDNA類似の二重らせん構造を妨げる働きがある．tRNAが一般にヘアピン型に折れ曲がったクローバー型構造をとり，水溶液中で動きやすくなっているのは，このような化学構造のためであろう．結局，一見わずかな構造の差が，DNAでは巨大な棒状高分子となり，mRNAでは，ランダムに折りたたまれた1本鎖の球状高分子

となる原因になっているのであろう．rRNA は立体構造が不明であるが，tRNA と類似していると推定されている．リボザイムと呼ばれるある種の RNA が核酸の切断反応に酵素作用を示すことが明らかとなり，S. Altman, T. R. Cech 両氏の 1989 年ノーベル賞となった．

　DNA の複製（replication）は，RNA をプライマー（primer）としてまず 2 本鎖の DNA に結合させて DNA-RNA 混合 2 本鎖とし，ほぐされた DNA 部分を鋳型として，DNA ポリメラーゼ（Ⅰ，Ⅱ，Ⅲ の 3 種あり）を重合触媒とし，デオキシヌクレオシド三リン酸（deoxynucleoside triphosphate）をプライマーの末端に次々縮合重合させて行われる．DNA ポリメラーゼは，エキソヌクレアーゼ（後述）としても働き，DNA 末端のヌクレオチドを切り離す解重合反応の触媒となる．重合と解重合の両面作用をもっているのは，間違った塩基対を生成した場合，これを取り除くことができ，結局間違いは $1/10^8$ 程度しか起こらないようになる．DNA の複製速度は普通の条件下で 1 秒間に約 1,500 分子のデオキシヌクレオシドリン酸を重合末端に結合させるほど速い．

　次に DNA を鋳型とする mRNA の合成では，RNA ポリメラーゼが触媒となって，2 本鎖の DNA のうち 1 本をコピーする．重合は 5′位→3′位の方向に起こり，開始は開始信号として塩基配列 AUG をもつプロモーター部分を酵素が見つけ出して結合してから行われる．このときにはヌクレオシド三リン酸（nucleoside triphosphate，塩基として A，U，G，C をもつ）がこの縮合重合の原料となる．mRNA 合成の終了は停止信号（UUUUUU）で示される．mRNA の塩基配列は 3 つずつ組となり（triplet という），codon と呼ばれ，これが tRNA のアンチコドン（anticodon）部分（やはり 3 つの塩基からなる triplet）と新たな塩基対（base pair）をつくり，tRNA に結合しているアミノ酸を選び出す役割をしている．tRNA ではアンチコドン部分と，アミノ酸結合部分（acceptor end）の間に図 9.20 に示したように直接の相互作用がないと思われ，アミノ酸が正しく選ばれるのは，合成しつつあるペプチド結合への逆の解重合反応によって間違ったアミノ酸を切り離す機構があるためと考えられている．mRNA 上でのペプチド結合生成は，やはり特定の酵素の助けを借りた重合反応であり，各種の tRNA が mRNA の指定どおりにきて 20 種類のアミノ酸を補給し，1 秒間に 30〜40 個ずつアミノ酸単位を増やし，ペプチドのアミノ末端（N-terminal）から起こる．開始は，N-ホルミルメチオニンから起こり，終了には，UAA，UAG，UGA の 3 種のコドンのうち 1 個または 2 個を用いている．

タンパク質合成の鋳型としての役目を終えた mRNA は，他の酵素で加水分解され，何回もまったく同じタンパク質の合成を導くことはない．この点 DNA は 2 本鎖で分解を受けにくく，情報の源として優れている．

DNA の連鎖の末端から加水分解する酵素（エキソヌクレアーゼ），連鎖の中間部分をランダムに切る酵素（エンドヌクレアーゼ）のほか，制限酵素（restriction enzyme）という特別な塩基配列を見分けて切るものなど，数多くの高分子切断剤が見出されていて，遺伝子工学で重要な役割を演じている．DNA は外から見ると規則的な形をしているが，実際には塩基の配列によってやはりその形が微妙に異なり，この違いを酵素が鋭敏に見分けているのであろう．DNA の二重らせん構造は，図 9.19 のように美しく巻いたもののみではなく生体中では，これにタンパク質や他の生体物質との相互作用もあって，もっと複雑な乱れたものであることがわかっている．DNA や RNA の複雑さはこれらの高分子のもつ重要な機能のために今後さらに深く研究されるであろう．

核酸の塩基配列決定の主な方法としては，Sanger の chain terminator 法（1977）と Maxam-Gilbert 法（1977）があり，試薬と装置が市販されている．

DNA を化学的方法で合成する方法論は著しく進歩し，化学的に合成した DNA によって，生体活性のペプチドを合成するまでに至っている．合成反応は，モノマーに相当する単位，たとえばアデノシンモノリン酸の官能基部分を適当な保護基でおさえておいて，特殊な縮合剤を働かせてこの単位をつないでいくのである．段階的反応を用いるため古典的な縮合反応の繰返しでは，数十個の単位が限界となるので，ペプチド合成と類似の固相法が用いられている．ここでは，ポリアクリルアミドや表面改質シリカゲルをポリマーサポートとし，保護したオリゴヌクレオチドを次々とポリマーに結合させていくやり方で合成し，終了後ポリマーも保護基も全部はずし，クロマトグラフィーで精製し鎖長数十のポリヌクレオチドが合成されている（5.11 節参照）．たとえばこうして合成した 67 種類のフラグメントを DNA リガーゼで連結し，鎖長 498 のヒトインターフェロン-α_1（IFN-α_1）の合成 DNA つまりは合成遺伝子が得られている（A. F. Markham ら，1981）．

電子顕微鏡や X 線解析技術の進歩によってビールスやバクテリオファージの化学構造はかなりよく解明され，これらは生体高分子の高度の集合体であることがわかってきた．タバコ・モザイクウィルス（TMV と略）は全体で分子量 3.6×10^7 の棒状分子集合体であり，その大きさは長さ 300nm，直径 15nm であることが電子顕

微鏡によりわかっている．その構造は，おのおの158個のアミノ酸残基をもつタンパク質が2,150個，RNA分子（分子量1.7×10^6）のまわりにらせん状に積み重なっていて，典型的な超分子構造（supramolecular structure）をつくっている．またバクテリオファージの一種のT_4ファージは，さらに複雑で大きな超分子構造をもち長さ$2\mu m$の頭と尾をもつ生体に近い形をしている．全体の分子量は10^8程度であり，数種の異なるタンパク質が自己集合し，これにDNAが組み込まれている．T_4ファージはバクテリヤの細胞膜より自己のDNAを注入し，バクテリヤ細胞内で自己のDNAを増殖させる仕組みができ上がっている．これらの例でもわかるように生体は高分子の複雑な集合体であるので，今後の研究の進展によって高分子科学として生命を理解できる段階に達するのではないかと思われる．

〈参考文献〉

(1) 今堀和友：生体高分子概論，培風館（1981）
(2) 今堀和友，小畠陽之助，中野準三：生体機能高分子，講談社（1976）
(3) R. E. Dickerson, I. Geis：The Structure and Action of Proteins, W. A. Benjamin, Inc. Menlo Park, California（1969），山崎誠ほか（訳）：タンパク質の構造と作用，共立出版（1975）
(4) G. E. Schulz, R. H. Schirmer：Principles of Protein Structure, Springer-Verlag, New York（1969）
(5) 大井龍夫（監修）：タンパク質―構造・機能・進化―，化学同人（1980）
(6) 高分子錯体研究会編：生体と金属イオン，学会出版センター（1991）
(7) 井上祥平：生体高分子―機能とそのモデル，化学同人（1984）
(8) 油谷克英，中村春木：蛋白質工学，朝倉書店（1991）
(9) 浜口浴三：改定蛋白質機能の分子編，学会出版センター（1990）

索　引

〈ア 行〉

アクリロニトリル …………………… 79
アスベスト …………………………… 320
アゾ化合物 …………………………… 55
アタクチック ………………………… 96,216
アタクチック構造 …………………… 58
アタクチックポリマー ……………… 14
頭-頭結合 …………………………… 58
頭-尾結合 …………………………… 58
圧電緩和 ……………………………… 315
アニオン重合 ………………………… 10,53,77,79
アブラミ（Avrami）の式 …………… 234
アミノ酸残基 ………………………… 329
アミノ酸配列 ………………………… 329
網目構造 ……………………………… 288
網目状高分子 ………………………… 6
アミロース …………………………… 325
アミロペクチン ……………………… 325
アラミド ……………………………… 31
アルミノ・ケイ酸塩 ………………… 320
アンフィボール型 …………………… 320
イオン交換樹脂 ……………………… 136
イオン重合 …………………………… 77
イオン対 ……………………………… 80
イオン伝導 …………………………… 305
異性化重合 …………………………… 91
イソタクチック ……………………… 96,216
イソタクチックポリスチレン ……… 214,225
イソタクチックポリマー …………… 13
イソブテン …………………………… 90
一軸伸張 ……………………………… 247
一軸伸張弾性率 ……………………… 249
1次構造 ……………………………… 329
一般化 Maxwell 模型 ………………… 263
一般化 Voigt 模型 …………………… 263
移動因子 ……………………………… 269
移動反応 ……………………………… 87
イメージングプレート ……………… 198

イモータル重合 ……………………… 107
因子群解析 …………………………… 205
因子群振動 …………………………… 205
雲母 …………………………………… 320
永久双極子能率 ……………………… 308
枝別れ高分子鎖 ……………………… 275
エポキシ樹脂 ………………………… 51
エレクトレット ……………………… 315
エンジニアリングプラスチック …… 36
エンタルピー ………………………… 285
エントロピー変化 …………………… 285
円偏光二色性 ………………………… 335
応力緩和 ……………………………… 256
尾-尾結合 …………………………… 58
折りたたみ鎖結晶 …………………… 231
音響分枝 ……………………………… 204
温度因子 ……………………………… 201
温度分散 ……………………………… 276

〈カ 行〉

開環重合 ……………………………… 12,113
開始剤 ………………………………… 54
開始種 ………………………………… 78
開始反応 ……………………………… 54
解重合 ………………………………… 13,67
解重合反応 …………………………… 115
塊状重合 ……………………………… 68
回折の広がり ………………………… 241
回転異性体近似モデル ……………… 149
回転半径 ……………………………… 147
回復コンプライアンス ……………… 257
界面重縮合 …………………………… 33
ガウス鎖 ……………………………… 22,152
化学シフト …………………………… 211,213
架橋 …………………………………… 288
核形成-成長過程 …………………… 190
拡散係数 ……………………………… 173
核磁気共鳴吸収 ……………………… 209
確率密度 ……………………………… 21

索　引

下限臨界相溶温度 …………………………… 189
かご効果 ……………………………………… 56
重なり濃度 …………………………………… 182
過酸化物開始剤 ……………………………… 55
過酸化ベンゾイル …………………………… 56
過剰 Rayleigh 比 …………………………… 167
可塑剤 ………………………………………… 300
カチオン共重合 ……………………………… 91
カチオン重合 ……………………… 10,53,77,86
活性化エステル・アミド法 ………………… 47
活性化モノマー法 …………………………… 47
滑　石 ………………………………………… 320
カードラン …………………………………… 327
カプトン ……………………………………… 33
ガラス状態 …………………………………… 24
ガラス転移 …………………………………… 300
ガラス転移温度 ………………………… 23,300
ガラス領域 …………………………………… 272
からみ合い効果 ……………………………… 184
からみ合い点間分子量 ……………………… 296
加　硫 ………………………………………… 318
環化重付加 …………………………………… 50
環状オレフィン ……………………………… 114
環状高分子 …………………………………… 5
管脱出の緩和時間 …………………………… 298
管模型理論 …………………………………… 298
緩和時間 ……………………………………… 215
緩和スペクトル ……………………………… 264
緩和弾性率 …………………………………… 256
基準温度 ……………………………………… 269
基準振動 ……………………………………… 203
キチン ………………………………………… 326
キトサン ……………………………………… 326
吸光度 ………………………………………… 207
球　晶 ………………………………………… 232
球状タンパク質 ………………………… 331,336
共重合組成式 ………………………………… 71
共重合体 ……………………………………… 5
共存曲線 ……………………………………… 187
極性分子 ……………………………………… 308
禁止剤 ………………………………………… 64
金属クラスター ……………………………… 337
くし型高分子 ………………………………… 6
屈曲性高分子 ………………………………… 157
グッタペルカ ………………………………… 317
グラファイト ………………………………… 321

グラフトポリマー …………………………… 127
クリスタリット ………………………… 194,241
グリニヤール試薬 …………………………… 84
クリープ ……………………………………… 257
クリープ回復 ………………………………… 257
クリープコンプライアンス ………………… 257
グループトランスファー重合 ……… 107,108
結晶核 ………………………………………… 233
結晶化度 ………………………………… 194,236
結晶構造の不整 ……………………………… 239
結晶性高分子 ……………………………… 8,23
結晶成長 ……………………………………… 233
結晶性バンド ………………………………… 237
結晶変態 ……………………………………… 218
結晶領域 ……………………………………… 194
ケブラー ……………………………………… 31
ゲル効果 ……………………………………… 59
ゲル浸透クロマトグラフィー ……………… 179
原子散乱因子 ………………………………… 200
原子分極 ……………………………………… 309
懸濁重合 ……………………………………… 68
厚　化 ………………………………………… 231
光学活性振動 ………………………………… 205
光学定数 ……………………………………… 168
光学分枝 ……………………………………… 204
高活性・高立体規則性触媒 ………………… 94
交互共重合 …………………………………… 116
交差分極法 …………………………………… 215
高次構造 ………………………………… 230,238
高次組織 ………………………………… 206,239
高出力デカップリング ……………………… 214
較正曲線 ……………………………………… 180
合成金属 ……………………………………… 246
合成高分子 …………………………………… 4
構成方程式 …………………………………… 261
剛性率 ………………………………………… 249
酵　素 ………………………………………… 336
酵素触媒重合 ………………………………… 40
構造因子 ……………………………………… 200
構造タンパク質 ……………………………… 331
剛直性高分子 ………………………………… 157
高分解能 NMR …………………………… 210,212
高分子液体のゼロずり粘度 ………………… 274
高分子間相互作用 …………………………… 159
高分子鎖の幾何学 …………………………… 146
高分子鎖の統計的性質 ……………………… 148

索　　引

349

高分子支持台 ……………………… *140*
高分子触媒 ………………………… *140*
高分子単結晶 ……………………… *230*
高密度ポリエチレン ………………… *64*
ゴーシュ ………………………… *19,215*
固相重合 …………………………… *99*
固相法 ……………………………… *138*
ゴム状態 …………………………… *24*
ゴム状平坦領域 …………………… *272*
固有粘度 …………………………… *176*
コラーゲン ………………………… *334*
混合の Gibbs エネルギー ………… *162*

〈サ　行〉

再結合 ……………………………… *55*
サイズ排除クロマトグラフィー …… *178*
酸化重合 …………………………… *37*
ザンサン …………………………… *327*
3 次構造 …………………………… *332*
散乱角 ……………………………… *164*
散乱ベクトル ……………………… *164*
時間-温度換算則 ………………… *269*
自己回避鎖 ………………………… *153*
子午線反射 ………………………… *198*
自己相関関数 ……………………… *172*
シシカバブ ………………………… *235*
持続長 ……………………………… *158*
シゾフィラン ……………………… *327*
シータ温度 ………………………… *170*
シータ溶媒 ………………………… *156*
質量分析法 ………………………… *181*
脂肪族ポリアミド ………………… *228*
遮蔽効果 …………………………… *211*
自由回転鎖 ………………………… *148*
重合体 ……………………………… *4*
重合度 ……………………………… *15*
重縮合 …………………………… *9,29*
重水素ラベル法 …………………… *169*
自由体積分率 ………………… *272,302*
終端領域 …………………………… *272*
重付加 ………………………… *10,30,50*
重量平均重合度 …………………… *17*
重量平均分子量 …………………… *17*
自由連結鎖 ………………………… *148*
樹状ポリマー ……………………… *129*
主分散 ……………………………… *276*

準希薄溶液 ………………………… *183*
上限臨界相溶温度 ………………… *189*
シンジオタクチック …………… *59,96,216*
シンジオタクチックポリスチレン …… *214*
シンジオタクチックポリプロピレン …… *225*
シンジオタクチックポリマー ……… *14*
伸張応力 …………………………… *247*
伸張コンプライアンス …………… *249*
伸張粘度 …………………………… *252*
伸張比 ……………………………… *247*
伸張ひずみ ………………………… *247*
伸張流動 …………………………… *252*
浸透圧 ……………………………… *162*
浸透圧縮率 ………………………… *169*
振動分枝 …………………………… *204*
振動分光法 ………………………… *202*
水素結合 ……………………… *218,220*
酔歩鎖 ……………………………… *20*
数平均重合度 ……………………… *17*
数平均分子量 ……………………… *17*
スケーリング則 …………………… *184*
スチレン …………………………… *79*
素練り ……………………………… *318*
スーパーエンプラ ………………… *36*
スピノーダル曲線 ………………… *190*
スピノーダル分解 ………………… *190*
スピン結合 ………………………… *211*
スピン-スピン相互作用 …………… *211*
ずり応力 …………………………… *248*
ずりコンプライアンス …………… *249*
ずり速度 …………………………… *251*
ずり弾性率 ………………………… *249*
ずりひずみ ………………………… *248*
ずり流動 …………………………… *251*
制限酵素 …………………………… *345*
生体高分子 ……………………… *4,317*
成長反応 ………………………… *54,87*
静的光散乱法 ……………………… *166*
静電気 ……………………………… *314*
静電相互作用 ………………… *218,220*
正の球晶 …………………………… *232*
生分解性プラスチック …………… *36*
赤外活性 …………………………… *205*
赤外吸収 …………………………… *208*
赤外吸収法（結晶化度の決定） …… *237*
赤外二色比 ………………………… *207*

350 索　　引

赤外分光 ……………………… 202
赤外・ラマン交互禁制律 ……… 205
赤道線 ………………………… 198
石綿 …………………………… 320
セグメント …………………… 155
絶縁体 ………………………… 246
セルロース …………………… 323
ゼロずり粘度 ………………… 252
繊維周期 ………………… 197,217
遷移モーメント ……………… 223
遷移領域 ……………………… 272
線形粘弾性 …………………… 255
線状高分子 ……………………… 5
線状低密度ポリエチレン ……… 64
選択律 ………………………… 205
相関長 …………………… 169,184
双極子相互作用 ………… 211,214
相互拡散係数 ………………… 174
相互作用パラメータ ………… 160
相互浸入高分子網目 …………… 8
層線 …………………………… 198
相対的な反応性 ………………… 74
損失係数 ……………………… 260
損失弾性率 …………………… 259

〈タ　行〉

対イオン ………………………… 78
第1種の乱れ ………………… 239
第一法線応力係数 …………… 279
第一法線応力差 ……………… 279
大環状ポリマー ………………… 49
ダイスエル現象 ……………… 284
第2種の乱れ ………………… 239
第2ビリアル係数 …………… 162
第二法線応力係数 …………… 279
第二法線応力差 ……………… 279
ダイヤモンド ………………… 321
多角度光散乱計 ……………… 180
縦波振動 ……………………… 204
多糖 …………………………… 321
多分子性 ………………………… 15
段階重合 ………………………… 9
単純ずり ………………… 247,248
弾性係数 ……………………… 266
弾性体 ………………………… 247
単糖 …………………………… 321

単独重合体 ……………………… 5
タンパク質 …………………… 329
単量体 …………………………… 4
遅延スペクトル ……………… 265
チーグラー触媒 ………………… 92
中性子小角散乱法 …………… 169
長周期 ………………………… 239
超分子ポリマー ……………… 143
直接重縮合 ……………………… 47
直線交差法 ……………………… 73
貯蔵弾性率 …………………… 259
沈殿重合法 ……………………… 68
低次元伝導体 ………………… 246
停止反応 ………………… 55,81,87
定常状態 ………………………… 61
定常状態コンプライアンス … 257
定常ずり粘度 ………………… 251
定序性ポリマー ………………… 48
低分子-ミセル説 ……………… 2
低密度ポリエチレン …………… 64
デカップリング ……………… 211
鉄イオウタンパク質 ………… 338
鉄・モリブデン・コファクター … 339
デバイ-シェラー環 …………… 197
テレケリックポリマー ………… 63
テロマー ………………………… 63
テロマー化 ……………………… 63
電解重合 ………………………… 37
電気双極子能率 ……………… 308
電気分極 ……………………… 307
電子吸引性 ……………………… 73
電子供与性 ……………………… 73
電子線回析 …………………… 201
電子伝導 ………………… 305,306
天井温度 ………………………… 66
デンドリマー ………………… 129
天然高分子 …………………… 317
天然ゴム ……………………… 317
天然セルロース ……………… 323
デンプン ……………………… 325
透過法 ………………………… 206
透過率 ………………………… 206
等重合度反応 …………………… 3
動的ずり粘性率 ……………… 260
動的相関長 …………………… 174
動的弾性率 …………………… 259

索　引

動的光散乱法 ·································· 166,172
等方-液晶相平衡 ································ 191
特性時間 ·· 245
特性比 ·· 152
特性分子量 ·· 274
ドーマント種 ······························ 107,109
トランス ···································· 19,215
曇点 ·· 187

〈ナ　行〉

内部回転 ····································· 19,148
内部回転ポテンシャル ········ 149,215,218
ナイロン ···································· 29,228
ナイロン6 ································ 228,233
ナイロン66 ·· 228
2次構造 ··· 331
2体クラスター積分 ··························· 156
ニトロエチレン ··································· 80
ニトロゲナーゼ ································· 339
2,2′-アゾビスイソブチロニトリル ····· 54
乳化重合 ··· 68
熱可塑性樹脂 ······································· 9
熱硬化性樹脂 ································· 9,50
熱刺激電流 ·· 315
熱力学的性質 ···································· 159
粘性係数 ·· 175
粘性体 ·· 247,251
粘弾性 ································ 23,245,255
粘弾性液体 ·· 255
粘弾性固体 ·· 255
粘弾性体 ·· 255
粘弾性定数 ·· 265
ノボラック ·· 50
ノメックス ·· 31

〈ハ　行〉

配位重合 ································ 10,92,93
配位重合型 ·· 115
配向度 ·· 207
配向分極 ·· 309
排除体積効果 ···································· 154
ハイパーブランチポリマー ·················· 6
配列制御 ··· 48
バクテリオファージ ·························· 340
波数 ·· 203
波数ベクトル ···································· 205

パラクリスタル ································· 240
ハロゲン化金属 ··································· 86
半屈曲性高分子 ································· 157
半減期 ··· 55
反射法 ·· 206
反応度 ··· 42
ヒアルロン酸 ···································· 327
光開始剤 ··· 57
光固相重合 ··· 68
光重合 ··· 57
光増感重合 ··· 57
比屈折率増分 ···································· 164
非結合原子間の反発力 ······················ 218
微結晶 ·· 194
非晶性高分子 ································· 8,23
非晶性バンド ···································· 238
非晶領域 ·· 194
非すぬけ効果 ···································· 173
ひずみ速度 ·· 251
非Newton流動性 ······························· 252
ビニルエーテル ··································· 90
ビニル系高分子 ································· 215
ビニル系ポリマー ······························ 223
ビリアル展開 ···································· 162
ピロキセン型 ···································· 319
貧溶媒 ·· 156
ファンデルワールス引力 ··················· 218
ファンデルワールス半径 ··················· 219
フィリップス法 ··································· 41
フェノール樹脂 ··································· 50
フェレドキシン ································· 338
付加重合 ······································ 10,53
付加縮合 ··· 50
不均化 ··· 55
複素剛性率 ·· 260
複素ずりコンプライアンス ··············· 260
複素ずり弾性率 ································· 260
複素ずり粘性率 ································· 260
複素誘電率 ·· 310
副分散 ·· 276
房状ミセル ·· 194
不斉合成重合 ···································· 103
不斉選択重合 ···································· 103
不斉中心 ·· 215
ブタジエン ·· 79
負の球晶 ·· 232

普遍較正曲線 ……………………… *179*
不飽和化合物 ……………………… *53*
ブラッグの条件式 ………………… *196*
フリーイオン ……………………… *80*
ブロックポリマー ………………… *127*
プロトン酸 ………………………… *86*
分　岐 ……………………………… *223*
分岐高分子 ………………………… *5*
分岐度 ……………………………… *223*
分散曲線 …………………………… *204*
分散重合 …………………………… *68*
分子間水素結合 …………………… *228*
分子間相互作用 …………………… *223*
分子特性 …………………………… *24,145*
分子特性解析 ……………………… *145*
分子特性解析法 …………………… *24*
分子内座標 ………………………… *200*
分子ふるい ………………………… *321*
分子量測定法 ……………………… *25*
分子量分布 ………………………… *15,42*
分　別 ……………………………… *15*
平均分子量 ………………………… *15,42*
平衡重合 …………………………… *117*
平衡融点 …………………………… *242*
平坦弾性率 ………………………… *272*
劈　開 ……………………………… *320*
ヘテロタクチック ………………… *97*
ヘモグロビン ……………………… *340*
ヘモシアニン ……………………… *340*
偏光スペクトル …………………… *207*
偏光赤外スペクトル ……………… *221*
変性ポリフェニレンオキシド …… *36*
ペンタン効果 ……………………… *152*
芳香族求電子置換反応 …………… *38*
放射線重合 ………………………… *57*
包接重合 …………………………… *98*
法線応力 …………………………… *278*
法線応力効果 ……………………… *284*
補欠分子団 ………………………… *337*
補酵素 ……………………………… *337*
星型高分子 ………………………… *5*
星型ポリマー ……………………… *129*
ポリアセタール …………………… *36*
ポリアニリン ……………………… *37*
ポリアミド ………………………… *30,220,228,243*
ポリアリレート …………………… *36,37*

ポリイオンコンプレックス ……… *137*
ポリイミド ………………………… *37*
ポリウレタン ……………………… *50*
ポリエステル ……………………… *34,227*
ポリエチレン ……………………… *218,220,233,242*
ポリエチレンイミン ……………… *220*
ポリエチレンオキシド …………… *218*
ポリエチレンテレフタレート …… *34,227*
ポリエーテル ……………………… *227*
ポリエーテルエーテルケトン …… *37,38*
ポリ塩化ビニリデン ……………… *226*
ポリ塩化ビニル …………………… *218,226*
ポリオキシメチレン ……………… *218,227*
ポリオレフィン …………………… *223*
ポリカーボネート ………………… *34*
ポリ（ジアルキルシラン） ……… *41*
ポリスチレン ……………………… *223*
ポリスルホン ……………………… *41*
ポリチオフェン …………………… *37,39*
ポリテトラフルオロエチレン …… *37*
ポリ（2,5-ピリジンジイル） …… *39*
ポリ尿素 …………………………… *50*
ポリビニリデン …………………… *226*
ポリビニルアルコール …………… *218,226*
ポリピロール ……………………… *37*
ポリフェニレン …………………… *38*
ポリ（p-フェニレン） ……………… *37,39*
ポリフェニレンオキシド ………… *37*
ポリ（p-フェニレンオキシド） …… *37*
ポリフェニレンスルフィド ……… *41*
ポリ-p-フェニレンテレフタルアミド … *229*
ポリフェニレンメチレン ………… *38*
ポリブチレンスクシネート ……… *36*
ポリブチレンテレフタレート …… *36,227*
ポリフッ化ビニリデン …………… *218,226*
ポリプロピレン …………………… *223,243*
ポリペプチド ……………………… *220*
ポリベンズイミダゾール ………… *31*
ポリマー …………………………… *4*
ポリメタクリル酸メチル ………… *211*
ポリ四フッ化エチレン …………… *219*
ポリロタキサン …………………… *143*

〈マ　行〉

マクロモノマー …………………… *63*
摩擦係数 …………………………… *173*

索引

ミオグロビン ……………………………340
密度法（結晶化度の決定）……………237
みみず鎖モデル ………………………157
無機高分子 ……………………………319
無極性分子 ……………………………308
無熱溶液 ………………………………160
メソ 2 連子 ……………………………97
メタクリル酸メチル …………………79
メタセシス重合 ………………………94
メタロセン触媒 ………………………94
メラミン樹脂 …………………………50
最も確からしい分布 …………………43
モノマー ………………………………4
モノマー反応性比 ……………………71

〈ヤ 行〉

融解 ……………………………………242
融解のエンタルピー …………………242
融解のエントロピー …………………242
有機金属化合物 ………………………115
有機ケイ素ポリマー …………………41
誘起双極子能率 ………………………308
誘電緩和 ………………………………310
誘電損失正接 …………………………310
誘電損失率 ……………………………310
誘電体 …………………………………246
誘電的緩和時間 ………………………309
誘電分散 ………………………………310
誘電率 ……………………………307,310
誘発分解 ………………………………56
幽霊網目 ………………………………292
溶液重合 ………………………………68
溶出体積 ………………………………179
ヨウ素呈色反応 ………………………326
抑制剤 …………………………………64
横波振動 ………………………………204

〈ラ 行〉

ラウエ（Laue）関数 …………………241
ラジカル共重合 ………………………70
ラジカル重合 ………………………10,53
ラジカル重合の動力学 ………………60
ラセモ 2 連子 …………………………97
らせん状ポリマー ……………………104
ラマチャンドランプロット …………332
ラマン活性 ……………………………205

ラマン散乱 ……………………………208
ラマンテンソル ………………………208
ラマン分光 …………………………202,208
ラメラ ………………………………232,239
ランダムコイル ………………………22
ランダム分岐高分子 …………………6
理想共重合 ……………………………71
立体規則性 ……………………………211
立体規則性ポリマー ………14,96,122,224
立体特異性重合 ………………………96
立体配座 …………………………215,217,218
立体配置 ………………………………215
リビングカチオン重合 ………………90
リビング重合 …………………………105
リビング配位重合 ……………………94
リビングポリマー ……………………82
リボザイム ……………………………344
流体力学的半径 ………………………173
流動領域 ………………………………272
両端間距離 ……………………………20
両末端間ベクトル ……………………146
良溶媒 …………………………………156
臨界点 …………………………………189
ルイス酸 ………………………………86
レオメトリー …………………………278
レオロジー ……………………………246
レジスト樹脂 …………………………135
レゾール ………………………………50
レドックス系開始剤 …………………57
レプテーション ………………………297
レプテーション時間 …………………298
連鎖移動 …………………………10,62,115
連鎖移動定数 …………………………62
連鎖移動反応 ………………………81,88
連鎖重合 ……………………………9,53
連鎖重縮合法 ………………………47,48
6 ナイロン ……………………………31
66 ナイロン ……………………………30

〈英 名〉

affine 変形 ……………………………290
ATR 法 …………………………………207
ATRP …………………………………110
Boltzmann の構成方程式 ……………268
Boltzmann の重畳則 …………………268
Boltzmann の法則 ……………………289

索引

CCD	199
coiled-coil 構造	335
CP-MAS 法	215
DNA	340
DPPH	65
Einstein-Stokes の式	174
FeMo-co	339
Fineman-Rose 法	73
Fischer 投影	216
Flory の粘度定数	177
Flory-Fox の粘度式	177
Flory-Huggins 理論	159
FT-IR	207
Gauss 鎖	289
Gibbs エネルギー	285
Gough-Joule 効果	285
Helmholtz エネルギー	286
Hooke 弾性体	249
Huggins 係数	176
Iniferter 法	107
Kuhn の統計セグメント長	158
Lagrange の定理	147
magic angle spinning (MAS) 法	214
maltese cross	232
Mark-Houwink-Sakurada の式	178
Maxwell の関係	286
Maxwell 模型	261
Merrifield 樹脂	138
mRNA	342
Newton 流体	251
Newton 流動	252
NMP	109
NMR	209
NMR 法	181
P-クラスター	339
PET	29
Poisson 比	248
Polanyi の式	197
Q-e スキーム	75
RAFT	110
RNA	342
Rouse 理論	294
rRNA	342
Staudinger の高分子説	2
Staudinger の粘度則	2
T_4 ファージ	346
TEMPO	65
tRNA	342
Trouton 粘度	252
van't Hoff の式	162
Voigt 模型	261
Weissenberg 効果	284
X 線繊維図形	221
X 線回析	196
X 線小角散乱	238
X 線小角散乱法	169
X 線法 (結晶化度の決定)	236
Young 率	249
Zimm プロット	169
α-オレフィン	93
α-シアノアクリル酸エステル	80
α ヘリックス	220,333
β 構造	333
π 共役導電性ポリマー	37
χ パラメータ	160

高分子化学〔第5版〕

1966年 4月 1日　初版1刷発行
1974年11月 5日　改訂1刷発行
1983年 5月 1日　第3版1刷発行
1993年 4月25日　第4版1刷発行
2007年 9月25日　第5版1刷発行
2023年 2月10日　第5版15刷発行

検印廃止

編　者　村橋　俊介・小高　忠男・蒲池　幹治・則末　尚志　ⒸWalnut 2007
発行者　南條　光章
発行所　共立出版株式会社

〒112-0006　東京都文京区小日向4丁目6番19号
電話　03-3947-2511
振替　00110-2-57035
URL　www.kyoritsu-pub.co.jp

（一般社団法人 自然科学書協会 会員）

印刷・製本：藤原印刷
NDC431.9 / Printed in Japan

ISBN 978-4-320-04380-0

JCOPY ＜出版者著作権管理機構委託出版物＞
本書の無断複製は著作権法上での例外を除き禁じられています．複製される場合は，そのつど事前に，出版者著作権管理機構（TEL：03-5244-5088，FAX：03-5244-5089，e-mail：info@jcopy.or.jp）の許諾を得てください．

■化学・化学工業関連書

www.kyoritsu-pub.co.jp　共立出版

化学大辞典 全10巻　化学大辞典編集委員会編	データのとり方とまとめ方 分析化学のための統計学とケモメトリックス 第2版　宗森 信他訳
大学生のための例題で学ぶ化学入門 第2版　大野公一他著	分析化学の基礎　佐竹正忠他著
わかる理工系のための化学　今西誠之他編著	陸水環境化学　藤永 薫編集
身近に学ぶ化学の世界　宮澤三雄編著	走査透過電子顕微鏡の物理（物理学最前線20）田中信夫著
物質と材料の基本化学 教養の化学改題　伊澤康司他著	qNMRプライマリーガイド 基礎から実践まで　「qNMRプライマリーガイド」ワーキング・グループ著
化学概論 物質の誕生から未来まで　岩岡道夫他著	コンパクトMRI　巨瀬勝美編著
プロセス速度 反応装置設計基礎論　菅原拓男他著	基礎 高分子科学 改訂版　妹尾 学監修
理工系のための化学実験 基礎化学からバイオ・機能材料まで　岩村 秀他監修	高分子化学 第5版　村橋俊介他編
理工系 基礎化学実験　岩岡道夫他著	高分子材料化学　小川俊夫著
基礎化学実験 実験操作法 Web動画解説付 第2版増補　京都大学大学院人間・環境学研究科化学部会編	プラスチックの表面処理と接着　小川俊夫著
基礎からわかる物理化学　柴田茂雄他著	化学プロセス計算 第2版　浅野康一著
物理化学の基礎　柴田茂雄著	"水素"を使いこなすためのサイエンス ハイドロジェノミクス　折茂慎一他編著
やさしい物理化学 自然を楽しむための12講　小池 透著	水素機能材料の解析 水素の社会利用に向けて　折茂慎一他編著
物理化学 上・下（生命薬学テキストS）　桐野 豊編	バリア技術 基礎理論から合成・成形加工・分析評価まで　バリア研究会監修
相関電子と軌道自由度（物理学最前線22）石原純夫他著	コスメティックサイエンス 化粧品の世界を知る　宮澤三雄編著
興味が湧き出る化学結合論 基礎から論理的に理解して楽しく学ぶ　久保田真理著	基礎 化学工学　須藤雅夫編著
現代量子化学の基礎　中島 威他著	新編 化学工学　架谷昌信監修
工業熱力学の基礎と要点　中山 顕他著	エネルギー物質ハンドブック 第2版　（社）火薬学会編
ニホニウム 超重元素・超重核の物理（物理学最前線24）小浦寛之著	現場技術者のための 発破工学ハンドブック　（社）火薬学会発破専門部会編
有機化学入門　船山信次著	NO（一酸化窒素）宇宙から細胞まで　吉村哲彦著
基礎有機合成化学　妹尾 学他著	塗料の流動と顔料分散　植木憲二監訳
資源天然物化学 改訂版　秋久俊博他編集